“十三五”江苏省重点图书出版规划项目

城市中心空间形态研究

杨俊宴/主编

亚洲城市中心区的极核结构

史北祥　杨俊宴　著

国家自然科学基金项目(51608252)
江苏省自然科学基金项目(BK20160628)

东南大学出版社
·南京·

内容提要

在经济全球化日益深化的背景下，全球范围内的联系与竞争加强，使得全球范围内高端生产要素向城市体系高端的核心城市集聚。在其推动下，作为城市公共服务设施集聚核心的城市中心区，空间结构模式发生了根本性变化，形成了尺度巨大化、结构复杂化的极核结构模式。本书以文化及地域相似度较高的亚洲为对象，在理论推演的基础上，从空间形态、功能构成及交通系统等三个方面，对亚洲核心城市的极核结构中心区进行定量研究，归纳总结了极核结构中心区的规律特征，构建了极核结构中心区的空间结构模式，提出了形成极核结构中心区的门槛规律，并期望通过本书的研究，为我国核心城市构建更为科学合理的中心区发展格局，在国际竞争中取得优势提供借鉴。

图书在版编目(CIP)数据

亚洲城市中心区的极核结构 / 史北祥，杨俊宴著.
— 南京：东南大学出版社，2016.10
(城市中心空间形态研究 / 杨俊宴主编)
ISBN 978-7-5641-6760-8

Ⅰ.①亚… Ⅱ.①史… ②杨… Ⅲ.①城市规划—研究—亚洲 Ⅳ.①TU984.3

中国版本图书馆 CIP 数据核字(2016)第 226525 号

亚洲城市中心区的极核结构

出版发行：东南大学出版社
社　　址：南京市四牌楼 2 号　邮编：210096
出 版 人：江建中
责任编辑：丁　丁
网　　址：http://www.seupress.com
电子邮箱：press@seupress.com
经　　销：全国各地新华书店
印　　刷：江苏凤凰数码印务有限公司
开　　本：787mm×1092mm　1/16
印　　张：18.75
字　　数：456 千字
版　　次：2016 年 10 月第 1 版
印　　次：2016 年 10 月第 1 次印刷
书　　号：ISBN 978-7-5641-6760-8
定　　价：68.00 元

本社图书若有印装质量问题，请直接与营销部联系。电话：025 - 83791830

丛书序

进入 21 世纪以来，中国的城市化进程不断深化，到了发展转型的中后期。新型城镇化的发展理念引领城市建设向提升城市文化及公共服务等内涵式增长转变，使得城市文化、公共服务及经济活动最为集中的城市中心区成为新型城镇化建设的核心要素之一，而城市中心区科学有序地发展，也成为带动新型城镇化全面深化的关键。在此基础上，近年来国家重大基础设施的建设，特别是高速铁路网络的建设发展及城市内部轨道交通网络的不断发展及完善，促进了新的城市中心类型的出现，进而推动了城市中心公共服务体系的不断演进及完善，大量现代服务业开始在城市中心区形成新的集聚。中心区这些前所未有的发展与变化，吸引了国际社会的广泛关注，也对广大学者从更高、更广的国际视野研究城市中心区的新问题，提出了更多的要求与挑战。

东南大学建筑学院是较早关注城市中心区规划研究的院校，在学界有一定影响。本丛书主编杨俊宴为东南大学城市中心区研究所所长，通过国际 200 多个城市空间大模型数据库的横向建构和南京中心近 40 年的纵向持续跟踪研究，先后主持了 4 项国家自然科学基金，取得了系列创新的成果。本丛书着眼于未来 10～30 年城市中心研究的前沿动态，包括国际城市中心区的极化现象、空间结构、空间集约利用、中心体系等研究，包含了多项国家级课题内涵，并结合作者重大规划项目的实践，提出中国本土城市化过程中对城市中心的理论与方法体系建构，具有以下几个特点：

1. 对城市中心研究的理论体系具有前沿性。在中国城市化走向中后期深化阶段的特殊时期，大量特大城市、超大城市的紧凑集聚是其主要特征。城市中心的发展承载了这种主要特征，出现大量多核化、极核化的发展态势；同时，中国特有的高密度中心城市也出现了空间品质低下、特色湮灭等问题，而相关的研究在我国规划界的应用尚未全面展开，许多规划工作者都是根据自己实践的感性探索来提出解决规划。本丛书依托作者主持的多项国家自然科学基金，住建部、教育部等课题，在多年规划实践积累的基础上，深入城市中心的前沿研究领域，系统地从空间形态角度就如何应对城市中心的这种发展态势，提出中国特色的城市化理论体系。

2. 理论联系实际，具有较强的实用性。城市规划上升为一级学科后，对于其学科核心理论的争论一直是热点问题。本丛书以城市空间形态的视角，紧扣城市规划学科的最核心理论方法，从空间集聚到空间分析方法，更具有全面性，所有技术方法均有切身参加的大量城市中心案例分析为依托，凝练在规划设计实践应用，阐述更深入。

3. 多学科协作的团队力量。本丛书依托多个科研协作团队力量，作者群跨越城市服务产业、空间物理环境、城市交通等交叉学科，具有全面覆盖的特点。主编具有建筑设计、城市规划、人文地理等多重学科背景，也主持了不同类别中心区的规划项目，能够全面把握城市中心未来的发展态势并将其系统解析。

4. 第一手的研究资料和分析方法。本丛书的基础资料完全为杨俊宴工作室近十年来在国内外城市中心区的定量建模数据库，均为第一手空间资料；研究所采用的技术方法很多也为原创性的国家技术发明专利。无论是对于规划设计师、科研工作者、规划管理者还是对于院校学生，都具有极强的吸引力。

城市中心区的研究是一项系统而复杂的工作，涉及城市规划、经济社会、道路交通、景观环境等诸多学科和方面，且各个方面相互影响，相互融合，形成了一个复杂的整体系统，因此具有相当大的研究难度。然而城市中心区又是一个与城市发展及市民生活息息相关的场所，具有非常重要的研究意义及价值。这套丛书沿承了东南大学城市中心区及空间形态的研究特色，在城市中心区理论体系、结构模式、定量研究等方面做出探索与突破，我也希望这套丛书可以为我国城市中心区的深化研究提供一个基础与平台，也期待更多学界人士共同参与其中，为城市中心区的发展，也为中国城市化的道路提供更多科学的指导。

吴明伟

2016. 7

前　言

全球化的充分发展推动了世界城市体系的建立及全球城市的形成，资源在全球范围内的调配，又使得位于城市体系上层的城市，吸聚了更多的资源，城市规模、功能、人口等得到进一步强化，其中公共设施集聚力度最大的城市中心区也向着更加集聚的方向发展，不断裂变与拓展，出现新的变化趋势。一方面，城市由单个中心发展为多个中心区组成的中心体系；另一方面，单个中心区也向着巨型化、复杂化方向发展，有些城市中心区规模已经相当于一些小城市的规模。规模巨型化也使得中心区内部空间结构变得更为复杂，特别是近十年来，随着第三产业的高速发展，城市职能向服务流通中心转型，除了零售商业、餐饮娱乐、文化服务等生活服务业快速发展外，金融证券、贸易办公、财务法律咨询等知识型服务业也在不断上升，这些服务行业逐步向城市中心区集聚，使各大城市中心区的集聚在规模和等级上都进入一个全新的阶段。而目前，学术界对中心区空间结构模式已形成了一整套较为完整的认知体系，可以相应的分为三个阶段：单核结构、圈核结构（分等级的多中心结构）以及多核结构（多中心结构），三个不同结构类型之间存在着一定的增长逻辑性，表现了中心区由单一公共设施集聚核心区逐渐增长、裂变、壮大的发展过程。

作者多年来一直从事城市中心区的研究及实践工作，通过国内外城市中心区的实地调研及历史文献查阅，掌握了大量的第一手矢量数据资料，并通过对南京新街口中心区的持续研究，与杨俊宴教授共同提出了城市中心区的圈核结构模式。而随着研究的不断深入及城市国际化程度的加深，在研究中也发现一些国际级核心城市的中心区出现了一些新的、超越多核结构的变化：轨道交通的大量建设及使用成为主导，改变了传统道路交通格局；伴随着轨道交通的发展，地下空间的开发利用程度也进一步加剧，城市系统的立体化程度加深；而随着城市中心区规模及空间尺度的不断扩展，城市快速路网体系也进入城市中心区，使得中心区的道路交通更为复杂；城市在不断深化的国际化过程中，服务产业内涵及外延进一步扩展，形成了更强的空间集聚效应，加强了公共设施集聚区之间的联系；由于空间及产业的高强度集聚，使得中心区呈现出高密度、高强度的空间形态。在这些变化的推动下，城市中心区的空间结构也出现了进一步演替的趋势，即在多核空间结构的基础上，在道路交通网络及轨道交通系统的支撑下，出现了公共设施集聚区的空间连绵现象，即多个公共设施集聚区完全衔接，形成了一个规模巨大、结构复杂、功能多样的空间集聚区，本书称这一现象为中心区空间结构发展的极核现象。

针对这一现象，本书以文化及地域相似度较高的亚洲为对象，在对亚洲国际化特大城市中心区整体调研的基础上，选取出现极核结构现象的重点城市中心区进行定量研究。研究在调研实地获取的第一手矢量数据的基础上展开，采用理论推导与案例归纳相结合的方式进行研究。理论推导部分，首先对极核结构中心区产生的驱动机制进行剖析，进而分析驱动机制作用下所形成的空间效应，并进一步推导形成极核结构中心区的理论模型；案例归纳部分，依托 GIS、Depthmap 等技术平台，对中心区出现极核结构现象的 6 个核心城市进行研究，包括东京、大阪、新加坡、首尔以及我国的香港和上海。研究从中心区的空间形态、功能构成及交通系统等三个方面展开，并通过相关研究，归纳总结了极核结构现象中心区的规律特征，进而提出极核结构中心区的空间结构模式以及形成极核结构中心区的门槛规律。

通过对亚洲城市中心区发展状态的整体调研发现，中心区的极核结构现象均产生于国际乃至全球的核心城市，可以说是在国际乃至全球尺度上的高端生产要素的集聚而产生的一种尺度巨大化、结构复杂化的结构模式。而在我国成为世界第二大经济体的基础上，我国已有多个城市进入到亚洲乃至全球顶级城市的竞争序列。在此背景下，以亚洲人口高密度城市中心区作为研究对象，研究中心区空间结构发展的极核结构现象，从更高的视角、更为全面的视野把握城市中心区发展的规律与脉络，对于我国核心城市参与国际竞争以及其城市中心区更为科学合理的规划、管理与发展具有较为直接的参考及借鉴价值。

目　录

1　绪论 …… 1
1.1　中心区及其结构构成要素 …… 1
1.1.1　中心区概念内涵 …… 1
1.1.2　中心区空间界定 …… 4
1.1.3　中心区结构构成 …… 8
1.2　相关研究综述 …… 10
1.2.1　从宏观区域层面研究地理核心空间的结构模型 …… 10
1.2.2　从中观城市层面研究城市核心空间的结构模型 …… 12
1.2.3　从微观中心区层面研究核心空间的结构模型 …… 15
1.2.4　相关研究评述 …… 20
1.3　极核结构现象在中心区空间结构的演替 …… 21
1.3.1　中心区空间结构的发展阶段 …… 21
1.3.2　中心区向极核结构发展的趋势 …… 25
1.3.3　中心区的极核结构现象 …… 27
1.4　研究目的及意义 …… 29
1.4.1　研究目的 …… 29
1.4.2　研究意义 …… 30
1.5　研究方法及技术路线 …… 30
1.5.1　研究方法 …… 30
1.5.2　研究技术路线 …… 31
2　中心区极核结构现象的理论分析 …… 33
2.1　中心区极核结构空间演化的驱动机制 …… 33
2.1.1　外部空间集聚带动力 …… 33
2.1.2　内部产业升级推动力 …… 38
2.1.3　中心区极核结构演化的驱动机制 …… 43
2.2　驱动机制作用下形成中心区极核结构的空间效应 …… 47
2.2.1　中心区与外围的集散对流效应 …… 47
2.2.2　硬核的循环累积关联演替效应 …… 50
2.2.3　阴影区消解的结构洞演替效应 …… 52
2.2.4　输配体系的扁平网络演替效应 …… 54
2.3　驱动机制作用下中心区极核结构理论模型 …… 56
2.3.1　中心区极核结构的理论模型 …… 56

2.3.2 极核圈层 …… 59
2.3.3 外围圈层 …… 60
2.3.4 交通输配体系 …… 62
3 亚洲中心区极核结构发展态势分析 …… 64
3.1 亚洲城市中心区发展概述 …… 64
3.1.1 亚洲的特殊性及研究价值 …… 64
3.1.2 研究范围即案例选择 …… 66
3.2 成熟型极核结构中心区 …… 71
3.2.1 日本东京都心中心区 …… 71
3.2.2 日本大阪御堂筋中心区 …… 79
3.3 发展型极核结构中心区 …… 84
3.3.1 新加坡海湾-乌节中心区 …… 85
3.3.2 韩国首尔江北中心区 …… 91
3.3.3 中国香港港岛中心区 …… 97
3.3.4 中国上海人民广场中心区 …… 103
4 极核结构中心区的空间形态解析 …… 110
4.1 建筑高度形态解析 …… 110
4.1.1 建筑高度分布特征 …… 110
4.1.2 建筑高度的空间波动特征 …… 120
4.1.3 街区平均层数空间特征 …… 127
4.2 建筑密度形态解析 …… 138
4.2.1 建筑密度的数值特征解析 …… 138
4.2.2 建筑密度空间分布特征解析 …… 144
4.3 建设强度形态解析 …… 152
4.3.1 建设强度数值特征解析 …… 152
4.3.2 建设强度空间分布特征解析 …… 158
4.4 空间形态模式总结 …… 167
4.4.1 成熟型极核结构中心区空间模式 …… 167
4.4.2 发展型极核结构中心区空间模式 …… 168
5 极核结构中心区的功能结构解析 …… 170
5.1 功能构成解析 …… 170
5.1.1 用地功能构成解析 …… 170
5.1.2 建筑功能构成解析 …… 179
5.2 功能布局解析 …… 187
5.2.1 服务类功能布局解析 …… 187
5.2.2 其余功能分布解析 …… 196
5.3 功能形态解析 …… 202
5.3.1 各功能的高度形态 …… 202
5.3.2 各功能的密度形态 …… 206

5.3.3 各功能的强度形态 …… 209
5.4 极核结构现象中心区的功能结构 …… 213
5.4.1 成熟型极核结构中心区的功能结构 …… 213
5.4.2 发展型极核结构中心区的功能结构 …… 214
6 极核结构中心区的交通系统解析 …… 216
6.1 道路交通系统解析 …… 216
6.1.1 道路交通系统基本情况分析 …… 216
6.1.2 道路交通系统分布形态分析 …… 220
6.1.3 道路系统拓扑形态解析 …… 236
6.2 轨道交通系统解析 …… 245
6.2.1 轨道交通系统基本情况解析 …… 245
6.2.2 轨道交通系统集聚形态解析 …… 251
6.3 极核结构现象中心区的输配体系构建 …… 257
6.3.1 成熟型极核结构中心区交通输配体系 …… 257
6.3.2 发展型极核结构中心区交通输配体系 …… 259
7 中心区极核结构的空间模式 …… 262
7.1 极核结构中心区的结构模式 …… 262
7.1.1 中心区空间结构模式 …… 262
7.1.2 极核结构中心区的30条特征规律 …… 269
7.2 极核结构中心区形成的门槛规律 …… 271
7.2.1 城市整体门槛条件 …… 271
7.2.2 中心区门槛条件 …… 273
7.3 极核结构中心区的发展辨析 …… 276
7.3.1 极核结构中心区的发展问题 …… 276
7.3.2 极核结构中心区的发展方向 …… 279
7.4 研究的不足及未来的研究方向 …… 281
结语:面向未来 …… 282
参考文献 …… 283
后记 …… 289

1 绪 论

中心区是城市的标志性窗口地区，充分代表了城市经济、社会的发展水平，是充分展示城市形象的精华所在。随着经济全球化的发展及世界城市体系的构建，城市特别是特大城市国际化程度逐渐加深，其建设及人口规模急剧增加，相应的城市中心区也出现了规模巨大化、结构复杂化的发展趋势，产生了极核现象。

1.1 中心区及其结构构成要素

城市中心区是城市结构中的一个特定地域概念，由于各研究者研究角度及研究方法的不同，对于中心区这一概念一直在探索与深化，没有形成定论，这也导致了对中心区概念理解的多义性与模糊性，因此在研究伊始应对本书研究的城市中心区及其相关概念进行界定，明确研究范围及对象。

1.1.1 中心区概念内涵

1）中心区的形成

早期的社会统治以神权及王权为核心，城市建设也围绕其展开，使得代表神权及王权的神庙和宫殿等成为早期城市的中心。《周礼 · 考工记》中记载："匠人营国，方九里，旁三门，国中九经九纬，经涂九轨，左祖右社，前朝后市，市朝一夫。"城市的中心是宫城和祖庙，"市"处于次要的位置(图 1.1)。到了封建社会中后期，商品交换日益发展，各地的贸易日渐频繁，市场往往形成于交通运输便利的滨河码头等地区，地位逐渐突出，城市的布局形态也趋于多元化。例如，六朝以后南京秦淮河两岸发展成商品聚集、交换地区，直至民国时期夫子庙地区一直是南京的商业活动中心①。

在西方，芒福德的《城市发展史》提出：城市的整体是由圣祠、城堡、村庄、作坊和市场一起形成的。而圣祠代表的宗教礼仪功能和城堡代表的王权统治功能，是诸多功能中首要考虑的，所以被放置在城市的显要位置(如中心、高地等)或被城墙包围起来②。而到了希腊化时期以后，早期民主制度的发展使城市广场取代卫城和庙宇成为城市的中心。广场往往在两条主要道路的交叉点上，周围有商店、议事厅和杂耍场等。城市广场普遍沿一面或几面设置敞廊，开间一致，形象完整，如阿索斯(Assos)城的中心广场(图 1.2)等。

---

① 吴明伟，孔令龙，陈联. 城市中心区规划[M]. 南京：东南大学出版社，1999.

② 刘易斯 · 芒福德. 城市发展史：起源、演变和前景[M]. 宋俊岭，倪文彦，译. 北京：中国建筑工业出版社，2005.

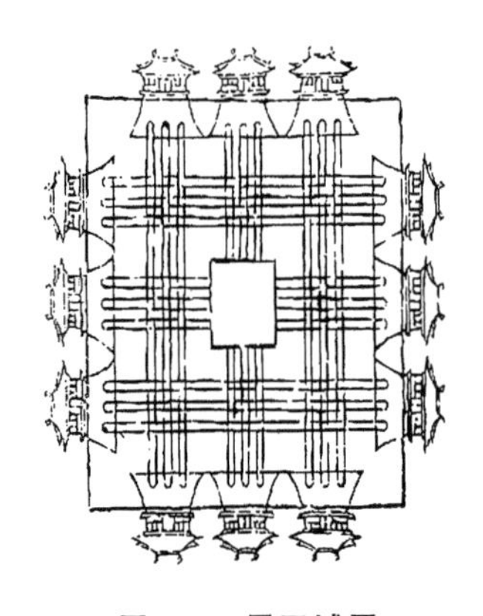

图 1.1 周王城图

*资料来源：聂崇义.三礼图集注[M].台北：台湾商务印书馆，1986.

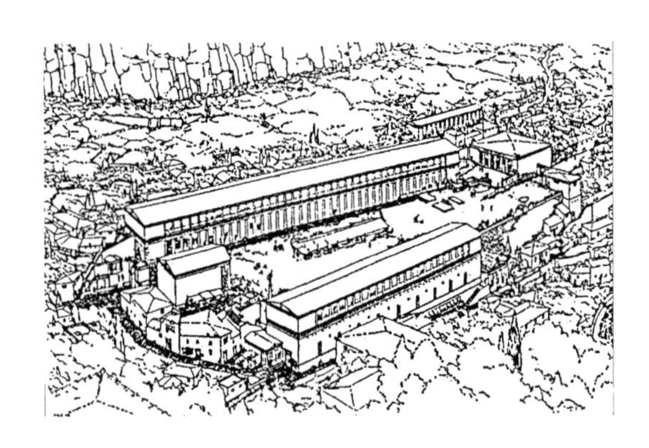

图 1.2 阿索斯广场

*资料来源：吴明伟，孔令龙，陈联.城市中心区规划[M].南京：东南大学出版社，1999.

至18世纪下半叶，科技革命及工业革命改变了社会的生活及经济结构，城市经济空间繁荣，城市规模持续扩大，城市的空间结构也发生了根本性变化。城市的重心由神权与王权向经济发展转变，相应的城市中心区也发生了根本性变革：①中心区职能多样化。中心区除了大量的商业服务设施外，商务办公、金融等设施也开始向中心区集聚；②中心区规模持续扩大。随着工业化、城市化的进程及人口的集聚，城市经济迅速发展，对各类公共服务设施的需求也在不断增加，促使中心区建设规模、建设强度不断增加，中心区范围也在不断扩大。虽然中心区职能与形态发生了根本性变化，但中心区始终是城市经济、生活等各方面运转的决定力量，也是在这个时期，现代意义上的城市中心区开始形成。

2）中心区的概念辨析

对于中心区这一概念，工具词典及专业词典都有相应的阐述，对《中国大百科全书》(建筑、园林、城市规划卷)、《土木建筑工程词典》等相关词典定义进行综合归纳，可以相对整体地看出城市中心区的概念特征(表1.1)。

表 1.1 相关词典文献释义表

字词名目	文献名称	阐述角度	主要观点
公共	《辞海》	辐射范围 服务对象	从定义上指出，城市中心区作为城市核心，其辐射范围为整个城市，服务对象为全体市民
	《英汉辞海》	社会属性 服务对象	从社会服务的角度强调中心区的开放性与可进入性，同时也说明了其服务对象为全体市民
中心	《辞海》	空间区位 等级地位	城市中心在进行空间区位选择时，会使当地靠近城市几何中心；同时其在整个城市内部处于主导地位，起到主干作用
城市中心	《中国大百科全书》	社会活动	强调城市中心的公共性和开放性，同时也指明了各中心区之间存在规模和服务半径等方面的等级差异
	《建筑大辞典》	物质空间形态	强调了中心区在空间、尺度以及设施方面与城市其他区域的差异，也着重阐述了各中心区间的功能错位发展形成中心体系
	《土木建筑工程词典》	功能业态	强调中心区功能的公众性和混合性，明确中心区的核心地位和交通支撑的重要性

*资料来源：作者根据相关文献整理

相关研究人员根据其自身研究方向及内容的不同，也有不同的阐述。

早在1920年代，美国地理学家伯吉斯以芝加哥为蓝本概括出城市宏观空间结构为同心圆圈层模式，认为：城市空间结构可以分成5个圈层，而城市中心为城市地理及功能的核心区域。

二战后至1970年代，从迪肯森的三地带理论（迪肯森，1947），到埃里克森的折衷理论（埃里克森，1954），城市中心区都被界定为以商务功能为主体的城市地域中心。Horwood和Boyee提出了城市中心区的"核心—外围"结构理论，认为中心区是由核心部分和支持中心的外围组织结构构成（Horwood和Boyee，1959）。

早期的研究偏向于从空间结构的层面对中心区进行解读，而近年来的研究则更为综合、全面，从经济、社会等诸多层面进行解读。

从中心区的功能构成层面的解读认为：城市中心应具有城市行政管理和公共集会的行政活动功能，具有金融财贸和商业服务业等对城市提供最集中、最高端服务的功能，同时也提供各种工艺劳动的优质服务，是技艺竞会、交流博览的场所（亢亮，1991）。

从城市空间和职能角度的分析认为：城市中心区是一个综合的概念，是城市结构的核心地区和城市功能的重要组成部分，是城市公共建筑和第三产业的集中地，为城市及城市所在区域集中提供经济、政治、文化、社会等活动设施和服务空间，并在空间特征上有别于城市其他地区（吴明伟等，1999）。

从社会公共活动角度的解释则认为：城市中心是地区经济和社会生活的中心，人们在此聚集，从事生产、交易、服务、会议、交换信息和思想活动。它是市民和文化的中心，是社会群体存在的象征，具有易通达、用途多样化、用途集中和稠密、组织结构等特征（西里尔·鲍米尔，2007）。

3）中心区概念内涵

准确界定出中心区的概念内涵与类型是一件十分复杂的工作，事实上，正由于中心区功能单元的多样性和划分标准的混乱，并不存在一个唯一的概念定义标准，但也可以发现其中诸多的相似理解及认识：就其空间显性因素而言，中心区主要指各类公共服务设施的集聚区。历史上，随着城市各职能用地的集聚效益导致城市空间的地域分化，其中的商业、办公、行政、文化等公共服务职能在市场经济的推动下相对集聚，这些集聚的物质空间形态逐渐形成城市中心区。同时，尽管我们强调研究对象为物质空间形态，但我们不能避开非物质的产业支撑与公共文化休闲活动等隐性要素。因为自古以来，这种产业经济与社会文化上的支撑一直影响着城市中心区的形成与发展。当城市服务产业高度发达，经济外向度高，核心地区提供的公共活动和社会交往空间达到一定的聚集规模，且获得市民的普遍认同，便可形成完整意义的中心区。

因此，从城市整体功能结构的演变过程来看，本书对城市中心区作如下的定义理解：**城市中心区是位于城市功能结构的核心地带，以高度集聚的公共设施及街道交通为空间载体，以特色鲜明的公共建筑和开放空间为景观形象，以种类齐全完善的服务产业和公共活动为经营内容，凝聚着市民心理认同的物质空间形态。**城市中心区的内涵特征可进一步表现为经济、空间和社会三个方面（表1.2）。

表 1.2 中心区的内涵特征

属性	特征	内涵特征描述
经济属性	高昂的土地价格	土地价格是市场机制作用于中心区结构的最直接方式,"地价—承租能力"的相互作用决定了中心区整体结构格局及演替过程。级差地租的客观存在,影响社会经济的各个方面对土地的需求,并进而导致土地价格的空间差异,而中心区所处城市空间区位的优越性决定了其高地价水平
	高赢利水平的产业	各城市功能均存在对中心区位的需求,但由于中心区土地的稀缺性和内部可达性的差异,地位高低各异,市场竞争使得承租能力较高的产业部门占据了地价较高的街区。这种承租能力上的差异,在空间上表现为拥有高赢利水平的机构占据了中心区内的中心位置
	激烈的市场竞争	由于集聚效应的影响,中心区各服务职能机构都密集在同一区域内以产生更好的规模效应,集聚同时也带来了同行业机构间的竞争。竞争不仅表现在对市场的争夺上,还给同一区域内行业提供了比较标尺。集聚增强了激烈竞争的同时,也增强了中心区作为产业聚集区的整体竞争力
空间属性	最高的交通可达性	在趋于多元化的城市交通体系中,中心区占据了快速道路网、公共交通系统、步行系统等交通服务的最佳区域,同时中心区内外交通的连接在三维空间展开,形成便捷的核心交通网络,以提供商务活动者于单位时间内最高的办事通达机会。对城市整体而言中心区具备优越的综合可达性,这是公共活动运行的普遍要求,也是中心区产生的根源
	高聚集度的公共服务设施	城市用地的利用强度是非均质的,单位用地面积出现最高建筑容量的情况以地价水平为基础,以功能活动的需求为条件。在城市演进的过程中,商业、商务等公共活动与这些条件趋于吻合,高强度的开发成为稀释高地价,提高地租承受能力的必然选择,加上公共活动本身的聚集要求,逐渐导致了中心区建筑空间的密集化,并向周围扩展成为连续的地区
	特色的空间景观形象	中心区是一个城市最具标识性的地区,中心区内公共建筑的密集化,在城市空间景观上产生标志性影响。中心区内拥有独特造型的标志性建筑和高低起伏的天际轮廓线为中心区提供了其特有的可识别性。这些标志性的建筑和建筑群不仅满足市民公共活动的需求,同时也满足精神层面的需求,更能体现城市的魅力和内涵
社会属性	密集的公共活动	各类公共服务设施的完善是中心区的其中一个特征,高度聚集的综合化设施带来了商务办公、商业消费、娱乐休闲等密集的公共活动。这种密集的活动不仅体现在服务种类的多样化上,同时也体现在活动时间的连续性上,各职能的高度混合,为中心区内活动的全天候性提供了可能性
	文化心理认同	中心区的形成需要有漫长的时间积累,在这一过程中,中心区成为深厚历史文化的空间载体,是公众产生心理认同感的特定区域,传承着城市的文脉和公众的集体记忆,而市民的心理认同感也是产生中心区吸聚力的一个重要原因

* 资料来源:作者整理

1.1.2 中心区空间界定

随着城市规划理解的加深及技术的发展,城市规划的诸项研究已经出现了明显的国际化趋势及定量研究的倾向。这就需要建立一个统一的标准及研究范畴,以便与国际进行接轨,并有利于各项数据指标的定量计算与分析,而这也是目前城市中心区研究的薄弱环节。同时,作为城市产业发展的核心区域,产业与空间的联动分析也成为一个主要的研究方法,也需要有具体的界定及范围来进行数据的统计及分析。而从城市规划角度研究中心区,首先要分析它的功能活动、空间结构及其支撑环境等方面。这些工作要求必须建立一个可比较的概念标准范畴来协助研究，以保证尽可能地取得空间比较和深入分析的平台依托。因此，为了适应中心区研究发展的新要求，体现城市规划定量研究的新趋势，应首先对中心区研究范围进行界定。

1）中心区空间界定的探讨

城市中心区具有特定的形态与功能，其空间肌理也与城市其余地区有较为明显的区别，这也成为界定城市中心区的突破口，常见的方法可归纳为以下几个方面：

（1）以空间肌理为界定标准。这一方式多是借助遥感及计算机技术，在大尺度地形图资料中识别出中心区范围。Patrick Lüscher 和 Robert Weibel 针对英国城市，利用相关经验，从大尺度地形图中自动识别城市中心区，识别主要从中心区整体形态特征、标志要素及相关功能出现频率等方面展开（Patrick Lüscher 和 Robert Weibel，2013）。Taubenböck 等则从中央商务区的形态特征出发，通过 3 维数字表面模型和多光谱影像组合的方式检测和界定城市中央商务区（H. Taubenböck 等，2013）。这一方法较为适宜在较大的尺度中确定城市中心区的数量及位置，但难以对中心区边界进行精确界定。此外，还有学者以地块的平均高度来确定中心区边界，但地块的平均高度分界点设定主观性较大，且忽视建筑功能，有可能把大片高层居住街区也划入中心区范围内，难以实际应用。

（2）以路网密度为界定标准。这一方法以较易获得的城市道路数据对中心区边界进行界定，但受城市道路系统结构影响，需要根据城市道路系统进行调整。Zhang Qingnian，Lu Xueqiu 从栅格密度及内核密度两个方面对广州市道路密度进行分级，并根据道路系统调整道路密度最高区域的边界，以此作为广州市中心区边界（Zhang Qingnian，Lu Xueqiu，2009）。但该方法缺乏对中心区功能影响的考虑，道路密度等级的划分主观性较强，对一些道路密度较为均质的中小城市可行性不高。

（3）以人口密度为界定标准。这一方法认为城市中心区也是就业中心，以就业密度作为城市中心区的界定标准。典型的做法如 Redfearn 针对美国城市普遍的多中心格局，以洛杉矶为例，用就业密度的方法识别城市的多个中心区（Christian L. Redfearn，2007）。Leslie 则从就业密度及企业密度两个方面出发，通过内核平滑模型计算了美国凤凰城的多中心区范围（Timothy F. Leslie，2010）。Krueger 通过就业、通勤模式、土地利用指标，利用公共设施簇群的空间叠加分析划定中心区范围，区分中心区的性质，并分析中心区的结构及发展趋势（Krueger，2012）。这类方法难以区分劳动密集型企业集中区与城市中心区，且难以对中心区边界进行精确界定。同时，也有学者提出以街区为单元，利用人口密度来确定城市中心区的边界，但存在分界点设定主观化的问题，也有可能与劳动密集型企业、高校等人口稠密区发生混淆，实际中较难使用。

（4）以心理认知为界定标准。该方法认为城市中心区不可能被明确界定，其范围仅固定在人们的想象中，应根据城市管理者、城市规划者或是当地市民的心理认同来确定。以这一理论为出发点，将城市中心区地图交给专业人士及当地居民，询问每个人观念中的城市中心区界限，将结果平均即形成一条边界。但是这种方法界定出的结果从人的心理认知出发，带有较强的主观意愿，根据调查对象的不同，中心区边界的随机性也较大，且缺乏足够的科学依据，可能存在多解的结果，难以使用。

(5) 以功能形态为界定标准。该方法认为中心区应是公共职能的集中区域及城市高强度的建设区域,因此从这两个方面出发对中心区进行界定。这一方法最早源自 Murphy 及 Vance 对中央商务区的研究,他们认为中心商务区包括两个关键的属性:①商务活动是中心商务区的功能本质;②商务空间的聚集程度是鉴定中心商务区范围的综合尺度。在此基础上提出 Murphy 指数概念和计算方法(Murphy R E, Vance J E, 1954):

$$中心商务高度指数\ CBHI = \frac{商务类功能总建筑面积}{建筑基底面积}$$

$$中心商务密度指数\ CBII = \frac{商务类功能总建筑面积}{总建筑面积} \times 100\%$$

Murphy 及 Vance 提出中心商务区的量化测定方法被称为"Murphy 指数界定法",它充分体现了中心商务区在容量方面的特征。他们根据对当时美国的 9 个中等城市(人口 10~23 万)研究的基础上,提出以街区为统计单位,达到:$CBII \geqslant 50\%$,$CBHI \geqslant 1$ 的连续街区为中心商务区范围。Murphy 指数界定法从 1950 年代发展起来,是至今提出过的中心商务区量化界定方法中最可行、最实际的方法,也是目前使用最广,最能被广泛接受的方法,使用它能得出真正具有合理可比性的中心商务区边界。

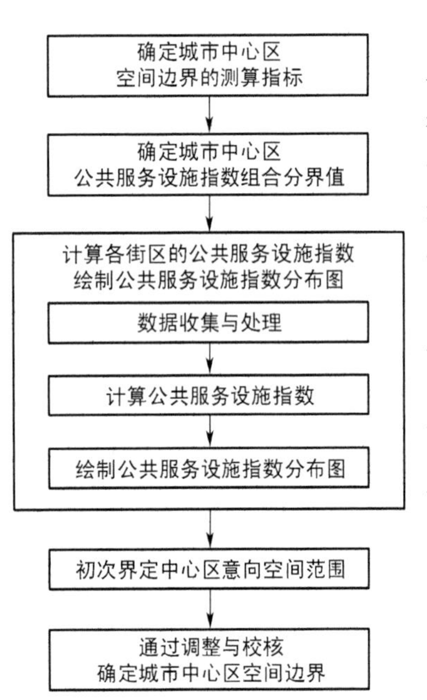

图 1.3 中心区范围界定步骤

*资料来源:杨俊宴.城市中心区规划理论与方法[M].南京:东南大学出版社,2013.

但由于城市实际情况的变化,导致自 Murphy 以来一直沿用至今的 CBHI 和 CBII 两大指标的实用性也随之变异和波动:一是 CBD 已经逐渐演化为现代的专指商务中心区概念,而城市中心区应当包含商业和商务各类公共服务设施,其指标内涵需要进一步调整。二是在当代中国中心区的高强度开发中,大批高层、超高层建筑取代了原有的多层建筑,使中心区的高度指数(CBHI)成倍上升。随着中心区的不断"长高",实际测定的 CBHI 几乎没有在 2 以下,而大多在 4 以上,因此原来关于 $CBHI \geqslant 1$ 的界定尽管依然有效,但结果很不精确,需予以修正,而与之相反的是,CBII 是指商贸用房所占的百分比,只与各种职能的空间结构相关,而与建筑物的整体高度无关,因此 CBII 依然能精确反映中心区的商贸聚集程度。

2) 公共服务设施指数法

在前人研究的基础上,杨俊宴以 Murphy 指数界定法为借鉴,提出"公共服务设施指数法",用于测算城市中心区的空间边界,提出能够反映中心区功能本质并能够被客观精确进行度量的数据指标。根据我国典型城市现状调研结果,确定城市中心区公共服务设施指数的组合分界值;收集原始数据,据此绘制测算指数空间分布图,从而划定城市中心区的空间边界[①],具体界定方法如下(图 1.3):

① 杨俊宴.城市中心区规划理论与方法[M].南京:东南大学出版社,2013.

(1) 确定城市中心区空间边界的测算指标

根据调研结果和理论分析,可以看出,城市中心区具有两个关键的属性:①公共服务机构(商贸设施)是中心区的功能本质;②公共服务设施空间的聚集程度是鉴定中心区范围的综合尺度。在此基础上提出公共服务设施指数概念和计算方法,能够充分体现中心区的容量特征。公共服务设施指数是对中心区进行量化分析的主要指数,依据土地使用特征,提出公共服务设施高度指数 PSFHI(Public Service Facilities Height Index)、公共服务设施密度指数 PSFII(Public Service Facilities Intensity Index)分别为:

$$PSFHI = \frac{被调查用地公共服务设施的建筑面积}{被调查用地的用地面积}$$

$$PSFII = \frac{被调查用地公共服务设施的建筑面积}{被调查用地的总建筑面积} \times 100\%$$

(2) 确定城市中心区公共服务设施指数的组合分界值

以单个街区、连续街区为测算单元(所述连续街区是指在空间上延续的两个及两个以上单个街区的总和),对城市中心区公共服务设施指数大小的累计比例分布值进行分析,以确定非中心区街区、中心区街区 2 种城市中心区公共服务设施指数的组合分界值,为中心区范围指数值(PSFII+PSFHI)C。中心区范围指数值 (PSFII + PSFHI)C = [(50) + (2)],即公共服务设施密度指数 PSFII 的分界值为 50%,公共服务设施高度指数 PSFHI 的分界值为 2。大于此组合指数值的连续街区为中心区空间范围,小于此指数的连续街区为非中心区空间范围。

(3) 计算各街区的公共服务设施指数并绘制公共服务设施指数分布图

以单个街区为测算单元,计算各单个街区的公共服务设施高度指数 PSFHI 和公共服务设施密度指数 PSFII,并标注在用地平面图上,然后根据数值大小定义该街区的颜色,得到公共服务设施高度指数 PSFHI 和公共服务设施密度指数 PSFII 的分布图。

(4) 初次界定城市中心区意向空间范围

在各单个街区公共服务设施指数分布图的基础上,结合峰值地价、功能单元和交通流量分析这三个界定参数,叠合标志性公共建筑的分布,首先选取所有公共服务设施指数大于或等于中心区范围指数值(PSFII+PSFHI)C 的单个街区、所有包含标志性公共建筑的单个街区;在这些街区的总和中,勾勒出空间连续的若干街区,作为该城市中心区的意向范围界线。

(5) 通过调整与校核来确定城市中心区空间边界

在中心区意向范围界线内,计算该中心区意向范围内整体的 PSFHI 和 PSFII 指数,这里的中心区范围是指中心区意向范围。将各街区的公共服务设施建筑面积,总建筑面积,总用地面积分别累加,计算该中心区范围内整体的 PSFHI 和 PSFII 指数,并与中心区范围指数值(PSFII+PSFHI)C 作对比。通常会存在一定差距,如果整体指数大于中心区范围指数值,则说明中心区的意向范围偏小;反之则说明中心区的意向范围偏大。

根据整体指数与中心区范围指数值(PSFII+PSFHI)C 之间的差距,调整空间范围。如果整体指数偏大,则适当扩大其空间范围;如果整体指数偏小,则适当缩小其空间范围。在调整过程中,以面积最大的标志性公共建筑为圆心,进行均匀扩大或缩小。再次统计的中心区范围内仍然不满足(PSFII+PSFHI)C 的组合值,可以继续调整范围。通过若干次调整和校核,逐步使中心区范围内整体的公共服务设施指数渐渐达到(PSFII+PSFHI)C。

该界定技术路线综合了西方中心区范围界定的成熟方法,借鉴了国内多次中心区范围界定的经验教训,采用完全相同的调查标准、统计精度和计算方法,以保证量化界定出来的结果具有相当的精确度和可比性。在以上研究的基础上,利用城市中心区边界范围量化界定方法,对国内外部分城市中心区展开研究。经不同国家、地区中心区的实际检验,该方法具有较强的可操作性,并能较为准确地反映出中心区的范围。

1.1.3 中心区结构构成

中心区边界的确定可以使中心区的研究进入更为精确、深入的层面,也为不同国家、地区的中心区研究建立了一个统一的平台。在一定的边界范围内,就可以进一步地展开中心区相关数据、指标的量化研究,中心区相关的产业研究以及空间形态、结构等层面的研究。其中,空间结构不仅是中心区空间形态的集中表现,也在一定程度上体现了中心区的产业结构特征,是对中心区认识和把握的基础之一,也是学界研究的重点。

1) 对中心区结构的不同理解

早在 1900 年代初,Hurd 和 Garpin 就发现和提出城市形状和城市扩展方向是从城市中心区向外围呈同心圆形状及沿主要交通线的放射状(R. Hurd,1904;C. J. Garpin,1918),1925 年,美国学者 Burgess 提出了城市的同心圆理论模型(Concentric Zone Theory),认为中心区具有 5 个不同功能的圈层式空间结构,规则地由内向外延伸。Scott 通过对美国和澳大利亚城市的研究,提出了中心区功能簇群结构的理论模型,认为中心区由内部零售地带、外部零售地带和商务办公地带三个互相渗透的地带组成(Peter Scott,1959)。Horwood 和 Boyee 提出了中心区的"核—框"结构理论模型,中心区的核心部分位于城市中土地使用最为密集,社会和经济活动最为集中的地区,一般是城市主要公共交通的换乘处(Horwood 和 Boyee,1959)。Murphy 及 Vance 在中心商务指数的基础上,进一步研究,又提出了中心区"硬核—边缘"理论,并由此创立了中心区的结构理论(Murphy R E 和 Vance J E,1954)。Alonso 以经济学地租理论为理论基础提出了城市土地竞租模型,解释了不同类型的土地利用围绕中心区呈同心圆布局的原因(Alonso,1964)。Davies 认为传统的城市中心购物活动受一般便捷性影响最大,呈圆形分布以体现其等级状况及相关的潜在利益;其他商务受干道便捷性的影响最大;一些特殊的功能受特殊便捷性的影响最大;三种便捷性因素的影响相叠加,则形成中心区零售业的综合布局模式(Davies,1972)。李沛从全球性城市 CBD 的角度阐述与 CBD 有关的理论和实践问题,并提出 CBD 内道路交通的输配环结构理论(李沛,1999)。杨俊宴等针对中心区内出现的建筑风貌较差、景观环境陈旧、服务设施低端的现象,提出了阴影区概念(杨俊宴等,2012),并针对中心区发展的多核结构的道路交通系统进行研究,提出交通输配轴及输配环构成的交通输配体系概念,以及交通输配体系的发展模式(杨俊宴等,2013)。

不同的学者从各自学科背景及研究角度出发对中心区结构有不同的理解与认识,但从诸多的研究结论中可以发现一些共同的认识:①中心区存在功能的高度集中区,或围绕一定的核心区域圈层式布局,一般称之为核心区或硬核;②中心区内并非全是公共服务设施的高度集聚区，存在一定的阴影区现象；③中心区的空间结构与一定的道路交通体系密切相关，并已有学者提出交通输配的相关结构概念。

2）中心区的结构要素

在长期的调查、研究及实践中，通过在对南京中心区30年演替的定量研究中，提出了中心区的圈核结构模式，将中心区划分为主核圈层、阴影圈层、亚核圈层、辅助圈层及交通输配体系等5个部分，其中硬核(包括主核及亚核)间的相互关系及空间分布特征，阴影区空间形态，交通输配体系的构成及形态格局共同决定了中心区的结构形态(图1.4)。在此基础上，通过大量的调研及相关研究，发现硬核、阴影区及交通输配体系是中心区中普遍存在的结构要素，具有广泛的适用性。

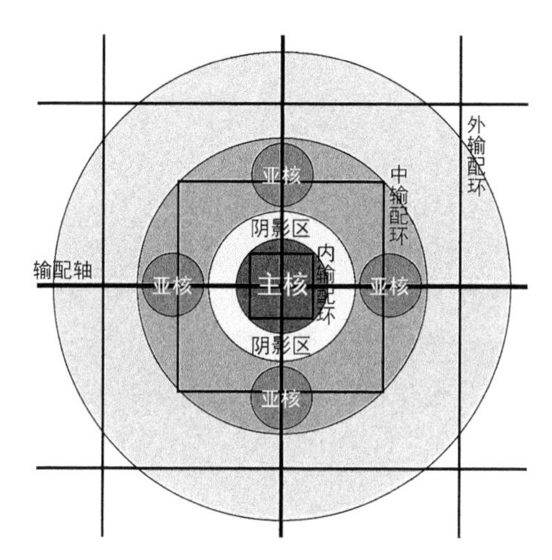

图1.4 中心区圈核结构模式图

*资料来源：作者绘制

(1) 硬核：硬核是中心区内公共服务设施的高度聚集区，通常具有城市中最高的建筑、最大的开发强度及建筑密度，集中反映了城市及中心区功能、景观、文化等方面的特征，是城市和中心区的窗口。随着中心区的发展，中心区内会产生新的硬核，而在发展初期，新的硬核与原有硬核之间会存在规模等级的较大差异，产生主核与亚核的等级区别。

对于硬核的界定，在中心区边界界定的基础上，根据中心区硬核的实际情况，并经过长期的实践应用，采用硬核指数值(PSFII＋PSFHI)HC＝[(85)＋(4)]作为硬核的界定标准，即公共服务设施密度指数PSFII的分界值为85％，公共服务设施高度指数PSFHI的分界值为4。大于此指数值的连续街区为中心区硬核范围。

(2) 阴影区：阴影区是在“阴影效应”影响下产生的，一般分布在硬核周边，多为城市的老旧住宅区及工业区，表现为公共服务设施集聚力度的急剧降低，出现服务设施低端、建筑风貌较差、景观环境陈旧的现象，与硬核形成强烈的对比。阴影区在中心区的空间形态分布是各不相同的，也产生不同的空间效果，主要呈现出3种形态特征，即围绕主核的环状分布形态、组团状分布形态以及碎片状分布形态。

(3) 交通输配体系：中心区的交通输配由中心区内各级道路及各类交通方式共同构成，承担着中心区内的人流、车流及物流的疏散及配送职能，其中的结构性框架可称为交通输配体系，对中心区空间形态的构建起着骨架支撑作用。根据其形态及交通输配方式的差异，可将中心区输配体系骨架划分为输配轴、输配环及输配网3种结构。

① 输配轴：多是从中心区硬核通过或发出的主干级道路，起到硬核交通输配、引导空间拓展的轴线等作用。

② 输配环：在距硬核大致相同的空间距离上，多条主干级道路相互连接形成环状，起到连接周边、快速疏散、分流交通等作用。输配环一般出现在规模尺度较大的中心区，较为完善的输配环可分为内输配环、中输配环及外输配环3个层次。内输配环为硬核内部环路，解决硬核内部的交通输配问题；中输配环多分布于中心区中部位置，起到连接各个亚核，分流进入主核交通的作用；外输配环多分布于中心区边缘地区，主要功能为分散及汇聚中心区与城市的交通联系，分流过境交通。

③ 输配网：在规模尺度巨大的城市中心区中，已经难以区分具体的轴线道路及环路，主干道路分布均匀，相互交织形成网状，共同解决中心区的交通输配问题。

1.2 相关研究综述

长期以来，城市中心区一直是国内外学术界研究的热点，产生了丰富的研究成果，其中对于中心区空间结构的探索尤其突出，一些结构层面的空间模型极大地指导了城市及中心区的空间发展。而对于中心区结构形态及模式的研究，主要从宏观区域层面、中观城市层面和微观中心区层面的多元视角逐步丰富中心区的空间构成研究，建构了不同空间结构的理论模型，这些空间模型涉及区域地理、产业经济、交通输配、空间形态等不同学科，极大地促进了中心区空间形态结构的研究。

1.2.1 从宏观区域层面研究地理核心空间的结构模型

德国学者 Christaller 提出中心地理论模型，认为空间区域内的多核中心地是按照一定等级序列多级分布的，揭示了商业、服务业的空间分布及其职能组合的规律性，也为中微观层面的中心区模型提供了理论依据。Paul Krugman 以对厂商之间的向心力和离心力及其相互作用的分析为基础，构建了多中心城市结构空间自组织模型，阐述了大范围内的有规则的经济空间格局的内在机理，这在很大程度上构成了对中心地理论的补充和完善，成为空间经济学、特别是近年来发展起来的新经济地理学领域的重要分析工具(Paul Krugman，1996)。在经济全球化的背景下，Taylor 等又提出中央流理论作为中心地理论的有效补充。Taylor 等认为城市是动态发展的，且不是孤立存在的，必然与周边城市发生好的与坏的联系，形成城市集群。在此基础上，利用城市之间先进生产性服务业联动网络模型建立城市之间的关系网络，构成了中央流理论模型(Taylor P J，Hoyler M，Verbruggen R，2010，图1.5)。Kunzmann 则认为中心地理论可以理解为一个分等级的多中心格局，并提出宏观区域发展的单中心、分等级的多中心及多中心格局3个阶段(Kunzmann，2008，图1.6)。

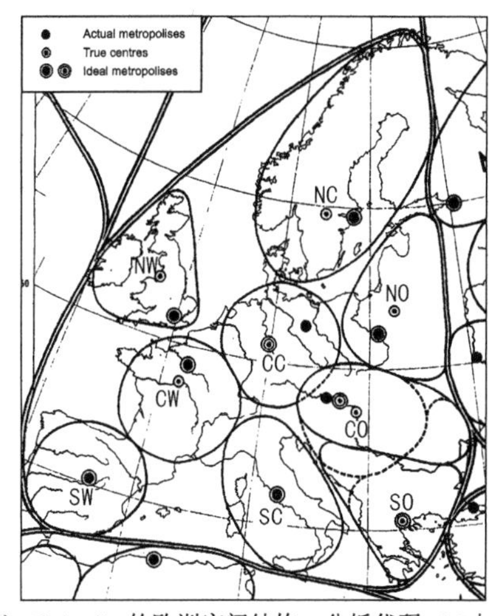

(a) Christaller的欧洲空间结构。分拆代码:CC中央,CO中央东,CW中央西,NC中北部,NO东北部,NW西北部,SC中央南,SO东南部,SW西南部

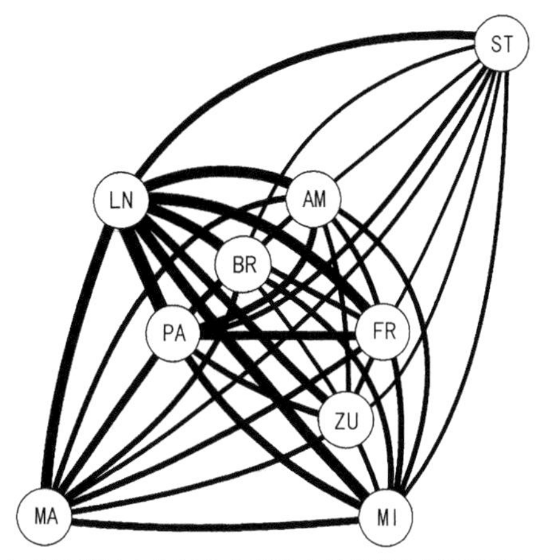

(b) 九个欧洲城市之间的先进生产性服务业城际联系。城市代码:AM阿姆斯特丹,BR布鲁塞尔,FR法兰克福,LN伦敦,MA马德里,MI米兰,PA巴黎,ST斯德哥尔摩,ZU苏黎世

图 1.5 Christaller 的欧洲空间结构与 Taylor 的中央流结构

* 资料来源:Taylor P J, Hoyler M, Verbruggen R. External urban relational process: introducing central flow theory to complement central place theory [J]. Urban Studies, 2010, 47(13): 2 803-2 818.

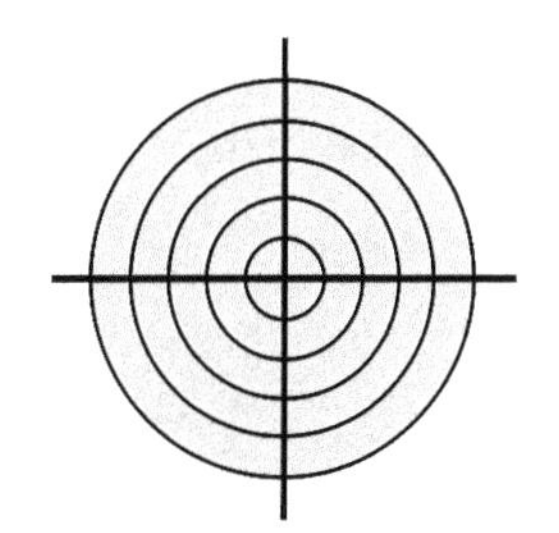
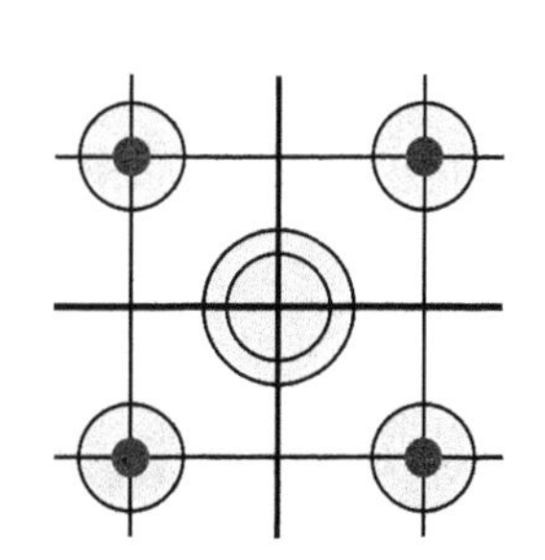
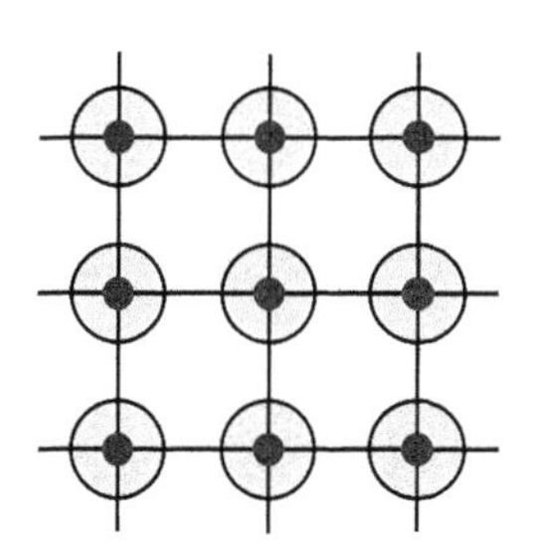

图 1.6 单中心、分等级的多中心及多中心结构

* 资料来源:Kunzmann K R. Polycentricity and Spatial Planning [J]. Urban Planning International, 2008(1): 014.

在我国学者的研究中,也发现了区域内城市群空间结构发展的网络化趋势,并对其驱动机制进行了探索。经济地理学家陆大道院士提出区域空间结构的“点轴理论”,将区域空间中的城市核心、交通干线、市场作用范围等统一在增长模式之中,通过点轴的相互关系形成空间发展的不均衡性,进而形成空间多中心的等级体系(陆大道,2003)。高斌通过对我国西部地区大开发实际资料的观察和思考,分析了点轴开发模式的前提以及在自然地理障碍、地理距离障碍条件下存在的点轴开发实现的困难。认为点轴开发模式在某种程度上还属于一种理论模型,在实际应用时应该结合地区的实际情况(高斌,2007)。李翅从城市空间发展角度提出的控制型界内高密度开发模式、引导型界外混合开发模式以及限制型绿带低密度开发模式等(李翅,2006)。彭翀,顾朝林研究了城市群空间形态格局,将其归纳为极核型、走廊型、多极型和复合型始终空间模式(彭翀,顾朝林,2011,图 1.7)。刘乃全从规模集聚效益及产业分工发展的角度,将城市群的空间结构从一种中心城市为核心的圈层式结构,推演到多核多中心式的网络型结构(刘乃全,2012)。

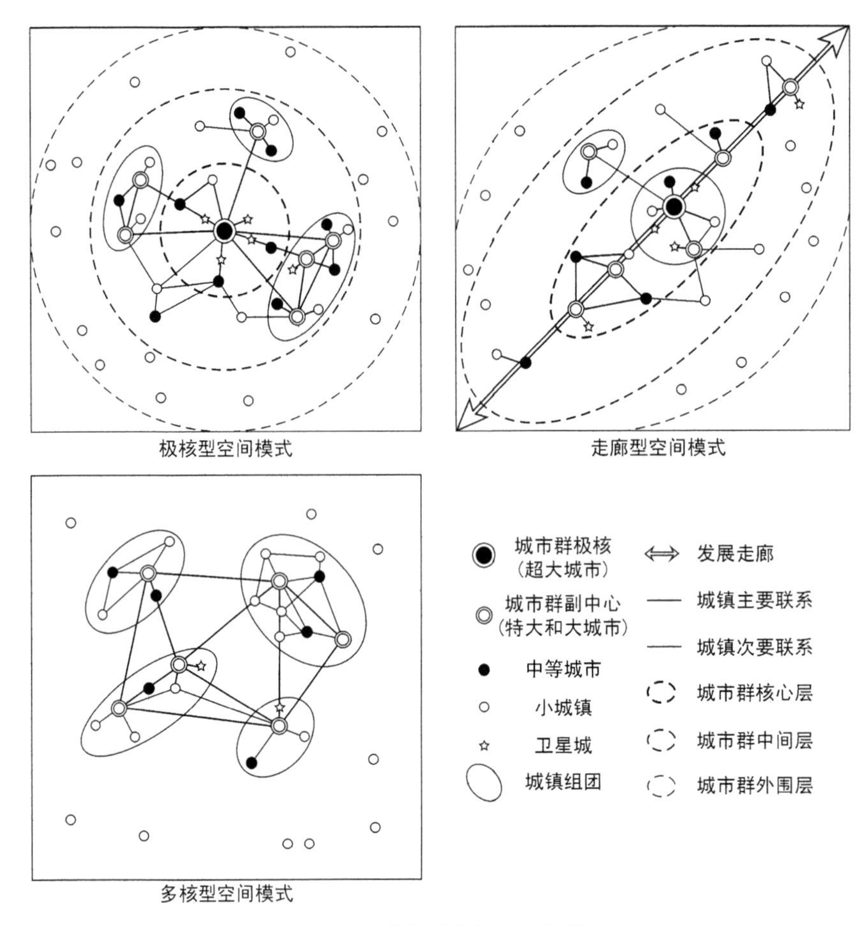

图 1.7 城市群空间形态格局

*资料来源：彭翀，顾朝林.城市化进程下中国城市群空间运行及其机理[M].南京：东南大学出版社，2011.

1.2.2 从中观城市层面研究城市核心空间的结构模型

1) 对空间及功能结构形态的研究

英国学者 Howard 在"花园城市"理论中，提出城市中心区由公园、公共建筑、商业设施和林荫道构成的环绕型结构模型(Howard，1898)。随后，Hurd 和 Garpin 发现和提出城市形状和城市扩展方向是从城市中心区向外围呈同心圆形状及沿主要交通线的放射状(R. Hurd，1904；C. J. Garpin，1918)；美国学者 Burgess 则提出了城市的同心圆理论模型(Concentric Zone Theory)，认为中心区具有 5 个不同功能的圈层式空间结构，规则地由内向外延伸(E. W. Burgess，1925)。Hoyt 考虑了交通因素，提出扇形理论模型(Sector Theory)，对同心圆模型进行了修正，提出土地价格和租金从城市中心沿着主要的交通路线成扇形扩展(Hoyt，1939)。Harris 和 Ullman 提出了多核模型(Multiple Nuclei Model)，认为特大城市空间内具有多个支配中心，这些支配中心除了一个核心 CBD 外，其他的每个支配中心都支配着一定的地域范围，且各具特色，它们的区位和发展情况取决于各自的特色和吸引力(Harris 和 Ullman,1945)。

二战后至1970年代,西方城市学家开始了城市空间结构的“中心区—边缘区—影响区”三分法的探索。这期间,从迪肯森的三地带理论(迪肯森,1947),到埃里克森的折衷理论(埃里克森,1954),城市中心区都被界定为以商务功能为主体的城市地域中心。Alonso 在《区位与土地利用》书中,以经济学地租理论为理论基础提出了城市土地竞租模型——距离城市中心越近,可达性就越大,运费就越小,同时收益就越高,所以地租也越高(Alonso,1964)。此模型涉及土地价格、土地面积、城市特征、交通成本、距离、效用利润等重要因素,解释了不同类型的土地利用围绕中心区呈同心圆布局的原因,成为城市经济学研究城市空间结构的经典理论模型。

2) 对城市多中心结构的研究

随着城市化程度的提高,城市人口及建设规模逐渐扩展,单中心城市中心区出现了严重交通拥堵、环境恶化等问题,这也使诸多学者开始深入探讨多中心的城市结构。Davoudi 认为多中心不仅是欧洲空间规划的方法,也应该作为一种标准模式(Davoudi,2003)。Musterd 等发现自 1960 年以来许多欧洲城市地区都经历了从紧凑的单中心向不太紧凑的多中心城市区域的转变,认为日益走向多中心城市区域的发展趋势是不容置疑的,并通过人口分布、迁移、就业等数据证明阿姆斯特丹已经成为一个多中心城市,且多中心之间为互补关系(Musterd S 等,2006)。Redfearn 针对美国城市普遍的多中心格局,以洛杉矶为例,用就业密度的方法识别城市的多中心格局(Christian L. Redfearn,2007)。Vasanen 以通勤数据测算单个中心与整个城市系统的连通性,并以此来测算城市的功能多中心结构(Vasanen A,2012)。Salvati 及 De Rosa 通过分析长期的人口及居住分布数据,从“细微分散”的扩展模式区分“隐藏的多中心”,并提出 3 种多中心发展趋势:更加均衡的多中心形态、核心衰退外围快速发展的形态以及核心与外围稳定分布的形态(Salvati L 和 De Rosa S,2014)。在这一过程中,学者们普遍认为城市的多中心结构是一种发展的必然趋势。Governa 指出多中心、网络化以及地方创新是意大利及欧洲城市空间发展的重要策略(Governa,2005)。Aguilera 认为多中心是减少通勤交通的有效途径(Aguilera,2005)。Rodriguez 则强调新中心的产生不会影响原有中心的就业密度(Rodriguez J,2012)。

在我国快速城市化的背景下,城市的发展也迅速进入多中心格局,相关研究也逐渐展开。赵燕菁指出“摊大饼”发展方式带来的城市问题的根本解决途径是实行行政中心迁移为主要手段的“跳跃式”发展,古城保护问题的解决途径、提高城市竞争力的措施也是建立新的城市中心区(赵燕菁,2001—2004)。徐雷等针对我国特大城市不断扩张兼并周边小城市,使其成为卫星城市的发展趋势,提出多核、层级、网络的兼并型城市中心区形态格局(徐雷等,2001,图 1.8)。骆祎针对杭州多中心的发展状态,研究其中心区体系的相关问

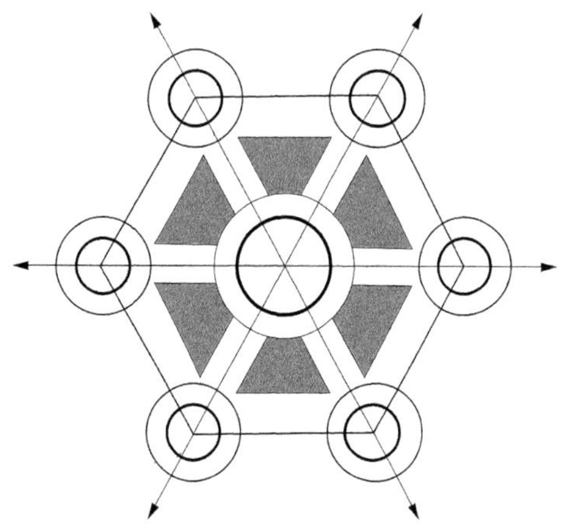

图 1.8 多核、层级、网络的兼并型城市中心区形态格局

*资料来源:徐雷,胡燕. 多核层级网络－兼并型城市中心区形态问题研究[J]. 城市规划,2001,25(12):13-15.

题,包括城市中心区的历史和现状特点,未来的发展走向,未来中央商务区的功能定位及区位选择,城市次中心的定位、分布等(骆祎,2005)。牛雄等分别从社会人口、产业布局、土地利用3个方面定量研究南宁城市空间结构的变化,提出城市中心分移的理论假说(牛雄等,2007)。孟祥林认为空间核产生的过程就是经济核通过经济波对区域内其他经济体的辐射过程,经济波辐射强度的差异形成水平不同的城市个体,经济核随距离远近不同而形成不同状态的中心性影响强度,城市个体通过经济的和空间的联系形成城市体系(孟祥林,2007)。随后孟祥林又以波核理论分析北京空间的发展,认为北京将呈现双环掌状多核网络发展趋势(孟祥林,2008,图1.9)。边经卫认为轨道交通是引导城市空间结构调整、促进城市发展轴形成、带动城市中心区和副中心区发展的重要支撑,并提出基于轨道交通的城市空间的轴向式、组团式和主轴—网络状3种发展模式,指出大城市空间形态模式的选择应充分借鉴主轴—网络状模式(边经卫,2009,图1.10)。潘海啸等也认为轨道交通应与城市公共活动中心相结合设置,并对上海中心城区轨道交通与城市中心体系的耦合状况进行研究,提出"空间耦合一致度"评价指标(潘海啸等,2009)。宋培臣以上海多中心空间结构为

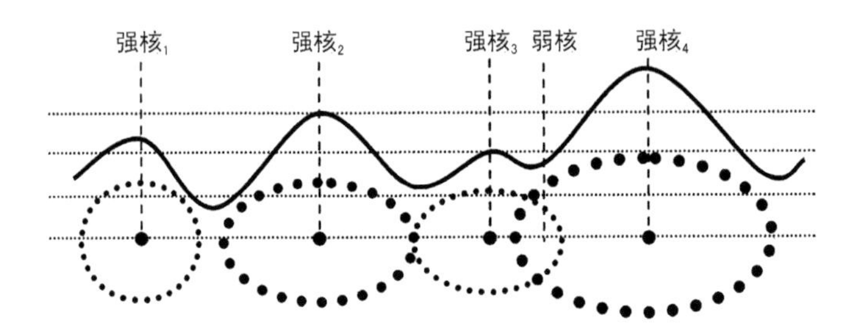

图1.9 经济核与经济波

*资料来源:孟祥林.城市扩展过程中的波核影响及其经济学分析[J].城市规划研究,2007(1):57-62.

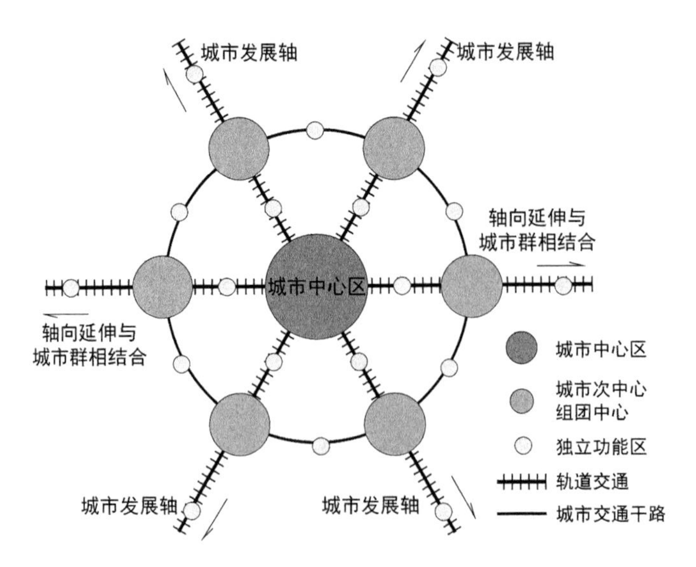

图1.10 主轴—网络状空间发展模式

*资料来源:边经卫.城市轨道交通与城市空间形态模式选择[J].城市交通,2009,7(5):40-44.

研究对象分析了城市副中心的形成机制，并提出城市副中心建设与发展的空间模式：单一城市副中心、分区平衡城市副中心及交通枢纽型城市副中心（宋培臣，2010）。杨俊宴等发现在城市中心区的拓展升级中，城市由单个中心开始分裂，并重组为多个中心，形成多中心的城市结构，而各中心之间存在一定的相互关系，构成城市的中心体系，并对广州市城市中心体系展开详细的规划研究（杨俊宴等，2011）。随后，杨俊宴等提出了中心体系空间研究的技术框架，阐述了中心体系一主多副、二主多副、多主中心的演变进程（杨俊宴等，2012）。石巍也以多中心视角对上海市城市空间结构进行研究，认为多中心结构是城市空间结构的必然趋势，也是空间扩展最均衡的结构，并认为社会基础设施与交通通达性是影响多中心发展的重要因素，而政策规划的引导对于城市空间有着指引作用（石巍，2012）。章飚等认为城市公共中心体系的发展受到经济、社会、文化等多因素影响，可归结为产业经济推动力、土地空间支撑力、社会政策调控力三大类，三大动力的协同程度决定了城市中心体系的空间拓展速度与跨度（章飚等，2012）。孙铁山等以就业密度研究北京都市区多中心结构，指出就业次中心虽然形成但与城市中心区比较接近，整体上都市区内就业的分散化程度有限，其中集聚经济、交通可达性及地区服务业比重的上升是次中心形成的关键（孙铁山等，2013）。胡昕宇等发现城市中心体系的空间规模与城市经济规模存在明显的互动规律，城市中心体系的构成要素与城市第三产业的构成要素之间也具有明确的互动规律，并从产业、人口及政府推动 3 个方面对背后的关联特征及其机制进行解析（胡昕宇等，2014）。

1.2.3 从微观中心区层面研究核心空间的结构模型

1）中心区空间结构形态研究

随着西方快速城市化的进程，单独对中心区的空间模型研究也开始细化，由最初的城市空间结构关系转向对中心区内部结构的定量分析。柯布西耶在“集中城市”理论中提出了城市集中发展的空间形态，二战后的较长时间里，伦敦建筑师协会基本上都采纳了柯布西耶的理论，这使得 1960 年代英国城市多采用高层建筑形式构筑中心区，极大程度上影响了英国城市的空间结构。美国城市地理学 Murphy 和 Vance 通过对美国的 9 个中等城市土地利用状况的调查研究，开创了中心区量化的测定方法，由此，城市中心区的界定量化工作成为研究的热点，相继有赫伯特与卡特的中心商务建筑指数比率以及多尼的分地块价格等理论的提出。其后，Murphy 和 Vance 以其中心商务指数为依据，又提出了中心区“硬核—边缘”空间结构模型，并由此创立了中心区的结构理论（Murphy 和 Vance，1954）。在此基础上，Preston 及 Griffin 对中心区的扩散与收缩变化进行了研究（Preston 和 Griffin，1966）。Scott 通过对美国和澳大利亚城市的研究，提出了中心区亚区即功能簇群的理论模型，认为中心区由内部零售地带、外部零售地带和商务办公地带三个互相渗透的地带组成，三个地带不一定组成同心圆结构（Scott，1959）。Davies 在研究开普敦的城市中心区时，运用簇群分析方法划分了中心区的功能簇群，发现其内部具有类似城市内部结构的特征（Davies，1960）。Carroll 对中心区中批发业和制造业功能的界定（Carroll，1959），以及 Diamond 对英国格拉斯哥的批发业的研究等（Diamond，1962），都表明在此期间研究者对中心区功能结构的关注。Horwood 和 Boyee 提出了中心区的“核—框”理论模型，认为中心区可分为核和框两大部分，核是中心区的内部核心部分，是大城市中土地使用最为密集，社会和经济活动最为集中的地区，一般是城市主要公共交通的换乘处，是专门化的专业和商业服务的中心；框是中心区的外围，是非零售用地功能区，批发、交通、销售和服务等众多行业居于其中，多为家庭住宅、城市间的交通总站、轻工业和学校所在地，外部结构决定其边界范围(Horwood 和 Boyee，1959)。随后 Tarver 等提出的城市地域理想模型中，城市中心区被划分为核心区与边缘区(Tarver，1963)。Davies 曾针对中心区零售业布局提出综合空间结构模型，认为传统城市中心购物活动受一般便捷性影响最大，呈圆形分布以体现其等级状况及相关的潜在利益；其他商务受干道便捷性影响最大；一些特殊功能受特殊便捷性的影响最大；三种便捷性因素的影响相叠加，则形成中央商务区零售业的综合布局模式(Davies，1972)。

国内对中心区结构的探索起步较晚，主要研究成果多集中于 2000 年以后。吴明伟、朱才斌、陈伟新等从区位、产业构成、交通、地价、城市特色等方面总结了我国现代城市中心区的功能特征(吴明伟等，1999；朱才斌等，2000；陈伟新，2003)。张炯认为城市中心区包括显性结构和隐性结构，前者指城市中心的区位，后者指城市中的功能(张炯，1999)。卢涛以城市核心调适为研究，提出城市核心更新发展中应遵循的六个方面的调适理念与规划原则，同时总结出五大调适方法。最后，以历史文化名城核心、山地城市核心、新城市核心为例，应用调适理论进行实证研究，指出各自可持续发展的对策、方法与目标(卢涛，2002)。邓幼萍对重庆市中心商业区进行研究，总结出适宜的中心商业区空间结构优化模式，即：多核式功能结构、圈层式结构、多元混合式空间形态、多层次交通组织及多样化空间环境(邓幼萍，2003)。周曦研讨“城市核”的性质和发展，阐述“核的分裂”的观点，就“多核”的概念、意义和建设展开了论述，借助城市“核”的基本研究，探讨城市的发展模式(周曦，2005)。吴志强以武汉为例，认为武汉需要一个能对三镇进行有效整合的中央都市核心空间，这个核心空间由江北分核、江南分核、南岸嘴及其延伸段三部分组成，以骨架交通线为主体的交通输配环围合(吴志强，2006)。褚正隆将空间形态研究分为空间集聚、事件集聚、时间集聚三个方面，从形态构成、行为事件和时间三个维度研究山地城市中心区的空间集聚特质(褚正隆，2009)。赵媛从宏观和微观的视角，探讨极核[①]关系形成的原因、演化规律及极核体系的形成(赵媛，2002)。黄向讨论了主题旅游产业集群的空间培育策略，认为带状极核型的空间配置有利于实现产业集群的空间聚集(黄向，2007)。杨俊宴等通过对南京新街口中心区的研究，提出中心区圈核结构模式，将中心区划分为主核圈层、阴影圈层、亚核圈层、辅助圈层及交通输配体系等 5 个部分，并针对中心区硬核周边出现的建筑风貌较差、景观环境陈旧、服务设施低端的现象，提出了阴影区概念，并进行详细的定量研究(杨俊宴等，2012)。此外，也有学者对中心区的区位演替规律进行研究，史宜等依托空间句法分析技术和 GIS 地理信息系统平台，构建了南京的空间句法分析模型，从中探寻城市中心区区位选择的空间规律(史宜等，2011)；杨俊宴在剖析中心区区位布局制约因素的基础上，提出中心区区位由人口分布重心、交通可达性重心及城市几何重心等构成的城市核心三角空间所确定，以评价现有中心区区位并预测中心区区位的演变路径，并从空间形体、结构要素及服务功能 3 个方面建立了 9 项评价因子的城市中心区土地集约利用评价模型，将中心区的土地集约利用分为全面多项集约利用、单项集约利用、均衡集约利用以及局部集约利用 4 种方式(杨俊宴

---

① 经济学领域内的“极核”概念指的是经济发展中的增长极，与本文所指的中心区内硬核演替形成的“极核”结构不同。

等,2013)。

2) 中心区功能结构的演替研究

国际上对中心区演替机制的研究开始于1970年代后,城市化进入后期阶段。布依斯克和威特以荷兰的乌得勒支为例,研究了城市中心区土地利用的变化,认为中心区土地利用之间存在某种固定的比例关系,居住和非居住用地保持着平衡。Ward在对波士顿中心区的演变研究中,追溯了三个专门化核心形成中心区案例的过程(Ward,1970)。Bowden认为中心区按三种方式演替:小尺度增大、突发性增长及通过分散增长(Bowden,1971)。R. Boston对20世纪美国城市中心区的复兴实践活动进行了总结,指出其内容主要包括:步行系统、室内购物中心、历史地段保护、滨水区建设、写字楼建设、公共设施以及改善交通等(R. Boston,1995)。近年来,随着技术及分析手段的发展,借助高新技术、跨学科技术的深入量化研究也成为研究热点。Sasaki构建土地利用优化模型分析城市分中心的形成和发展过程,并研究如何达到租金收入的最大化(Sasaki,1996)。Yeates研究了中心区商业结构的变化(Yeates,1999)。Weltevreden针对网上购物的兴起,通过其与传统城市中心的比较研究中心区的吸引力问题(Weltevreden,2007)。Leslie通过多指标内核密度的方法解析了凤凰城中心区的界定及演替过程(Leslie,2010)。Mori和Smith从产业集聚角度研究中心区规模规律(Mori和Smith,2011)。Liu W和Yamazaki通过不同时期TerraSAR-X图像来研究东京中心区的变迁过程(Liu W和Yamazaki,2011)。Krueger通过就业、通勤模式、土地利用指标,利用公共设施簇群的空间叠加分析划定中心区范围,区分中心区的性质,并分析中心区的结构及发展趋势(Krueger,2012)。

我国对中心区功能结构演替的研究主要集中在发展阶段、结构特征及驱动机制等几个方面。马强把我国中心区的演化从1949年至今分为3个阶段(马强,2001),吴明伟等着眼更长的历史空间,把世界范围的城市分为古代城市、近代城市和现代城市3个阶段,分析了每个阶段城市中心的职能特点以及中心区逐步演进的过程,并研究了我国商业中心区位的转移,总结了商业中心转移的3种方式(吴明伟等,1999)。王虎浩将嘉兴城市中心区空间结构变迁的过程划分为4个阶段:同心圆发展阶段、点轴发展阶段、扇形发展阶段及多核心发展阶段(王虎浩,2006)。在中心区的演替机制的研究中,李旭宏分析了深圳中心商务区由罗湖向福田转移的机制(李旭宏,1993),蒋峻涛将深圳中心区的发展划分为4个阶段,进而将推动中心区发展的主要因素概括为有效的市场需求、弹性的空间结构和深港通道等3个方面(蒋峻涛,2006)。吴景平分析了我国金融中心数次区域性变迁的原因(吴景平,1994)。王健、杨宏烈等探讨了石油城市中心区的演变机制(王健等,1995;杨宏烈等,1997)。查德利等指出聚集效应对城市中心区的形成和演化始终起着决定性的作用(查德利,2003),陈泳对苏州商业中心的演化进行研究,并认为公众活动是商业中心区演化的持久动力,交通工具变迁是影响商业中心区演化的重要技术因素(陈泳,2003)。王琳对西安城市中心区的空间结构变迁进行研究,并认为交通、人口、产业及政治因素是推动中心区演变的核心驱动机制(王琳,2011)。刘晓星等通过对陆家嘴中心区空间演替的研究,提出中心区正经由自上而下的"国家视角"向自下而上的"生活视角"的转变,这一转变使得城市空间更具魅力(刘晓星等,2012)。杨扬等利用洛伦兹离散曲线分析上海人民广场中心区职能的空间分布,指出城市中心区内部服务职能的空间分布存在着诸如围绕聚集的匀散发展模式、匀散间的共生发展模式和匀散条件下的聚集配套模式关系(杨扬等,2012)。

3) 中心区空间结构与道路交通关系的研究

Lascano Kezič和 Durango-Cohen 通过对布宜诺斯艾利斯、芝加哥、圣保罗等 3 个城市中心区的研究,指出城市中心区内轨道交通的大量增加使得中心区高档化并产生了功能空间的重新分配,使中心区趋向立体化发展(Lascano Kezič和 Durango-Cohen,2012)。Zhong C 和 Arisona 等提出中心性指数及吸引力指数,借助出行调查数据,建立交通形势与城市形态之间的关系,并以此分析中心区的空间结构(Zhong C 和 Arisona,2013)。Jayyousi 和 Reynolds 用文化算法来生成古老的城市中心模型,以人口空间及信念空间分别代表一个基因及一种文化的组成部分,通过计算生成城市中心模型并与现代城市进行比较研究(Jayyousi 和 Reynolds,2013)。

在我国,中心区空间结构与道路交通的关系也是一个热点问题。肖建飞从出行构成、交通设施供给、道路网结构、居民出行行为方式等方面分析了我国城市中心区交通特征及存在的问题(肖建飞,1997)。许学强、马强等从交通组织、用地布局调整、交通问题综合治理等方面提出中心区道路交通改善的措施(许学强等,1999;马强,2001)。叶明研究了美国城市中心区的演变历程,并将中心区的演变与主要交通工具的变迁相对应,将其划分为步行和马车时代、电车时代、汽车时代及信息时代(叶明,1999,图 1.11)。钱林波等通过对南

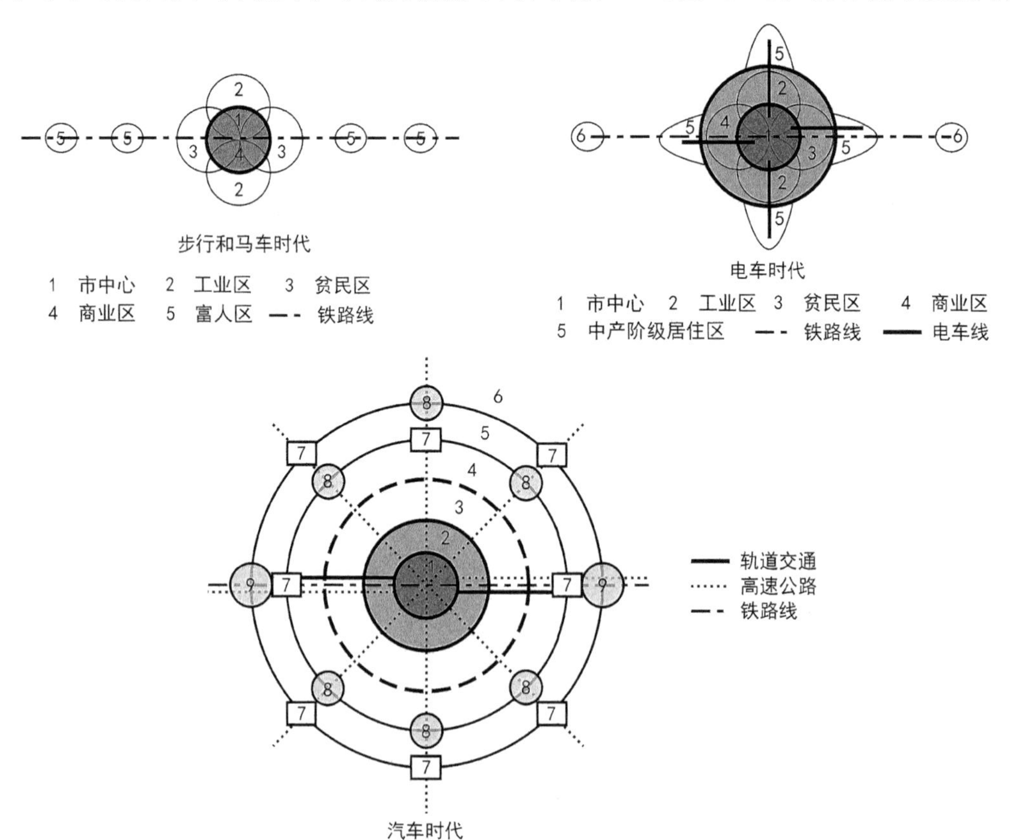

图 1.11 中心区结构与交通关系

* 资料来源:叶明.从"DOWNTOWN"到"CBD":美国城市中心的演变[J].城市规划汇刊,1999 (1):58-63.

京中心区现有道路系统问题的研究，构建了中心区交通与土地利用关系的合理模式，分三级逐级分流的解决中心区到达与穿越交通之间的矛盾（钱林波等，2000，图 1.12）。马强总结了我国城市中心区交通特征现状及存在问题，分析问题产生的原因，并提出改善的措施（马强，2001）。杨涛等则通过应用数学模型探索城市中心区的交通容量，或者介绍国内外城市中心区交通组织的先进经验等（杨涛等，2003）；丁公佩建立了城市中心区道路网容量和停车容量模型，以及中心区土地利用与交通容量的互动优化模型，对中心区交通容量进行了理论性的推导和剖析，揭示了中心区动静态交通容量的本质、相互关系，车容量与人容量的区别（丁公佩，2003）。张林峰等分析了基于自组织理论的城市中心形成机制，并采用系统动力学的研究方法，建立城市中心内部相互作用的系统动力学模型和多中心之间相互竞争的系统动力学模型，分析结构显示，用交通可以刺激或抑制城市中心的发展，进而形成良好的城市形态和稳定的城市结构（张林峰等，2004）。江玉以居民出行距离、土地价值变化、道路造价几个方面为参变量，得出了以城市人口密度为自变量，以综合建设利润最大为规划目标的城市中心区支路网密度函数模型（江玉，2011）。Chen Hong 等基于空间和时间消耗的理论方法构建一种双级模型来确定道路网络承载力，并优化道路网络（Chen Hong 等，2011）。Zhang Shengli 借助 GIS 技术对广州市番禺中心区的道路网络进行研究，指出支干道的密度过低使得大部分交通流量聚集于主干道上造成拥堵，而低道路通行能力和集中的公共交通线路是交通拥堵最重要的原因（Zhang Shengli，2011）。杨俊宴等针对多核结构中心区的道路交通系统进行研究，提出交通输配轴及输配环构成的交通输配体系概念，以及交通输配体系的发展模式（杨俊宴等，2013）。

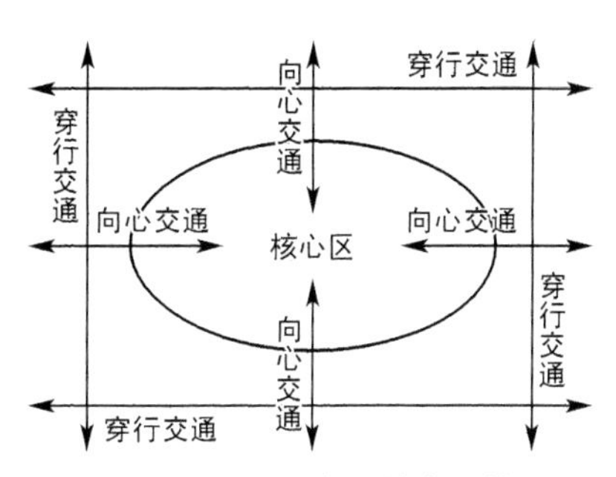

图 1.12 中心区交通的合理模式

＊资料来源：钱林波，杨涛. 城市中心区道路交通系统改善规划——以南京中心区为例[J]. 规划师，2000，16(1)：90-92.

4) 中心区空间核心结构与物理环境及高层建筑关系的研究

随着对生态环境关注度的逐步提高，也有学者开始针对中心区的物理环境展开研究，以提升及优化中心区的生活环境，并探索物理环境与中心区形态之间的关系，研究涉及噪音（Eldien，2009），城市中心区热环境（Lagouarde 和 Hénon 等，2010；Loridan 和 Lindberg 等，2013）、热岛效应消解（Chun 和 Guldmann，2014）等。我国也有学者开始关注城市中心区的物理环境，对噪声（Zhou Min，2011）、热岛效应（Li Xuesong 等，2012）等与城市中心区空间形态的关系进行研究。

此外，也有部分学者针对中心区典型代表的高层建筑进行研究。王琦在回顾重庆高层建筑发展历史的同时进行反思。并从技术层面和意识层面为重庆渝中半岛硬核区新世纪摩天楼的未来探索适合的发展途径，提出硬核区高层建筑群的设计方法（王琦，2005）。王非提出高层建筑“簇群核”的概念，通过对国内外城市“簇群核”建设经验的分析和总结，探索了城市中心高层建筑密集区的人性化环境创作策略（王非，2003）。王涛以城市地标系统为切入点，从道路系统、边界空间、节点空间、建筑分布、建筑形态五个方面分析了陆家嘴金融中心区的空间形态结构（王涛，2007）。覃力从高层建筑的设计方面研究了高层建筑之核，认为高层建筑与其他建筑的最大区别，就在于它是一个起重要作用的“核”，而这个“核”在形态结构上起着举足轻重的作用，并决定着高层建筑的空间构成模式(覃力，2010)。

1.2.4 相关研究评述

国际上学术界对城市中心区空间结构的探索已达到相当深度，其中对不同空间结构模型的探索尤为深入，而国内的研究相对于西方还比较宽泛，在对发达国家理论和经验引进、借鉴、深化的基础上，开展了较为丰富的研究，为本书梳理研究方向、搭建技术框架提供了良好的参考与借鉴。

(1) 中心区内部结构与城市中心体系、区域地理结构有着较强的同构性

中心区的形成及演替过程，经历了点轴生长、同心圆扩散、网络状连接的过程，形成较为明显的单核结构、圈核结构及多核结构。在此基础上，城市中心体系，特别是特大城市中心体系也普遍突破了单核结构的同心圆式扩展模式，形成多核、甚至网络状的中心体系格局。在区域地理层面，在中心地理论、点轴理论的基础上，多中心理论及中央流理论也将区域地理结构推演到多核、网络的发展阶段。从宏观到微观中心结构的相似性，反映了随着城市规模增大及联系增强而产生的结构复杂化的趋势，而宏观及中观的相关研究也为中心区结构形态的研究提供了一定的参考与借鉴。

(2) 不同学科背景下中心区空间结构认识的趋同性

不论是基于交通导向的城市格局研究，还是经济学视角的研究，都提出了相似的中心区结构模式，以圈层式、多核心、网络状连接为主。目前来看，各学科所构建的中心区结构模式与所提出的圈核结构模式极为相似，这为既有的研究成果找到了有力的支撑，而诸多学者提出中心区空间结构向网络化方向发展的趋势，也为本书对中心区极核结构模式的研究提供了一定的理论支持及借鉴价值。

(3) 交通是中心区结构形态的重要支撑条件

交通问题也是学者们普遍关注的问题，均认为交通是城市空间形态结构发展演变的重要动力因素，并对中心区、中心体系及区域地理结构向着网络化发展起到有力的推动作用，并认为一定的交通输配体系格局有助于疏导中心区交通压力，缓解交通拥堵现象。在此基础上，轨道交通与中心区布局及中心区内硬核布局有着较为直接的相关性，而随着轨道交通的迅速发展，轨道线路成为新的城市发展轴线，引导中心区及城市空间结构的转变。而轨道交通所带来的交通方式变革促使中心区空间形态结构发生转变，向着规模巨型化、结构复杂化发展，本书认为这正是中心区形成极核结构的关键要素，城市正向“轨道交通时代”发展。

(4) 缺乏对超出网络结构形态的认识与研究

无论在国内还是在国外，学界对城市中心区的研究多停留于中等城市或者大城市中心区的局部，注重指标评价、产业经济、交通输配、结构演替等多个方面，且几乎均认为空间结构形态是一个不断变化的过程，并经历了由简单到复杂、由单一到多元的变化，最终形成网络的结构形态。而随着全球化、信息化的发展，城市及中心区的规模进一步增大，中心区的结构也在发生着巨大的变化，但对于这些变化，学界尚缺乏足够的关注，缺乏具体深入的对

国际特大城市中心区未来发展模式的理性分析及判断，对于轨道交通为支撑所带来的中心区空间结构的变化也缺乏相关研究及深入剖析。

1.3 极核结构现象在中心区空间结构的演替

1.3.1 中心区空间结构的发展阶段

既有的对中心区空间结构的认识中，硬核是中心区内的空间增长极，交通输配体系是中心区的空间发展骨架，硬核间通过不同的交通输配体系进行连接，形成了中心区的空间结构形态。根据硬核的数量及相互关系、交通输配体系的结构形态的不同，可以将中心区的空间结构归纳为 3 种基本模式，即：单核结构、圈核结构及多核结构，又由于具体城市发展历程及形态的不同，每种结构又产生 3 种不同的具体结构形态。

1）单核结构

城市中心区仅有一个硬核，各种公共服务设施聚集于同一区域内，其聚集程度从硬核往外围呈现出递减的趋势，阴影区呈环状围绕在硬核外围。单核结构是城市中心区早期发展阶段和必经之路，通常位于城市主要轴线道路交汇处的市口地区，而由于中心区尺度较小，主要依托交通输配轴解决交通问题，输配环多形成于中心区边缘位置，主要功能为疏解过境交通(图 1.13)。随着第三产业的发展和城市经济实力的加强，我国多数特大城市主中心已突破此结构。

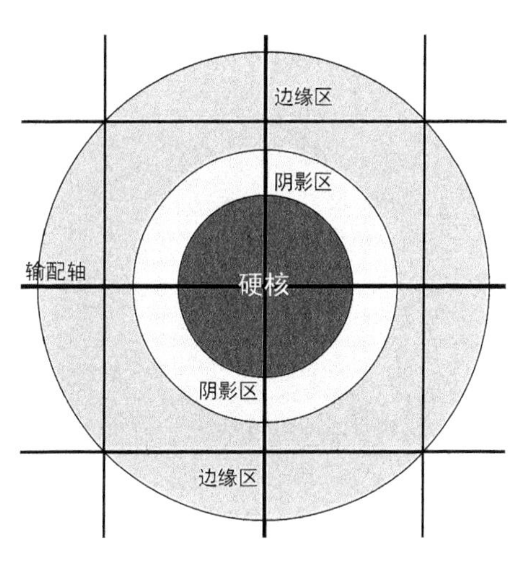

图 1.13 单核结构模式图

＊资料来源：作者绘制

单核结构并非仅是中小城市所特有的中心区结构形态，同样存在于北京、上海、广州、首尔和曼谷等世界一线城市之中。从空间形态理论来解释，当单一核心发展到一定规模后，经济活动需求增长，公共服务机构的聚集逐渐表现为多核心结构的规模增长。原有的中心区扩大成长为更为复杂的结构模式，而其中的部分职能分散到城市的其他地区，形成新的单核结构城市副中心区。这类特大城市中的单核结构中心区往往承担着行政、会展、商业、商务等明确的主导职能，如北京中关村中心区以电子类产品为主要特征，南京夫子庙为传统商业聚集区，首尔汝矣岛则聚集了首尔的主要商务金融等大型办公设施。

单核结构中心区的空间形态与路网结构之间存在着很强的相关性，路网是硬核的基本骨架，中心区的各种基本职能在由不同路网所切分的街区内合理布局，随着路网模式的不同，中心区的空间形态也有所不同。在此基础上可以将其空间形态分为沿线形、转折形和聚团形 3 类，如下表 1.3 所示：

表 1.3 单核结构中心区结构类型划分

类型	结构类型特征	结构类型模式图	典型城市案例
沿线形	硬核形成集聚后，沿城市主导方向发展，或沿某条主干路向两侧延伸，形成线形		大连星海广场 广州环市东 曼谷拉碴德农
转折形	围绕两条主干道交叉点的四个象限或其中几个象限来布置公共服务设施，但由于城市地形及发展条件的限制，形成“L”形、“T”形等的转折变化		上海火车站 南京湖南路 大连西安路
聚团形	硬核在形成集聚后仍然以向心集聚发展为主，没有明显的方向性，硬核规模较大，内部路网密度较高，等级相差不大，分布较为均匀		南京夫子庙 大田屯山洞 首尔汝矣岛

* 资料来源：作者绘制整理

2）圈核结构

圈核结构是中心区发展的第二个阶段，随着第三产业的发展和城市经济实力的加强，硬核集聚到一定程度后，扩散作用加大，一部分公共服务设施在城市中的其他区域聚集，形成城市次中心，而另一部分公共服务设施则沿主要轴线型道路向中心区其余地区延伸，在硬核外围一定距离内，形成新的硬核。而新出现的硬核的集聚能力尚无法与原有硬核相比，就出现了硬核之间的等级区分，即主核与亚核的区别。这种新形成的亚核与原有主核共同分布于同一个中心区之内，可享受中心区内现有的基础设施和人流吸聚力，具有良好的发展条件。

主核多位于中心区核心位置，而亚核则以基本相同的距离环绕主核布局，形成围绕主核的圈层式结构特征。圈核结构模式由 4 个连续的圈层构成，并通过交通输配体系相连。主核圈层内为中心区主核，集中了中心区的主要功能与大型重要设施、标志建筑等；阴影圈层处于主核圈层与亚核圈层之间，环绕主核圈层分布，没有自身特定功能形态，而是随中心区的发展表现为过渡性特征；亚核圈层因其距主核圈层已达一定距离，受主核圈层阴影效

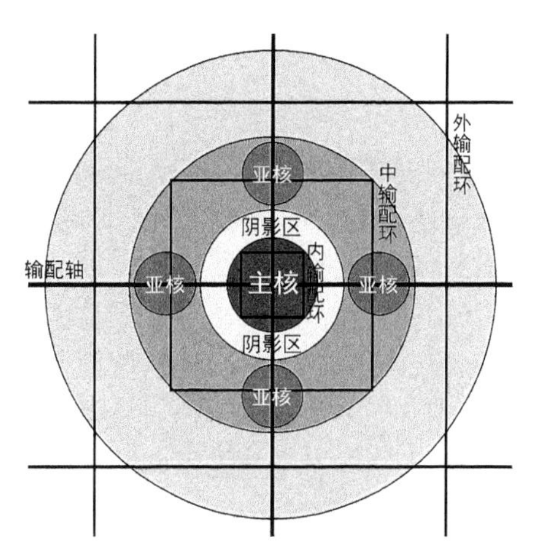

图 1.14 圈核结构模式图
* 资料来源:作者绘制

应影响较弱,而各类因地价、空间条件限制等因素无法进入主核圈层,而又需要依托中心区良好的人口、交通、设施等条件的功能,均在该圈层形成了聚集,并根据各自需求的不同,在不同位置形成了多个亚核。这些亚核一部分是分散主核压力形成的高端功能次级节点,一部分是次要功能聚集形成的次要功能节点;辅助圈层处于四大圈层最外围,主要职能是完善中心区功能构成,辅助中心区的正常发展,是中心区进一步发展的腹地;中心区交通输配系统以输配环及输配轴为依托,以三层环路为基础,形成了中心区完善的道路交通体系(图 1.14)。

同样,受城市的地理特征、发展条件、传统形态以及社会心理等因素的影响,城市中心区的圈核结构也出现了不同的空间结构类型,大致可分成“线形”、“扇形”及“环形”三种典型模式,如表 1.4 所示。

表 1.4 圈核结构中心区结构类型划分

类型	结构类型特征	结构类型模式图	典型城市案例
线形	在中心区发展的主轴上出现新的增长极,形成亚核,但由于中心区的发展缺乏纵深,整体呈现线形形态	中心区范围 交通输配轴 交通输配环 亚核 主核 亚核 交通输配轴	福州五一路 武汉江汉路 厦门莲坂
扇形	由于地形等的限制,中心区向一侧发展,各亚核通过轴线道路与主核相连,形成放射状,整体呈现扇形形态	中心区范围 交通输配轴 交通输配环 亚核 亚核 主核 亚核 交通输配轴 外围限制条件	郑州二七广场 杭州延安路 长沙五一广场
环形	中心区向周边发展的能力相当,呈较为均衡的发展态势,并在周边形成亚核的环绕分布,呈环形空间形态	中心区范围 交通输配轴 交通输配环 亚核 亚核 主核 亚核 交通输配轴 亚核	常州延陵路 广州北京路 广州天河-珠江新城

* 资料来源:作者绘制整理

3）多核结构

在经历圈核结构“一主多亚”的发展阶段后，随着轨道交通的引入，城市中心区集聚效应进一步增加。轨道交通促使地价及租金水平进一步提升，使得盈利水平较低的功能难以承受，城市主核在空间不断扩展的同时，功能也逐渐向高档化、专业化方向发展，以大型高档百货商店、高档办公写字楼、公司总部、金融机构总部、高档酒店等功能为主。同时从主核迁出的功能更倾向于继续享受中心区较好的公共服务设施、便捷的交通条件以及较高的知名度、较大的人流及活力，因此多会选择在地价及租金相对较低的亚核继续经营，也进一步加剧了亚核的集聚力度，扩大了亚核的空间规模，也使亚核的功能逐渐向综合化方向发展。随着主核及亚核的不断增长，主亚核之间的等级差异逐渐消失，在硬核间便捷的交通输配轴的联系作用，公共服务设施的集聚打破了阴影区的阻隔，使硬核彼此相连，形成连绵的网络结构，至此，中心区的发育进入了一个新的阶段。

在高度成熟发达的城市中心，服务功能由于巨大的规模和复杂的业态联动发展，逐步出现硬核专业化和亚核综合化趋势，用地性质方面的错位逐步混同，服务产业在空间上呈现连绵状分布，道路依托多轴线逐步形成纵横交错的网络，最终形成多核空间模式。多核结构是指在城市中心地区中，由于庞大的规模和复杂的业态结构，公共设施沿干线蔓延并在多个节点地区面状聚集，形成多个硬核，由于各硬核均得到良好的发展，硬核间等级关系逐渐消失，呈扁平化趋势，同时纵横城市干道密集，交通输配体系由轴环体系向网络体系发展。而由于中心区的高度发展，阴影区被打破，呈斑块状或碎片状嵌于硬核网络之中(图 1.15)。多核结构主要存在于一些特大城市的主城区，是中心区发展的高级阶段。

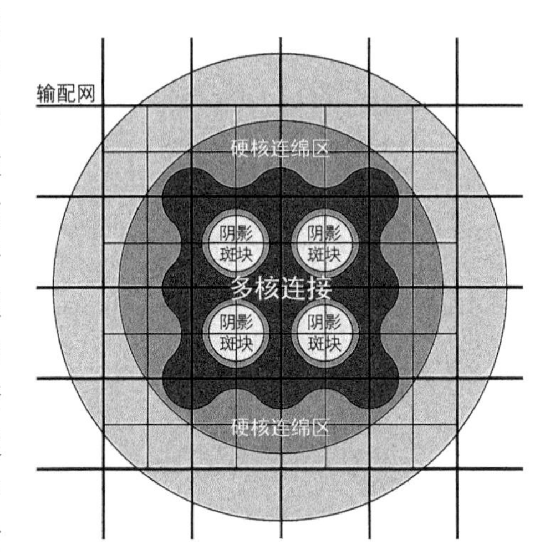

图 1.15 多核结构模式图

*资料来源：作者绘制

同样由于各城市的自身条件的不同，多核结构也呈现出不同的空间形态，大致可分成“单线轴”、“交叉轴”和“网络轴”三种结构模式类型(表 1.5)。

表 1.5 多核结构中心区结构类型划分

类型	结构类型特征	结构类型模式图	典型城市案例
单线轴	硬核沿主要交通轴线扩展，形成连绵，呈线形形态，但其尺度及规模远大于线形圈核	中心区范围 交通输配网 连绵硬核 交通输配轴	上海陆家嘴 深圳罗湖

续表 1.5

类型	结构类型特征	结构类型模式图	典型城市案例
交叉轴	硬核沿两条主要交通轴线扩展，形成交叉形态，根据地形条件的不同，又形成“L”及“T”字形态	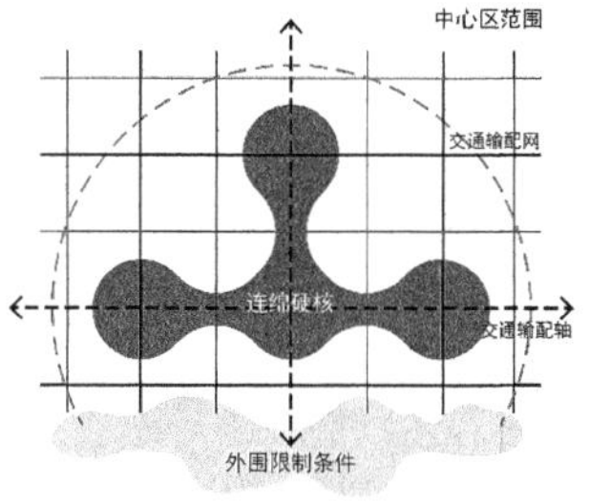 中心区范围 交通输配网 连绵硬核 交通输配轴 外围限制条件	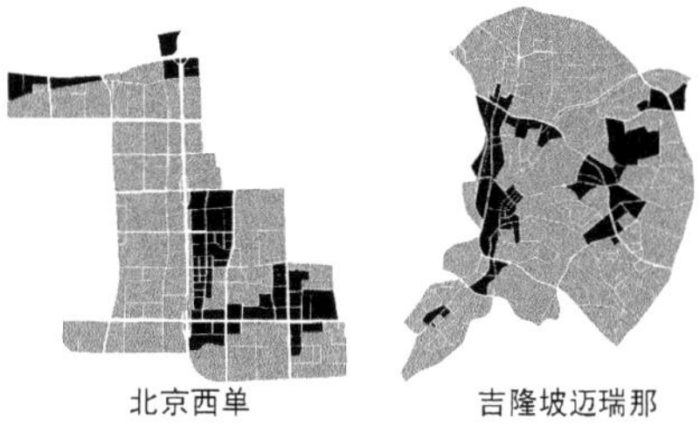 北京西单 吉隆坡迈瑞那
网络轴	中心区发展较为均衡，并通过轴线道路连接，硬核连绵形成网状。受地形条件限制，也可形成“井”字形态	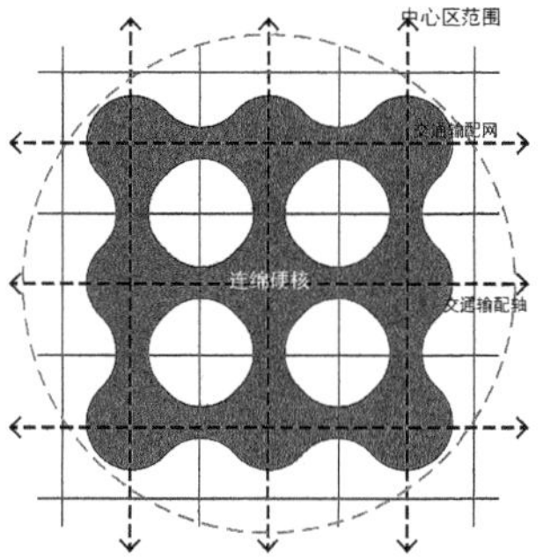 中心区范围 交通输配网 连绵硬核 交通输配轴	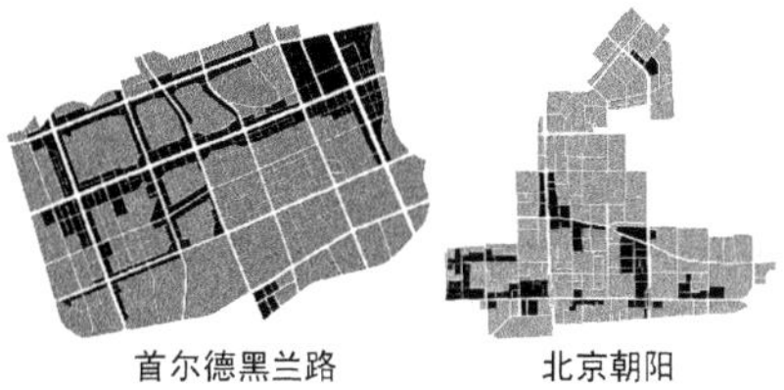 首尔德黑兰路 北京朝阳

＊资料来源：作者绘制整理

1.3.2 中心区向极核结构发展的趋势

在城市及中心区规模不断扩大，形成多核结构的基础上，中心区的进一步发展是更分散还是更集聚？如果是更分散的发展，会形成什么样的空间结构？如果是更加集聚的形态，又会是什么样的空间结构？多核结构是否是中心区空间结构的终极形态？对这些问题的思考也是本书研究的出发点。

1）更分散还是更集聚

信息技术及相关产业的发展是当今时代的重要特征之一，这在很大程度上推动了生产环节的跨地域分工，使得相关生产部门可以选择原材料产地、优势劳动力资源地区、良好区位条件地区进行布局，形成生产的空间分散。同时，各个部门及环节之间通过信息技术进行连接，加之交通、通讯等条件的提升，有效地保障了各个环节之间的联系，使之成为一个整体联系而又空间分散的网络。从大的宏观层面来看，这是一个空间分散的过程，而从城市内部空间来看，也体现了一定的分散特征，体现在城市中心体系的形成与发展之中。城市规模的扩展，人口的集聚，使得原有中心无法满足生产及日常生活的需求，城市出现新的中心，包括城市主中心、城市副中心、区级中心等不同等级的中心，也包括行政中心、商务中心、金融中心、商业中心等各类功能中心，不同等级及功能的中心，共同构筑了完整的城市中心体系，各中心之间也形成了不同的等级及功能体系，形成网络状格局。从这一层面看，城市空间也是一个由中心向外围分散的过程。在中心区内部，随着原主核的分裂，及周边亚核的成长，公共服务设施似乎也呈现出由原主核向外围亚核的分散过程。这些空间表现与当代的全球化、信息化、网络化特征相对应，形成了网络化与空间分散之间的直接对应关系，并在很大程度上主导并误导了对于分散与集聚的认识。

那么，在全球化、信息化、网络化的背景下，真的是越来越分散的吗？与网络化及空间分散相对的是城市，尤其是特大城市人口的快速增加及城市规模的不断扩大。据英国《每日电讯报》统计，2011 年常住人口超过 1 000 万的“超级大城市”已达 25 座，其中日本东京市以 3 420 万的人口总量居第一位[①]。而过去 20 年内，伊斯坦布尔的人口从 600 万增至 1 300 万，拉各斯从 200 万人口增至 1 600 万，而中国的珠三角的人口在 20 年内增至 3 600 万[②]。就连一向以低密度为傲的欧洲，近年来也在中心城市出现了密度的加速增长[③]。这些数据又切实地说明了越来越多的人口涌向了城市，城市是更加集聚的。从空间上看，城市群之间建立网络联系，形成整体结构后，更多的要素并未形成由核心城市向外围城市的分散，正相反，大量的要素更多、更快地向核心城市集聚，推动了核心城市规模的不断扩展；单个城市中，在形成多中心格局的基础上，原有中心并未因此而减小，反而呈现规模越来越大的趋势，城市的多中心更应理解为公共服务设施总体规模的激增而形成的全市范围的集聚网络；在中心区内，中心区由单核到多核的演替过程，也可理解为中心区硬核分裂、增长、融合的发展过程，其实质是硬核的空间拓展。

从中可以看出，多核网络结构是空间发展的一个明显特征，但多核网络结构是一种空间集聚的表现形式，反映了空间集聚的增长方式，与空间分散并无太大关系，更多体现的是各要素之间联系方式及结构的变化。在此基础上，可以形成对中心区发展更清晰的理解，即中心区一直呈现出不断集聚的发展趋势，由单核、圈核到多核的发展过程，也是由小尺度集聚向更大空间尺度集聚的发展过程。在形成多核结构后，在全球化、信息化、网络化的背景下，城市，尤其是特大城市，仍然在持续地集聚增长，相应的中心区规模尺度及建设强度也在不断增长，呈现出更加集聚的发展趋势。那么，这种集聚是否能改变中心区的多核结构，形成新的形态？

2）极核结构的集聚趋势

中心区发展到多核结构阶段，各硬核通过轴线道路相连形成了网络状的形态特征。从生态学的角度来看，这一过程可以理解为原有群落（主核）在增长到一定程度后分裂出一些小的群落（亚核），这些小的群落与原有群落脱离，各自成长。随着原有群落及新的群落的不断发展，各群落之间规模相近、联系增强，逐渐融合为一个更大的群落，以便享有更大规模尺度的生存环境。多核结构就是由分裂出的小型群落发展壮大后形成的，而多个群落逐渐融合的过程，就是多核结构进一步的发展变化过程。当多个群落融合为一个新的更大的群落时，各生态要素会在群落间重新分配，逐渐形成整体。这时的群落拥有更强的实力，可以扩大领地，在更大的生态环境中生存，且难以将融合之前的各群落区别开来。这种多个群落聚合为一个更大的群落的过程，也反映了中心区空间结构的发展趋势，分裂出去的点，是形成更大尺度上集聚的基础，即：中心区由单核结构向极核结构的发展过程，是一个点的

① 转引自：马文波．全球 25 座超级大城市排名出炉，中国三城入选[J]．中国地名，2011(3)：79.

② Koolhaas R，Boeri S，Kwinter S，et al. Mutations [M]. New York：Actar，2000.

③ 张为平．隐形逻辑——香港，亚洲式拥挤文化的典型[M]．南京：东南大学出版社，2012.

分散—线的连接—面的连绵的过程。在此基础上,重新梳理中心区结构的演变过程,能够更为清晰地看出中心区空间结构的发展趋势,即多个硬核连绵为整体,形成一个规模更大、更加集聚的硬核(图 1.16),本书将这一新的结构形态称为中心区的极核结构。

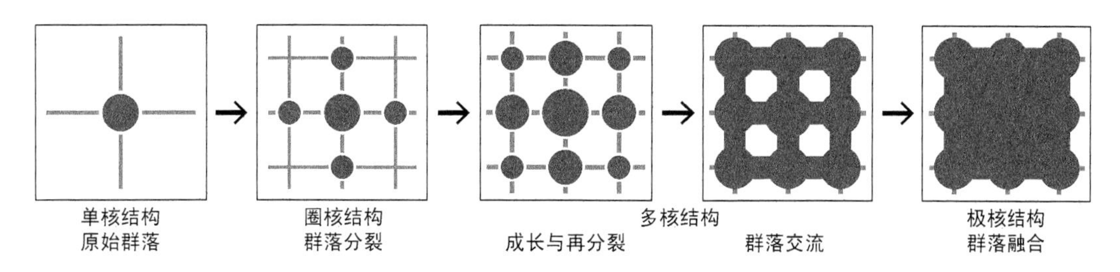

图 1.16 中心区结构形态演变过程

* 资料来源:作者绘制

“极”有顶端、最高点的意思,这里指中心区硬核完全连绵所形成的规模尺度巨大的新的硬核,同时也指各类建设要素及空间形态要素在硬核内的高度集聚。简单来看,极核结构中心区是一个放大了的单核结构,但规模尺度巨大、结构更加复杂、交通输配体系等也都发生了本质性的变化。在此基础上,本书将极核结构作为中心区结构形态演变的一个独立的发展阶段进行研究,并将极核结构定义为:在巨形规模尺度的城市中心区内,公共服务设施高度复合集聚,多个硬核间完全连绵形成整片的结构形态。

极核结构并不是一种存在于理论假设中的结构体系,在实际的调查研究中已经发现了具有极核结构的中心区,这些中心区多存在于特大城市甚至是巨型城市的城市主中心,如日本东京的都心中心区及日本大阪的御堂筋中心区等。此外,还有一些城市的中心区虽然没有形成硬核完全连绵的极核结构,但中心区的结构形态已经展现了明显地向着极核结构发展的趋势,可称为发展型的极核结构中心区,如韩国首尔的江北中心区、新加坡的海湾—乌节中心区、中国香港的港岛中心区以及中国上海的人民广场中心区等。

1.3.3 中心区的极核结构现象

极核结构是区别于已有中心区结构模式的一种新的结构形态,其结构要素也发生了根本性的变化,主要体现在以下 3 个方面:

1) 硬核完全连绵

硬核的完全连绵是中心区极核结构的显著特征之一。完全连绵指中心区内所有硬核完全连绵为一个整体,形成整体连绵形态,在硬核所形成的连绵区域内,没有阴影区等结构要素的出现,即:硬核的连续边界范围内全部为硬核空间,且硬核之间由于等级及发展屏障的消失,出现较为均质化的状态,无论从形态上还是从功能上已经无法进行有效的区分。硬核完全连绵后形成类似于单核结构的特征,但其规模及尺度非常巨大,已经完全超出单核结构的范围,硬核覆盖范围往往跨越多个主干道;同时硬核内高端智能集聚区彼此相连甚至混合,各主要职能形成相对集中的分布区域,但功能区整体来看表现出功能的混合化发展状态;硬核内部的功能几乎均以商业、商务、金融、旅馆等设施为主,极少的居住功能也多以公寓的形式出现,成为诸多小企业的办公场所。

受中心区发展格局的限制，极核结构中心区的硬核也有不同的形态格局。极核结构的硬核由于规模较大，整体呈现出聚团状的形态特征，并在此基础上发展为条带状聚团、轴突状聚团以及团块状聚团形态。

2）阴影区消解外移

在中心区的不断发展中，随着中心区整体发展水平的提高及硬核的逐渐连绵，原硬核外围的阴影区被逐渐打破，呈斑块状镶嵌于网络连绵的中间或边缘。而随着硬核的完全连绵，硬核间的阴影区随着城市更新的进展，被商业、商务等公共服务设施所替代，成为硬核的一部分。由于中心区内土地价值较高，城市更新的过程往往伴随着中心区进一步高档化的过程，因此更新后的阴影区反而会成为硬核中新的高强度开发区，拥有较高的公共服务设施指数。正是这一过程中阴影区被新的公共服务设施所替代，才形成了硬核间的完全连绵，这一过程也可以看作是阴影区的消解现象。此外，由于极核结构中心区整体发展程度较高，城市公共服务设施较为发达，硬核外围地区也难以出现集中的阴影区及阴影组团，但阴影区不会消失，而是以空间尺度更小的碎片状存在于硬核外围地区，这些阴影碎片多为中心区快速增长所覆盖的尚未经历更新的老旧区域。

中心区向着极核结构的发展过程，也是硬核内阴影区逐渐破碎甚至消解的过程，这是中心区极核结构的重要现象。这一过程中，公共服务设施在硬核强集聚作用的基础上，也产生了较强的分散作用，一般性的公共服务设施向硬核周边渗透，致使中心区整体公共服务水平提升。反映在空间上，则可看作为内部阴影区被替代，而在外围产生新的阴影区的过程，也正是这种阴影区的“消解—外移”的过程，推动了中心区及硬核的不断发展提升。

3）立体化、轨道化输配体系

极核结构中心区的建设规模高度集聚，也形成了人口及交通的高强度集聚，形成了巨大的交通输配需求，由此带来的巨大交通量是传统的道路交通的输配体系无法解决的。因此，极核结构中心区出现了明显的交通输配体系立体化的趋势，在地面交通的基础上，中心区内城市结构性主干路及远距离交通干路，多采用全封闭、高架路的形式，解决中心区的快速集散问题，并根据不同的交通性质将交通进行分流，减缓地面交通压力；同时，大力发展轨道交通，依托轨道交通快速、便捷、安全、准点、大运量的特点，构建极核结构中心区的立体输配体系。如日本东京被称为“建在轨道上的城市”，其中心区——都心中心区内轨道交通线网密布，站点密度达到 500m 分布半径，包括地铁、JR 线及私营铁路，仅地铁一项 9 条地铁线路每天平均运送旅客就达 622 万人（东京地下铁株式会社 2011 年统计数据）[①]。可以说，轨道交通的发展解决了中心区继续集聚发展的交通瓶颈，并对中心区的持续发展起到了强有力的带动作用。就极核结构中心区来看，轨道交通已经发展得较为成熟，且轨道线网数量、密度均达到一定的程度，形成轨道交通网络，承担主要的人流集散功能，这也是极核结构中心区交通输配体系的重要组成部分。

在极核结构的中心区内，交通输配体系的立体化是主要的发展趋势，由高架道路、地面道路及轨道交通等组成。其中，轨道交通网络已成为极核结构中心区交通输配体系的主要支撑结构，并主导中心区的结构形态发展框架。

---

① 日本地下铁株式会社网站. http://www.tokyometro.jp/en/index.html.

1.4 研究目的及意义

1.4.1 研究目的

在全球化日益深化以及我国成为世界第二大经济体的时代背景下，国家核心城市在全球城市体系中的地位及作用，成为一个国家经济发展及竞争力的集中体现，其中，城市的中心区又是核心城市国际竞争力的集中体现。而在国际及全球生产要素及资源的集聚作用下，一些世界级的核心城市中心区出现了规模尺度巨大、系统结构复杂的新的结构形态及功能模式，并在竞争中处于优势地位。本书紧扣核心城市公共设施集聚的特性，通过对核心城市极核中心区的综合量化研究，定量研究极核结构中心区的空间形态、功能结构及交通系统等问题，以探寻极核结构中心区形成的深层次因素及其形成所必须具备的门槛条件，并进一步构建极核结构中心区的空间结构模式。

1）剖析极核结构中心区的驱动机制并构建理论模型

对亚洲核心城市中存在的中心区极核结构现象进行明确的概念界定和特征分析。在此基础上，对中心区极核结构现象产生的各类影响因素进行阐述及剖析，并从外部空间集聚带动力及内部产业升级驱动力两个层面入手，进而通过对内外驱动力相互作用机制的剖析，构建中心区极核结构演化的驱动机制模型。驱动机制的作用会使中心区各构成要素产生一定的空间效应，推进其结构要素的演变，直至形成新的稳定结构。在这一变化过程中，中心区的硬核圈层、阴影圈层、外围圈层及交通输配体系等均发生了质的变化，形成新的结构形态模式。以此为基础，通过驱动机制—空间效应—要素演变等逐层深入的阐述及剖析，构建极核结构中心区的理论模型。

2）定量研究极核结构中心区空间形态、功能结构及交通系统特征，进而提出极核结构中心区的规律性特征

主要是通过对出现中心区极核结构现象的亚洲核心城市（东京、大阪、首尔、新加坡、香港、上海等）中心区案例的实地踏勘、数据统计及量化界定等方式，获取第一手的资料，进而通过 GIS 及 Depthmap 等技术平台，对这些典型案例进行定量研究，重点研究中心区的空间形态、功能结构及交通系统等三个方面。在定量研究的基础上，进一步通过比较研究，对极核结构现象中心区的规律性特征进行归纳总结。

3）提出适应核心城市中心区发展需求的极核结构空间模式及极核结构形成的门槛条件

在理论剖析及案例研究的基础上，根据理论推导的空间模式以及实际案例的发展情况，提出极核结构中心区空间结构模式，并根据中心区不同的发展环境及形态特征，提出相应的空间拓扑模式，以适应核心城市中心区的发展需求。在此基础上，根据定量研究所总结的规律性特征，提出极核结构中心区形成所要达到的门槛条件，为核心城市中心区向极核结构的发展及引导中心区各结构要素合理发展提供依据。

1.4.2 研究意义

在全球化、网络化的背景下，核心城市对于全球经济产业发展的控制、管理及决策作用逐渐加深，使得更多的高端生产要素由全球范围流向少数的核心城市，进一步推动了这些核心城市生产型服务功能的集聚。在此基础上，在生产型服务相关产业的集聚效应带动下，在高端产业知识溢出效应的吸引下，在中心区自身提升发展的推动下，核心城市中心区的空间形态、功能结构、交通系统等均发生了实质性的变化，产生了中心区硬核完全连绵的极核结构现象。发生在核心城市中心区的这一结构现象，具有较高的理论研究价值以及较大的现实意义。

1）在理论层面，使中心区的研究更加完善与深化

在当今的时代背景下，国家、区域、民族等之间的限制逐渐弱化，全球经济、产业、文化等的共同发展更加突出，一些核心城市已经在世界范围内具有较高的知名度，并对国际及全球的经济发展具有较高的影响及控制力，成为全球城市。这种国际乃至全球尺度上的集聚，使得核心城市特别是其中心区产生了极大的变化，表现为硬核的连绵化、规模尺度的巨大化、功能业态的高端化、城市系统的复杂化等现象。而针对核心城市中心区这一发展趋势的深入研究，对于扩大中心区研究视野，推进中心区结构形态演化及发展的理论研究，深化中心区发展的驱动机制研究，具有重要意义。

2）在实践层面，面向核心城市的未来发展需求

在我国多个核心城市加入到世界顶级城市竞争序列的基础上，城市中心区的发展已经成为城市提升国际竞争力的核心要素之一。在国际乃至全球要素集聚的推动下，城市中心区的结构形成了突破性发展，出现了硬核连绵化、阴影区破碎消解、输配体系立体化及轨道化的发展趋势。在此基础上，通过对亚洲核心城市极核结构现象中心区的研究，可以加深对极核结构现象的认识，理清各要素的发展脉络，优化中心区空间形态格局，把握功能及产业的发展方向，提升交通系统效率，进而通过综合分析，构建更为合理的系统格局，形成极核结构的中心区的空间结构模式。这对于我国核心城市构建更为合理的中心区发展框架，优化中心区功能结构，进而提升中心区乃至城市的国际竞争力，具有现实的战略意义。研究具有一定的超前性，面向中国核心城市未来的发展需求。

1.5 研究方法及技术路线

1.5.1 研究方法

1）数据收集与处理方法

对中心区范围的定量界定需要完整、准确的矢量地形图资料作为基础，并在此基础上进行实地逐栋建筑调研，获得第一手调研资料并整理划分地块、标注用地性质，计算各类用地功能的相关建筑面积。通过层次分析的多级运算，构筑 GIS 空间序列信息数据库，对城市极核结构中心区的空间形态进行构成界定与量化解析，并对分析结果进行更

深入的理论研究。

2）中心区空间界定方法

根据多年来城市中心区调研结果，确定城市中心区公共服务设施指数的组合分界值；然后收集原始数据，据此绘制测算指数空间分布图，最后通过反复调整和校核，划定城市中心区的空间边界，包括以下几个步骤：①确定城市中心区空间边界的测算指标，中心区具有两个关键的属性：公共服务机构为中心区的功能本质；公共服务设施空间的聚集程度为鉴定中心区范围的综合尺度；在此基础上计算公共服务设施指数，用于体现某个街区以及中心区整体的容量特征，所述公共服务设施指数是依据土地使用特征，对中心区进行量化分析的指数，包括公共服务设施高度指数 PSFHI 和公共服务设施密度指数 PSFII，分别针对具有明确空间范围的用地进行测算。②确定城市中心区公共服务设施指数的组合分界值，设定城市中心区公共服务设施指数的组合分界值：中心区范围指数值（PSFII＋PSFHI）C 和硬核指数值（PSFII＋PSFHI）HC。③计算各街区的公共服务设施指数并绘制公共服务设施指数分布图，以单个街区为测算单元，计算各街区的公共服务设施高度指数 PSFHI 和公共服务设施密度指数 PSFII，并标注在用地平面图上，然后根据数值大小定义该街区的颜色，得到公共服务设施高度指数 PSFHI 和公共服务设施密度指数 PSFII 的分布图。④初次界定中心区空间范围，由步骤③得到的公共服务设施高度指数 PSFHI 和公共服务设施密度指数 PSFII 的分布图，初步划出中心区空间范围，作为调整的基础。⑤通过调整与校核来确定城市中心区空间边界，根据以上划分出的区域，计算连续街区的整体公共服务设施指数，并与组合分界值（PSFII＋PSFHI）C 相比较，调整城市中心区空间边界，直到连续街区的整体公共服务设施指数不断逼近并不小于组合分界值（PSFII＋PSFHI）C。

3）空间形态分析方法

基于 Mofei 指数、SPSS 统计、Boston 矩阵等数据分析技术建构极核结构空间形态的分类指标；引入多学科分析法，从地理学科的地形学分析中的地形粗糙度、地形起伏度、高程变异系数等技术方法分析极核结构中心区的空间特征，从生物学科的群落分析中的簇群理论分析极核结构中心区的结构特征；基于 GIS 数据与空间叠合技术处理极核结构中心区海量数据的分析与表达，构筑较为直观的技术分析平台，其重点是硬核间的等级结构关系、阴影区的界定与消解、交通输配体系的效率等。

4）理论模型建构方法

通过逐项量化对比研究的方式，探讨特大城市极核结构中心区的空间形态特征和整体结构模型方面的问题，结合我国城市化的阶段特征及极核中心区空间发展状态，建构一个较为系统全面的中心区极核结构理论模型。

1.5.2 研究技术路线

本书结合多学科的分析方法，采用理论与实践相结合的技术路线，尝试在理论方面进行创新，并使研究成果具有一定的实践意义，研究框架思路如图 1.17 所示。

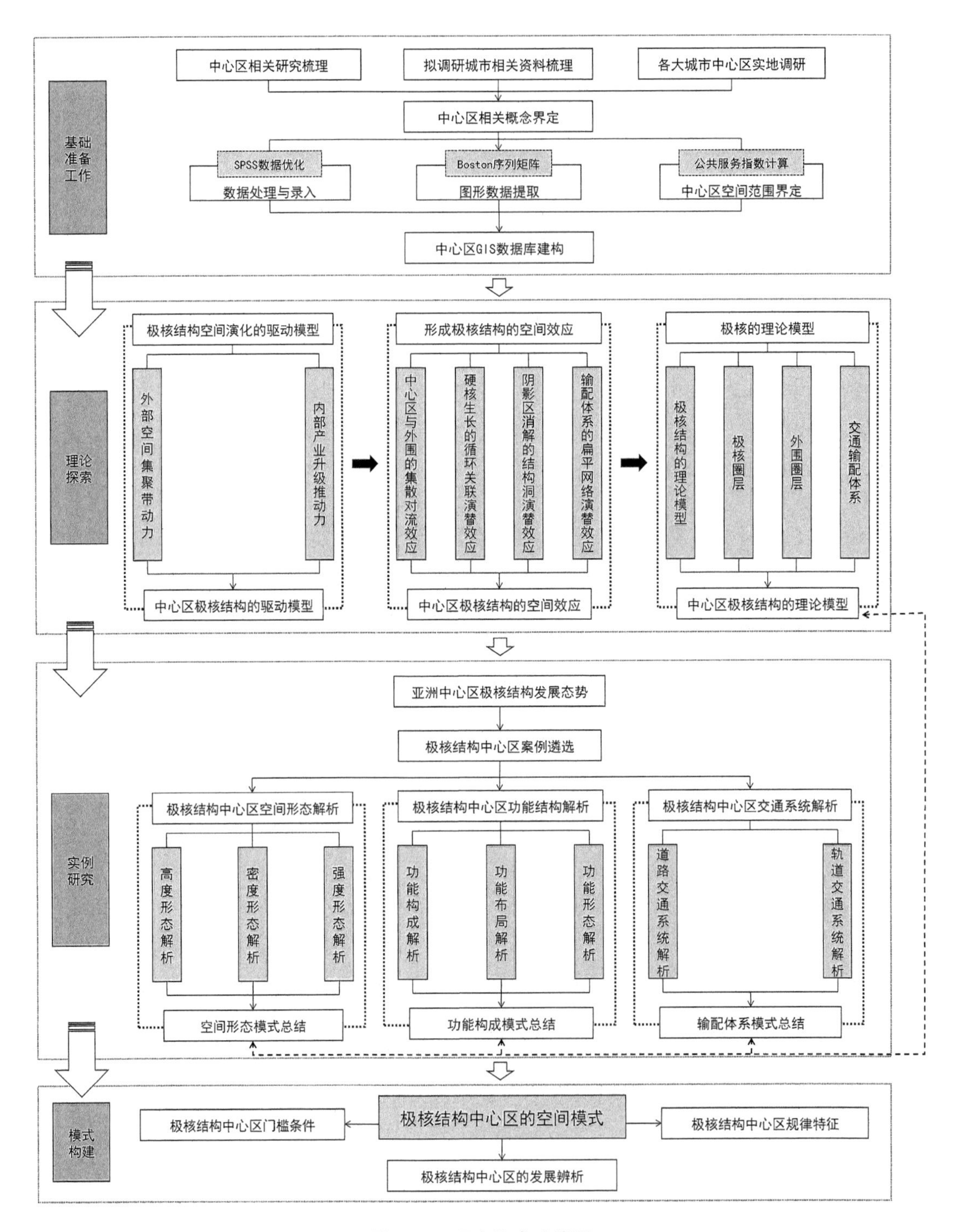

图 1.17 研究技术路线图

＊资料来源：作者绘制

2　中心区极核结构现象的理论分析

在巨型尺度中心区内出现的极核结构现象，是城市中心区进一步集聚发展产生的，这与目前全球化、信息化、网络化背景下，普遍认为的空间分散化发展态势存在明显的差异。那么，是什么因素促使了城市中心区的进一步集聚？这些集聚又是怎么发生的？形成的极核结构又具有什么样的空间特征？

2.1　中心区极核结构空间演化的驱动机制

在当今全球化、信息化、网络化的时代背景下，更多优势资源向核心城市积聚，使得核心城市的建设及人口规模得以突破发展，也推动了城市中心区的集聚发展。这些核心城市中心区也出现了规模尺度巨大化、空间结构复杂化的演进趋势，进而出现了极核结构现象，且这一现象仅存在于那些国际化程度较高的核心城市之中。由此，将这些核心城市与中心区的极核结构的产生进行联动分析，以探索驱动中心区向极核结构演进的动力。其中，核心城市优势资源的空间集聚成为外部驱动力，而中心区自身产业升级的需求则成为内部驱动力，两者的共同作用推动了中心区向极核结构的演进。

2.1.1　外部空间集聚带动力

经济全球一体化加速了高低之间的差距，信息化、网络化的发展又使得核心城市对全球及区域经济的控制力增强，进而使得核心城市的产业、职能、空间等诸多要素发生了深层次变革，重点向知识型、服务型、信息型产业转变，进而始终占据着产业生产链及价值链的高端。在此基础上形成了控制与决策职能、枢纽与核心职能、创新与设计职能等高端战略资源的空间集聚，并由此带动了知识与人才的高度集聚，成为推动城市中心区向极核结构发展的外部驱动力(图 2.1)。

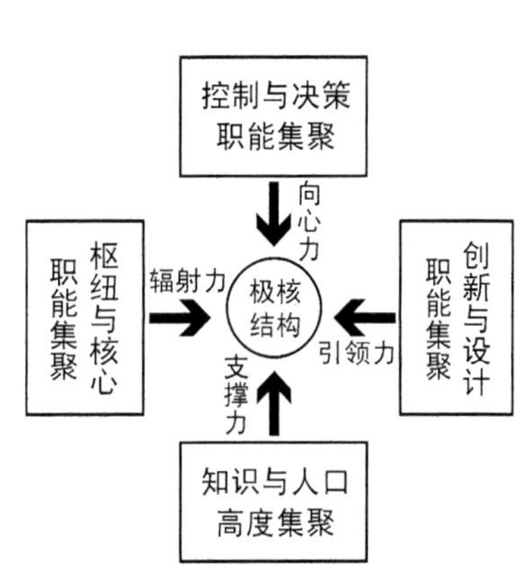

图 2.1　外部空间集聚带动力模型

＊资料来源：作者绘制

1) 控制与决策职能集聚的向心力

全球化已经成为当前世界经济发展的突出特征之一。它通过全球金融市场的整合，商品和服务产品的全球分布，以及劳动分工在全球层面的重组和扩展，使城市成为世界经济的全球或区域节点，从而深远地影响着城市的经济发展。在新一轮的国际劳动分工中，生产活动向全球范围扩散，工厂和企业大规模地向边缘地带和发展中国家转移，这种经济活动在空间上的扩散化趋势强化了对集中控制与管理的需求。而满足这种集中控制与管理的服务也是产品，为数不多的国际大都市就是生产这些最先进产品的主要场所，在国际大都市中最主要的生产基地正是这些城市的城市中心①。由此推动了全球产业的控制、管理、决策、协调等职能在全球核心城市中心区的集聚。全球核心城市的控制与决策职能最直观的反应是对经济的直接影响，如核心城市通过企业总部来直接对企业的发展施加影响，而政府的部门和机构也会对国家或地区的发展造成影响。此外，在核心城市地区还存在对经济或政治决策的间接影响，体现在与企业运营相关的机构对企业决策造成的影响上，如银行、交易所、保险公司等机构，它们控制着金融交易或者对其施加根本性的影响；而其他一些机构如律师事务所、广告公司、会计师事务所、企业咨询所、市场调研机构等对经济运行的影响也超出一般人的认识，上述机构的云集也是全球核心城市的重要特征。

在经济全球一体化的进程中，国家的界限相对模糊，形成了以城市作为控制主体的全球经济体系，其中的核心城市成为全球经济的中枢，集中体现了对全球经济的控制与决策职能，主要表现在以金融与商务为主的现代服务业的集聚上。与传统制造业以劳动力资源、交通运输费用、土地价格等生产成本作为区位选择的首要因素不同，现代服务业更加关注信息的把握、客户市场及商务环境等非成本因素，如：考虑接近客户便于沟通和交流，考虑靠近同行以便于分工与协作，考虑高效交通设施、高端信息中枢等基础条件，及高素质职员的易达性，考虑充足的高质量办公设施及有利于维持高质量、高效率、高品质服务以及自身形象的商务环境和市场环境等。现代服务业的这种区位选择偏好促使其逐步向客户资源丰富、交通便利、信息充分、人才充足的大城市的中心地区集聚②，越是高端的产业及机构，越向更高等级的城市中心区集聚。而由现代服务业集聚形成的城市中心区，掌握了行业发展的动向、控制了核心资源的配置、制定了企业的生产任务，成为经济及企业运营的控制与决策中心，并与城市等级规模相应，形成了不同等级的节点，构成了全球经济的控制与决策体系。在这个体系中，核心城市中心区无疑是控制与决策的中枢，集聚了现代服务业中最高端的产业与机构，也具有了全球范围的控制力、影响力及辐射力。

在此基础上，高低之间的差距进一步扩大，更多的优势资源、高端生产要素流向核心城市及其中心区，使得核心城市及其中心区的规模尺度及集聚力度得以进一步提升，进而推动了中心区产业的升级及空间结构的演进。在其推动下，劳动及资本密集型的环节、低端的产业及机构纷纷向外围地区迁移，利用外围地区的自然资源及劳动力要素而集聚发展；智力密集型的控制与决策等高端职能及公司总部则留在核心城市及其中心区，借助其良好的技术、信息、人才等要素形成高端产业集群。在这一过程中，虽然核心城市与外围地区均能形成良好的发展，但核心城市所获得的收益远大于外围地区，使得两者之间的相对差距进一步拉大，又会使更多的优势资源向中心集聚，形成了一个不断扩大高低之间差距的循环。在这一趋势作用下，核心城市及其中心区获得了持续的发展动力，推动了其进一步集聚发展。

2）枢纽与核心职能集聚的辐射力

经济的竞争，其本质是各种生产要素的竞争，谁控制了生产要素的流动、掌握了高端生

---

① 袁海琴．全球化时代国际大都市城市中心的发展——国际经验与借鉴[J]．国际城市规划，2007，22(5)：70-74.

② 蒋三庚，王曼怡，张杰．中央商务区现代服务业集聚路径研究——2009年北京CBD研究基地年度报告[M]．北京：首都经济贸易大学出版社，2009.

产环节，谁就会在竞争中处于核心地位。在全球一体化的经济网络中，全球核心城市成为生产要素流动的枢纽与核心，是人流、物流、信息流、资金流等要素的集散中心。这类城市往往具有优良的国际口岸及国内交通枢纽，包括航空枢纽、远洋航运枢纽、铁路枢纽、公路枢纽等，成为全球、区域及国内生产要素流集聚、转换、分配的运转枢纽。全球核心城市对生产要素流的控制主要体现在对各类一级枢纽的控制上，成为各类要素的"首靠港"，如核心城市具有线路最多的国际航班，并与其余全球核心城市及区域重要城市均有良好的线路联系，而跨越国界等远距离的航线则多需要通过这些核心城市转换。此外，随着高端电子产品、奢侈品等高附加值小型消费品的发展，国际航空物流也得以飞速发展，而具备大型国际航运能力的机场也多分布于这些核心城市，进一步强化了其枢纽地位；同时，这类城市的崛起往往是得益于深海港口的作用，使其在早期全球贸易中积累了雄厚的实力，并建立了远洋物流集散中心的枢纽地位，大型的船舶将货物运送至口岸，并通过分装，由小型船舶、货运车辆、铁路运输等方式向其余地区分散；在此基础上，铁路枢纽、公路枢纽等也均表现出围绕这些核心城市的放射状分布特征，特别是高速铁路及高速公路的发展，进一步强化了核心城市在区域交通中的向心力及辐射力，强化了交通枢纽地位。

随着科技的发展及技术的进步，信息技术的出现及与经济生产过程的结合，使经济发展进入新的快速增长状态，信息产业也成为核心城市的主导产业之一。此外，信息技术不但形成独立的信息产业，也成为其余产业及生产全过程的必要技术手段，使得现代产业实现了产业信息化，进而大大提高了产业的劳动生产率，并推动了产业的升级。由信息化主导的现代经济更加的灵活、快速、多变，由此产生的竞争更多的是对信息的竞争，信息的掌握、传递与沟通成为经济竞争中的关键。而信息最为集中、传递最为高效、相关设施最为完善的地区也多是集中在这些全球的核心城市之中，使得这些核心城市不仅是交通运输的枢纽，也是信息集散的枢纽，且在信息化时代的背景下，信息的枢纽影响更大。由于核心城市所处的控制与决策地位，掌握着高端产业及企业的高端机构，成为了诸多信息的发源地，并通过企业间的信息通道或对外信息平台进行传递或发布，同时，也只有这些核心城市才能提供支撑巨大规模信息交流量的基础设施，保障信息通道的畅通。此外，信息技术的发展也使产业空间格局发生进一步变化，一方面使得核心城市的枢纽与核心地位得以强化，并进一步加强了其控制与决策职能；另一方面信息技术的发展缩短了控制与决策职能与生产职能之间的时空距离，使得核心城市的辐射力增强，进而又使生产环节得以更加分散。

无论是交通枢纽还是信息枢纽，都体现了核心城市的枢纽与核心地位，为城市带来了大量的要素流，是城市对外影响力及辐射力的体现。而同时，枢纽与核心职能又使得城市规模尺度不断拓展，强大的辐射力也需要城市本身所具备的基础设施条件给予有力的支撑，对城市的承载力也提出了更高的要求，进而推动了城市基础设施的升级。雄厚的经济实力、良好的人才资源及庞大的使用需求，使得核心城市基础设施高度发达，拥有最好的教育及医疗设施、最好的生活服务设施、最便捷的交通运输设施等，且这些设施得以与良好的技术平台相结合，实现高度的信息化及智能化，使得生活更加的便捷、舒适与多样。在此基础上，核心城市会成为国家、区域乃至全球的医疗中心、教育中心、文化中心等，并在集聚效应、标志带动效应等作用下，进一步强化了其枢纽与核心地位，而这也是吸引更多要素流集聚的重要因素。

3）创新与设计职能集聚的引领力

现代经济发展至知识经济时代，城市竞争的核心是文化和科技的竞争[①]，其中科技创新能力是提高城市国际竞争力的源泉。在全球化、信息化的时代背景下，企业更容易获得相关的生产技术，致使企业间产品的同质性增强，产品间差距越来越小，产品的功能、外形、使用方式等均呈现出极其类似的特点，使消费者难以选择；且过度的一致性，会使消费者忽视产品的质量，而选择价格低的产品，从而使高质量的产品缺乏市场，产生“劣币驱逐良币”的经济现象[②]。因此，行业内的重要企业非常重视产品及技术的创新，以良好的创新与设计赋予产品更高的附加值并吸引消费，拉开与普通产品之间的质量及价格差距。而新产品的出现，又必然会成为其余企业效仿的对象，通过对其产品的技术解密，获得相关技术知识，并制造类似产品冲击市场。这就促使了行业内的重要企业投入更多的精力在产品的设计与研发环节上，以技术发明、创新及实现技术向产业化的转移来提高产品的更新换代速度，在其余企业的同质产品投入市场时，其已经开始投放更新的产品。

这种不断的“创新—仿效”循环过程，实际上也可以理解为重要企业对于行业发展的引领作用，正是重要企业不断地创新引领了整个行业不断地发展。在此基础上，核心城市拥有大量高等学府、科研机构以及大量高精尖人才，并且有着良好的创新氛围，成为重要企业相关创新、设计、研发机构的集聚中心，并与企业的控制与决策机构相结合，形成了企业最为核心的战略中枢，进而使得核心城市成为产业发展的旗帜，引领了产业发展的方向。此外，核心城市由产业集聚形成的消费市场则成为产品引领生活发展的媒介。新的产品进入市场后，通过发达的信息通道向全球扩散，使人们了解最新产品所能带来的便捷及舒适，进而通过购买这些产品来改善生活，从而实现“设计改变生活”的引领作用。这种引领作用不仅体现在最新产品的创新方面，同时还体现在文化、艺术等诸多方面。核心城市也往往具有最高的文化艺术机构，顶级的文化艺术人才，最现代的文化艺术展厅等要素，其发布的文化艺术作品，也往往成为文化艺术圈内的风向标，引领世界文化艺术的潮流及走向。

可见，创新是核心城市发展的动力，也是其保持在世界经济体系中主导地位的重要基础。在其形成的创新引领力带动下，核心城市成为各行业创新人才的集聚中心，为其提供了相对平等、充分的竞争环境，庞大的信息刺激及良好的创新政策，极大地释放了这些人才的激情，使其在观念的交流和碰撞中产生更多有益的创新，并促进了每个人的成长，进而又会吸引更多的创新要素集聚，进一步强化了核心城市在发展方向上的引领力。在此基础上，这些核心城市作为高端人才的集合体，又成为了代表国家，乃至区域的核心竞争力量，参与全球竞争。而当今全球经济竞争的主体，就是核心城市之间的竞争，谁拥有更好的创新环境、更优势的创新资源，谁就能吸引更多的创新人才，产生更多引领性的创新，在竞争中取得优势，从而产生更大的吸聚力，引领更多的创新要素及行业高端企业、人才的集聚。

---

① 蒋三庚，尧秋根. 中央商务区（CBD）文化研究——CBD 发展研究基地 2011 年度报告[M]. 北京：首都经济贸易大学出版社，2012.

② “劣币驱逐良币”是经济学中的一个著名定律。该定律是这样一种历史现象的归纳：在铸币时代，当那些低于法定重量或者成色的铸币——“劣币”进入流通领域之后，人们就倾向于将那些足值货币——“良币”收藏起来。最后，良币将被驱逐，市场上流通的就只剩下劣币了。后也指由于信息不对称导致的劣质产品驱逐优良产品的现象。

4）知识与人口高度集聚的支撑力

人口的增长和集聚是形成空间集聚的主要原因。1800 年，全球城市中只有中国的北京超过 100 万人，1900 年，超过 100 万人的大城市达到 16 个，其中伦敦城市人口超过 500 万，1950 年百万以上人口城市达到 83 个，其中纽约人口超过 1 000 万，1980 年迅速增加至 222 个，2000 年则达到了 411 个，20 个城市人口超过 1 000 万[①]，至 2011 年常住人口超过 1 000 万的"超级大城市"已达 25 个，其中东京人口已达 3 420 万，居世界第一[②]。从中可以看出人口向大城市、特大城市、超级大城市持续集聚的强烈趋势，且随着全球化的进程，这一趋势呈现加速发展的势头，使这些城市的人口高度密集。规模巨大高度集聚的人口，为核心城市的发展提供了庞大的劳动力资源，其所带来的多样性也成为促进城市产业发展的重要因素。而规模巨大的人口也进一步促使了消费市场规模的扩大，为产业的发展提供了良好的消费支撑，同时，多样的需求及良好的市场条件，也是刺激创新的有利因素，是推动企业创新及技术进步的重要源头及反馈。此外，当人口超量聚集，密度激素升高时，在同一时间内，各种城市流（人流、车流、物流、信息流等）都必须以最快速度到达、通过及疏散，而物质的聚集必然导致各种城市流之间的交叉与冲突[③]，这又对城市的基础设施的承载力提出了更高的要求，也从客观上推动了城市基础设施的升级，呈现出高效、便捷、高承载力的发展趋势。

与一般城市的人口集聚所不同的是，核心城市的人口集聚同时也伴随着知识的集聚。城市等级规模越高，能提供的就业机会、收入水平、生活环境、服务设施等条件越好，对人才的吸引力就越大，使得核心城市的人口集聚呈现出高素质、高学历、高专业性的特点。企业的集聚同时也是高素质专业技术人才的集聚，而现代企业的人员流动性较高，使得人才在同类企业间不断转换，由此得以建立起复杂的社会关系网络。通常这些高素质专业技术人才有着类似的学科背景及文化认同，形成的社会关系网络更多的由知识相关性所维系，使得相关知识、技术及信息在其间的流动，一些有用的技术资料、对相关技术问题的思考都会在一次次交流中传播，被许多的企业、设计者、工程师所掌握。由此构成了相关产业的知识关联网络，成为知识集聚的高地，也成为知识溢出的源头，成为产业创新引领发展、吸引更多要素集聚的有效支撑。

这其中知识溢出的空间局限性是形成知识与人才在核心城市双重密集的关键因素。知识是有两种类型的，一种是可编码知识，如信息，可以较为容易地进行编码，并具有单独的含义且能释义。在信息化背景下，这类知识的传播完全不受地域限制，对相关产业的空间分离起到了有力的支撑作用。另一种知识则是含糊知识，不易编码整理，且往往仅是偶然可认知的，但这类知识却是创新的重要源泉，其传播的边际成本是随距离递增的[④]。这类含糊性的知识通常被称为"缄默知识"及"黏性知识"[⑤]，需要通过面对面交流的方式进行获得，并且需要不断地重复接触与联系才能理解其中的深层次内涵。通常，这类知识掌握在

① 刘乃全. 空间集聚论[M]. 上海：上海财经大学出版社，2012.

② 转引自：马文波. 全球 25 座超级大城市排名出炉，中国三城入选[J]. 中国地名，2011(3)：79.

③ 张为平. 隐形逻辑——香港，亚洲式拥挤文化的典型[M]. 南京：东南大学出版社，2012.

④ 梁琦. 产业集聚论[M]. 北京：商务印书馆，2004.

⑤ 缄默知识（tacit knowledge）是指那种在传播过程中不易留下痕迹的知识；黏性知识（sticky knowledge）是指具有高度语境限制的、不确定的知识。

行业高端企业、高端科研机构、优秀人才手中，其传播方式是一种自上而下、自源头向外围的梯度传播，形成了高端、前沿知识的地域局限性及稀缺性，由此也产生了知识要素分布的地域不均衡性。进而，在这种不均衡影响下，使得企业的控制与决策职能、创新与设计职能等在核心城市形成集聚。可以说，正是这种人口、人才、知识在核心城市的高度集聚，才使核心城市形成了更大的空间集聚力，从而支撑了核心城市诸多高端产业、高端机构的发展。

2.1.2 内部产业升级推动力

在全球经济一体化、信息化的发展外部背景下，诸多高端要素及生产资料向核心城市流动，加速了这些城市的空间拓展、产业升级及由此带来的空间结构演进。就中心区本身而言，在新的时代背景下，核心城市的位势被不断推高，其中心区职能也发生了相应的变迁，产生了不断升级发展的需求。正是这种全球尺度的集聚所产生的升级发展的需求，成为推动核心城市中心区空间结构演进的内部推动力(图 2.2)。

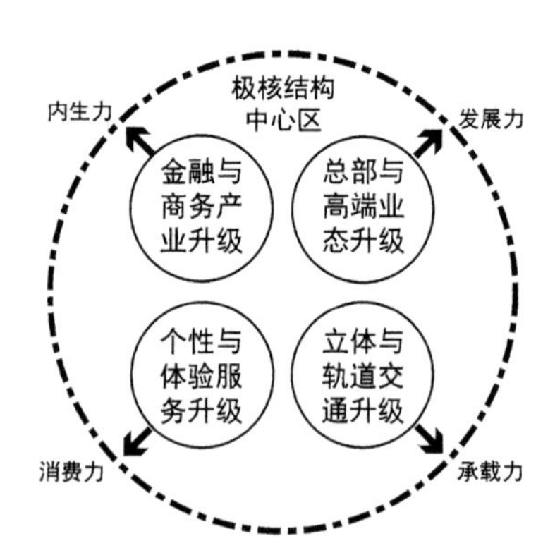

图 2.2 内部产业升级推动力模型

*资料来源：作者绘制

1）金融与商务产业升级的内生力

中心区发展的外部动力，使得控制与决策、枢纽与核心等高端职能在核心城市中心区形成集聚，使其成为生产型服务业的核心集聚地。其中，对经济产业发展真正起到控制与决策作用的是以金融及商务产业，两者的有效结合构成了中心区的核心产业。金融及商务产业是现代服务业的核心产业。其中，金融业通过丰富的金融资源及多样的融资渠道，为实体经济提供强有力的支撑。在知识型经济发展的影响下，科技的研发及应用成为关键，而这一环节对金融资源的消耗也较大，虽然有着高收益的预期，但同样具有高投入、高风险的前提。最终这些金融需求会诉诸各金融机构，并由金融机构决定金融资源的流向，这使得金融成为经济发展中的核心控制要素；而商务产业也具有类似的职能，通过对知识、信息、市场等资源的获得及调配，控制、引导企业的生产经营。在信息化的时代背景下，信息的爆炸、市场的灵活多变，使得商务起到了越来越重要的收集、反馈、分析及决策职能，成为企业发展的另一核心控制要素。

金融与商务资源的集聚也是产业集聚的一种，与其余产业的集聚所不同的是，金融与商务资源的流动性，其流动性有两个特点，即：趋利性及自由性。金融及商务资源的流动与实体经济的流动不同，在市场条件下受限制较少，哪里有利可图就流向哪里，且这种流动是开放性的。在经济全球化的影响下，一个地区、一个企业的发展已经不限于自身，其发展所需的金融及商务资源也无法完全依靠自身解决，这就要求金融及商务资源可以在全球经济体系内自由的流动。只有金融及商务资源的自由流动才能实现利益的最大化，并提高金融及商务资源的利用效率。

在此基础上，金融及商务资源最主要的流动特征就是集聚，其在人口密度、建筑密度、投入密度、产出密度等各集聚指标上全面优于城市其他地区[1]，但其集聚并不是单一方向的，而是呈现出集聚与扩散的对立统一特征。集聚是指金融及商务资源在市场条件、政府导向、企业战略、经营创新等众多因素的影响下，密集程度不断增加的动态过程；扩散则是指各种金融及商务资源呈现出的向周边地域、市场、机构发散，密集程度降低的动态过程[2]（图 2.3）。在这一过程中，优势资源会向核心区域集聚，即核心城市中心区的核心位置，利用其良好的枢纽及核心地位，对行业发展的引领地位，良好的城市基础设施及服务水平形成集聚。这种集聚有利于金融及商务资源更好地掌握市场信息、行业发展动态及科技发展方向等，便于其投资与获利。同时这一集聚过程也是核心城市中心区进一步发展所必需的产业升级过程，核心城市只有掌握了核心的金融及商务资源，才能保证其对经济产业发展的控制力、辐射力及引领力，进一步强化控制与决策、枢纽与核心、创新与设计职能，并对人口及知识的集聚产生强大的吸聚力。

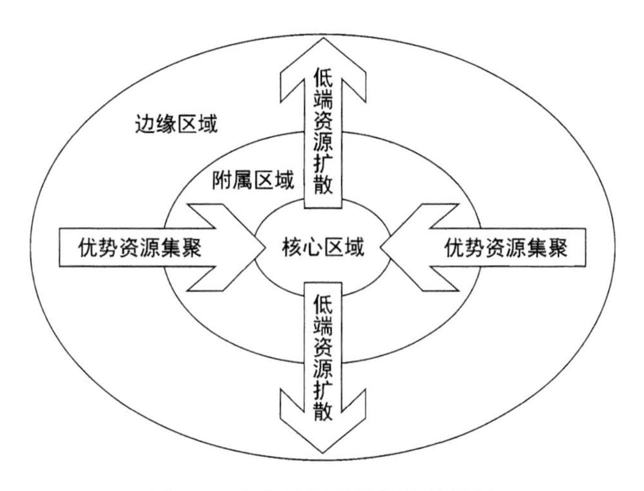

图 2.3 金融及商务资源流动特征

*资料来源：张晓燕. 金融产业集聚及其对区域经济增长的影响研究[D]. 山东大学，2012.

在优势资源集聚的过程中，低端、劣质的资源被挤出核心区，向外围扩散，呈边缘化趋势，这种扩散过程是与集聚过程同时发生的，且是动态变化的。随着金融及商务产业的不断升级，新的优势金融及商务产业类型会向核心集聚，而一些跟不上发展需求的类型则会被边缘化，形成了中心区产业集聚升级的循环。一般来看，集聚的资源多是知识含量较高的，具有比较优势的，且具有良好成长潜力的资源，而扩散的资源则更多的是那些夕阳产业。在优势金融及商务资源集聚的带动下，在产业关联的引力下，更多的高端、优势产业在核心城市中心区形成更强的集聚，并带动了优势资源集聚及劣势资源扩散的对流的形成，推动了中心区空间结构的演进。

2）总部与高端业态升级的发展力

在全球优势资源向核心城市集聚的基础上，形成了知识、信息、人才、金融等高端生产

① 肖晓俊，傅江帆，贺灿飞. 国际大都市产业功能区空间利用特征[J]. 世界地理研究，2012，20(4)：48-56.

② 张晓燕. 金融产业集聚及其对区域经济增长的影响研究[D]. 山东大学，2012.

要素分布的不均衡性，进而形成了产业集群布局的不均衡性。从国际上看，目前世界主要的综合性国际大都市，大都是大公司集团总部或地区总部的所在地，同时，这些城市中企业的生产制造加工基地也在不断向外迁移，与企业总部实现空间分离，两者分别在各具比较优势的不同区域形成集聚[①]。而全球总部及地区总部在核心城市中心区的集聚，通过其标志引导作用及知识溢出效应，极易形成同行业总部、相关产业的集聚以及前向、后向关联产业的空间集聚，形成高强度集聚的总部经济区[②]。

总部集聚的产生受核心城市在经济产业发展中的核心地位所吸引，追逐市场、信息、人才、枢纽、创新等要素，并努力建立与金融产业良好的合作关系，形成与这些要素等级相匹配的总部等级，即越是大公司高级别的总部，越偏向于选择核心城市中心区布局。在此基础上，核心城市中心区成为高端人才、高端商务活动、高端技术创新等集聚的高地，这些高端要素所带来的高收入、高消费、高投入特征，促使了相关服务产业向着注重品质、文化及环境的高端化发展。这些高品质的消费，在空间上会形成围绕总部集聚区的布局，包括高档商场、高档酒店、高档娱乐场所等，一些奢侈品甚至会将其旗舰店布置于此，以展示其实力并满足高端人士的消费需求。这些消费设施在中心区内的集聚，构成了复杂的消费链，形成了为高端产业、机构及人才服务的高消费密集区。中心区的高端产业、高端业态、高端消费的升级过程，形成了中心区绅士化发展的高端环境。这一环境的形成会对高端的产业、业态及人才产生较大的吸引力，进一步强化其高端化的发展力，进而对相对低端的产业、业态及消费产生了强烈的排斥，使其向中心区外围、城市其他地区、甚至低等级的城市迁移。

为了行使国际经济管理和控制中心的职能，核心城市经济功能呈现出更高层次的多元化和综合化的特征[③]。在这些核心城市新一轮的发展战略规划和城市建设的实践中也得到了充分阐释。从伦敦、纽约等城市的发展目标来看，突破单一的以金融和商务服务为主导的功能格局，实现公司总部经济、文化创意产业、旅游业及商业零售业等多元产业的协调共进发展，已经成为新一轮城市中心建设的重要策略和趋势[④]。这一发展趋势的形成，受 3 个方面影响：

① 总部经济强烈的前向及后向关联。总部后向关联产业主要有：物质条件提供产业，人才智力提供产业，企业运营配套提供产业，公共服务提供产业，企业经营所需专用资源提供产业等。总部前向关联产业主要有：需要以总部的制造基地制造产品为投入的产业，需要获取总部技术支撑的产业，需要共享总部信息的产业，需要利用总部管理及技术人才的产业，需要利用总部客群关系的产业，需要总部文化背景的产业等[⑤]。由产业关联而带动的多元功能的集聚是中心区功能升级的核心动力。②核心城市多元的文化特征。核心城市更多地承担了全球经济的控制与决策等核心职能，其中心区的高端产业多具有全球的战略

---

① 赵弘. 知识经济背景下的总部经济形成与发展[J]. 科学学研究，2009(1)：45-51.

② 总部经济是指某区域由于特有的资源优势吸引企业将总部在该区域集群布局，将生产制造基地布局在具有比较优势的其他地区，而使企业价值链与区域资源实现最优空间耦合，以及由此对该区域经济发展产生重要影响的一种经济形势。资料来源：赵弘. 总部经济[M]. 2 版. 北京：中国经济出版社，2005.

③ 袁海琴. 全球化时代国际大都市城市中心的发展——国际经验与借鉴[J]. 国际城市规划，2007，22(5)：70-74.

④ 周晔. 国际大都市发展的新趋势[J]. 城市问题，2011(3)：10-15.

⑤ 赵弘. 总部经济[M]. 2 版. 北京：中国经济出版社，2005.

视野，使得这些产业的发展具有明显的外向型特征，这一特征也推动了中心区职能的进一步升级，向多元化方向发展。随着中心区高端消费密集区的形成，中心区已经成为最具国际化的高端文化交汇区，成为地区文化与世界文化的熔炉，奠定了良好的文化创新氛围，进而大大激发了文化创意产业的发展，并带动了都市旅游业以及相应的休闲娱乐业的发展。③高端人才生活重心向中心区的倾斜。高端技术人员及高端商务人士高脑力强度、高精神压力的工作，使其生活重心也向中心区倾斜，又进一步带动了中心区服务职能的升级，使得中心区的职能更加的多元化与综合化。

3）个性与体验服务升级的消费力

在信息化、网络化经济条件下，信息技术及电子商务的飞速发展，使得服务与消费出现了新的变化趋势。从企业方面看，工业化背景下产品的同质性增强，传统的以降低生产成本来增加竞争力及盈利水平的方法，这些技术条件易于模仿，使得企业间的竞争逐渐恶化，利润空间被严重压缩。而在信息化背景下，企业的竞争转向市场，企业的核心利润更多的来自于服务、设计、营销、策划等非生产制造过程，这些企业长期发展建立起来的核心文化、风格、知识是难以模仿的，使得企业间的竞争呈现异质化状态，企业间的合作则大大增强。在此基础上，企业也更愿意突出其产品的个性，从而缓解竞争压力，稳定市场、价格及盈利水平。另一方面，从市场方面看，经济发展进入需求阶段，消费者在市场中的主导地位进一步加强，以往由生产所控制的定价权、定制权逐步转到消费者手中，生产者主权让位于消费者主权。而消费者在个人价值取向上，特别是在消费偏好方面，呈现出深度差异化和快速更新的特征，人们的消费观发生变化，强调突出个性的消费，购买行为和消费方式越来越多样化，同时，消费观念的变化和消费需求的快速更新，也使得市场变化大大加快[①]。在其共同影响下，企业对服务的重视程度超过了对生产制造的重视程度，使得产品与市场呈现出个性化及服务化的发展趋势，有些生产企业甚至专注于服务职能，而将生产制造功能外包，升级为某种现代服务业。

个性化及服务化的发展，也是现代经济升级发展的方向，其核心就是追求差异性，即各个企业、各个产品均在寻求与自身相适应的市场定位，形成企业—产品—市场—消费者之间良好的联系与反馈机制，进而形成特定的文化氛围及文化圈，企业的服务、产品的设计、营销的策划、客户的维系等也均是以强化这种文化联系为目标。由于服务业的最大特征在于服务与消费在地点上的不可分离[②]，由此形成的消费过程是一个消费者全程参与的体验过程，消费者的切身感受是评价服务的首要标准，因此无论是产品还是服务，均更加强调消费者的体验感，并在体验过程中形成文化的认同感。体验消费已成为人们生活消费中的重要内容，成为现代消费的重要发展理念及方向，是产生更大消费吸聚力及消费力升级的重要基础与支撑。所谓体验消费，或者称之为体验式消费，是指在一定的社会经济条件之下，在特定的消费环境之中，消费者为了获得某种新奇刺激、深刻难忘的消费体验，而亲身去参与体验某一新奇刺激的消费项目或活动，或者亲身去体验感受某一新奇刺激的商品或服务的新型消费方式[③]。

---

① 巨荣良，王丙毅. 现代产业经济学[M]. 济南：山东人民出版社，2009.

② 洪银兴. 产业结构转型升级的方向和动力[J]. 求是学刊，2014，41(1)：57-62.

③ 张恩碧. 试论体验消费的内涵和对象[J]. 消费经济，2007，22(6)：83-85.

在产品个性化及服务体验化的趋势下，消费的附加值升高，消费者在产品本身的价值之上花费了更多的代价，而越是高端的产品及服务，其附加值越高，消费者也愿意支付更多费用。而作为最高端的市场及最高端的服务集聚地，核心城市中心区的消费整体呈现出个性化及体验化的发展趋势，这在很大程度上推动了中心区实体经济经营方式的变化及经营环境的改善，丰富了中心区文化内涵，也吸引了更多消费者来体验不同的产品、服务及文化，客观上促进了中心区旅游、休闲、娱乐等产业的发展，使得中心区更加多元化、更具活力，产生更大的魅力。需要指出的是，网络经济、电子商务的发展会对体验消费的发展产生一定的影响，但其消费者与产品无法直接接触的非接触特征，会产生较大的消费障碍，且无法满足人类最基本的社会交往需求，因此高附加值、高体验性的产品及服务，更倾向于面对面的交流及亲身的参与，且在这一过程中形成的消费心理的满足感，是电子商务无法取代的。由此可见，产品个性化及服务体验化带来的消费升级，极大地提升了核心城市中心区的多样性及文化内涵，进而使中心区产生了更大的消费力及集聚力。

4）立体与轨道交通升级的承载力

核心城市规模尺度巨大，人口总量及密度极高，公共服务设施较为发达、集聚规模较大，相应地，其城市中心区规模尺度也较高，且是城市中人口密度及公共设施集聚力度最高的区域。在其枢纽与核心职能的集聚下，中心区内部、中心区与城市、中心区与全球之间人流、物流、资金流、信息流、技术流等密集、频繁的流动成为核心城市中心区的显著特征之一。其中，交通输配网络作为基础设施的支撑骨架，既是保障各种城市流畅通的支撑和载体，亦是构成中心区空间格局与演化的重要因素①。然而传统的依托“汽车＋道路”为主的交通模式，由于交通工具承载量及道路自身容量特点的限制，提升空间有限，难以支撑巨大的交通流量，特别是通勤时间内，中心区的交通拥堵情况非常严重，由此产生的集聚不经济会严重降低中心区的吸引力，阻碍中心区的进一步发展。因此，核心中心区多是以轨道交通作为主要的运输方式，以立体的快捷、大运量的方式解决中心区交通压力，提供进一步集聚的支撑动力。

地铁作为一种现代都市交通的载体，已经极大程度上确定了建筑之外的城市基础设施主导城市生活的现实。作为有确定地点、相同频率、无论在时间还是空间上都极为精确并有规律的系统，地铁稍纵即逝的特征维持着城市血液的输送②。城市拥有的轨道交通线的条数也是衡量城市结构成熟度的标志，如：拥有 2～4 条线路是处于初始发展阶段，拥有 6～8 条线路才算基本进入成熟的发展阶段，拥有 10～12 条线路时城市结构将达到比较成熟的阶段③。而轨道交通的重要作用就是保障大运量人流交通的便捷与高效，并支撑高度集聚的公共设施的使用需求，进而成为连接中心区与重大设施、重要交通枢纽及城市其余地区的重要方式，因此，轨道交通多集中于城市中心地区。轨道交通较为发达的城市中心区，会形成以中心区为核心的放射型轨道交通格局，且由于中心区尺度较大，中心区内的轨道交通则与重要道路相结合，形成网络。典型的如日本东京的都心中心区（图 2.4），东京拥有 13 条地铁线路，其中 12 条线路均穿过中心区，或以中心区为始发点（终点）。中心区内部轨道

---

① 彭翀，顾朝林．城市化进程下中国城市群空间运行及其机理[M]．南京：东南大学出版社，2011.

② 张为平．隐形逻辑——香港，亚洲式拥挤文化的典型[M]．南京：东南大学出版社，2012.

③ 郑明远．轨道交通时代的城市开发[M]．北京：中国铁道出版社，2006.

交通线路密集,纵横交织成网状,形成对中心区交通的有利支撑;而当轨道交通从中心区通向外围时,则打破了网络格局,呈放射状向外延伸,形成了强烈的交通辐射力及向心力。

图中黑色线框为中心区范围,
白色线条为轨道交通线路

图 2.4 东京中心区轨道交通格局

*资料来源:作者根据 Google 网站下载地图绘制

中心区是以服务职能为主的区域,有着巨大的人流交通需求,轨道交通正切合了中心区高度集聚的特征,特别是核心城市中心区出现的加剧集聚的趋势,保障了中心区交通输配系统得以良好运营,世界主要的大城市中心区也都形成了以轨道交通为主体的交通构成方式(图 2.5),在通勤时间内,50%以上的人口通过轨道交通到达中心区,反映了轨道交通在人口高度密集的核心城市中心区的强力支撑作用。轨道交通的发展还受到中心区土地价值及土地稀缺性较高的影响,迫使中心区以立体化的方式解决交通系统的问题,以减少各种城市流的冲突。而轨道交通本身也是一种高效、集约利用土地的方式,轨道交通站点步行范围内也是中心区内土地价值较高的区域,为中心区的进一步集聚发展提供了良好的支撑力及承载力。在此基础上,轨道交通时代的核心城市,基本上都形成了以轨道交通为主体,多种交通方式相结合的多层次、多功能、多类型的城市交通综合体。

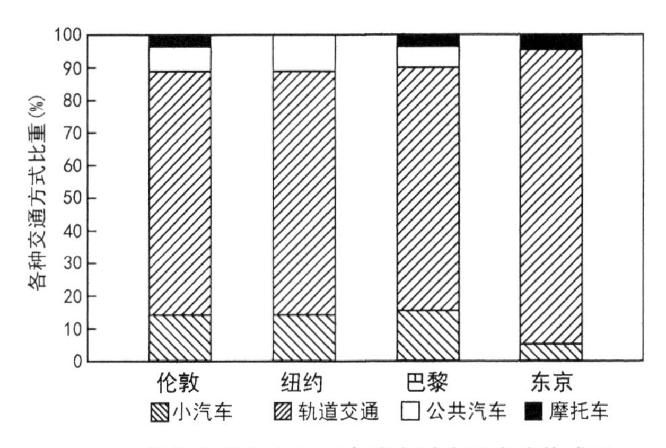

图 2.5 部分大城市中心区高峰小时交通方式构成图

*资料来源:郑明远.轨道交通时代的城市开发[M].北京:中国铁道出版社,2006.

2.1.3 中心区极核结构演化的驱动机制

在外部带动力及内部推动力的联合作用下,核心城市中心区集聚力度及强度持续增强,集聚等级不断提升,使其规模尺度不断扩展,空间结构更加复杂,并突破多核结构,形成极核结构(图 2.6)。在这一过程中,高端要素的集聚成为关键,人口、知识、基础设施的集聚升级成为有效支撑。而极核结构也并不是所有中心区都必然发展的方向，其仅存在于那些等级较高、国际化程度较高的核心城市中心区。可以说中心区的极核结构是一种存在于高等级中心区的复杂空间结构形态，其驱动机制也构成了核心城市中心区的特质。

1）外部及内部驱动力的作用机制

从外部驱动力来看，控制与决策、枢纽与核心、创新与设计构成了核心城市的主要职能，即对国际经济及产业发展的控制与决策，国际交通及信息系统的枢纽与核心，引领国际科技与时尚发展潮流的创新与设计中心。三者分别从经济产业、交通信息、科技文化等方面推动了核心城市的高端化发展。在此基础上，知识与人口则成为核心城市高等级规模的有力支撑，其中，知识的集聚，特别是高端知识的集聚是核心城市三大职能发展的有力支撑，大量人口的集聚则是核心城市形成巨大规模尺度、建立良好的消费市场及发达的基础设施体系的有力支撑，而两者结合形成的核心优势是高端人才的集聚，这也是核心城市较高竞争力的有力支撑。外部驱动力形成了良好的发展环境及支撑条件，使得中心区处于经济文化的高地以及各类要素流的中枢，产生了辐射国际的强烈吸聚力，而正是这种超越一般意义上的地域范围，形成的国际乃至全球尺度上的集聚，才能形成突破既有结构的聚合力，支撑起中心区这种超大规模、复杂系统的发展。外部驱动力的大小与城市的等级规模有着较为直接的关系，通常，城市等级越高，产生的外部驱动力越大，反之则越小，而外部驱动力越大，中心区的位势则越高，相应的向极核结构发展的推动力则越大。外部驱动力决定了中心区的集聚能力及等级规模，也为中心区内部经济产业的发展奠定了基础，是极核结构中心区得以形成的宏观框架及支撑要素。

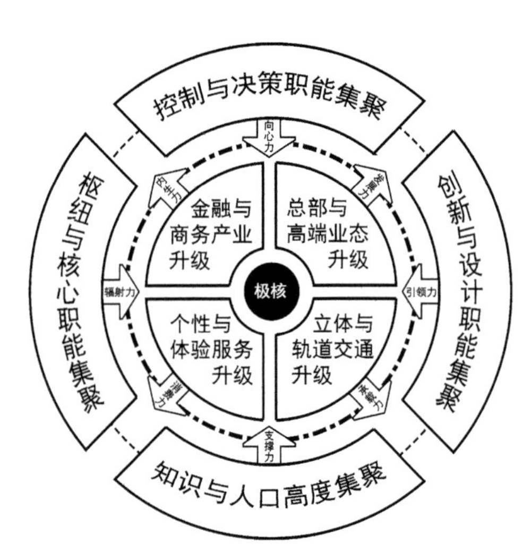

图 2.6 极核结构空间演化的驱动机制

*资料来源：作者绘制

从内部驱动力来看，中心区产业及业态的发展趋势及特征，既是外部驱动力的直接体现，同时也是中心区内部结构升级的动力。金融与商务产业以及总部经济与高端业态是现代经济发展的龙头，直接影响着经济产业及企业的发展方向，具有庞大的前向及后向关联效应，在不同范围内体现了一定的控制、决策及核心职能，同时也是创新发展的决定性因素。而知识及高端人才的集聚，又为金融、商务、总部以及高端业态的发展提供了有力支撑。而这些高端产业及业态的发展，除本身所具有的强力集聚效应外，其强力的关联效应也会吸引大量相关产业的集聚，是中心区得以突破，形成极核结构的关键。在此基础上，高端业态、高端人士的集聚所产生的注重品质、强调个性、偏重体验的消费需求，也是进一步促进中心区服务升级发展的推动力。而由此形成的高端服务业集聚，又促进了中心区多元文化的发展，体现了一定的创新与设计职能，具有一定的文化发展引领力，是促进中心区多元文化融合，多元产业集聚的驱动力。高强度、大规模的产业、人口、信息等要素的集聚，客观上推动了中心区基础设施的升级，建立了以轨道交通为主的立体化交通体系。也正是这一体系的建立，才有效解决了中心区各类要素流的密集流动与交织问题，是中心区得以发展为极核结构的有力支撑。内部驱动要素与城市及中心区的等级规模也有着较为直接的联系，根据城市及中心区等级规模的不同，会形成相应等级的金融中心、商务中心以及总部等。内部驱动力是核心城市中心区产业及空间内生的发展需求，其发展得益于核心城市等级规模带来的大量高端要素的自身发展需求，以及外部驱动力所形成的良好的发展环境；同时，内部驱动力的发展，又对外部驱动力及城市的等级规模的强化，提供了具体而有力的支撑，是极核结构中心区得以形成的承载及保障要素。

2）极核结构的门槛要素

外部驱动力及内部驱动力的集聚力度，与城市的等级规模具有较为直接的关系。在经济全球化、信息化、网络化的时代背景下，全球经济关联性加强，并打破国家、地域及文化的壁垒，形成全球经济网络格局。其中，城市成为经济网络中的节点，对经济发展及生产要素起到调节、控制、分配等职能。在这一过程中，由于各城市所在的区位、基础设施、发展基础、文化背景等不同，其国际化的程度也不相同，而国际化程度与城市所能吸聚的高端要素具有较为直接的关联性，国际化程度越高，在全球经济网络中的作用与地位也越高。在此基础上，可以根据各城市国际化程度及在全球经济网络中的地位，将其进行一定的等级划分，形成全球城市的等级规模体系，大致可分为四个等级(图 2.7)：第一级大都市是全球经济的中枢，处于全球经济网络的顶端，对全球经济起到控制、分配、引领等作用，往往是全球金融中心、公司全球总部等机构所在地，典型城市如纽约、东京、伦敦等。第二级大都市具有较强的国际化职能，通常可以影响整个大洲的经济发展，往往是洲一级的金融中心及公司总部等机构所在地，典型的城市如洛杉矶、阿姆斯特丹、柏林、新加坡、香港、首尔、上海、悉尼等，或是某一领域内的绝对的领导城市，如米兰等。第三级大都市具有一定的国际影响力，是一定区域范围内的经济中心，而第四级大都市影响力则更低，处于国际化的初始阶段，更多的影响力在国内或周边少数国家和地区。

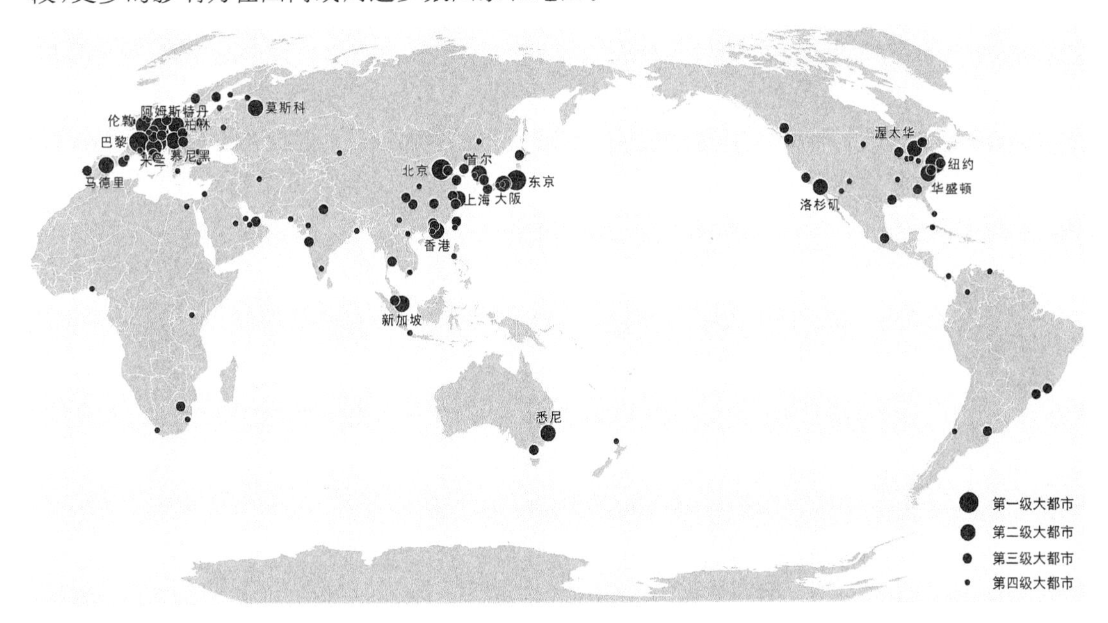

图 2.7　世界大都市等级体系

＊资料来源：陶岸君绘制

这其中，第一级与第二级大都市具有较高的国际化程度，以及较强的国际经济控制、分配及引领力，城市及中心区也具有较强的区域发展向心力，吸聚了更大尺度范围内的高端生产要素，才有可能产生突破既有空间结构形成极核结构的集聚力量。而一些等级较低的城市，虽然具有较大的人口规模，但其缺乏有力的集聚要素，各种资源也缺乏更有效的聚合力，使其城市及中心区规模庞大，但缺乏强大的控制力，难以发展为极核结构。因此，极核结构的中心区只会从这些高等级的大都市中产生，但也不是所有的高等级大都市中心区均会发展为极核结构，这只是产生极核结构的门槛条件之一。除此之外，极核结构的产生还受到多种要素的推动与制约，其门槛条件可以归结为 4 个方面：经济产业门槛、研发创新门槛、人口规模门槛、基础设施门槛。

① 经济产业门槛。经济产业是核心城市取得国际经济控制权的关键要素，其中金融与商务产业的集聚以及相伴而生的总部经济，作为产业发展及企业运营的控制、决策及核心，成为中心区集聚的最大推动力。对于第一级与第二级的大都市来说，这一方面要素的集聚力也有强弱的分别，而决定其中心区能否发展为极核结构的门槛条件可归结为：是否具有全球级或国际区域级的金融中心，以形成强大的经济控制力及向心力；是否具有全球 500 强企业的全球总部或国际区域级总部，并在此基础上形成全球级或国际区域级的总部经济区，成为企业发展的指挥中心，以形成高端产业集聚的领导力及标志力；是否具有顶级及一线的奢侈品牌旗舰店，形成与高端业态及高端人士相应的消费力与购买力。

② 研发创新门槛。研发与创新要素是核心城市文化与人才资源的集中体现，其强大的知识发源地职能及知识溢出效应，是引领时代潮流发展，吸引高端要素的有效集聚力。研发与创新要素最重要的体现就是研究机构、高等学府、文化设施、行业发布会或论坛等方面，这些方面的发展水平将直接决定城市的科技研发及创新能力、科研成果生产转化能力、文化潮流走向引领能力，以及科技、文化、产业发展方向的判断及把握能力。因此，在研发创意方面的门槛条件可归结为：是否具有一流的研究机构及高等学府，这是相关产业集聚的有效动力，也是吸引人才及产出人才的中心；是否具有顶级的文化设施或学府，如悉尼歌剧院、纽约百老汇、维也纳金色大厅、巴黎美术学院等类似的设施与机构，这是文化艺术的殿堂，对高端文化艺术要素的集聚具有极大的吸引力；是否具有行业顶级的发布会或论坛，如米兰时装周、洛杉矶奥斯卡颁奖典礼等，这是行业的盛会，也会使各类相关的文化及人才要素在此高度集聚。

③ 人口规模门槛。人口规模是一个较难控制的要素，与城市所在地域文化、地形条件等均有较大关系。有些地区土地稀缺，但人口密度较大，导致人口规模也较大，如首尔，市辖区面积 605 平方公里，人口则达到了 1 044.8 万人；而有些地区征地人口数量较少，虽然城市人口密度相对较高，但总量不高，如伦敦，市辖区面积 1 572 平方公里，但人口仅为 830.8 万人[①]，且伦敦的城市等级明显高于首尔。可见人口规模与城市的等级及集聚力度没有直接的对应关系，很难作为一个衡量城市中心区是否能够成为极核结构的门槛条件。现阶段，国际上一般以 100 万人口规模作为特大城市的门槛，以 1 000 万人口规模作为超级大城市的门槛条件，但经过研究发现，人口的规模与城市的等级基本不存在直接的对应关系。

---

① 数据来源于维基百科首尔及伦敦词条。首尔数据来源于：http://zh.wikipedia.org/wiki/首尔；伦敦数据来源于：http://zh.wikipedia.org/wiki/伦敦.

在此基础上，本书认为：极核结构中心区是一种高效、高质、高端的集聚形态，人口集聚的质量要素远大于人口数量的影响，因此人口规模不应成为极核结构的门槛条件。

④ 基础设施门槛。从图 2.7 中不难发现，高等级的大都市基本都分布在沿海的位置，这与早期依托海运的全球贸易的发展有关，而这些城市均是拥有良好的港口口岸的城市，由此积累起来的交通、货运及信息的枢纽地位形成了强大的集聚力。在此基础上，城市通过不断地更新升级其基础设施水平，强化其枢纽地位，以保证其在经济发展中的优势地位。因此，城市的基础设施条件是城市经济发展的重要支撑条件，也是城市中心区能否发展为极核结构的支撑条件。极核结构中心区的形成，需要国际尺度上要素高效集聚的保障，也需要内部高效基础设施的有力支撑，因此可以从两个方面界定极核结构中心区基础设施的门槛条件：从外部条件来看，应具有综合的国际核心口岸（首靠港），包括航空口岸及港口口岸，还应具有区域级的铁路及公路枢纽；从内部条件看，应形成以轨道交通为主体的综合交通体系，轨道交通线路数量在 10 条以上，只有这样才能保证内外交通要素的良好衔接及运营。

综上所述，将中心区极核结构的门槛条件总结如下（表 2.1）。

表 2.1　中心区极核结构的门槛条件

基本条件	经济产业门槛	研发创新门槛	人口规模门槛	基础设施门槛
世界第一级或第二级的大都市	全球级或国际区域级的金融中心	具有一流的研究机构及高等学府	—	具有综合的国际核心口岸，包括航空口岸及港口口岸
	具有全球 500 强企业的全球总部或国际区域级总部，并形成总部经济区	具有顶级的文化设施或学府		具有区域级的铁路及公路枢纽
	具有顶级及一线的奢侈品牌旗舰店	具有行业顶级的发布会或论坛		形成以轨道交通为主体的综合交通体系，轨道交通线路数量在 10 条以上

* 资料来源：作者绘制整理

2.2　驱动机制作用下形成中心区极核结构的空间效应

在中心区向极核结构的演化进程中，中心区自身的基本条件、产业的发展格局、人口的属性及结构、文化的心理认同等构成了演化的核心驱动力。在驱动力作用下，各结构要素发生了相应的空间效应，产生了根本性变化，进而推动了中心区结构的演化。

2.2.1　中心区与外围的集散对流效应

在经济全球化及信息化的背景下，城市中心区职能向控制、决策、创新等职能转变，而生产功能则向外围甚至是国际地区迁移，在规模集聚效应的影响下，中心区与外围地区形成了不同的产业集聚区，形成不同的产业吸聚力，中心区以高端职能的商务、金融、商业、休闲、娱乐等智力密集型产业为主，而外围地区则以生产、加工、制造等劳动及资本密集型产

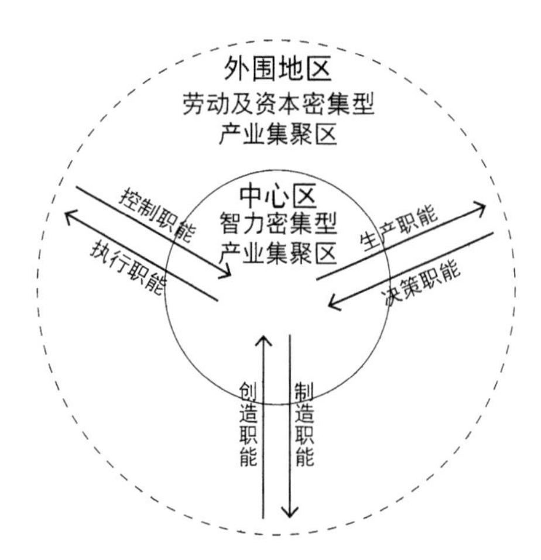

图 2.8　中心区与外围的集散对流效应

＊资料来源：作者绘制

业为主。在这中心区与外围地区的产业集聚过程中，相对于其中任何一方来看，集聚与扩散作用都是同时存在、同时发生、同时作用，即中心区在吸聚高端智力密集型产业时，也在向外围扩散劳动及资本密集型产业，反之亦然，外围地区在吸聚劳动及资本密集型产业的同时，其产生的高端智能也向中心区集聚。在此基础上，就形成了中心区与外围地区集聚与扩散的对流关系，可称之为中心区与外围的集散对流效应（图 2.8）。在其影响下，中心区的集聚持续发生，且位势被不断推升，最终突破多核结构形成极核结构。

集散对流效应的形成受中心区与外围地区的不同特征及产业自身价值链的影响。中心区具有更好的公共服务设施水平，更便捷的交通可达性，更发达的信息网络，更多的市场需求，更专业的劳动力市场，和直接的知识溢出等优势资源，这些资源是吸引高端职能及高端机构集聚的核心动力。一方面，满足了这些高端职能及机构的发展需求，形成了良好的外部经济效应以及规模收益递增效应，使得高端职能及机构形成了相应的产业集群，在中心区集聚；另一方面，高端职能及机构的高素质专业技术人员也需要更为现代化的生活方式，更便捷的公共服务设施以及更高的收入来满足其生活方式转换的需求。而较高的公共服务设施水平提高了中心区的土地及租金价格，使得企业的经营成本提高，而较高的生活成本，又使得员工的薪金需求相应提高，产生了一定的集聚不经济及外部不经济效应，使得盈利水平较低的产业类别、生产环节及企业向外迁移。

与中心区相对应的外围地区则具有不同的特征，丰富的自然资源、廉价的土地资源、大量的劳动力资源、较低的生活成本等，都成为吸引中心区扩散产业的有利条件。当然这种外围的集聚也不是完全的零散状发展，而是在资源、劳动力、政策等影响下，在一定的地区形成相应的产业集群，享受产业集聚带来的外部经济效应。而外围地区的产业或企业在不断发展的基础上，一旦产生更高端的需求，如产品设计、创新等需求，也会将这一部分职能进行剥离，迁至中心区，利用中心区良好的资源优势及知识溢出效应降低这部分职能的成本，加速其成长。

中心区及外围地区自身的发展需求及特征，决定了选择什么样的产业集聚，并选择什么样的产业扩散，而产业自身的价值链构成方式，则保证了这种集散对流效应的有序进行。产业按一个完整的生产过程来看，可以分为五个部分：技术创新、产品设计、加工制造、市场营销以及售后服务，五个部分形成一个循环，推动着产业的不断发展提升（图 2.9）。这

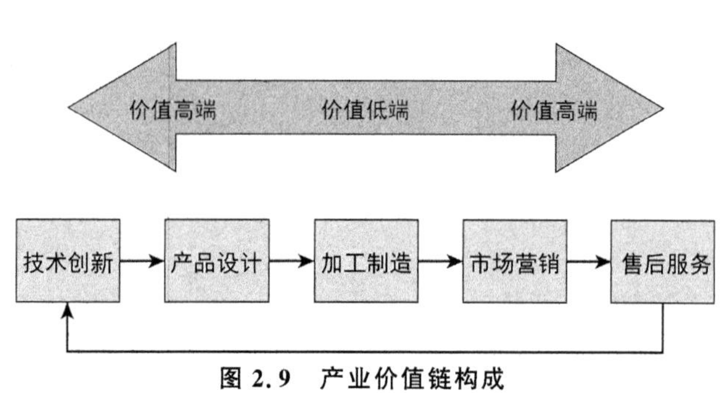

图 2.9　产业价值链构成

＊资料来源：赵弘. 总部经济[M]. 2 版. 北京：中国经济出版社，2005.

一价值链的构成，不但存在于不同的企业之间，形成专注于某个环节的企业，并通过企业间的合作来形成完整的产业链；也存在与同一企业的内部，通过企业生产的不同环节来实现。在这一过程中，企业会自发地追逐高盈利环节，将企业的重点放在技术创新、产品设计、市场营销及售后服务环节，而这些环节则必须贴近知识密集型地区及市场所在地，从而形成了高盈利环节向中心区集聚的趋势，而企业本身则形成了分散式的布局。这一集聚方式，形成了产业各环节的空间分离，各环节均在最有利于其发展的区位形成集聚，而交通联系的加强及信息通讯技术的发展，则为这种集聚方式提供了有效保障。

中心区与外围地区资源条件的不同，及产业自身发展诉求的共同作用，形成了中心区与外围地区的集散对流效应，但这种对流并不是从中心区到外围的直接对流，而是具有一定的梯度特征。在中心区持续集聚的过程中，高端职能及高端机构的集聚区形成了中心区的硬核，进而推动了硬核门槛的提升，对一些中小企业及机构来说，过高的成本产生的外部不经济已经超过了其所能获得的收益，因此这类企业与机构会从硬核向外扩散。这种扩散不是单一路径的，而是发散型的，在没有外界干扰的情况下，会以硬核为圆心向不同方向扩散，而这类企业与机构又必须借助中心区良好的资源环境以及大型企业及机构的知识溢出才能得到很好发展，因此多在中心区内的硬核周边形成新的集聚点，这些集聚点多是依托交通主干道、重要轨道交通枢纽站点等地区形成，以保持与硬核的良好联系。形成的新的集聚点会逐渐发展成新的硬核，并吸聚原硬核相应职能的扩散及外围地区相应职能的集聚。随着新老硬核的发展，逐渐形成沿交通干线的连接，并最终连绵为一个整体，形成新的规模更大的集聚核心。这也是推动中心区由单核结构—圈核结构—多核结构直到极核结构发展变化的重要因素，同时也是中心区及硬核规模得以不断扩展的原因(图 2.10)。

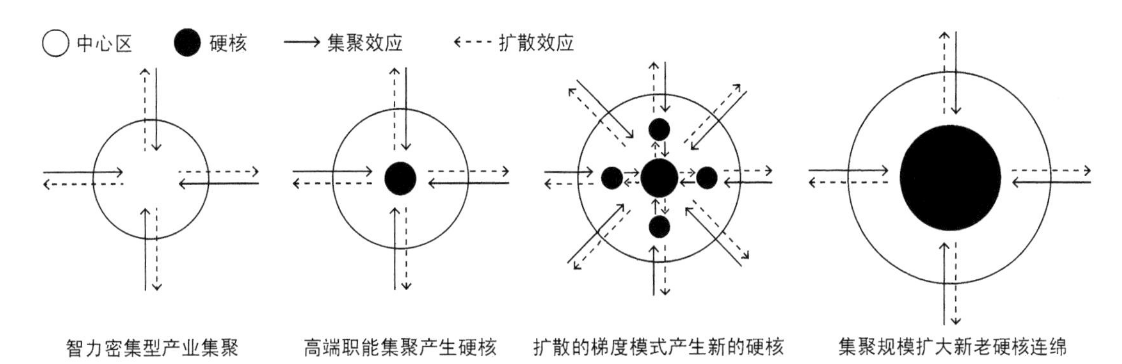

图 2.10 中心区演化过程中的集散对流效应

＊资料来源：作者绘制

对于集聚与扩散效应，一般认为规模的收益递增产生集聚经济，使得集聚效应增强，而集聚到达一定程度后，会产生交通、环境等方面的问题，并使得地租水平提升，使得成本的增加大于集聚的经济，产生集聚不经济，进而使得扩散作用增强①。就产业集群的发展来看，这种集聚—扩散的效应是真实存在的，但从空间角度来看，中心区始终是一个强集聚的过程，推动其空间规模及强度不断增加。以集散对流效应的观点来看，则是在原有产业扩

① 梁琦.产业集聚论[M].北京：商务印书馆，2004.

散的时候，有更加强势的产业向中心区集聚，产业的扩散在发生，但同时空间的集聚也在发生，只是推动集聚的产业发生了变化。在产生集聚不经济的扩散时，中心区会在市场机制及空间自组织机制作用下，改善环境、交通条件，提升基础设施水平，进一步强化空间的集聚要素，甚至这种调节在尚未产生集聚不经济的时候就会发生，这也是中心区自身发展的需求。但这一强化集聚过程是有选择性的，交通、环境等的改善会带来中心区生产成本的提高，进而促使产业结构发生变化，也使中心区对产业的需求与产业自身区位需求出现变化，在综合成本及收益的考量下，部分原有产业选择分散到中心区外围，而部分新的产业进入中心区，且进入的产业一定具有更高的盈利水平及更高的附加值，以平衡更高的生产成本。在此基础上，中心区的空间演进就形成了集聚—集聚扩散—再集聚的循环演替过程，形成一浪高过一浪的波浪式拓展过程(图 2.11)。

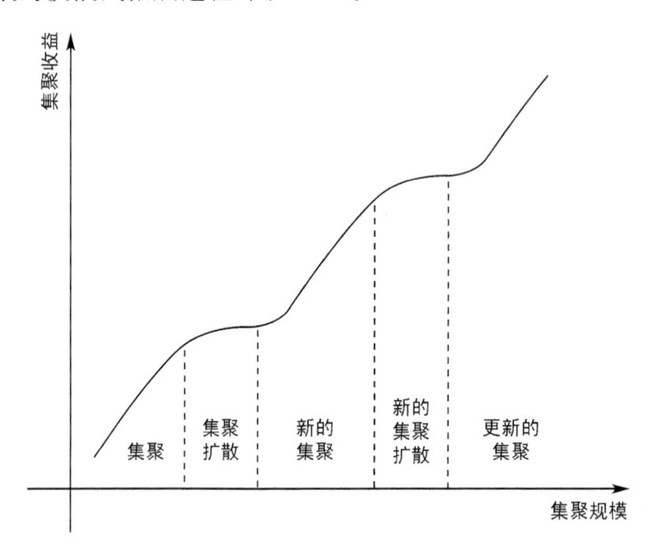

图 2.11 中心区空间拓展的集散效应

* 资料来源:作者绘制

2.2.2 硬核的循环累积关联演替效应

中心区内硬核的产生及生长是一种典型的空间不平衡现象，在地区间条件不平等的前提下，经济力和社会力的作用使有利地区的累积扩张以牺牲其他地区为代价，导致后者状况相对恶化并限制其进一步发展，由此导致不平等状态的强化，可称为循环累积因果效应。该理论是由著名经济学家缪尔达尔于 1957 年提出的，其认为:在一个动态的社会过程中，社会经济各因素之间存在着循环累积的因果关系。某一社会经济因素的变化，会引起另一社会经济因素的变化，这后一因素的变化，反过来又加强了前一个因素的那个变化，并导致社会经济过程沿着最初那个因素变化的方向发展，从而形成累积性的循环发展趋势。市场力量的作用一般趋向于强化而不是弱化区域间的不平衡，即如果某一地区由于初始的优势而比别的地区发展得快一些，那么它凭借已有优势，在以后的日子里会发展得更快一些。循环累积因果论认为，经济发展过程首先是从一些较好的地区开始，一旦这些区域由于初始发展优势而比其他区域超前发展时，这些区域就通过累积因果过程，不断积累有利因素继续超前发展，导致增长区域和滞后区域之间发生空间相互作用。在经济循环累积过程中，这种累积效应有两种相反的效应，即回流效应和扩散效应。前者指落后地区的资金、劳动力向发达地区流动，导致落后地区要素不足，发展更慢；后者指发达地区的资金和劳动力向落后地区流动，促进落后地区的发展①。

在其作用下，中心区的结构演化呈现出非对称的演进方式，经济发展、城市建设等都是以中心区为核心，并对中心区的优势起到持续的强化作用，其中，高端产业及机构在中心区内的集聚又以硬核的形式出现，成为中心区的发展极。而硬核形成后，就会在循环累积因果效应的影响下，滚雪球般的成长，使得高端产业长期锁定在硬核内，并在回流效应影响下，推动硬核的规模逐渐扩大。而扩散效应会使硬核周边空间发展的优势地区形成新的增长极，新的增长极一旦出现，就会触发空间的正反馈机制，使得增长极持续强化，进而在原有中心区内产生新的硬核，甚至在外围地区产生新的中心区。在此基础上，集聚因素使得在多个地区连续空间中产生数量更少、规模更大的集中，最终使得中心区内硬核连绵成整体，形成极核结构。形成极核结构的过程中，外围新出现的硬核在承接原有硬核的扩散时，多会吸引同类产业集聚，形成围绕在原硬核周边的不同产业集聚区，而这些产业迁出后，原硬核内的产业则以金融职能为主。在新老硬核同步发展，形成完全连绵的极核结构后，这些产业大多仍被循环累积因果效应锁定在原地，只是产业集群的规模变得更大，整体上就形成了以金融业为核心，其余相关产业环绕布置的产业布局形态。由于各个产业之间形成了相对独立的产业集群，又使得这种布局形态呈现出斑块化集聚的特征(图 2.12)。

在硬核的产业集群中，金融产业是影响硬核产业集聚的核心要素。金融服务业是现代服务业的核心，同其他产业有着密切的关联，即消耗其他产业的产品和服务，同时也向其他产业提供产品和服务，因此以金融为核心的产业链较长，并具有明显的集聚性②，形成以金融业为核心的产业集聚方式(图 2.13)。金融业集群是指一国的金融监管部门、金融中介机

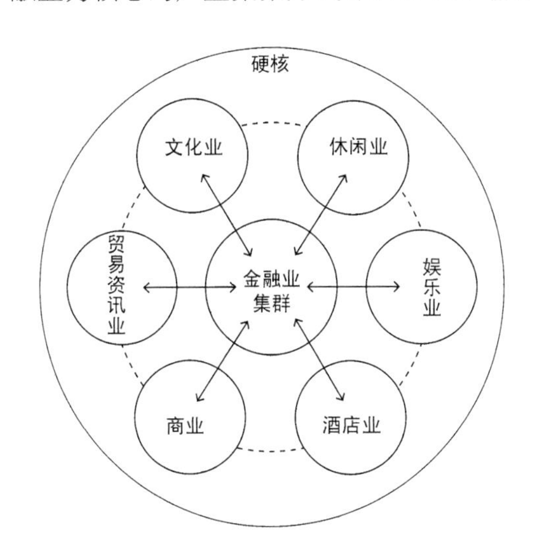

图 2.12　硬核产业集群的斑块状布局

*资料来源：作者绘制

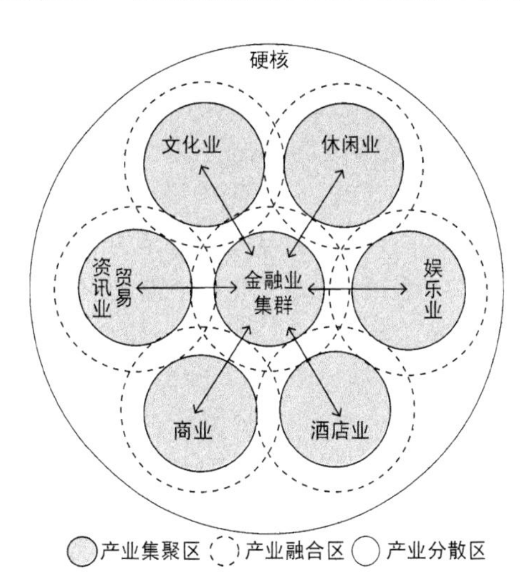

图 2.13　产业集群分布空间特征

*资料来源：作者绘制

① [日]藤田昌久，[美]保罗·克鲁格曼，[英]安东尼·J·维纳布尔斯. 空间经济学——城市、区域与国际贸易[M]. 梁琦，译. 北京：中国人民大学出版社，2013.

② 何德旭，姚战琪. 中国金融服务业的产业关联分析[J]. 金融研究，2006(5)：1-15.

构、跨国金融企业、国内金融企业等具有总部功能的机构在地域上向特定区域集中，并与其他国际性(跨国)机构，国内大型企业总部之间存在密切往来联系的特殊产业空间结构[①]。等级较高的城市中心区，其硬核也多以金融产业集群为核心，体现了其对国际经济的引动及控制能力，也体现了金融产业集群对于高等级城市中心区发展的价值。

在以金融业集群为核心的硬核产业集聚形成后，各产业集群的空间距离相对拉近，加之产业发展的知识化、服务化转型，使得知识的融合、产业的融合成为发展趋势，在一定程度上使得产业集群的封闭性减弱，相关产业与知识的渗透作用得以加强。在此基础上，硬核产业的集聚出现了新的空间分布特征，形成 3 层网络，即：核心集聚、周边融合、外围分散的分布特征，使得硬核整体产业布局在保持产业集群斑块布局的基础上，形成了多层次的圈层布局特征。而中心区，特别是硬核整体基础设施水平的提升、交通可达性的提高，使得整个硬核的资源分布较为均衡，进而使得外围分散的产业可以享受到产业集群的集聚优势及外部经济效应；同时，产业的融合化发展及布局，又避免了产业集群产生知识与社会网络的僵化及锁定效应，增加了知识创新的能力及速度。产业的融合化发展，使得整个硬核成为一个综合化的产业集群，相关产业围绕金融业产生了强力的前向及后向关联，使得硬核的集聚能力增强，并推动了硬核功能的混合化发展。

2.2.3 阴影区消解的结构洞演替效应

在中心区空间结构中产生的阴影区形成了中心区内的一个个空间孔洞，使得建设力度、空间形象、产业等级等在这里出现明显的塌陷，成为中心区空间结构的结构洞。结构洞的概念最早出现在对社会网络的分析中：社会网络中某个或某些个体和有些个体发生直接联系，但与有些个体不发生直接联系，存在个体之间联系断裂的现象，这种联系断开的地方像是网络中出现了孔洞，因此称为结构洞[②]。如图 2.14 所示，用 4 个行动者 A、B、C、D 所形成的 A 的个人人际网络来说明结构洞。A 具有 3 个结构洞 BC、BD、CD(图中虚线所示)，因为 B、C、D 三者之间没有联系，只有 A 同时与这三者有联系。相对于其他三者，A 明显具有竞争优势，他处于中心位置，最有可能接近网络中所有资源，另三者则必须通过他才能与对方发生联系[③]。

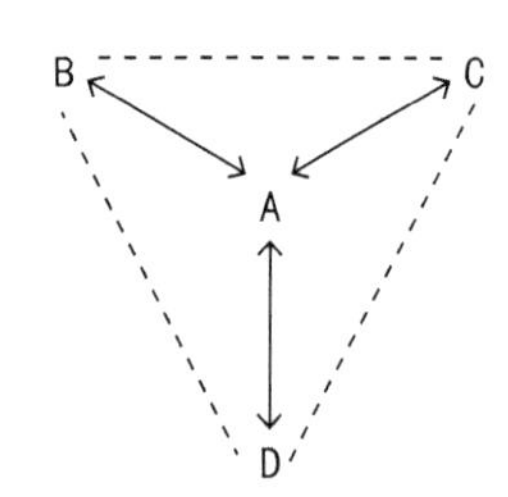

图 2.14 结构洞示意图

* 资料来源：盛亚，范栋梁. 结构洞分类理论及其在创新网络中的应用[J]. 科学学研究，2009(9)：1407-1411.

阴影区所形成的结构洞与之有较多的共性，也有一些不同特征。从形态上看，社会关系中的结构洞是一种关系的断裂，而阴影区则表现出明显的空间塌陷，中心区整体的高强度建设在这里出现骤降，是真实存在的空间低矮区；从功能上看，结构洞是一种桥梁性的作用，利用信息的不对称性获利，而阴影区则更多的体现了补充性特征，以低端业态为硬核及周边低收入者提供服务，与硬核内的高端业态相互补充；从联系上看，社会网络的结构洞是一个信息的中枢，信息的可达性最

① 蒋三庚. 中央商务区研究[M]. 北京：中国经济出版社，2008.

② Burt R S. Structural holes: The social structure of competition [M]. Cambridge, Massachusetts: Harvard university press, 2009.

③ 盛亚，范栋梁. 结构洞分类理论及其在创新网络中的应用[J]. 科学学研究，2009(9)：1407-1411.

高,与周边的联系性最强,而阴影区的交通可达性较低,多位于较大的地块内部,或干路网的中部,与周边的联系性较差;从开放程度上看,社会网络的结构洞是单向联系的,封闭性较强,而阴影区则是对周边开放的,且是完全的多方向的联系,开放性较强;从空间区位上看,社会网络结构洞可以存在于网络内部,但网络内部是一个强联系网络时,结构洞则存在于网络外围,成为网络与其余网络之间联系的纽带,而阴影区也存在类似的特征,阴影区分布于硬核内部时,成为周边高端智能的补充,而分布于硬核周边时,则为硬核及周边提供相关服务职能(图 2.15)。总之,中心区内的阴影区具有明显的结构洞特征,但是一种空间组织上的结构洞,是中心区空间结构的重要组成部分,对空间结构的演替起到至关重要的作用。

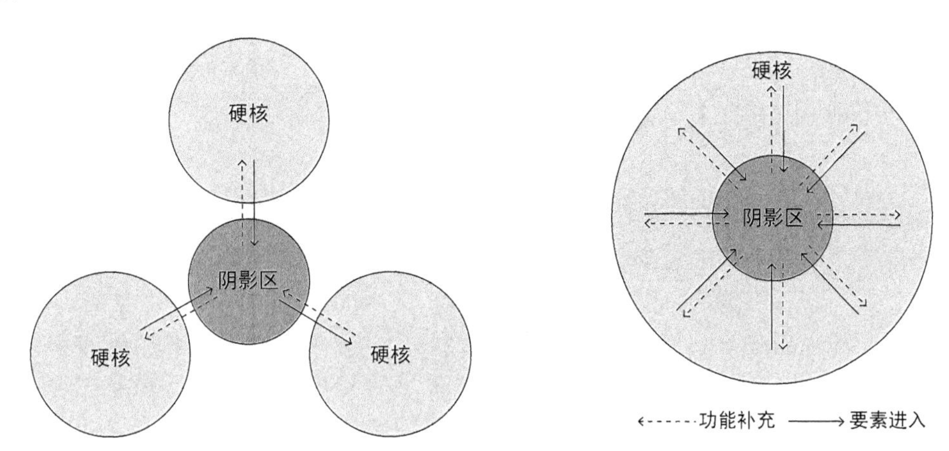

图 2.15 阴影区结构洞示意图

＊资料来源:作者绘制

阴影区的形成主要是开发的难易程度及可获得的收益水平综合作用的结果。阴影区位于城市干路网内部的地区,交通可达性较差,且远离主干路,缺乏良好的城市开放界面,进而影响其地块的开发收益;此外,阴影区的地价受中心区整体影响,地价水平较高,且进行改造的社会成本较高,进而使得城市更新的成本较高。在预期收益较低,且改造成本较高的基础上,硬核的建设多沿轴线式道路向外延伸或跳跃式发展,造成了阴影区现象的出现。但随着硬核的进一步发展,交通条件得到极大改善,特别是轨道交通网络的形成,使得中心区特别是硬核内的交通可达性较为均质,改变了阴影区结构洞的位势条件,使得高成本不再成为阻碍阴影区开发的障碍。在此基础上,阴影区结构洞的区位优势得到凸显,成为硬核更新的优势地区,原来的发展弱势反而成了进一步提升的优势。而由于阴影区结构洞位置的不同,其所发生的演替作用也不同,可以分为外部拓展式演替及内部填充式演替两种方式(图 2.16)。

外部拓展式演替是硬核空间拓展的主要方式,阴影区结构洞位于硬核边缘,以结构洞的更新带动硬核向外拓展。在该模式带动下,硬核呈现出规模及尺度逐渐增大的发展态势,而随着硬核规模的增大,又会在外围形成新的结构洞,酝酿新一轮的增长。填充式演替则是硬核功能提升的主要方式,多发生在等级较高的多核结构中心区内,这时的硬核沿重要轴线道路的发展已经达到一定规模,将阴影区包在了硬核范围内,使得阴影区结构洞具有较强的更新意愿及更新动力。在该模式带动下,硬核呈现出建设强度及密度逐渐增大的发展态势，随着阴影区结构洞的填充，硬核具备了更强的集聚效应及辐射能力，又会促进硬核的新一轮成长。外部拓展式与内部填充式相结合，推动了硬核规模、结构的不断演进，并推动了中心区由多核结构向极核结构的演进。

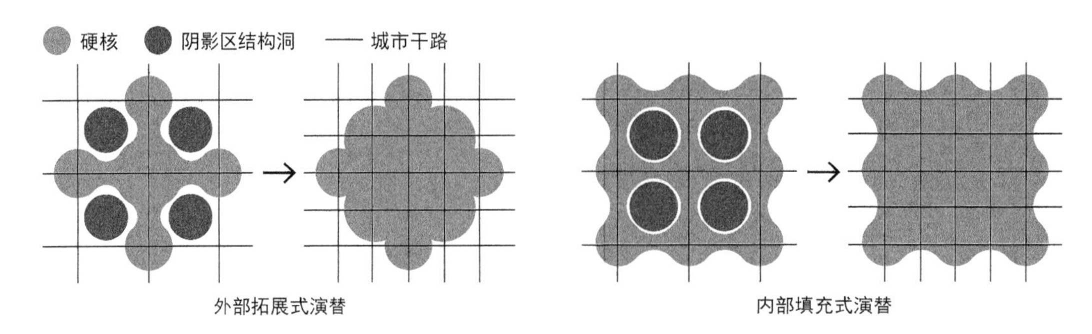

图 2.16 阴影区结构洞演替模式

＊资料来源：作者绘制

阴影区结构洞演替效应的推动下，中心区的产业及业态类型也经历了一个提档升级的过程。虽然随着交通等基础设施条件的改善，改变了阴影区结构洞的区位条件，带来了更新改造的动力，但土地的价格也会随之提升，实际上更新的成本是在不断增加的。因此，进入阴影区结构洞的新的产业必须具有更高的盈利水平，才能抵消高地价带来的高运营成本，即新进入的产业必须拥有更高的附加值。同时，在相同产业内部，低端业态也难以承受较高的地租水平及运营成本，导致无法迁入，而使得更多高端的业态进入阴影区结构洞，进而使得阴影区结构洞的更新呈现出绅士化，或称高档化倾向。这种倾向使得中心区越来越成为高级、高端、高层次的产业、业态及人才的集聚地，越来越为国际化而不是本地化服务，也在一定程度上促使了中心区本地大众生活职能的分离，推动了城市中心体系的形成。

2.2.4 输配体系的扁平网络演替效应

中心区是城市中交通可达性最高的区域，但对于整个中心区来说，其内部的交通可达性也不是均质分布的，而是呈明显的等级结构，一般情况下，原有硬核或主核地区交通可达性最高，新生硬核或亚核地区可达性次之，硬核周边地区再次之，中心区边缘地区可达性最低。在此基础上形成的输配体系也存在着明显的分布不均衡的状态，与交通可达性相应，道路网络密度也呈现出相应的变化趋势，交通输配轴线多是从硬核通过，交通输配环也多是环绕硬核布局。轨道交通也处于初级阶段，呈现出强化硬核及轴线的作用。这种输配体系引导下，新的要素的进入也多呈现出向高交通可达性的硬核集聚，以及沿交通输配轴线拓展的方式，形成典型的点轴拓展的空间模式。而随着中心区的进一步集聚发展，中心区道路密度进一步增加，交通输配体系突破了“输配轴＋输配环”的格局，形成了密集的“输配网”格局，同时，轨道交通的大力发展，多条线路在中心区内纵横交汇，也基本形成了网络格局。道路交通网络与轨道交通网络的空间叠加，使得交通可达性由原来的点轴格局向网络格局转变，进而使得中心区内的高可达性区域呈现出面状分布的特征，同时也使得硬核内部的交通可达性呈现出较为均质的分布状态，形成扁平化的网络结构(图 2.17)。

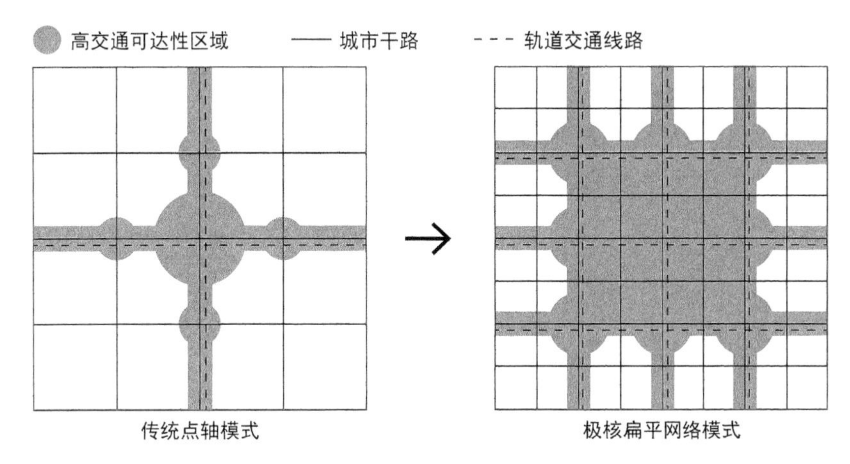

图 2.17 交通输配体系的演替

＊资料来源：作者绘制

交通可达性的均质化，促使了一定范围内区位资源的扁平化分布，即在一定范围内的交通区位优势基本相等，推动了中心区阴影区结构洞的消解，也减少了高端产业之间对区位优势条件的竞争。在点轴模式下，核心区位优势地区范围有限，高端产业的区位选址需求会导致期间的相互竞争，不同性质的企业混合布局，难以形成明确的产业集群，而在极核结构形成的扁平网络模式下，在较大的范围内区位优势基本相当，产业间区位竞争相对减小，各产业得以依托一定基础形成相应的产业集群，进而促使中心区形成斑块式的功能布局方式。其中，早期的核心位置由于既有的发展基础，会成为最大的功能斑块，多为中心区的核心产业——金融产业集聚区。而同时，随着输配网络的形成，商业服务核心集聚的方式也产生了相应变化。点轴结构模式下，公共服务设施集中在有限的空间范围内，并沿轴线道路延伸。与之相应，大型商业服务设施也会参与核心区位的竞争，向主要硬核集聚，而基本的商业服务设施则沿轴线向外延伸，为其余公共设施集聚区提供相关服务。在扁平网络模式下，大型商业服务设施会形成商业集聚区，提供高档次、综合化的商业服务，而随着各功能斑块的形成，集中的商业服务设施无法满足日常的需求，使得基本的商业服务设施沿着交通网络扩展，形成基本商业服务设施网络化的格局，进而使得硬核形成了“基本商业服务网络＋功能斑块节点”的空间格局(图 2.18)。此外，基本商业服务网络化的发展，也推动了中心区底层商业化的发展，促使了一些环境要求相对较低的产业与商业混合，形成底层商业、高层其余产业的空间混合利用方式。

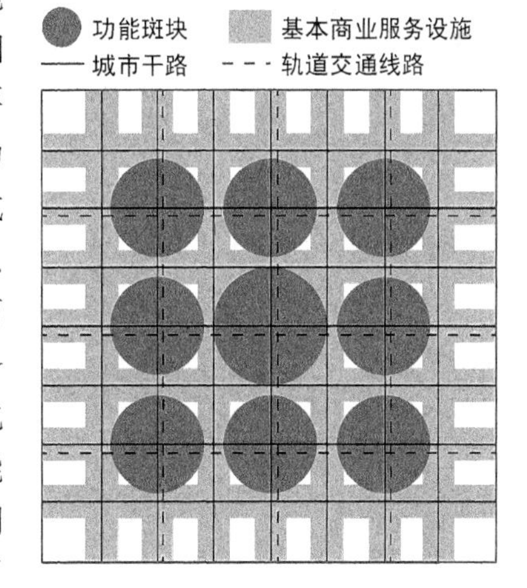

图 2.18 扁平网络下的功能布局模式

＊资料来源：作者绘制

输配体系扁平网络的形成，大大提升了中心区的路网密度，进而使得中心区出现高密度均质路网的街区小型化发展趋势。比例适宜的小型街区，与其余街区相比，可以有效地提升街区建筑密度，增加中心区的建设规模及力度；提高建筑的临街面比重，增加街区的商业价值及可达性；提升中心区整体的道路通达度，缓解交通拥堵，提高交通效率等，使中心区得以更加高效的运作，这也从一定程度上反映了中心区土地较高的使用价值及较大的使用需求。而由于街区尺度较小，街区形态通常较为规整，接近矩形或者方形，表现为棋盘格式的密集、均质状态。小街区模式下的中心区路网细而稠密，除快速穿越式道路外，其余道路间的等级差距不明显，且道路一般不宽，多为2～4车道街道；道路之间多采用正交方式交汇，而道路交通则多以单向交通为主，以保证道路交通的速度与通畅。所形成的街区平均街区面积较小，尺度多在2公顷以下，且街区大小也较为接近，使得整体形态等级关系较弱，呈现为均质的扁平化网络格局(图2.19)。

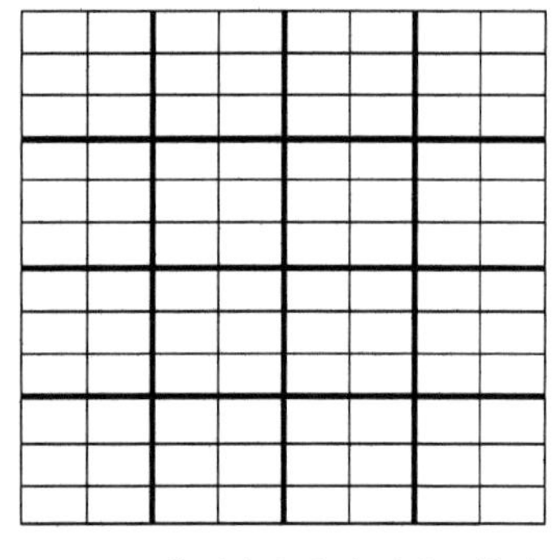

图2.19 典型高密度均质路网模式

*资料来源：作者绘制

2.3 驱动机制作用下中心区极核结构理论模型

在中心区自身基础条件、产业、人口、文化等驱动力作用下，在中心区自身空间发展的需求下，形成了中心区及其结构构成要素的空间变化，进而使得中心区空间结构模式发生了改变，形成了极核结构。极核结构的形成，是在全球化、信息化背景下，高等级城市中心区发展的必然趋势，标志着中心区进入了一个新的发展阶段，向着巨型规模、复杂结构的方向发展，在空间形态、用地功能及道路交通等层面均出现了新的变化特征。

2.3.1 中心区极核结构的理论模型

在中心区向极核结构发展的过程中，空间尺度逐渐增大，空间结构逐渐复杂，表现为中心区的空间结构由简单到复杂，功能结构由低级到高级，要素间联系由松散到紧密的变化趋势。所谓极核结构，是指在巨形规模尺度的城市中心区内，公共服务设施高度复合集聚，多个硬核间完全连绵形成整片的结构形态。简单来看，极核结构中心区像是一个放大了的单核结构，但规模尺度巨大、结构更加复杂、交通输配体系等也都发生了根本性变化，出现了硬核完全连绵、阴影区破碎消解、输配体系立体化及轨道化的发展特征，构成了一个全新的空间结构形态模式。根据驱动机制及空间效应的理论分析，将各结构要素的变化过程进行归纳、总结，并进行理论推导，在多核结构空间模式的基础上，推演出中心区极核结构模式的理论模型。

模型总体上仍保持了基本的圈层式构建方式，表示在较为理想的发展状态下，中心区以硬核为核心，并环绕硬核均匀向外扩展，各类功能根据与硬核关系的强弱，分布于不同的空间距离内，形成相应的圈层。而由于阴影区的消解，使得阴影圈层消失，最终形成了极核圈层与外围圈层两个圈层，形成类似于中心—外围结构的硬核—外围关系模式，硬核是功能主体，外围为其提供相关的辅助与支撑。此外，由于规模尺度的巨大化，中心区结构中又出现了一定的扇形结构特征，在外围圈层形成不同的功能扇区，形成总体圈层扩展，局部扇区分布的结构形态。尺度的巨大化及结构的复杂化也使交通输配体系向复杂系统方向发展，由较为单一的地面道路交通发展为轨道交通、地面交通、地上快速通道相结合的复杂输配体系。最终，形成了极核圈层、外围圈层、输配体系等3个部分组成的极核结构空间理论模型(图 2.20)。

在实际发展中,由于极核结构中心区规模尺度巨大,其覆盖的地域范围也较大,受到的地理环境、历史人文等要素的影响也较大,使得理论模型发生一定的变形。极核结构中心区的形态可大致分为三种类型:线型格局、T 型格局、圈层格局(图 2.21)。线型格局中,极核沿对应的两个方向延伸,形成线型,中心区内交通输配体系也沿着极核延伸方向展开,快速通道及轨道交通也均以强化线型格局为主。线型格局的极核中心区多出现在用地受限严重的城市或线型城市,如上文提到的香港港岛中心区,就是被山体及水体所辖,在有限的线型空间内展开。T 型格局中,极核的一侧多为山体、水体等较大型的地理环境要素,发展受到限制,而向其余方向的拓展也不是均

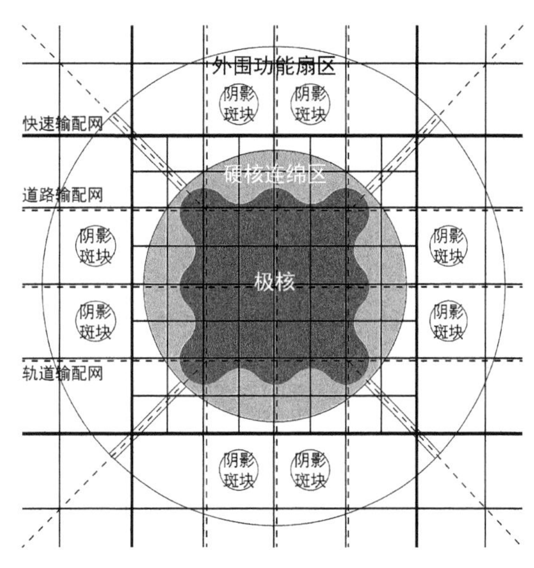

图 2.20　中心区极核结构空间模式图

* 资料来源:作者绘制

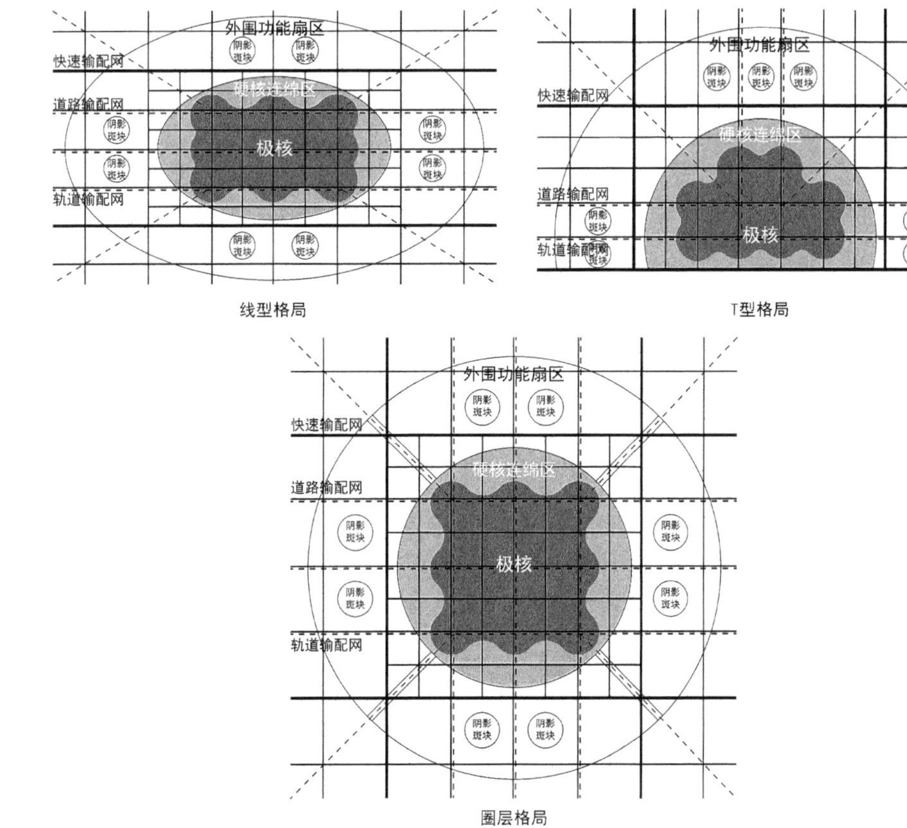

图 2.21　极核结构空间模式的不同形态格局

* 资料来源:作者绘制

匀展开的，也受到地形条件的限制，使得中心区及极核只能向有限的3个方向展开，形成T型格局；交通输配体系也以3个方向的联系及强化为主。这类中心区一般位于自然景观丰富，地理环境变化较多的区域，此外，也有可能由两个距离较近的中心区连接形成，2个中心区之间形成强力的发展轴线，并在连接过程中形成T型格局。如上文所述的上海人民广场中心区，就是人民广场与外滩两处增长极相互连接而形成的T型格局；而新加坡海湾—乌节中心区则更多的受到地理环境要素的影响。圈层格局中，中心区向各方向发展的阻力较小，发展较为均衡，如上文提到的大阪御堂筋中心区等。

在此基础上，通过对比中心区各发展阶段的特征及空间结构模式，能够更为清晰地看出中心区的空间结构的演替进程(图2.22)。从中心区空间结构模式的演进过程中也可以看出4个阶段之间存在着明显的逻辑联系，一个阶段是下一个阶段的发展基础，而下一个阶段的发展又包含部分原有阶段的要素，使得不同空间结构模型之间存在着较强的联系性。在单核结构阶段，中心区由3个圈层构成，分别为硬核圈层、阴影圈层及边缘圈层；进入圈核结构发展阶段后，随着亚核的出现，中心区被划分为4个圈层，增加了一个亚核圈层。而从另一方面看，如果将亚核与主核统一看成为硬核，那么这一过程就可以理解为硬核圈层的分裂，即硬核圈层分裂为主核与亚核两个圈层，并将阴影区包含在其中，实际是由3个圈层发展为硬核与外围2个圈层；由此，多核结构发展阶段的2个圈层也更易理解，即主核与亚核圈层之间的连通，打破了阴影区的束缚，使得阴影区呈斑块化状态，嵌于硬核网络之中；至极核结构发展阶段，硬核圈层内的阴影区消失，硬核完全连绵，形成极核。在极核的强辐射带动下，外围圈层的扩展又囊括了一些阴影斑块，分散嵌于外围圈层之中。

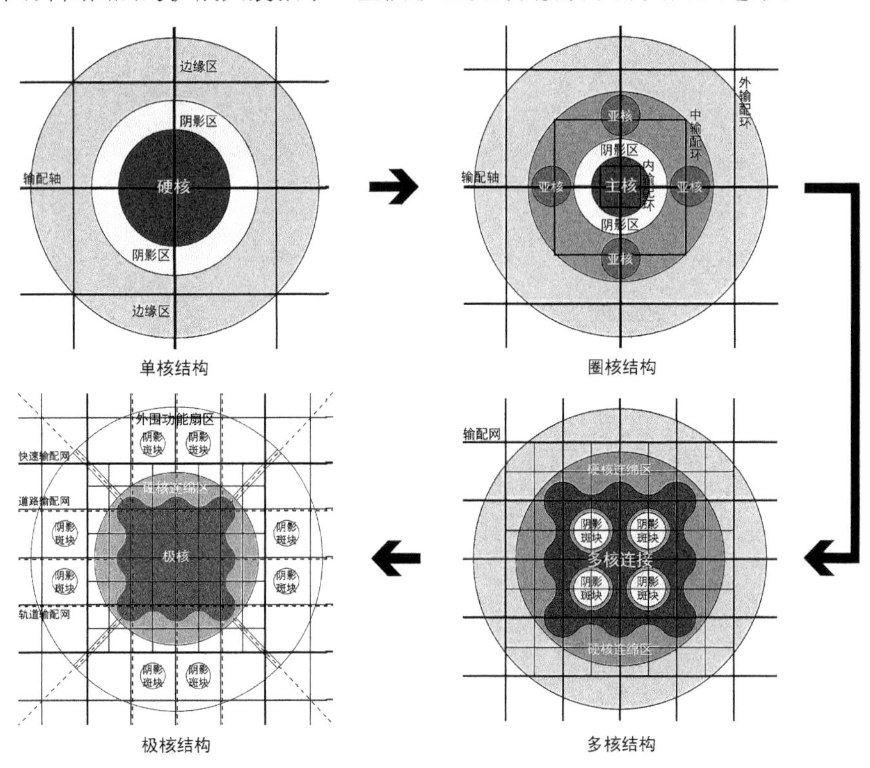

图2.22 中心区空间结构演替进程

*资料来源：作者绘制

这一过程中也可以较为明显地看出，硬核的变化是带动中心区规模拓展及结构演进的关键要素，其结构及形态的演进过程决定了中心区整体的形态及结构模式，使得在中心区的结构模式中，硬核圈层始终处于核心及主导地位。而进入极核结构发展阶段后，外围圈层的复杂程度也逐渐加深，交通输配体系也更加的多样化与复杂化，使得极核结构模式成为一个巨大的复杂系统。

2.3.2　极核圈层

极核圈层是硬核完全连绵所形成的圈层，也可称为硬核连绵区，其最大的空间特征即是硬核全部集中于该圈层，且硬核间没有孔隙，呈完全连绵的状态，形成极核。极核圈层是极核结构中心区的核心圈层，具有最大的辐射带动力及空间吸引力，其强弱大小直接决定了中心区的尺度及规模，是整个中心区的引擎。在空间上，极核圈层位于中心区的核心位置，具有较高的开发强度及建设力度，圈层内高层林立、形象突出，是城市及中心区的标志窗口及名片；在功能上，集中了国际化程度较高，且以控制、决策、创造职能为主的各类产业集群，并以金融、总部办公、商务等高端产业、高端机构及高端业态为主，呈现出功能的综合化、混合化的发展趋势；在交通上，拥有网络化的道路输配体系以及轨道交通输配体系，并通过轨道交通网络向周边各方向进行辐射，具有较为高效的地区交通集散力，以及区域交通的辐射力及向心力。

在极核圈层内，各产业集群相互间形成较强的关联效应，并在投资主导下，围绕核心的金融产业集群布局。这一布局模式的形成经历了圈核阶段相关产业的剥离，在亚核形成较为单一的产业集群而主核综合化发展；到多核阶段的多硬核连接，原主核产业升级，各亚核综合化发展；到极核阶段的硬核完全连绵，形成整体综合化，基本商业服务网络化，以及产业集群斑块化的布局形态(图 2.23)。而由于空间拓展时间顺序的不同，使得硬核发展的起点及累积有所差别。硬核首先会在优势最大的地区形成集聚，即中心区十字形交通轴线的交汇处，并会向空间拓展成本及阻力较小而发展条件较好的地区拓展，新城沿十字形轴线向周边拓展的格局，并形成新的增长极。而城市轨道交通的发展及基础设施的改善，也多是先以强化这种发展为主，使得这些优先发展地区形成较强的产业发展优势，进而成为核心产业及强势产业集聚区，形成产业集聚核心及产业分布的第一圈层。核心产业集聚区多为金融及相关产业集群，而强势产业集聚区则多为相关产业的企业总部、商务办公等高端机构的集聚为主，不同的产业会集聚于不同的空间位置。随着轨道交通网络形成，大大改善了中心区交通条件，使得处于多个硬

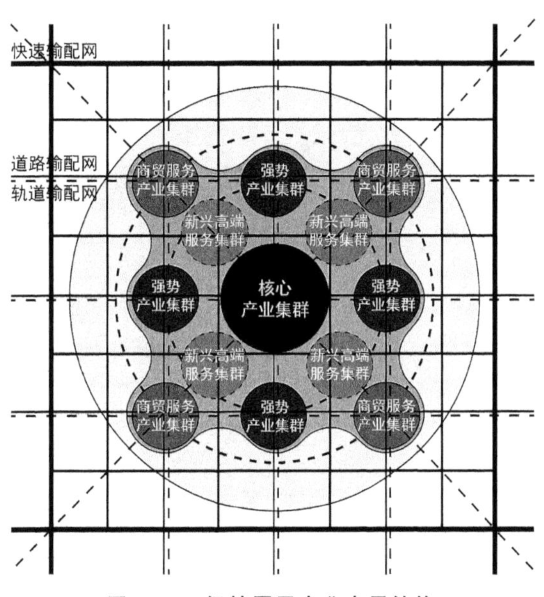

图 2.23　极核圈层产业布局结构

*资料来源：作者绘制

核中间的网络节点得以形成新的增长极,带动硬核的空间拓展。这类地区享有中心区良好的服务设施,具有较高的可达性,且位于中心区外围,可以避免大量商业、休闲、娱乐等消费的人流进入核心区域,其发展多会以承接硬核产业的再次扩散为主,并为硬核、中心区及城市提供大型商贸、休闲、娱乐等功能。这就形成了极核结构内产业分布的第二圈层,以大型商贸服务功能为主。随着中心区的进一步发展,硬核内道路及轨道交通网络密度的增加,使得硬核内部的阴影区具备了优势的开发条件,推动了硬核高档化的发展。由于其良好的区位条件及与核心产业、强势产业较近的空间距离,使其成为新兴的高端产业或高端服务业的集聚区,如信息产业、高端酒店、高档商业等,并使产业分布的第一圈层更为强势与完善。在此基础上形成的极核圈层,层次分明、主次有序,形成了基础服务网络与产业集群斑块相结合的形态格局。

极核圈层的交通输配体系也较为复杂,可以分为3个层次,即:高密度道路网络、多方向轨道交通网络和外围快速道路环线。高密度道路网络集中于极核圈层内,用以解决极核圈层内地面交通的输配问题。极核圈层具有较大的吸引力,也产生了巨大的空间使用需求,在极核内土地资源的有限性及高昂的地价推动下,极核圈层内多采用棋盘格式的小街区模式进行开发,使得道路网络密度增加。而高度密集的道路网络又使得地面交通的可选择性增强,加之单向交通等交通管制措施,可以在很大程度上缓解地面交通的拥堵,也使各地块均有较高的交通可达性;多方向轨道交通网络多利用地下空间布置,使得轨道交通得以向各方向展开,客观上增加了极核的交通可达性,使城市各方向的人流得以便捷地到达主要的就业及消费中心。极核圈层内轨道交通网络达到一定的密度及线路规模时,出行及换乘均较为方便,因此在某些发展较快的特大城市中,中心区特别是极核圈层内的轨道交通已经基本取代了地面的公交车辆,成为主要的出行工具;外围快速道路环线是极核圈层交通的有效补充方式,重点解决远距离交通输配问题,并与高密度地面交通网络形成良好的衔接。但这一环路的形成同时也成为极核圈层进一步空间拓展的屏障,起到了一定的空间限制作用。

2.3.3 外围圈层

外围圈层是环绕在极核圈层之外的圈层,是中心区发展的重要腹地,为中心区的发展提供重要的补充、完善及辅助职能,并包含有破碎的阴影斑块(图2.24)。在空间形态上,外围圈层仍保持了较高的建设强度,但建筑高度、密度等相对较低,与极核圈层有明显的区别;在功能上,主要由居住、医疗、教育等功能构成,起到明显的辅助作用;在交通输配上,则表现为明显的通过性特征。

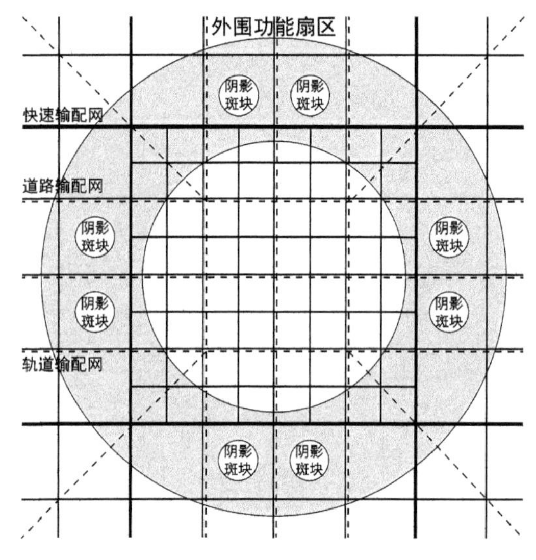

图2.24 外围圈层空间结构

*资料来源:作者绘制

由于中心区整体发展水平的提高,以及在硬核向极核结构转变的过程中产生的阴影区消解效应,硬核周边阴影区转变为硬核的一部分,阴影圈层消失,使得极核圈层与外围圈层直接相连。而随着中心区规模的迅速扩展，在外围圈层内会包裹尚未更新改造的老旧社区，位于较大的街区中部，呈斑块状嵌于外围圈层之中，可称之为阴影斑块。这些阴影斑块由于距离极核圈层有一定距离，且分布较为零散，与一般意义上的紧邻硬核的阴影区概念已经发生了根本性变化，也难以形成规律的圈层式布局，因此称为阴影斑块。此外，在硬核吞并周边的阴影区形成完全连绵的极核结构后，周边再次进行城市更新的难度及成本均会急剧上升，使其发展受到较大限制，而外围这些阴影斑块的出现，实际也是为硬核的进一步发展提供了一些契机，完全可以通过对这些阴影斑块的更新提升来承接新的要素集聚，培育新的增长极，并推动中心区结构形态的进一步演进。

极核结构中心区整体规模尺度过大，外围圈层覆盖的地域范围及尺度也较大，在如此大的规模范围内，原有地区的发展基础各不相同，进而在循环积累因果效应的影响下，形成了不同的功能扇区(图 2.25)。每个扇区的发展侧重点均有所不同，甚至是居住的人员构成也不同，形成了特定的地区发展氛围。同时，由于外围圈层与极核圈层的直接相接，使得功能扇区与极核内的高端产业集群得以形成较为直接的联系。在此基础上的功能扇区极易发展为一定产业集群的功能辅助区。由于极核圈层内极少存在居住功能，且居住成本过高，因此大量的中高收入员工会选择就近居住于外围圈层，并形成相关从业人员的聚居区。由此进一步的发展，会形成相应的文化氛围，吸引更多的从业人员居住，并使得公共服务设施、教育、医疗等机构也形成相应的特色。

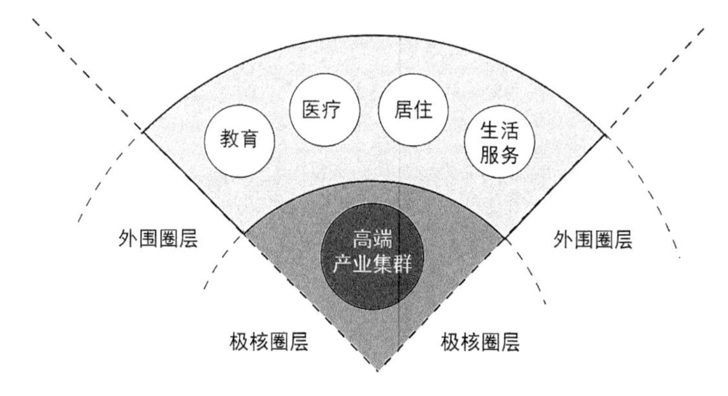

图 2.25　功能扇区结构关系

＊资料来源：作者绘制

外围地区的交通输配体系也体现了一些新的特征，其主体功能在疏解极核圈层交通压力，处理过境交通的基础上，还包括了远距离到达与疏散功能。轨道交通网络保障了各方向大运量人流集散的需求，而灵活的网络格局，也使过境交通得以快速通过中心区，并减少对中心区地面交通的影响。此外，在极核圈层边缘地区，多会形成城市长距离交通的快速通道，常常以高架、隧道或封闭式道路的方式出现，起到远距离交通快速到达及中心区交通向周边快速疏散的作用。这类通道一般交通量较大，特别是通勤交通时间，居住地较远的高级办公人员、外来商务人流、小型的货运需求等多通过这些快速通道进入中心区，再通过地面交通的转换进入极核圈层，因此快速通道一般不作为过境交通通道使用。形成这些通道的原因主要还在于中心区规模尺度的巨型化，使得单纯的地面交通难以满足庞大的远距离交通需求，而巨大的规模尺度也满足了快速交通通道的设置条件，使得快速交通环路得以形成。

2.3.4 交通输配体系

极核结构中心区的巨大化及复杂化,使得中心区的交通需求出现巨大化及多样化的趋势,进而促使了交通方式的多样化及交通系统的复杂化。在极核结构中,单一的交通方式已经难以解决巨大、多样及复杂的交通需求,而由于中心区内用地及空间的有限性,又促使了多种交通方式向空间及地下发展,形成立体化的格局。由此形成的交通输配体系可以分为3个层次,轨道交通输配系统、道路交通输配系统以及快速交通输配系统,3个系统各司其职,并以立体化的方式进行空间叠加,构成了中心区完整的交通输配体系(图2.26)。

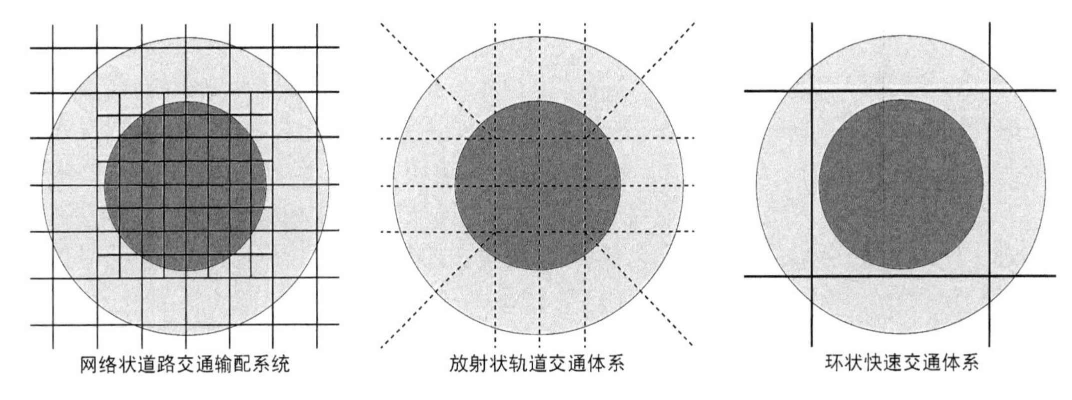

图 2.26 交通输配体系构成

* 资料来源:作者绘制

道路交通输配系统主要由地面的各级道路组成,解决极核圈层及外围圈层地面交通的输配问题。在高强度开发模式下,中心区的道路交通系统多会形成网络状格局,以增加道路交通的选择性及灵活性,并通过一定交通管制措施,保障地面交通的畅通。同时,网络状的道路格局也较利于中心区内的土地开发。在网络化格局下,地面道路基本保持正交的状态相互衔接,且道路间等级差距较小,道路分布较为均质。道路交通输配系统的网络密度与中心区的集聚程度及建设力度有较为直接关系,形成了与极核结构相适应的道路密度分布情况。极核圈层内,集聚程度及建设力度均较高,土地价值也较高,相应的道路网络密度较大,形成的街区尺度较小;而随着外围圈层集聚程度及建设力度的下降,相应的道路密度也相对减小,形成的街区尺度则相对增大。这也是极核圈层阴影区消解及外围圈层阴影斑块得以形成的关键因素。

轨道交通输配体系是中心区主要的人流输配方式,使得巨大的人流规模得以有效的集聚与疏散,缓解了道路交通的压力,是中心区得以发展为极核结构的重要支撑基础。由于中心区高昂的地价及高强度的建设,使得轨道交通网络基本均采用地铁的方式构成,由此也带来了轨道交通的一个优势条件,即较少受到地面建设情况的影响,可以形成以中心区为核心向周边均匀放射的格局,在正交的地面交通网络的基础上,形成斜线的轨道交通廊道,更加强化了中心区的交通向心性及辐射力度。由于轨道交通对建设的带动作用较强,因此轨道交通的走线与硬核结合较为紧密,也使得极核圈层内轨道交通网络密度较大,而外围圈层则多是通过型的轨道交通走廊,缺乏充分的网络交织。在此基础上,中心区及极核圈层的空间增长体现出了较强的轨道交通引导性，形成沿轨道交通拓展的形态格局，轨道交通的轴线引导作用得以强化。

快速交通输配体系是中心区与城市其余功能片区联系的重要纽带，重点解决远距离的快速到达与疏散。由于中心区空间资源十分有限，使得中心区内的快速交通通道多采用高架形式，与地面交通结合立体布置，并通过匝道与地面道路连接，将远距离交通分配到地面交通输配网中。在中心区发展早期，快速通道往往是从整个中心区的边缘穿过，以中心区的到达与疏散、过境交通的分流功能为主。随着中心区不断地空间拓展，使得快速通道逐渐被中心区所包围，其主体功能也发生了变化，以极核圈层的到达及疏散为主，而庞大的交通流量也使过境交通选择更外围的通道穿行。此外，由于快速通道具有一定的空间屏障作用，使得穿越快速通道的联系不便，极核圈层一般不会穿越快速通道发展。由于极核结构中心区规模尺度的巨大以及城市中人口、就业、消费的高强度集中，因此对于远距离交通的需求量也较大，使得从城市各方向连接中心区的快速交通通道形成一个环绕极核圈层的快速交通环。

总体来看，极核结构中心区的交通输配体系的最大特征就是：均质化、立体化、多样化。均质化，指中心区内道路网络密度及轨道交通网络密度分布较为均质，且高可达性区域分布较为均质；立体化，指充分利用地下空间、地面空间及地上空间，形成多种交通方式的立体叠加；多样化，指中心区为不同的交通需求提供了多种可选择的交通方式。此外，中心区的交通输配体系，特别是极核圈层还体现了较强的交通向心力与区域辐射能力。

3 亚洲中心区极核结构发展态势分析

亚洲历史悠久、地域广大、民族众多，曾经是世界的经济发展中心、主要的粮食生产中心、技术发明创造中心及宗教文化中心，对世界的发展产生了巨大的贡献。在现代经济全球一体化的背景下，世界经济的重心正在重回亚洲，为亚洲的经济发展及城市建设带来了新的契机，将会产生更多的国际化城市，甚至是全球城市。那么，作为城市发展中枢的中心区处于什么发展状态？会形成怎样的发展趋势？又会有哪些中心区已经形成极核结构形态，或正在向极核结构形态演进？本章将通过对亚洲城市中心区发展态势的梳理，对这些问题进行详细解析。

3.1 亚洲城市中心区发展概述

亚洲是陆地面积最大的洲，也是人口最多的洲。亚洲具有悠久的人类文明发展史，四大文明古国有三个在亚洲，亚洲也是多元文化融合发展的地区，是世界三大宗教的发源地。同时，亚洲也是经济发展极度不平衡的地区，国家、城市之间的发展差距较大，有相对落后的地区，也有日本、新加坡等发展水平较高的国家，以及正在崛起的中国。这其中的核心城市也是世界城市体系内的高等级城市，代表了亚洲经济发展及城市建设的水平，其中部分城市中心区的空间结构也在高强度集聚的基础上，出现了极核结构或极核结构现象，具有较高的研究价值。

3.1.1 亚洲的特殊性及研究价值

1）人口高密度，并向大城市、特大城市集中

亚洲曾译作“亚细亚洲”和“亚西亚洲”，是七大洲中面积最大，人口最多的一个洲，其覆盖地球总面积的 8.6%（总陆地面积的 29.4%），人口总数约为 40 亿，占世界总人口约 66.67%[①]，目前全世界范围内共有 25 个人口超过 1 000 万的城市，其中 16 个在亚洲，人口总数居前三位的全部为亚洲城市，包括日本东京（3 420 万人口）、中国广州（2 490 万人口）以及韩国首尔（2 450 万人口）[②]。虽然亚洲是人口最多的地区，但其整体城市化水平却较低，仅为 43%，低于世界平均水平的 52%[③]，且发展极不平衡，城市化水平最高的国家如新加坡，城市化水平高达 100%，一些较发达国家城市化水平也较高，如韩国达到了 81%、日本

① 维基百科亚洲词条：http://zh.wikipedia.org/wiki/亚洲.

② 转引自：马文波.全球 25 座超级大城市排名出炉，中国三城入选[J].中国地名，2011(3)：79.

③ 赵江林.亚洲城市化：进程与经验[J].当代世界，2013(6)：20-23.

也达到了66%，而城市化水平较低的国家，其城市化才刚刚起步，如斯里兰卡的15%，尼泊尔的17%等，而我国的城市化水平也刚刚超过一半，为51.27%，接近世界的平均水平①。而由于亚洲国家及地区之间发展的不平衡，使得亚洲的城市化进程中出现了人口向大城市、特大城市集聚的典型特征，且随着城市化的进程及城市的建设发展，这种人口向高等级城市积聚的趋势呈逐渐加强的趋势。虽然亚洲整体城市化水平不高，但庞大的人口基数还是推动着超级人口规模城市的不断涌现。这种巨大的人口集聚现象及发展潜力，形成了亚洲城市独特的发展条件，即人口的高密度集聚。

人口的高密度集聚形成了亚洲城市独特的拥挤文化，呈现出资源供不应求的相对短缺状态，推动了城市基础设施建设水平的提升以及公共服务设施供应量的增加。这种状态下的城市的发展更具紧迫性，城市更新及空间拓展速度加快，由此带动城市中心区的更新及建设力度增加，以提供更多的就业机会及空间，并为大量人流的集散提供交通及安全保障。同时，高密度的人口集聚也为城市的发展提供了充足的劳动力资源及广泛的市场基础，是城市发展的动力之一。这种典型的亚洲式城市化伴随人口高密度的模式，是一种独特的城市发展方式，而作为城市内人口密度最高的中心区，则拥有更高的人口集聚能力及人口密度，是亚洲高密度人口拥挤文化的典型区域，特别是在出现极核结构的高等级城市中心区，对其进行研究能够更为明晰亚洲高密度人口城市中心区的发展方向，并具有亚洲独特文化背景的类型学研究价值，同时，也对我国特大城市的发展提供借鉴及参考价值。

2）全球经济重心转移，亚洲城市更多的参与国际竞争

亚洲也曾是世界的经济文化中心，诞生了人类五大文明发源地中的三个，美索不达米亚文明、印度河流域文明和黄河文明，以及四大文明古国中的三个国家古中国、古印度、古巴比伦，并诞生了对人类发展具有重大贡献的诸多技术发明，中国的四大发明、阿拉伯数字等。但随着欧洲工业革命以及工业化进程，世界经济重心逐渐转移，亚洲成为资本主义及殖民主义掠夺的地区，逐渐拉开了与欧洲的差距。在经济全球化、信息化的时代背景下，全球经济重心正逐渐由欧美向亚洲转移②。特别是1997年金融危机以后，借助这次危机，亚洲赢来了新的发展契机，在清迈启动的亚洲中央银行间的双边互换协议，是亚洲达成的第一个具有重要意义的区域性金融安排，使各国对付破坏性资产流动，维持汇率稳定性的能力大大提高，并成功启动了亚洲债券市场，这些都是亚洲各国大力支持下形成的区域合作方式③。但亚洲正在形成和发展的这种区域合作与欧洲不同，亚洲的区域合作主要是经济上的合作与依存，具体体现为市场的一体化，而缺乏正式机制的推动和保障，是由市场自发形成，而不是像欧共体那样依靠官方制度造就，使得亚洲具有影响力的区域组织几乎都缺乏对成员国的强制约束。此外，由于亚洲国家权力在文化、历史背景上具有异质性，亚洲地区核心价值观基本被儒教文明、伊斯兰文明及印度文明三分天下影响，且受西方文化冲击程度也深浅不一。同时，亚洲存在多个权力中心，各国的安全观不尽相同，有的甚至尖锐冲

① 维基百科各国城市化比率词条：http://zh.wikipedia.org/wiki/各国城市化比率，中国数据为2011年城市化水平，其余各国为2008年城市化水平。

② 美国东西方中心（East-West Center）主席Charles E. Morrison博士于达沃斯2009新领军者年会上提出：世界经济重心正逐步重返亚洲，不过亚洲的GDP要与人口比例持平，即超过50%，还需要30至50年。

③ 刘刚. 亚洲金融危机十周年回顾与展望[J]. 世界经济与政治论坛，2007(5)：55-60.

突,也难以形成集体安全观[①]。这就使得亚洲的区域经济合作之间存在着强烈的竞争关系,各国都希望在区域经济合作的基础上,掌握更多的优势资源,成为区域经济发展的领导者,而这些竞争也是各国核心城市地位及作用的竞争,并最终将体现其中心区对于核心资源的控制、分配及决策中。

在亚洲经济的发展过程中,中国、印度这样的大国以及一些中等大国的崛起,是亚洲经济崛起的关键,特别是中国的快速崛起,已经使中国取代了美国成为亚太国家和地区最大的贸易合作伙伴,成为拉动亚洲经济发展的核心动力。美国前国务卿基辛格也指出:中国作为一个潜在超级大国的崛起对美国具有更加重大的历史意义。这标志着世界事务的中心由大西洋向太平洋地区转移[②]。强大的经济发展力,也带动了城市建设的发展,特别是城市中心区的突破发展,成为各国家、各城市争夺经济主导权的关键。在此基础上,对亚洲城市中心区的发展状体进行梳理,并对其高级形态极核结构进行研究,对于把握未来中心区的发展方向,指导中心区的规划建设具有重要的参考价值,特别是对我国一些核心城市在亚洲的经济发展及国际竞争中取得优势具有重要的战略意义。

3.1.2 研究范围即案例选择

1) 亚洲城市等级规模体系

极核结构的中心区是一种存在于高等级城市中心区的形态结构类型,其形成的先决条件之一就是具有国际乃至全球尺度范围的区域影响力以及高端要素集聚能力。因此,应先对亚洲城市等级规模体系进行研究,明确研究及案例筛选范围。

根据全球化及世界城市研究网络(Globalization and World Cities Research Network,简称 GaWC)2012 年的世界城市排名[③],将城市分为 3 个级别及数个副级别,由高到低顺序为 Alpha 级,下设四个副级别 Alpha++、Alpha+、Alpha 和 Alpha-;Beta 级,下设三个副级别 Beta+、Beta 和 Beta-;Gamma 级,下设三个副级别:Gamma+、Gamma 和 Gamma-(Alpha、Beta 及 Gamma 分别为希腊字母表的前 3 个字母,这里用以表示 3 个城市级别)。其中,Alpha++级中没有亚洲城市,Alpha+级有 6 个亚洲城市,在亚洲乃至世界城市体系中均承担着极其重要的作用,是亚洲经济、政治、文化发展的中心,因此单独提出,作为亚洲的一级城市。在此基础上,为了便于清晰地反应不同的城市等级,将同一级别内的副等级合并,形成其余 3 个等级,其中:Alpha 及 Alpha-级合并作为亚洲的二级城市,共 9 个;Beta 级全部三个级别合并,作为亚洲的三级城市,共 20 个;Gamma 级全部三个级别合并,作为亚洲的四级城市,共 10 个。需要特别说明的是,在这一体系内,日本的大阪市被分为 Gamma 级,但在实际的调研中发现其城市及中心区发展水平及规模均较高,在实际的亚洲城市体系中发挥作用较大,与台北、首尔等城市相当,因此,将其提升至亚洲第二级城市。据此整理出亚洲城市等级体系如图 3.1 所示。

---

① 吴志成,李敏.亚洲地区主义的特点及其成因:一种比较分析[J].国际论坛,2004,5(6):14-20.

② 王逸舟,袁正清.中国国际关系研究[M].北京:北京大学出版社,2006.

③ 排名根据国际公司的"高级生产型服务业"的供应,如会计、广告、金融和法律等综合评价产生,详见:Beaverstock J V, Smith R G, Taylor P J. A roster of world cities[J]. cities, 1999, 16(6): 445-458.

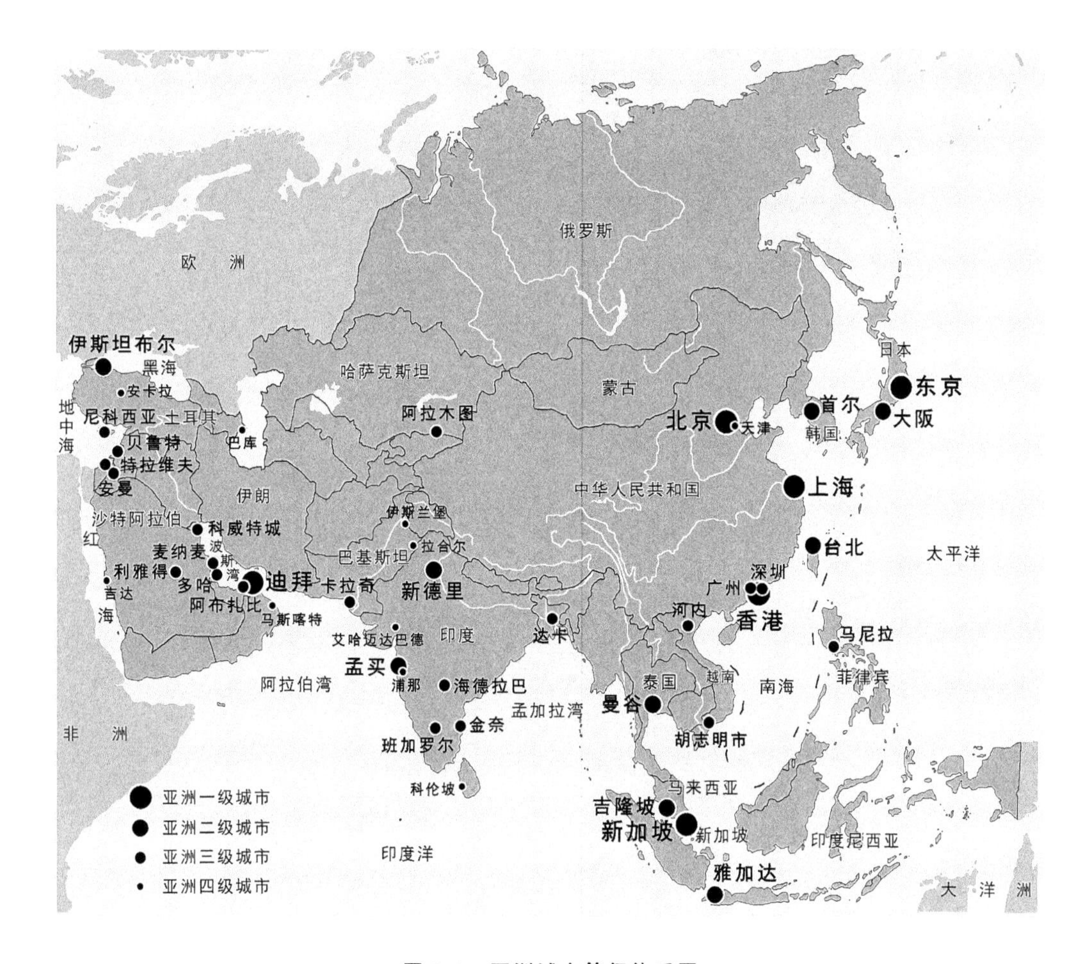

图 3.1　亚洲城市等级体系图

*资料来源：亚洲地图为作者根据中国地图出版社网站下载亚洲地图绘制，网址：http://www.sinomaps.com/
城市等级数据来源于 GaWC 官方网站：http://www.lboro.ac.uk/gawc/world2012t.html

由 3.1 图可见，亚洲的核心城市较为集中在太平洋西岸地区，包括了东京、北京、上海、香港等一级城市，首尔、大阪、台北等二级城市；其次为印度洋北岸地区，包括新加坡、吉隆坡、孟买、曼谷等高等级城市；波斯湾地区则形成了以迪拜为代表的高等级城市集聚区；此外，地中海东岸也集中了伊斯坦布尔等高等级城市。这些高等级城市分布较为集中的地区，也是人口分布较为集中，且人口密度较高的区域(图 3.2)。高等级城市与人口高密度区域的基本重叠，也反映了亚洲特殊的人口高密度的城市化背景，及人口向大城市、特大城市集聚的特征。

在此基础上，对这些城市进行深入分析，发现第三级城市已经具备了一定的国际化程度及区域合作水平，某些城市中心区已经形成了较为复杂的多核结构形态。但由于国际化程度及区域影响力有限，使得城市及中心区的集聚力度有限，难以形成突破多核结构的驱动力，其中心区无法形成极核结构形态，如我国的广州、深圳等城市。而第四级城市则基本处于国际化的起步阶段，有些城市的主中心甚至还处于单核结构阶段。因此本书将研究重点放在亚洲的第一级及第二级城市中心区，这些城市均具有较高的国际化水平，对亚洲乃至全球的经济起到一定的控制、协调及资源分配的作用，形成了较高的区域影响力及集聚力，具体情况如表 3.1 所示。

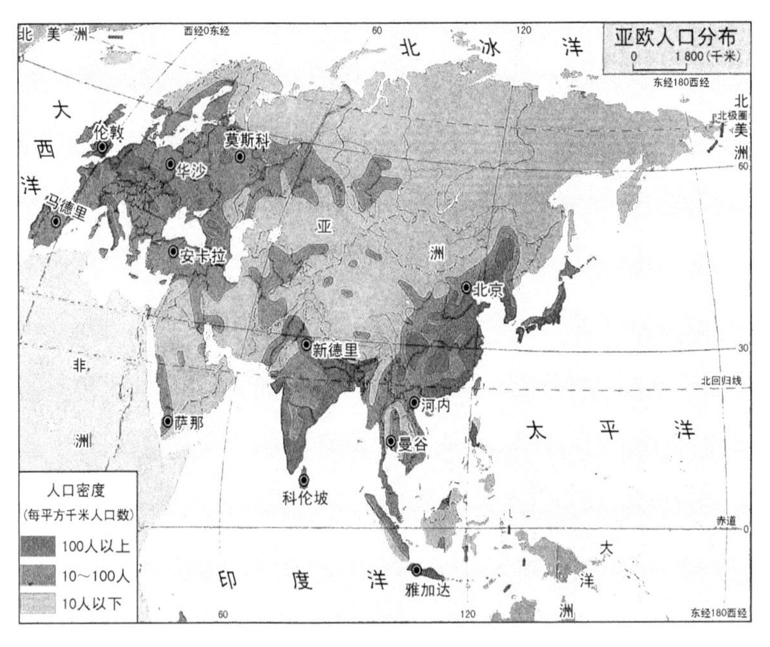

图 3.2 亚洲人口分布密度

* 资料来源：中国地图出版社网站，网址：http://www.sinomaps.com/

表 3.1 亚洲高等级城市基本情况统计

城市等级	所在国家	城市名称	城市级别	所属区域	城市面积（km^2）	市辖区人口（万人）	城市 GDP（亿美元）
亚洲一级城市	日本	东京	首都	关东地区	2 188	1301.0	7 740
	中国	北京	首都	渤海湾地区	16 411	1 226.5	3 181
		上海	直辖市	长三角地区	6 219	1 358.4	3 514
		香港	特区	珠三角地区	1 104	718.4	3 028
	新加坡	新加坡	首都	东南亚地区	716	539.9	3 276
	阿联酋	迪拜	酋长国	中东地区	4 114	210.6	867
亚洲二级城市	韩国	首尔	首都	朝鲜半岛	605	1 044.8	2401
	日本	大阪	关西首府	关西地区	1 893	886.0	4 014
	中国	台北	省会	华东地区	272	267.6	823
	泰国	曼谷	首都	东南亚地区	1 569	816.1	1 400
	马来西亚	吉隆坡	首都	东南亚地区	244	147.5	436
	印度尼西亚	雅加达	首都	东南亚地区	740	1 018.8	1 090
	印度	新德里	首都	南亚地区	1 484	1 280.0	521
		孟买	邦首府	南亚地区	603	1 300.0	1 450
	土耳其	伊斯坦布尔	最大城市	西亚地区	5 340	1 385.5	1 022

* 资料来源：国内城市数据来源：国家统计局. 中国城市统计年鉴 2013[M]. 北京：中国统计出版社，2014. 国际城市数据来源：维基百科、百度百科 2013 年最新数据.

2）亚洲城市中心区极核结构发展状态

由于城市的等级体系重点考察的是城市的高端国际化职能，因此，从表3.1中也可以看出，城市的等级与其经济实力、人口及城市规模等均没有较为直接的关系。通过进一步的考察，发现虽然这些城市均是等级规模较高的城市，但其中心区的发展状态却不尽相同。

在实际的发展中，由于城市及人口规模普遍较大，城市往往具有多个中心区，多个中心区之间分工协作，形成完善的城市中心体系。中心体系内，可按类型分为综合商业中心、商务中心、金融中心、行政中心等，也可按等级分为主中心、副中心及特殊功能区。而对于这些高等级城市来说，其中心区参与国际竞争，吸聚高端生产型服务业的能力是衡量城市等级的一项重要指标，使其中心区具有明显的外向性，这也就形成了中心区的另一种分类方式，外部区域服务型及内部城市服务型。外部区域服务型具有更大的集聚能力，也形成了更大的影响力及辐射力，与其余中心区具有明显的等级及规模的差异，且由于城市主中心一般具有更高的知名度、更好的服务设施水平，外部区域的高端生产型服务职能也多会选择在城市主中心集聚。因此，城市的主中心往往具有更高的外向性，具有更大的等级规模，也更易形成突破性的发展。

通过对这些城市主中心的考察，发现其均已经突破了较为简单的单核结构，以及中心区空间拓展初级阶段的圈核结构，无论城市是1个还是多个主中心，均已经达到了多核结构阶段或极核结构阶段，有些中心区还表现了明显的由多核阶段向极核阶段演进的趋势[①]。据此可将亚洲高等级城市中心区的空间结构形态分为3个阶段：成熟型极核结构形态、发展型极核结构形态及多核结构形态（表3.2）。

表3.2 亚洲高等级城市中心区发展情况

中心区结构形态	所在国家	城市名称	中心区名称
成熟型极核结构形态	日本	东京	都心中心区
		大阪	御堂筋中心区
发展型极核结构形态	韩国	首尔	江北中心区
	新加坡	新加坡	海湾-乌节中心区
	中国	香港	港岛中心区
		上海	人民广场中心区
多核结构形态	日本	东京	新宿中心区
			池袋中心区
			涩谷中心区
	中国	香港	油尖旺中心区
		北京	西单中心区
			朝阳中心区
		上海	陆家嘴中心区

① 中心区发展阶段详见本文第一章1.3.1部分

续表 3.2

中心区结构形态	所在国家	城市名称	中心区名称
多核结构形态	阿联酋	迪拜	迪拜湾中心区
			扎耶德大道中心区
	韩国	首尔	德黑兰路中心区
	中国	台北	西门町中心区
	泰国	曼谷	曼谷暹罗中心区
			仕龙中心区
	马来西亚	吉隆坡	迈瑞那中心区
	印度尼西亚	雅加达	独立广场中心区
	印度	新德里	康诺特广场中心区
		孟买	巴克湾中心区
	土耳其	伊斯坦布尔	贝伊奥卢中心区

*资料来源:中心区调研及边界计算方法详见本书第一章 1.1.2 部分;中心区调研、计算及数据整理过程为导师工作室共同完成

进一步对比表 3.1 与表 3.2 可以发现,极核结构中心区的产生与城市的 GDP 具有较为直接的对应关系。GDP 最高的两个城市日本的东京(7 740 亿美元)与大阪(4 014 亿美元)的主中心均为极核结构,而 GDP 紧随其后的上海(3 514 亿美元)、新加坡(3 276 亿美元)、北京(3 181 亿美元)、香港(3 028 亿美元)及首尔(2 401 亿美元),除北京外,其余城市的主中心均表现了明显的向极核结构发展的趋势,而北京作为中国的历史文化名城及政治中心,城市建设发展受到限制较大,其中心区目前仅发展到多核结构阶段。这也从一定程度上反映了城市的经济发展水平及高端要素集聚对中心区空间结构形态发展的推动作用。

在此基础上,本书的案例研究重点为成熟型及发展型极核结构形态的中心区,共 6 个案例。在详细调研的基础上,以公共服务设施指数法[①]逐个计算量化中心区数据,明确中心区边界范围,并得到各中心区基本情况如表 3.3 所示。成熟型极核结构中心区有 2 个,均为日本城市中心区,这也从一定程度上反映了日本在亚洲经济发展中的核心地位。2 个中心区无论用地规模还是建筑规模,均与其余中心区有着质的差距,东京都心中心区的差距尤为明显。发展型极核结构中心区的用地规模差距不大,除香港受地形条件限制,用地规模较小外,其余 3 个中心区用地面积均在 1 500 公顷左右;4 个中心区的建筑面积则较为接近,在 2 000～3 000 万平方米左右。而成熟型极核结构中心区中,大御堂筋中心区用地面积超过了 2 300 公顷,东京都心中心区更是达到了 6 840 公顷,已经相当于一个小城市的规模;建筑面积上,大阪御堂筋中心区也已经超过了 5 000 万平方米的规模,东京都心中心区则超过了 13 000 万平方米,是大阪御堂筋中心区的 2 倍以上,是其余发展型极核结构中心区的 4～6 倍以上。

① 详见第 1 章 1.1.2 中心区空间界定部分。

表 3.3 极核结构中心区基本情况统计

东京都心中心区		大阪御堂筋中心区		新加坡海湾—乌节中心区		上海人民广场中心区	
						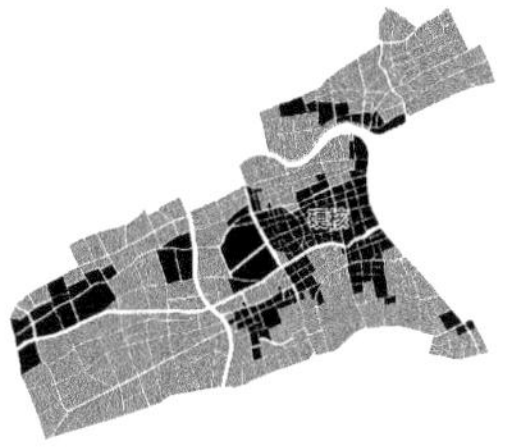	
用地面积	6 840.0 万 m²	用地面积	2 334.5 万 m²	用地面积	1 715.7 万 m²	用地面积	1 465.2 万 m²
建筑面积	13 030.2 万 m²	建筑面积	5 052.8 万 m²	建筑面积	2 923.2 万 m²	建筑面积	2 874.1 万 m²

首尔江北中心区		香港港岛中心区	
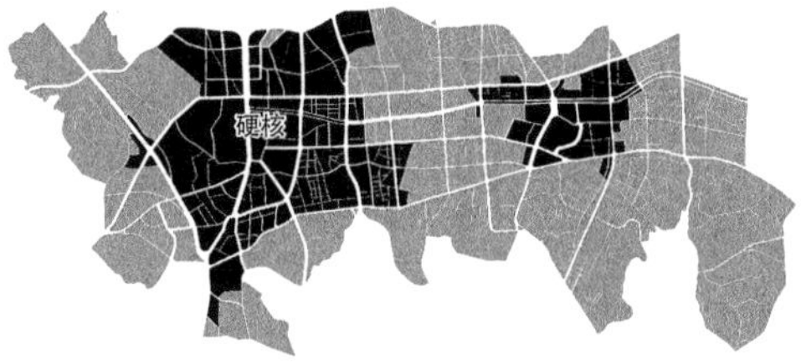		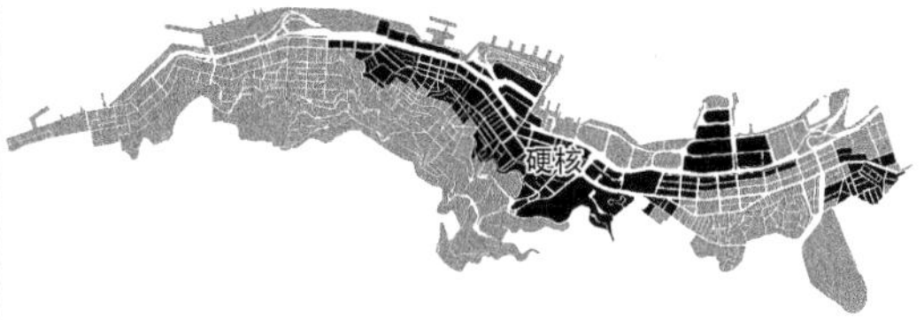	
用地面积	1 433.8 万 m²	用地面积	610.4 万 m²
建筑面积	2 195.9 万 m²	建筑面积	3 111.3 万 m²

* 资料来源：作者及所在导师工作室共同调研、计算，作者整理绘制（下同）

由表 3.3 可以看出，东京都心中心区及大阪御堂筋中心区的硬核主体已经形成了完全的连绵形态，东京都心中心区甚至在外围地区又出现了一些新的增长点，形成个别小的硬核。而其余 4 个城市中心区则基本形成了连绵趋势，硬核基本形成 2 个主体连绵区，且连绵区之间呈现出进一步连绵的趋势。

3.2 成熟型极核结构中心区

所谓成熟型极核结构中心区，是指城市中心区内已经形成了硬核完全连绵形态，硬核内阴影区消失，中心区形成了以轨道交通为主体的立体交通输配体系的结构形态。通过对亚洲中心区的梳理，共发现 2 个城市中心区已经具备了成熟的极核结构，分别为日本东京的都心中心区及日本大阪的御堂筋中心区。

3.2.1 日本东京都心中心区

1）日本东京城市概况

东京（英文：Tokyo），全称“东京都”，位于日本本州岛东南部，关东平原南端，大致位于日本列岛中心(图 3.3)。东部以江户川为界与千叶县连接,西部以山地为界与山梨县连接,南部以多摩川为界与神奈川县连接,北部与埼玉县连接。东京是日本的首都及日本最大的城市,也是世界最大的城市之一。二战后,东京成为亚洲第一大城市,经济高度发达,是当代亚洲流行文化的传播中心,也是世界流行时尚与设计产业重镇,与美国纽约,英国伦敦,并称为“世界三大城市”。2013 年东京 GDP 位居世界第二,仅次于美国纽约。2014 年世界 500 强总部数量位居世界第二,仅次于中国北京。

图 3.3 日本东京区位图

*资料来源:作者根据中国地图出版社网站下载日本地图绘制,网址:http://www.sinomaps.com/

东京是日本全国的政治中心,行政、立法、司法等国家机关都集中在这里;东京也是日本的经济中心,金融业和商业发达,对内对外商务活动频繁,日本的主要公司也都集中于此;东京还是日本的文化教育中心,各种文化机构密集,坐落在东京的大学占日本全国大学总数的三分之一,在这些大学就读的学生则占全国大学生总数的一半以上,并拥有全国百分之八十的出版社和先进的博物馆、美术馆、图书馆等;此外,东京还有目前全球最复杂、最密集且运输流量最高的铁道运输系统和通勤车站群,中心区内轨道交通线网密布,站点密度达到 500 m 分布半径,包括地铁、JR 线及私营铁路,仅地铁一项,9 条地铁线路每天平均运送旅客就达 622 万人(东京地下铁株式会社 2011 年统计数据)①,繁忙程度居全球地铁第一位。

作为亚洲最重要的国际城市,东京拥有诸多条件良好的对外交通枢纽(图 3.4)。航运港口东京港,位于东京湾西北岸,分为内港与外港:内港紧邻城市而建,与铁路直接相连;外港沿环东京湾公路而建,码头后方建有日本最大的物流中心。港口以进口为主,是日本第 3 大港,居世界第 13 位,并与横滨港、千叶港、川崎港等相临。东京还拥有 3 个国际机场:东京国际机场(又称羽田机场),目前作为国内航空枢纽,并作为联系东亚地区的区域航空港;成田国际机场,位于东京以东的千叶县境内,是主要的国际航空枢纽,距东京 65 公里,与东京之间通过 JR、京成电铁等铁道路线连接,也有高速巴士往返于两地之间;茨城机场,位于东京东北部茨城县小美玉市,距东京市区 80 公里,通过机场巴士与东京市区相连,2010 年转为军民公用,目前以国内航班为主,也与东亚部分城市建立了国际航线关系,并在持续加强其国际通航能力。东京还拥有世界上最大的铁路交通枢纽,每日客流量达到 836 万,时速达 300 至 320 公里的新干线,从东京延伸到九州,并向东北方面延伸。铁路、公路、航空和海运组成了一个四通八达的立体交通网,通向全国及世界各地。

2) 东京城市中心体系

自 1590 年德川家康进驻江户(东京)开始,东京便开始了其快速的发展历程。从最初的

---

① 日本地下铁株式会社网站. http://www.tokyometro.jp/en/index.html.

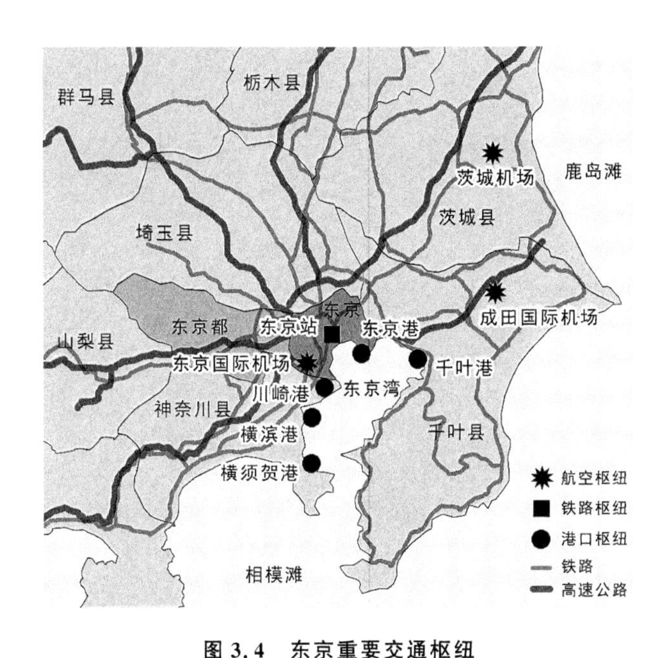

图 3.4 东京重要交通枢纽

＊资料来源：作者根据中国地图出版社网站下载日本地图绘制，网址：http://www.sinomaps.com/

日本桥到今日的都心，其最为核心的主中心在空间区位上保持着较好的传承性，城市的发展带来的只是都心空间规模的扩张，并未出现首位公共服务中心的迁移。由于日本桥地区的良好交通条件及区位优势，新兴功能及高端生产型服务业也都倾向于在该地区布局，后期发展成熟的银座、丸之内等均可认为是对该地区的强化和补充，它们共同构成了城市内部最为庞大、复杂的公共服务中心——都心综合主中心。

虽然在城市的发展过程中，经历了如关东大地震、第二次世界大战等大事件的影响，但战后的快速重建，尤其是 1960 年代的高速发展期也奠定了城市公共中心体系的结构骨架，可以认为东京的多中心城市结构在 20 世纪 60 年代就已经基本形成。战后城市人口中心的向西迁移、铁路系统的建设和完善以及城市整体人口规模的激增等客观原因，加之东京都府在 1958 年 7 月制订的“首都圈整备计划(首都圈整治规划)”中也明确指出把新宿、池袋、涩谷作为重点发展地区，以疏散主中心内部过于庞大的职能。新宿、涩谷、池袋在经历了将近半个世纪的发展之后，也逐渐转化为城市的综合性主中心，同时也与其他中心区共同构成了城市多中心的公共服务体系。在此基础上，可将东京商业中心的发展历史分为以下四个阶段。第一阶段：江户时代——日本桥商业中心的形成与发展；第二阶段：明治维新至第二次世界大战前——银座近代商业中心的兴起；第三阶段：二次世界大战后至东京奥运会——多中心城市构造的形成；第四阶段：日本经济全盛时期至泡沫经济崩溃——综合型中心的建设与发展①。

目前东京已经形成了 4 主、4 副、2 区的中心体系格局(图 3.5)：4 个主中心分别为，都心中心区(以商务、金融、商业职能为主的综合中心区)、涩谷中心区(以商务、商业、文化职能为

① 胡宝哲.东京的商业中心[M].天津：天津大学出版社，2001.

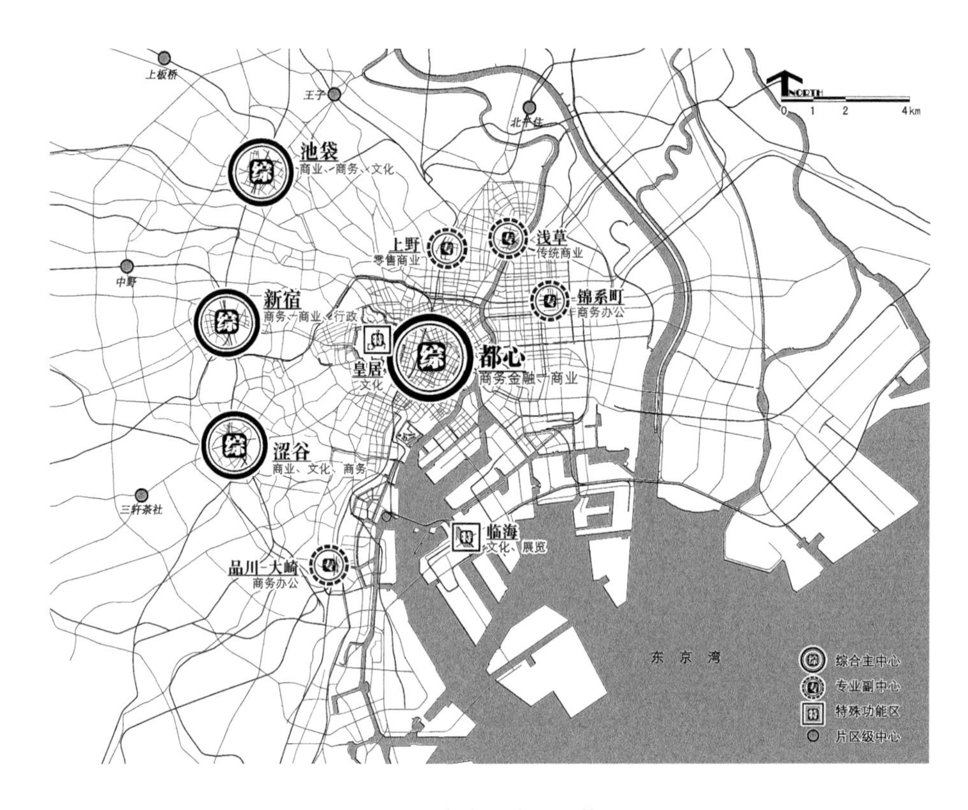

图 3.5 东京城市中心体系

＊资料来源:作者及所在导师工作室共同调研、计算,作者整理绘制(下同)

主的综合中心区)、新宿中心区(以商务、商业、行政职能为主的综合中心区)、池袋中心区(以商务、商业、文化职能为主的综合中心区);4 个专业副中心分别为,上野中心区(以零售商业职能为主)、浅草中心区(以传统商业职能为主)、锦系町中心区(以商务办公职能为主)、品川—大崎中心区(以商务办公职能为主);2 个特殊功能区分别为:皇宫区(以文化职能为主)、临海区(以文化、展览职能为主)。

4 个主中心中,都心中心区由于发展历史最为悠久,基础设施条件最为完善,成为规模最大、结构最为复杂的中心区,其余 3 个主中心也是多种交通方式、多条轨道线路交汇的枢纽地区,整体呈现出各中心区环绕都心中心区分布的格局。其中,4 个主中心被山手线所串联,形成环状,构成了城市的公共中心环(图 3.6),起到了良好的公共设施聚合效果。在此基础上,密集的轨道交通网络则进一步

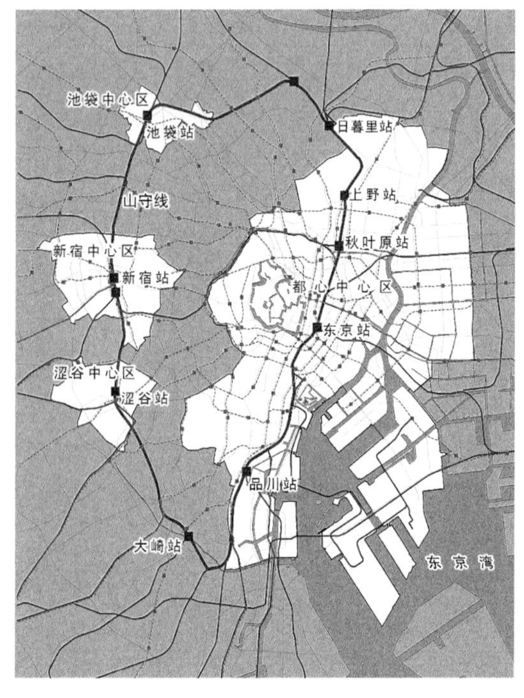

图 3.6 东京主中心与轨道交通网络关系

强化了主中心之间良好的衔接关系，形成了东京城市的核心区域。

3）都心中心区基本情况

都心中心区作为东京最重要的中心区，也是规模尺度最大的中心区（图 3.7）。都心中心区位于东京东南部，紧邻东京湾，包括了中央区、千代田区、港区、台东区、文京区、北区、荒川区、江东区、墨田区的全部或部分地区，总用地面积 6840 公顷。隅田川从中心区内穿过，流入东京湾；皇宫就位于中心区中部偏西位置；亚洲最大的铁路交通枢纽东京站位于基地中部，皇宫东侧；东京大学、日本大学等高等学府位于中心区北侧，皇宫以北的位置；国立博物馆、东京美术馆、国家剧场、东京塔、浅草寺等著名的文化设施及标志景观均分布于中心区内；南侧东京湾地区是港口、物流、仓储及部分工业用地，建有东京国际贸易中心等交易、展览设施。

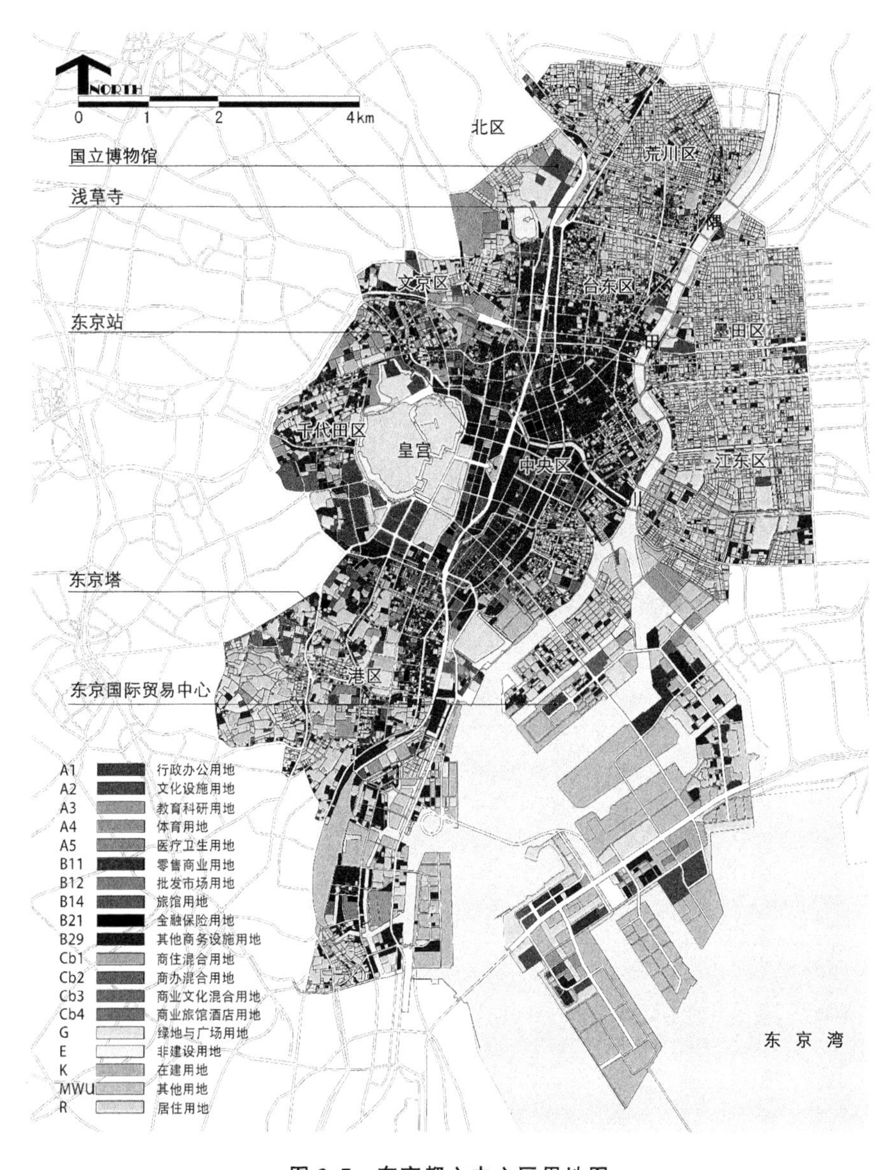

图 3.7 东京都心中心区用地图

东京的都心中心区无论从中心区职能、高端生产型服务业的集聚方面看，还是从中心区规模、基础设施服务水平来看，均是亚洲其余城市的中心区无法比拟的。都心中心区汇聚了大量的跨国公司总部、全球性的金融机构、世界性的国际组织以及各类高端服务业。其中央区内的银座、丸之内、日本桥等地区，是日本、亚洲乃至世界的金融、商务及商贸中心，这也是东京得以与纽约、伦敦并称为世界三大城市的核心竞争力的体现。可见，东京都心中心区是全球服务运营网络的核心节点上，是亚洲与世界经济体系连接运转的中枢，担负着协调控制整个网络的功能，虽然在城市的综合排名中，东京与北京、上海、香港、新加坡、迪拜等同属于一个级别，但单从中心区的发展状态来看，东京都心中心区是亚洲独一无二的顶级中心区，更是全球的核心级中心区。

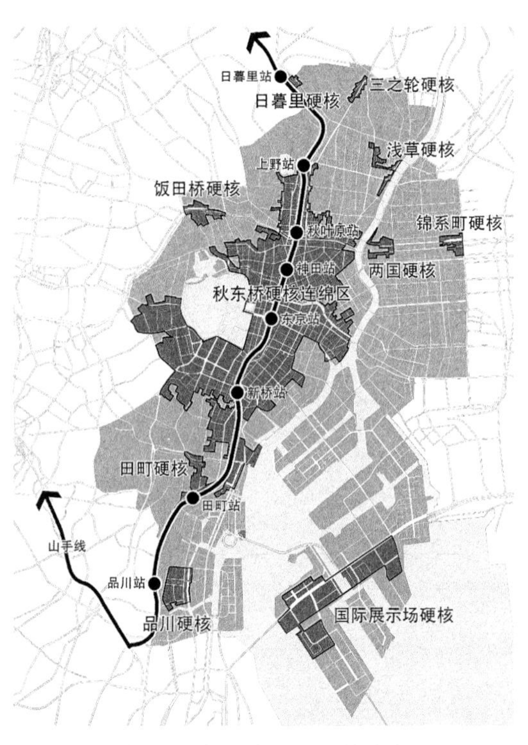

图 3.8　都心中心区硬核分布

目前东京都心中心区拥有 1 个大型硬核连绵区及 9 个硬核(图 3.8)，硬核总用地面积为 1 649.00 公顷，总建筑面积 4 751.96 万平方米，分别占中心区总用地面积的 24.11%及 36.47%，两组数据的对比，也较为直观地反映出硬核具有更高的集聚水平，建设强度更高。其中，硬核连绵区占到了所有硬核总用地面积的 76.25%及总建筑面积的 82.58%，已大大超过单独硬核的规模尺度，且目前来看，已经与两国硬核隔河相望，并即将与田町硬核相连(硬核具体数据见表 3.4)。硬核主体部分已经完全连绵，外围硬核是中心区规模扩大产生的新的增长极，综合其发展状态及硬核分布来看，都心中心区可看做是极核结构的一种具体发展形态。

表 3.4　都心中心区硬核基本情况统计

硬核名称	硬核用地面积(hm^2)	所占比重	硬核建筑面积(万 m^2)	所占比重
日暮里硬核	4.30	0.26%	9.51	0.20%
三之轮硬核	9.17	0.56%	19.60	0.41%
浅草硬核	16.28	0.99%	43.71	0.92%
锦系町硬核	16.12	0.98%	47.13	0.99%
两国硬核	15.81	0.96%	28.14	0.59%
饭田桥硬核	25.07	1.52%	65.80	1.38%
品川硬核	47.15	2.86%	203.48	4.28%
国际展示场硬核	217.01	13.16%	280.57	5.90%

续表 3.4

硬核名称	硬核用地面积（hm^2）	所占比重	硬核建筑面积（万 m^2）	所占比重
田町硬核	40.78	2.47%	129.82	2.73%
秋东桥硬核连绵区	1 257.31	76.25%	3 924.20	82.58%
硬核总计	1 649.00	100%	4 751.96	100%

具体来看，硬核连绵区主要集中在中心区核心位置，山手线沿线秋叶原站至新桥站之间；其余 9 个硬核，田町硬核及两国硬核已经基本与秋东桥硬核连绵区相连，其余硬核尺度、规模均不大，多是依托轨道交通站点发展起来，散布于中心区外围，呈众星捧月状环绕在硬核连绵区周边(图 3.8)。

在此基础上，东京都心中心区内拥有大量的商务、商业及金融用地，3 类用地共 12.81 平方公里，占总建设用地的 23.39%，包括金融保险用地、其他商务设施用地、零售商业用地、商办混合用地、商住混合用地、商旅混合用地等(由于存在的大量混合用地均是商业与其余功能的混合，因此计算总量时按商业用地统计；其中商办混合用地在分类计算时，即算作商业用地，也算作商务用地，在绘制用地分布图时也同样分别计算，以更为清晰地反映其总量及分布规律)，如表 3.5 所示。

表 3.5 主要公共设施用地统计表

用地代码	用地名称	用地面积(hm^2)	所占百分比
B11	零售商业用地	165.76	3.03%
B21	金融保险用地	68.47	1.25%
B29	其他商务设施用地	853.64	15.59%
CB1	商住混合用地	67.93	1.24%
CB2	商办混合用地	123.90	2.26%
CB4	商业旅馆酒店用地	1.32	0.02%
总　计		1 281.02	23.39%
中心区总建设用地面积		5 475.41	
商业用地包括	B11、CB1、CB2、CB4	358.91	6.55%
金融用地包括	B21	68.47	1.25%
商务用地包括	B29、CB2	921.57	17.85%

在具体分布中，这些用地基本都集中于主要的硬核连绵区，呈现出沿山手线展开的特征，主要集中于山手线的上野站至新桥站之间(图 3.9)。其中，金融用地主要集中于日本桥地区；商务用地在新日本桥及神田站地区分布较为集中，此外，秋叶原站至上野站之间以及丸之内、银座地区也有大量商务设施；商业用地则主要集中于几个重要的站点及标志景点地区，包括上野站、秋叶原站、神田站、新桥站，以及银座、浅草寺和日本桥地区。这也从一定程度上反映了轨道交通及重要换乘站点对公共设施布局的影响。

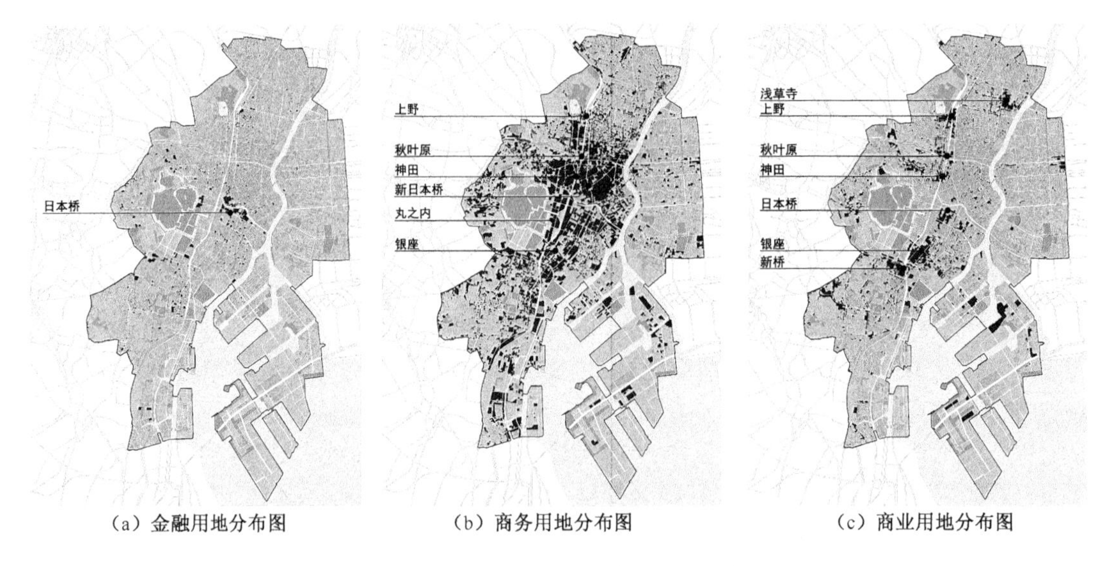

(a) 金融用地分布图　　(b) 商务用地分布图　　(c) 商业用地分布图

图 3.9　主要公共服务设施用地分布图

在以山手线为重要轨道轴线的基础上，都心中心区可以称为建在轨道上的中心区(图 3.10)，中心区内有 12 条地铁线路交织穿行(东京市共 13 条地铁线路，仅有副都心线从中心区西侧穿过，连接池袋、新宿、涩谷等中心区)；JR 线路的山手线从中心区中部南北向穿过，并有多条 JR 线路与山手线相连，从中心区向外辐射；私铁线路多分布在中心区外围，与轨道交通或 JR 线路相连，其中也有部分线路位于中心区内，如位于中心南部东京湾沿岸的临海线等；此外，还有都电荒川线、日暮里-舍人线位于中心区北侧。在此基础上，中心区内部形成了密集的轨道交通网络及轨道交通站点，共设有各类轨道交通站点 195 个，其中还有大量线路交叉所形成的重叠的换乘站点。

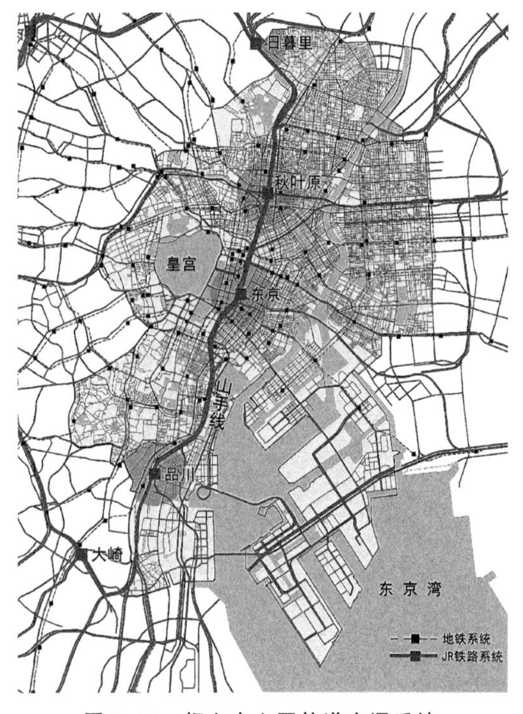

图 3.10　都心中心区轨道交通系统

由此，中心区的空间形态也呈现出明显的轴线加网络的特征。由于规模尺度较大，东京都心中心区建筑总量较大，达到了惊人的 1 3031.4 万平方米，但由于日本为岛国，且多地震等自然灾害，使得其整体建筑高度不高，平均层数仅为 6.4[①]。高层建筑基本都集中于山手线沿线的几个重要节点位置，秋叶原站、东京站、新桥站等，此外，皇宫南侧的永田町地区也有较为集中的高层布局，基本与新桥站及东京站地区连绵成片，其余地区高层建筑分

① 以总建筑面积与总建筑基底面积的比值计算中心区建筑平均层数，反应中心区整体高度水平。

布则较为零散(图 3.11)。虽然高度不高,但都心中心区内采用的小街区密路网形式(街区平均大小为 0.64 公顷,道路密度为 19.95%),使得建筑密度较大,达到了 37.17%。

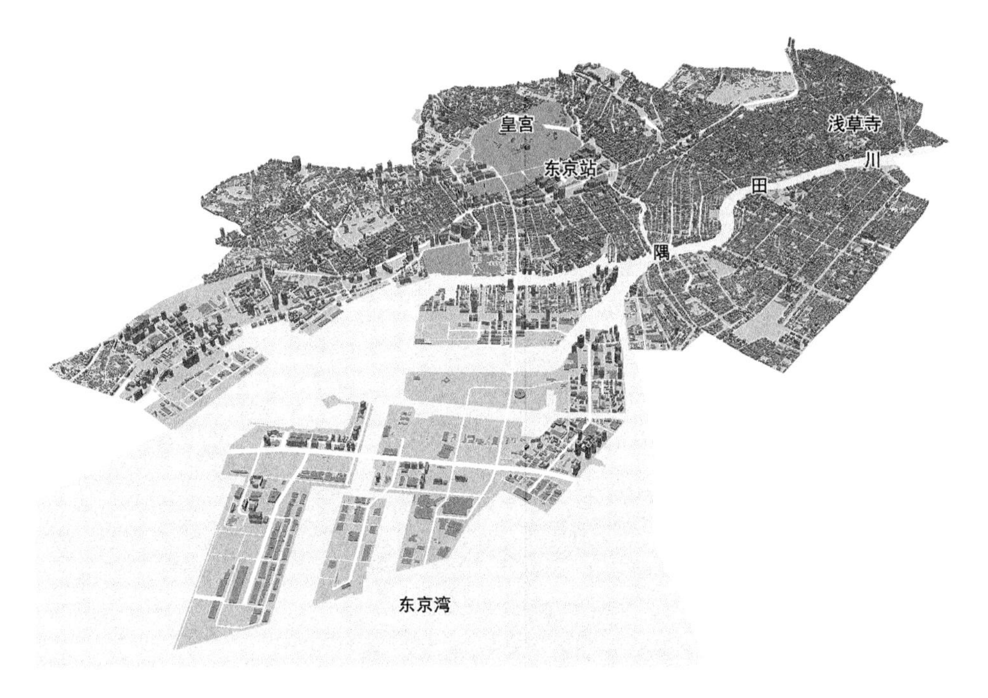

图 3.11 东京都心中心区空间模型

3.2.2 日本大阪御堂筋中心区

1) 日本大阪城市概况及其中心体系

大阪(英文:Osaka),位于日本本州西部,近畿平原中部凹陷处,面临大阪湾(图 3.12)。大阪气候温和湿润,四季花木常青,市内河道纵横,水域面积占城市面积的 1/10 以上,河上 1 400 多座造型别致的大小桥梁,素有“水都”之称和“大阪八百八桥”的说法,又以“千桥之城”享誉世界。大阪是日本第二大城市,仅次于东京,工业生产规模及其产值也仅次于东京,位居全国城市第二位,GDP 总量则仅次于东京,位居亚洲第二,是世界前十大都市经济体之一。大阪是日本商业和贸易发展最早的地区,也是日本的历史文化名城,现已是日本西部经济、文化及教育中心,并因此孕育了其独特的文化体系。

图 3.12 日本大阪区位图

* 资料来源:作者根据中国地图出版社网站下载日本地图绘制,网址:http://www.sinomaps.com/

由于濒临濑户内海,大阪自古就是故都奈良和京都的门户,是日本商业和贸易发展最早的一个地区。从德川幕府时代起,大阪就成为全国的经济中心,被称为“天下的厨房”。古代曾为中日交通要冲，1583 年筑城后商业开始逐渐繁荣。1868 年开港，1874 年铁路通达，1889 年设市后工业迅速发展，成为阪神工业地带的核心。日本四大工业区之一的阪神工业地带，约有 30 个卫星城，产业以轻重工业综合发展为主，化学、机械、钢铁、金属加工、出版、印刷、电机最为重要，工业产值约占日本全国工业总产值的五分之一。

大阪是国际化程度较高的城市，拥有良好的国际交通及物流枢纽(图 3.13)。大阪港位于大阪市西侧大阪湾，是日本五大集装箱港口之一。大阪港周边还分布有神户港及和歌山港等重要港口，成为日本的重要海上门户地区；大阪拥有 2 座国际机场，大阪国际机场和关西国际机场。大阪国际机场位于大阪市北侧，是大阪市最早的机场，关西地区的核心机场，但随着关西国际机场的运营，经多次协调，大阪国际机场转为专门的国内机场。关西国际机场于 1994 年正式启用，是日本的第二大国际机场，也是第一个 24 小时营运的机场，使大阪成为日本重要的空港枢纽；大阪地区高速公路不多，仅有 4 条线路，分别通向北侧的京都府、南侧的和歌山港、东侧经滋贺县通向名古屋及副井并向东侧延伸、西侧经兵库县及冈山县向西延伸可达九州岛；铁路线网较为发达，基本遍布周边重要地区，并在大阪站位置与市区内部轨道交通线网连接，形成整体高效的交通网络。

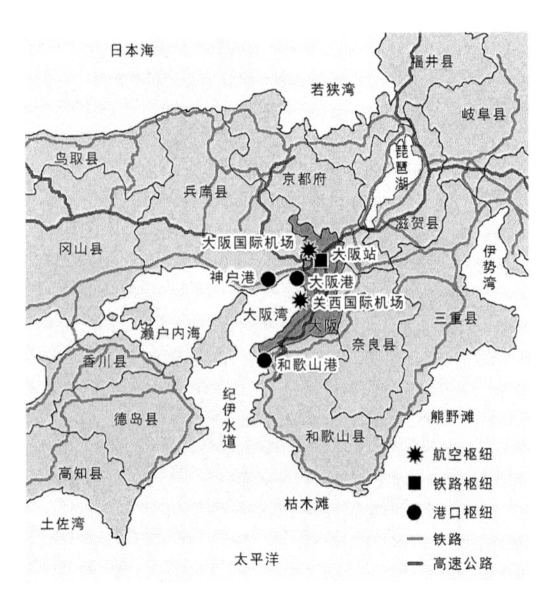

图 3.13 大阪重要交通枢纽

*资料来源：作者根据中国地图出版社网站下载日本地图绘制，网址：http://www.sinomaps.com/

目前大阪市已经形成了“1 主、4 副、2 区”的公共中心体系格局(图 3.14)。1 主为御堂筋综合主中心，以商务、商业、行政功能为主；4 副为 4 个专业副中心，分别为天王寺副中心，以商务、商业功能为主；九条副中心，以商贸功能为主；新大阪副中心，以商贸功能为主；大阪贸易副中心，以商务及贸易为主；2 区为 2 个特殊功能区，分别为大阪城行政、文化特殊功能区以及长居文化、体育特殊功能区。此外，中心区外围地区还有一些片区级的公共服务中心。

大阪也属于轨道交通密集的城市，各个中心区及特殊功能区均有轨道交通连接，御堂筋主中心轨道交通最为密集，其余中心区一般也有多条轨道线路连接。此外，与东京类似，大阪也由铁路形成了一个环线——JR 大阪环状线，但由于大阪城市整体尺度相对较小，该环线环绕御堂筋主中心布局，仅连接了九条副中心，更多的作为主中心交通的疏散环线。该环线串联了几乎所有的轨道交通线路，成为城市轨道交通组织的核心，城市整体上形成了铁路线路“环加放射”，地铁线路“网络交织”的轨道交通格局，还有大量的私铁线路以轻轨方式与地铁及铁路相连(图 3.15)。

2）御堂筋中心区基本情况

大阪御堂筋中心区是日本仅次于东京都心中心区，发展较为完善的商务商业综合中心

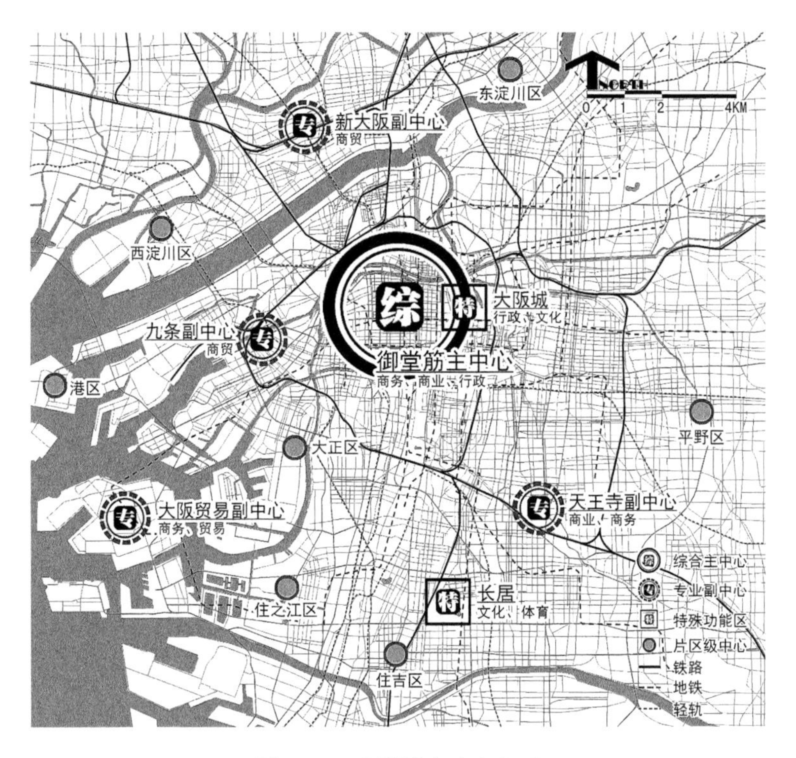

图 3.14　大阪城市中心体系

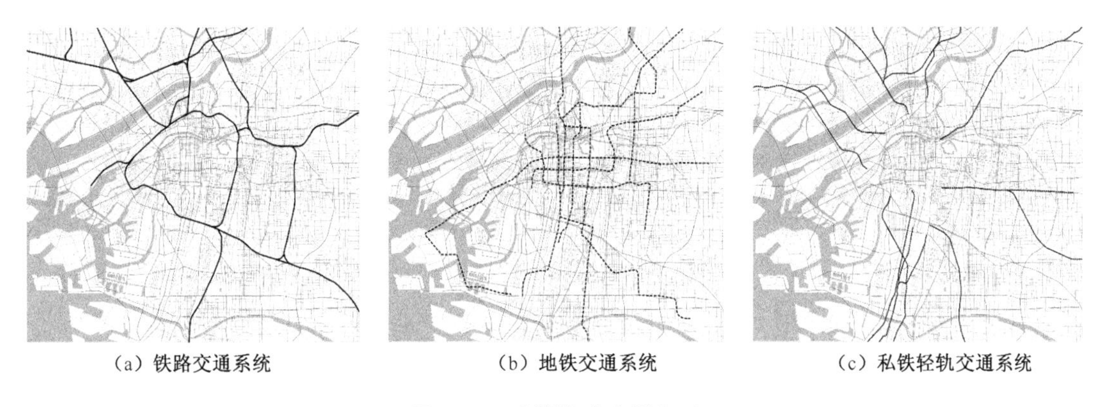

(a) 铁路交通系统　　(b) 地铁交通系统　　(c) 私铁轻轨交通系统

图 3.15　大阪轨道交通体系

区(图 3.16)。御堂筋中心区位于大阪市中部凹陷位置,西邻大阪湾,中心区范围北到淀川河川、南到天王寺公园、西到木津川、东到大阪公园道路,包括中央区、北区、福岛区、西区、浪速区、天王寺区等,总用地面积 23.3 平方公里,总建筑面积 5 052.8 万平方米,容积率为 2.16。中心区内水系较为发达,包括北侧的淀川河川、西侧的木津川、中部的堂岛川、土佐崛川、南部的尻无川等;大阪城天守阁、四天王寺、通天阁、天满宫、国立国际美术馆等著名标志建筑及景点散布其间;铁路枢纽大阪站位于中心区北侧,中心区内轨道交通线网密布。

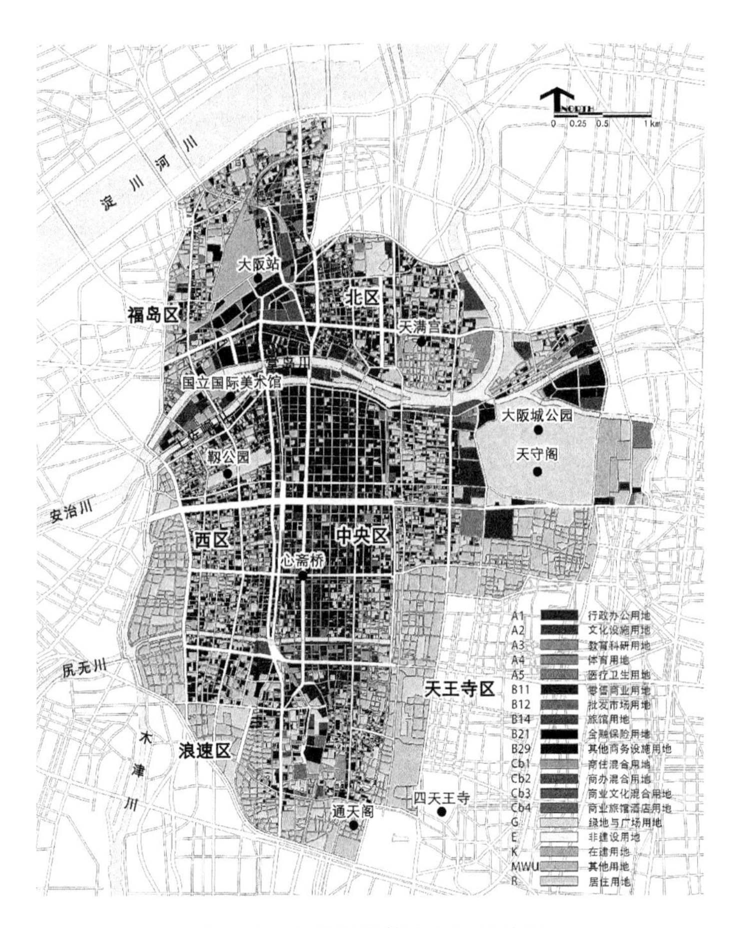

图 3.16　大阪御堂筋中心区用地图

大阪御堂筋中心区内硬核已经形成完全连绵,整个硬核连绵区总用地面积 822.40 公顷,总建筑面积 2 094.34 万平方米,分别占中心区总用地面积的 35.23%及总建筑面积的 41.45%,在超过中心区 1/3 的面积上集聚了近一半的建设量。整个硬核连绵区位于中心区中部,并沿北侧土佐崛至大阪城公园横向展开。硬核主体连绵区以地铁御堂筋线为轴线,呈纵向线型展开,两侧还有地铁四桥线及堺筋线相辅助,形成轨道交通引导的硬核连绵带(图 3.17)。

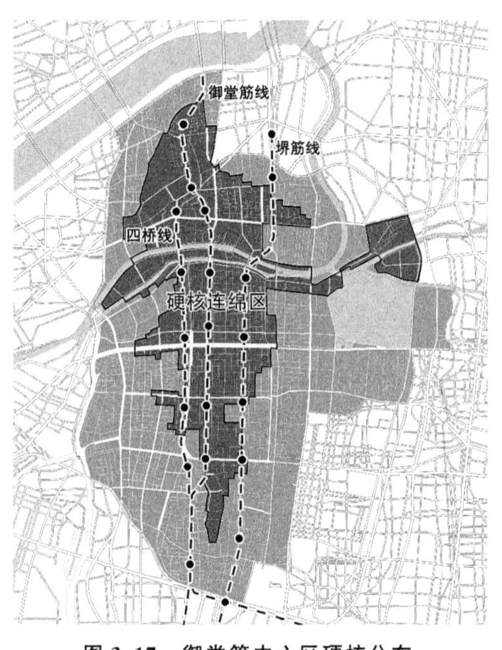

图 3.17　御堂筋中心区硬核分布

大阪御堂筋中心区公共设施用地以商务用地为主,占中心区总用地面积的 17.46%(包括商办混合用地 1.89%),主要集中于中心的硬核连绵区,大阪站至尻无川之间的位置,在地铁四桥线及堺筋线之间呈网络状密集分布;金融用地占总用地面积的1.29%，主要沿御堂筋路及地铁御堂筋线线型分布，并在中央区内有部分较为集中的区域；商业用地占总用地面积的7.01%(包括商住混合用地1.42%，商办混合用地1.89%，商业文化混合用地0.02%及商业旅馆酒店用地0.01%)，则主要集中于中心区南北两端，北端主要集中于大阪站周边，南段主要集中于御堂筋线本町站至难波站之间，以及地铁千日前线难波站至日本桥站之间(图3.18)。

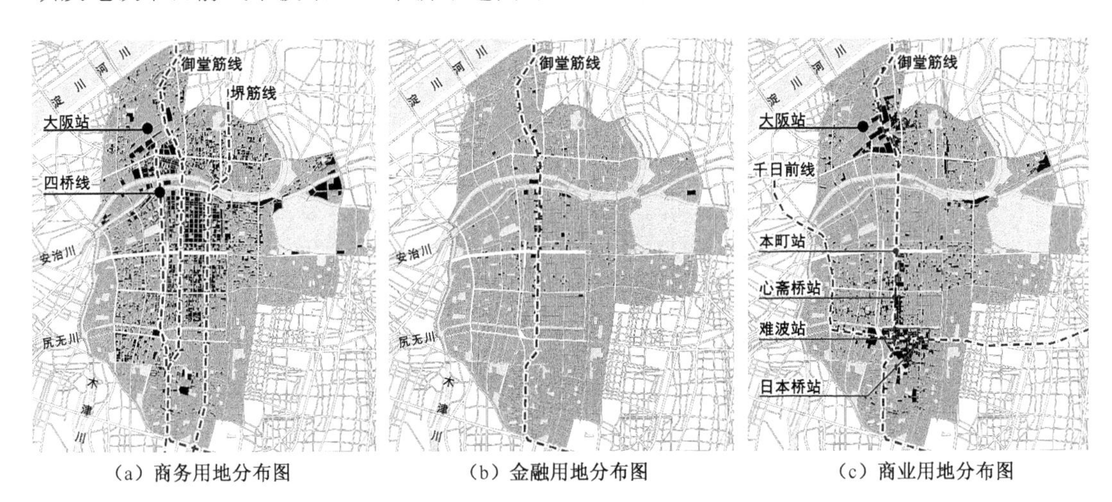

(a) 商务用地分布图　(b) 金融用地分布图　(c) 商业用地分布图

图3.18 主要公用设施分布图

大阪御堂筋中心区是亚洲仅次于东京都心的中心区，是国际地域性管理和服务中心，其作用是协调上下级关系，可称之为国际区域级中心区。御堂筋中心区轨道线网密布，9条地铁线路中有7条穿越中心区，或以中心区为起点(或终点)，并有多条铁路线路与轨道交通相衔接，连接中心区与外围地区，所有轨道交通在中心区内设有76个站点(包括线路重叠及换乘站点)(图3.19)。

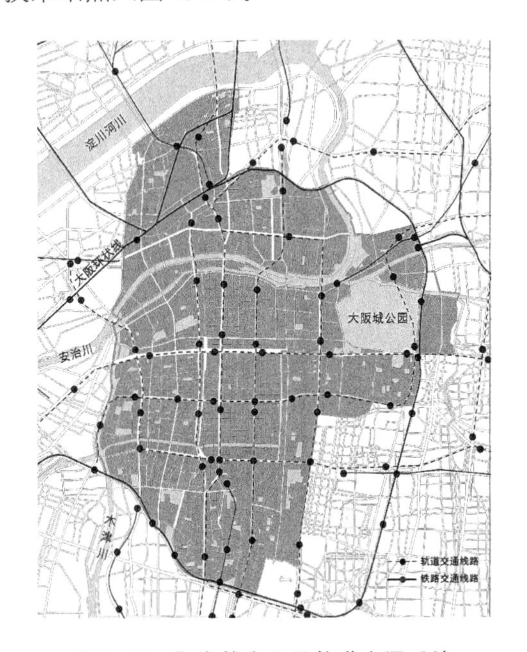

图3.19 御堂筋中心区轨道交通系统

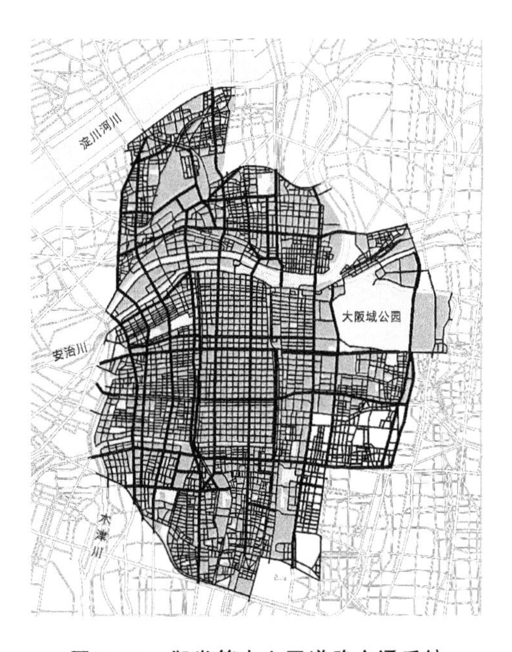

图3.20 御堂筋中心区道路交通系统

御堂筋中心区是典型的小街区路网模式，道路密度较高，道路用地达到了中心区总用地面积的24.19%，所形成的街区尺度基本在80 m×80 m左右，较小的街区则达到40 m×60 m左右，有些甚至更小，所形成的中心区平均街区面积仅为0.67公顷(图3.20)。

由于道路网络密度较大，地块面积较小，使得御堂筋中心区整体建筑密度较大，建筑密度达到了40.40%，但与东京类似，御堂筋中心区整体建筑高度不高，平均层数为7.1。中心区内高层建筑分布较为零散，集中的高层建筑群主要有3处(图3.21)：大阪站南侧地区，高层建筑以商务办公楼为主；中之岛地区，高层建筑以商务、行政、文化职能为主，且在整体形态上，中之岛与大阪站的高层基本形成连片趋势；大阪城公园周边，北侧集中了大量的商务办公高层，西侧则以商务及行政办公的高层为主；此外，难波及凑町附近也有少量高层的集聚。

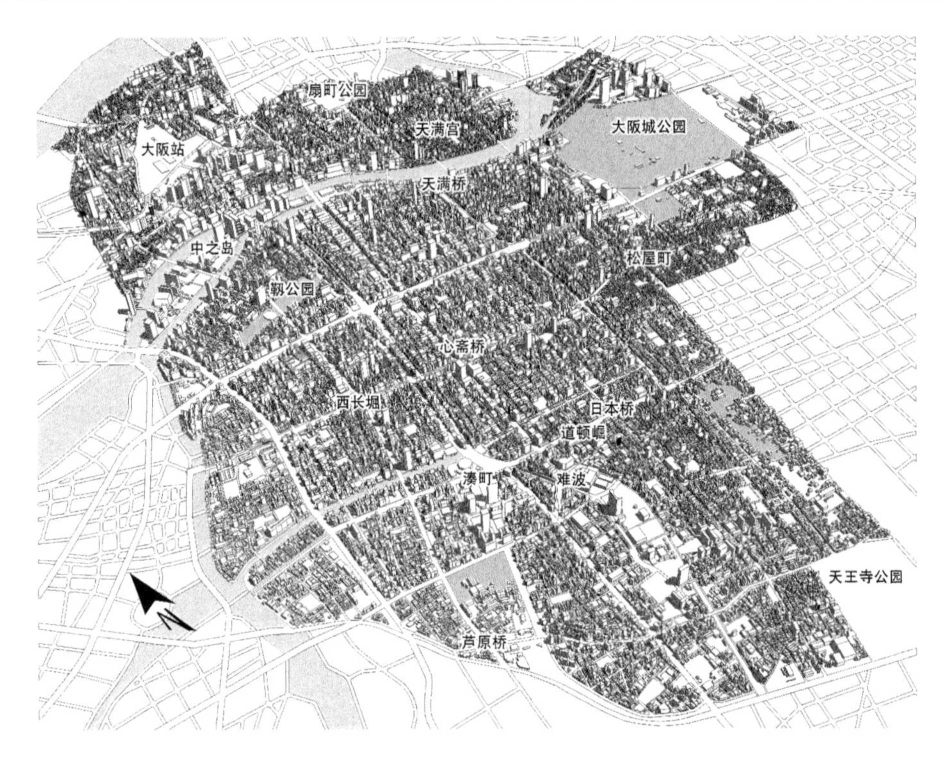

图3.21 御堂筋中心区空间模型

3.3 发展型极核结构中心区

发展型极核结构中心区是指那些已经突破了多核结构形态，向极核结构形态发展，但尚未形成完整的极核结构形态的中心区。发展型极核结构中心区内，多个硬核间已经形成了大范围的连绵发展，硬核形成有限的2～3个连绵区，且中心区内交通方式主体正在发生变化，多条轨道交通线路在中心区内汇聚，但尚未形成完善的轨道交通网络。在此基础上，中心区发展表现出明显的硬核进一步连绵及交通方式进一步轨道化的趋势，因此称之为发展型极核结构中心区。通过对亚洲中心区的梳理，共发现4个城市中心区已经出现了明显的极核结构发展趋势，分别为新加坡海湾—乌节中心区、韩国首尔江北中心区、中国香港港岛中心区以及中国上海人民广场中心区。

3.3.1 新加坡海湾-乌节中心区

1）新加坡城市概况

新加坡共和国(Republic of Singapore)，通称新加坡，别称狮城，是东南亚的一个岛国，也是一个城市国家(一个城市即是一个国家)。该国位于马来半岛南端，毗邻马六甲海峡南口，其南面有新加坡海峡与印尼相隔，北面有柔佛海峡与马来西亚相隔，两岸之间以长堤相连(图 3.22)。新加坡地处热带，长夏无冬，气温年温差和日温差小，整个城市在绿化和保洁方面效果显著，故有花园城市的美称(图 3.23)。

图 3.22 新加坡区位图

＊资料来源：作者根据中国地图出版社网站下载新加坡地图绘制，网址：http://www.sinomaps.com/

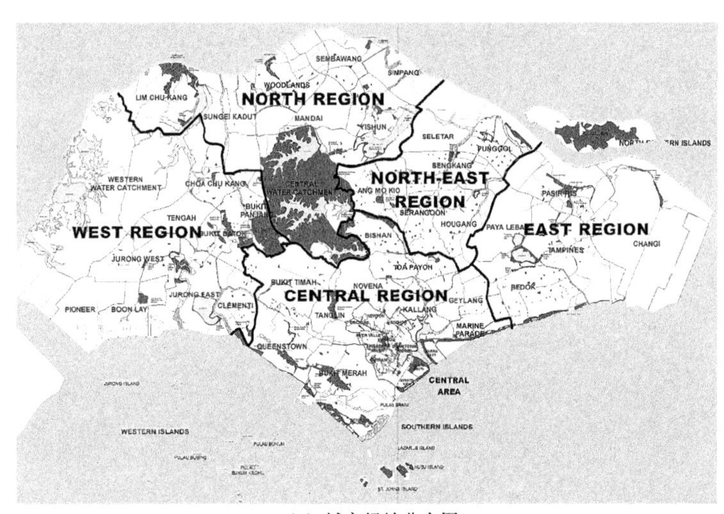

(a) 城市绿地分布图

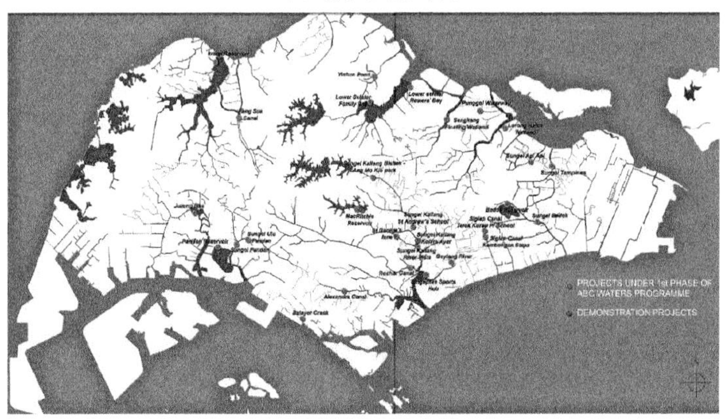

(b) 城市水系分布图

图 3.23 新加坡区位图

＊资料来源：新加坡都市重建局：URBAN REDEVELOPMENT AUTHORITY. 网址：http://www.ura.gov.sg/uol/

以人均国内生产总值(购买力平价)计算的话,新加坡在全球最富有国家内名列第四。新加坡经济成长迅速,使之逐渐发展成为新兴的发达国家,并因此被誉为“亚洲四小龙”之一。在重工业方面,主要包括了区内最大的炼油中心、化工、造船、电子和机械等,拥有著名的裕廊工业区。国际贸易和金融业在机场经济中扮演重要角色,是亚洲最重要的金融和贸易中心之一。此外,新加坡也是亚洲的区域教育枢纽,每年吸引不少来自中国和马来西亚等地的留学生前来升学,为国家带来丰厚的外汇和吸纳许多人才。旅游业也在总体经济结构中占重要比例,游客主要来自日本、中国、欧美地区和东南亚其他国家。新加坡是个多元种族的移民国家,也是全球最国际化的国家之一。新加坡同时也是亚洲重要的金融、服务和航运中心之一,根据2011年7月美国Dow Jones世界金融中心指数排行,新加坡继纽约、伦敦、东京和香港之后,位列全球第五名。

新加坡地处重要水运交通要道,有着天然的便利条件,建有多处重要交通枢纽(图3.24)。新加坡港便位于国际海运洲际航线上,共有250多条航线连接世界各主要港口,是世界上最繁忙和最大的集装箱港口之一。港内拥有40万吨级的巨型旱船坞,可以修理世界上最大的超级油轮。2013年新加坡港集装箱吞吐量预计达3 260万个标准箱,位居世界第二。目前,新加坡共拥有5个机场,其中樟宜国际机场及实里达机场是国际民航机场,其中樟宜国际机场也是东南亚乃至全世界最繁忙的机场之一,也是澳新至欧洲最重要的一个中途站。新加坡北部的实里达机场则专门连接邻近国家的旅游景点的定期航班、团体包机或接待私人飞机,它是新加坡第一个国际民用机场。此外,新加坡北部边境兀兰建有火车站,由马来西亚负责运营服务,由此可前往马来西亚各地,甚至泰国。

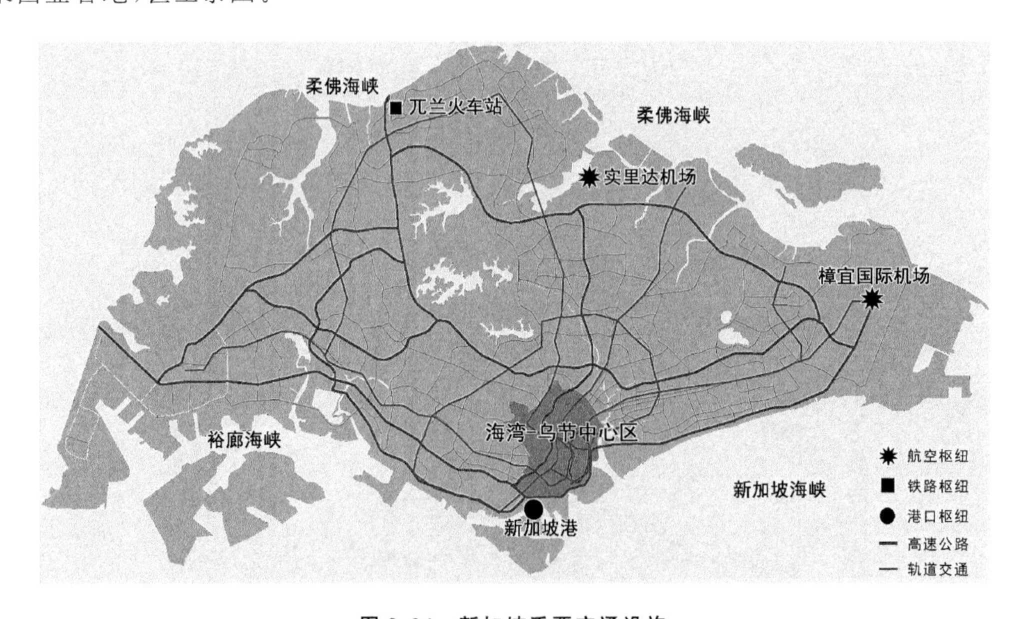

图3.24 新加坡重要交通设施

*资料来源:作者根据中国地图出版社网站下载新加坡地图绘制,网址:http://www.sinomaps.com/

新加坡岛内交通则以高速公路及轨道交通为主(图3.24)。新加坡岛上共有10多条高速公路,基本覆盖了新加坡主要的城市建设地带及重要的交通设施,并有2条高速公路从中心区穿过,增加了中心区的区域可达性。轨道交通线路共有5条,其中,东西线沿裕廊海峡及新加坡海峡方向横向穿过中心区;北东线从中心区斜向连接东北方向;北南线从中心区出发绕过中心集中绿地,与东西线相连,形成一个外围环线;环线则从中心集中绿地南侧通过,形成一道内侧环线;城区线位于中心区内部,连接东西线及北东线。5条轨道线路全部穿越中心区,形成双环加放射的格局(图3.25)。

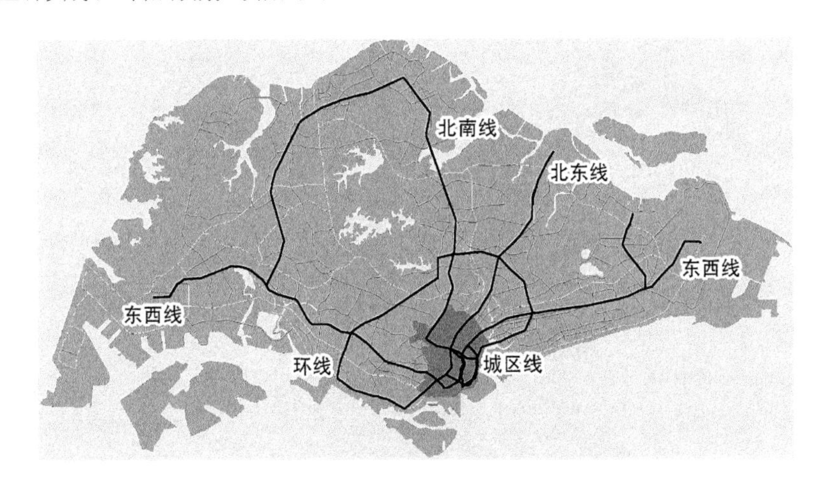

图3.25 轨道交通格局

2) 海湾—乌节中心区基本情况

新加坡的海湾—乌节中心区位于新加坡本岛的南端,紧邻新加坡海峡的滨海湾位置(图3.26)。中心区用地面积17.16平方公里,总建筑面积2 923.2万平方米,容积率1.70。中心区由滨海湾横向发展节点及乌节路纵向发展节点连接而成,中心区内包括鱼尾狮、新加坡摩天轮、哥烈码头、克拉码头及富康宁公园等著名旅游景点,也包括总统府等重要行政设施,并有新加坡河、梧槽运河等河流分别从中心区南北两侧穿过。

海湾-乌节中心区目前共有2个硬核连绵区及1个小型硬核(图3.27),硬核总用地面积422.21公顷,总建筑面积1 225.37万平方米,分别占中心区总用地面积的24.61%及总建筑面积的41.92%。硬核平均容积率2.90,远高于中心区平均容积率的1.70,具有更大的建设强度(表3.6)。2个硬核连绵区分别为海湾硬核连绵区及乌节硬核连绵区,两个连绵区之间受高速公路及大型绿地影响,尚未形成连绵,但已有继续连绵的趋势。1个小型硬核为小印度硬核,位于海湾硬核连绵区北侧,两者也即将形成连绵趋势。中心区内的2条高速公路分别从两个硬核连绵区的东南侧穿过,5条轨道交通线路也均从硬核的中心或边缘区穿过,特别是海湾硬核连绵区,5条轨道交通线路均与其有较为密切的联系。海湾硬核连绵区是主要的硬核连绵区,占到了硬核总用地面积的75.26%及总建筑面积的77.77%,容积率也达到了3.00。两个主要的硬核连绵区占到了硬核总用地面积的96.97%及总建筑面积的98.47%。反映了中心区硬核强烈的连绵发展趋势。

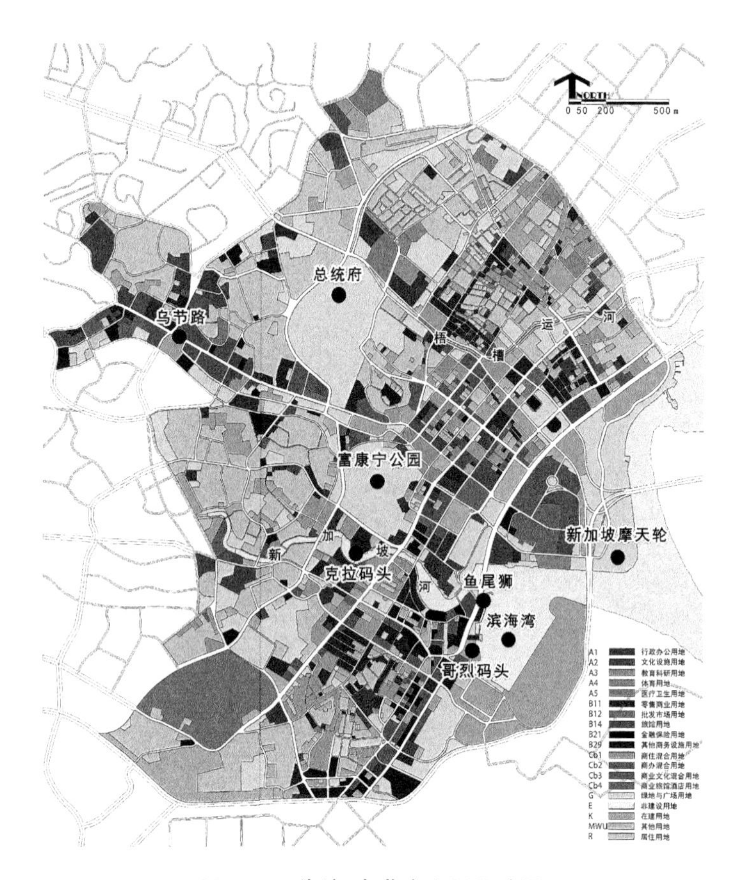

图 3.26 海湾-乌节中心区用地图

图 3.27 海湾乌节中心区硬核分布

表 3.6 海湾-乌节中心区硬核基本情况统计

硬核名称	总用地面积（hm²）	所占比重	总建筑面积（万 m²）	所占比重	容积率
海湾硬核连绵区	317.77	75.26%	952.94	77.77%	3.00
乌节硬核连绵区	91.66	21.71%	253.71	20.70%	2.77
小印度硬核	12.78	3.03%	18.72	1.53%	1.46
硬核总计	422.21	100%	1 225.37	100%	2.90

作为花园城市新加坡的中心区，海湾-乌节中心区内绿地面积也较多，包括 10 余处公园及多处大型开敞绿地，总绿地面积 356.42 公顷，占到了中心区总用地面积的 20.77%（图 3.28(a)）。中心区内主要公共设施用地所占比重均不大（表 3.7）。其中，最多的为零售商业用地，占到中心区总用地面积的 4.36%，而金融保险用地、其他商务设施用地比重则分别为 0.27%及 2.43%。与之相对应的是混合用地所占比重较大，4 类混合用地占到了总用地面积的 10.91%，其中商住混合用地及商办混合用地比重较大，分别为 4.92%及 4.44%。此外，由于城市集合了国家的行政职能，其本身又是著名的旅游城市，因此，行政办公、旅馆用地及文化用地所占比重较高，分别为 1.94%、2.75%及 1.45%，也主要集中于硬核范围之内。

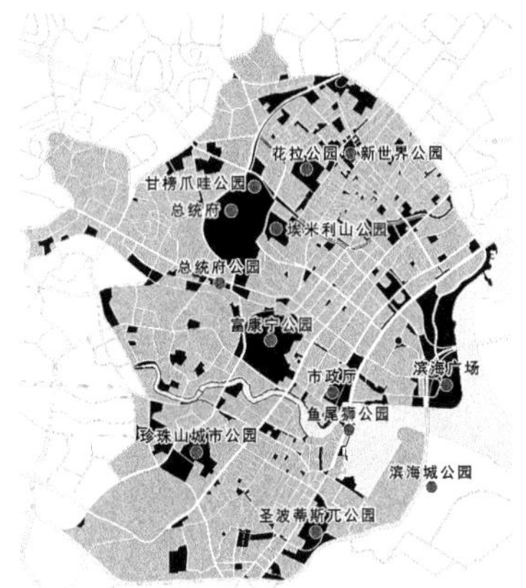

(a) 绿地分布图

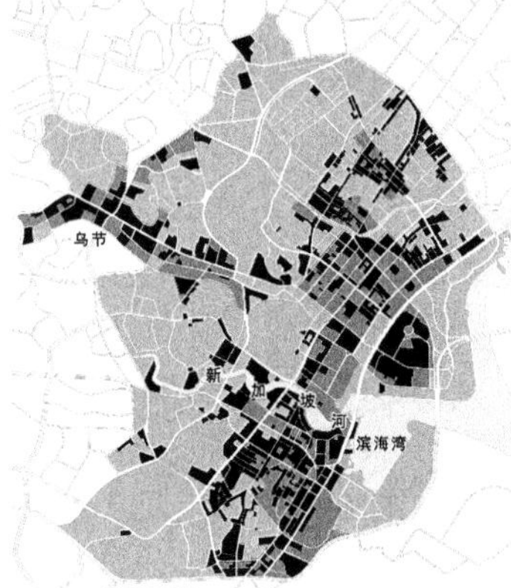

(b) 商业、商务、金融功能用地分布图

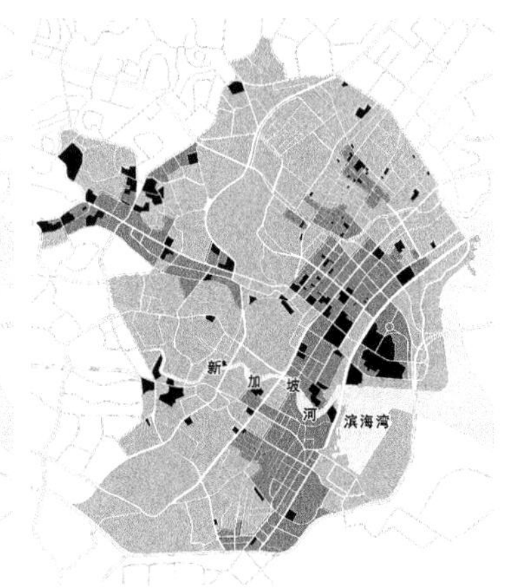

(c) 行政、文化、旅馆功能用地分布图

图 3.28 中心区主要用地分布

整体来看，这些功能分布均较为零散，单独的功能分布难以看出有效的集中区域。其中，将作为中心区核心职能的商业、商务、金融功能统筹考虑，可以看出用地基本集中于硬核区域内。新加坡河与滨海湾交汇处，河口的南岸地区，集中了主要的商业、商务及金融设施，是城市的金融商务中心（图 3.28(b)）；而行政、文化及旅馆等职能作为国际旅游城市的特色功能，则主要集中于滨海湾北岸地区，成为中心区的行政文化中心（图 3.28(c)）。

表 3.7 海湾-乌节中心区主要公共设施用地统计

用地名称	用地代码	总用地面积(hm²)	所占比重
行政办公用地	A1	33.34	1.94%
文化设施用地	A2	24.81	1.45%

续表 3.7

用地名称	用地代码	总用地面积(hm²)	所占比重
零售商业用地	B11	74.80	4.36%
旅馆用地	B14	47.26	2.75%
金融保险用地	B21	4.70	0.27%
其他商务设施用地	B29	41.73	2.43%
商住混合用地	Cb1	84.45	4.92%
商办混合用地	Cb2	76.22	4.44%
商业文化混合用地	Cb3	4.02	0.23%
商业旅馆酒店用地	Cb4	22.52	1.31%
主要公共设施用地总计		413.85	24.12%
中心区总计		1 715.68	100%

新加坡现有的5条轨道交通线路全部穿越中心区，或以中心区为起点和终点，共在中心区内设有23个站点(包括线路交叉重叠站点)。轨道交通线路在新加坡河河口及滨海湾区域内较为密集，站点也较多，这与中心区主要公共设施的分布是较为匹配的。其中城区线完全处于中心区内部，与东西线连接，从滨海湾北侧出发，绕过滨海湾东侧，并经滨海湾南侧连接北东线，基本包裹了中心区的核心位置，并能与多条线路相连，形成便捷的"环型加放射"格局(图3.29)。

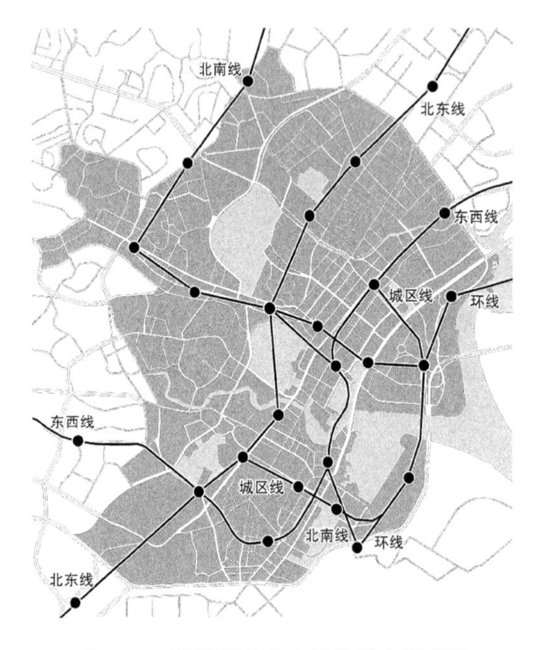

图3.29 海湾乌节中心区轨道交通系统

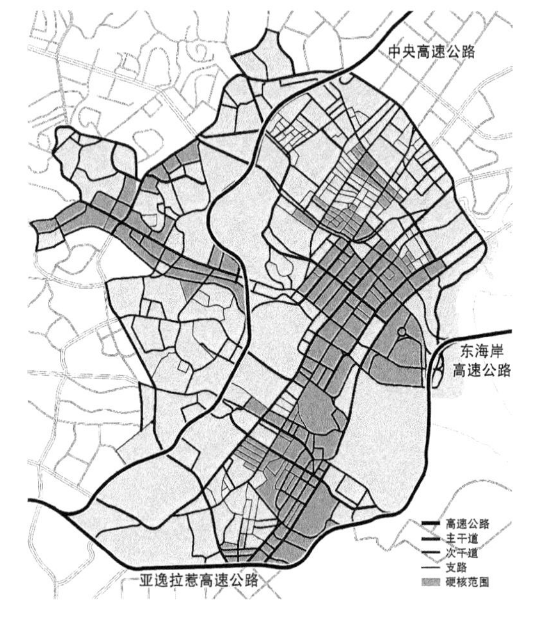

图3.30 海湾乌节中心区道路交通系统

海湾-乌节中心区与山水等自然资源结合较为紧密，街区形态随形就势，较为自由。形成的道路形态属于大街区与小街区结合的模式，山水等开敞空间周边街区较大，硬核范围内街区尺度较小(图 3.30)。整个中心区道路用地比重为 16.67%,整体街区尺度相对较大,平均街区面积为 3.52 公顷,其中硬核范围内道路用地比重 16.82%,平均街区大小为 2.14 公顷。由于硬核内以支路网为主,外围地区以主次干路为主,因此虽然硬核道路更为密集,但道路面积比重增加不多。

在此基础上,中心区整体密度及高度适中,平均建筑密度 30.26%,平均层数为 6.8,形态上则表现为大疏大密的空间形态格局(图 3.31)。从滨海湾经富康宁公园至总统府公园形成一条生态廊道,建筑散布其间;而在新加坡河河口及滨海湾两岸地区,则是中心区核心职能的集聚区,建设密集,高层建筑林立;其余地区则以居住职能为主,主要采用底层高密度,或高层低密度的方式布局,布置于硬核与开放空间之间。总体上形成了高层建筑簇群式集聚与大型开放空间结合的疏密有致格局。

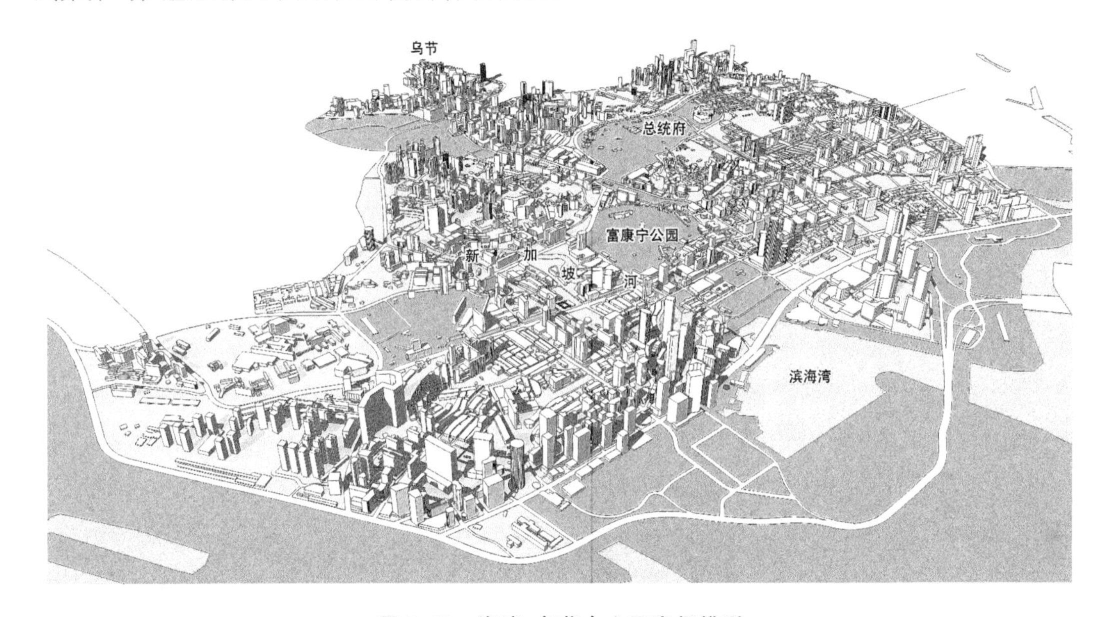

图 3.31 海湾-乌节中心区空间模型

3.3.2 韩国首尔江北中心区

1) 首尔城市概况

首尔(英语:Seoul)是韩国首都,也是韩国的政治、经济、科技及文化中心。首尔是整个朝鲜半岛最大的城市,位于朝鲜半岛的中部,韩国西北部的汉江流域,与朝鲜距离较近(图 3.32)。首尔并不直接靠海,与黄海的江华湾之间隔有仁川市。虽然首尔仅占韩国国土面积的 0.6%,但首尔的 GDP 却占韩国 GDP 的 21%。首尔也是世界十大金融中心之一,国际性银行都在首尔设有分支机构,韩国外换银行总部也设在首尔。同时,首尔也是世界重要的经济中心,物价昂贵,消费者物价指数世界第五,在亚洲仅次于东京。此外,首尔还是世界设计之都和一个高度数字化的城市,网速世界第一,其数字机会指数排名世界第一。

首尔也是韩国的主要交通枢纽(图 3.32)。全国范围内几乎所有的高速公路及铁路均从首尔出发,并与韩国主要的城市、釜山、大田及仁川等有高速公路及铁路相连。此外,首尔拥有两个国际机场。位于原金浦市的金浦国际机场过去一直是首尔唯一的国际空港。2001 年 3 月位于仁川的仁川国际机场投入运营后，负责几乎首尔全部的国际航班，而金浦国际机场则主要负责韩国的国内航班和少量与日本、中国等地区的国际航班。2 个机场与首尔均有高速公路和铁路连接，同时还与仁川及首尔的轨道交通系统相连，两个机场之间也设有机场穿梭巴士。而随着经济的发展，首尔与仁川已经基本连成一个大的经济圈，两地之间每天都有巨大的人流、物流、资金流及信息流的交互。在此基础上，仁川港(韩国第二大港口)也成为首尔进一步发展的重要条件，目前已经发展为现代化国际口岸，并有客轮与中国大连、青岛等地通航，与首尔之间有铁路相连，成为大首尔经济区的重要交通枢纽。

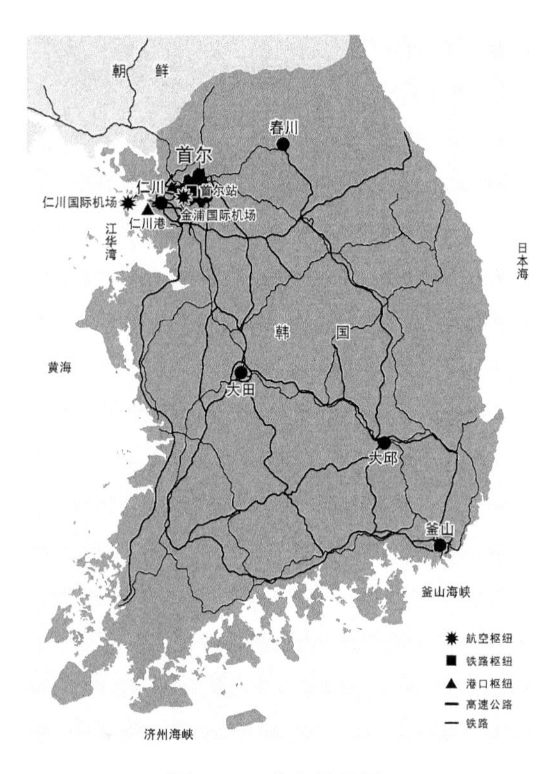

图 3.32 首尔区位图

*资料来源：作者根据中国地图出版社网站下载韩国地图绘制，网址：http://www.sinomaps.com/

现阶段首尔城市中心体系结构发展相对稳定，是由 2 个综合主中心、3 个专业副中心、4 个特殊功能区及 13 个区级中心所构成的“两主多副”结构(图 3.33)。其中，综合主中心分别为德黑兰路中心区(以商务、商业职能为主)及江北中心区(以商业、商务、批发职能

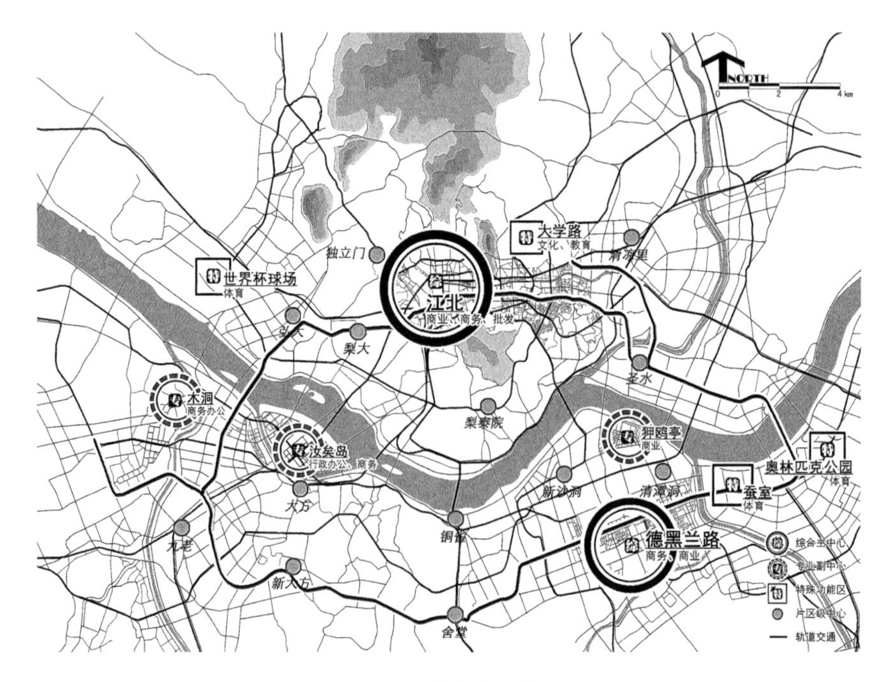

图 3.33 首尔中心体系

为主)；专业副中心分别为木洞中心区(以商务职能为主)、汝矣岛中心区(以行政办公及商务职能为主)及狎欧亭中心区(以商业职能为主)；4 个特殊功能区分别为世界杯球场特殊功能区(以体育职能为主)，大学路特殊功能区(以文化、教育职能为主)，蚕室特殊功能区(以体育职能为主)以及奥林匹克公园特殊功能区(以体育职能为主)。

首尔是一个重视公共交通的城市。首尔地铁又称韩国首都圈电铁，是世界第一大载客量的铁路系统，车站数量仅次于纽约地铁，截至 2013 年 4 月 26 日，路线长度世界第一。其服务范围为韩国首尔特别市和周边的首都圈，日均载客量超过 1 000 万人次(2013 年统计)[①]。首都圈电铁以首尔的九条地下铁路为主，并辅以韩国铁道公社的盆唐线及仁川地铁等线路，合共 19 条路线。其中，2 号线作为市区内的环线，与各条线路均有交接，并串联了江北中心区及德黑兰路中心区两个主中心，并与多个副中心、特殊功能区及片区级中心有着直接联系(图 3.33，图中粗黑线为地铁 2 号线)。

2) 江北中心区基本情况

江北中心区作为首尔的商务商业综合主中心，因为其位于汉江以北而命名，中心区内既有东大门、南大门等众多历史古迹，又有大量现代商业和商务办公建筑，是首尔最繁华和最具特色的中心区，也是首尔展示其传统魅力与现代活力的重要节点。中心区南北两侧有大量山体及绿化用地，整体呈东西向狭长形格局，包括钟路区、东大门区、龙山区及城东区部分用地，总用地面积 14.34 平方公里，总建筑面积 2 196 万平方米，容积率 1.53(图 3.34)。

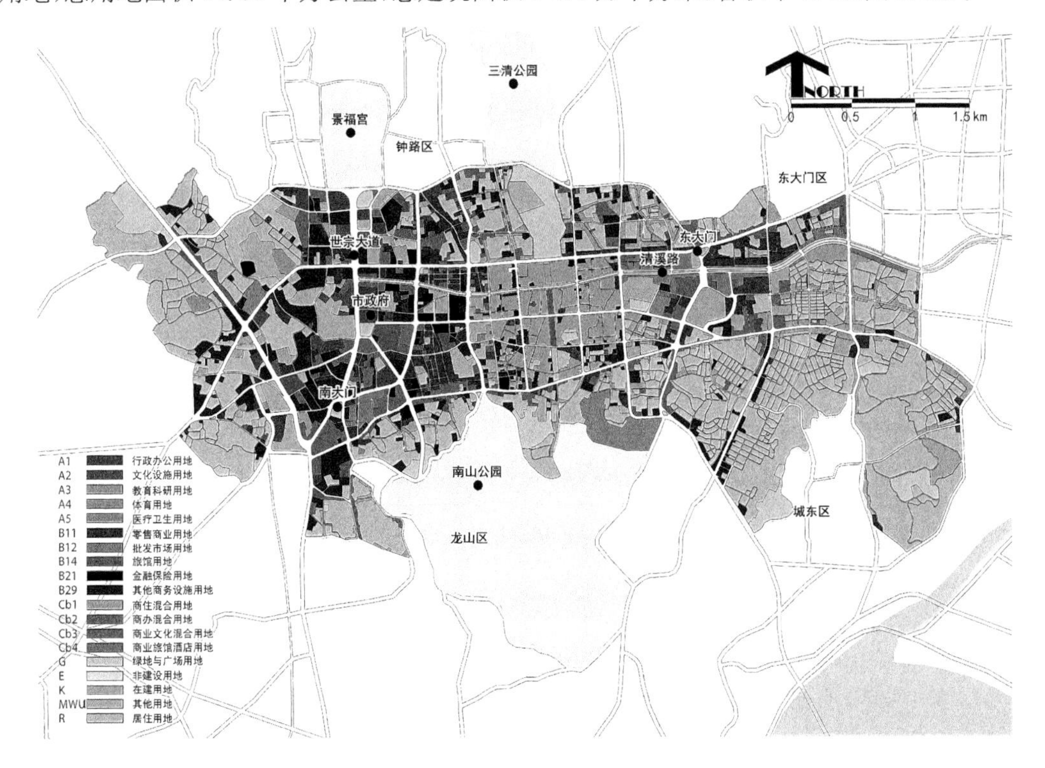

图 3.34 江北中心区用地图

① 百度百科首尔地铁词条. 网址：http://baike.baidu.com/view/832269.htm? fr=aladdin.

江北中心区目前有 2 个硬核连绵区，分别集中于南大门及东大门周边。硬核总用地面积 465.25 公顷，总建筑面积 889.67 万平方米，分别占中心区总用地面积的 32.45%及总建筑面积的 40.51%，平均容积率 1.91。硬核连绵区的分布与轨道交通具有密切的关系，地铁 1 号线至 6 号线从硬核间穿过，京义线连接西郊站，由硬核连绵区边缘通向外围。在此基础上，2 个硬核连绵区基本呈现出被轨道交通所包围的格局(图 3.35)。

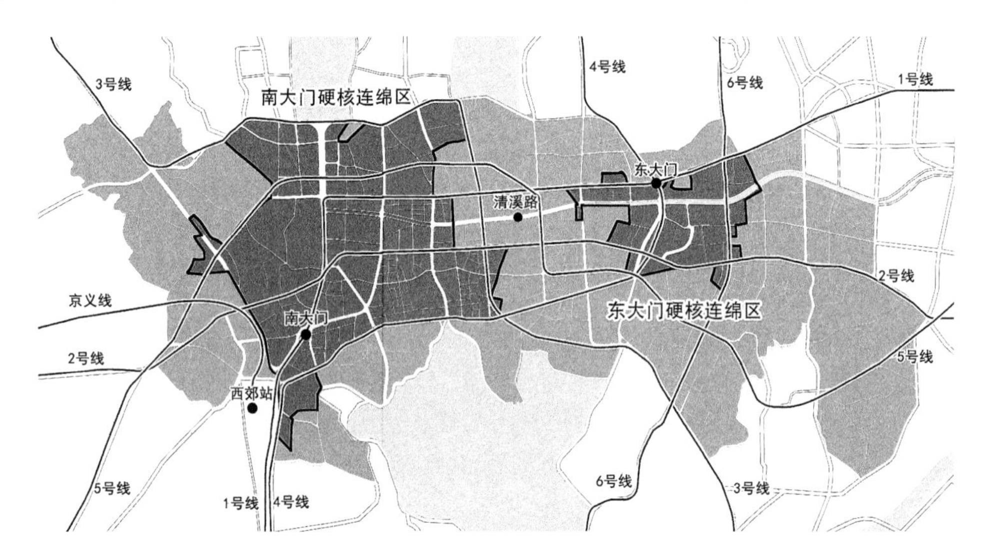

图 3.35 江北中心区硬核分布

2 个硬核连绵区中，南大门硬核连绵区是主要的公共设施集聚区，占到硬核总用地面积的 80.04%以及总建筑面积的 89.05%，容积率则达到了 2.13(表 3.8)。穿过中心区的 6 条地铁线中，有 5 条穿过南大门硬核连绵区，且京义线也与其直接相连。2 个硬核连绵区之间通过清溪路及地铁 1 号线、2 号线及 4 号线形成的轴线空间相联系，且彼此间有进一步沿轴线连绵发展的趋势(图 3.35)。

表 3.8 江北中心区硬核基本情况统计

硬核名称	总用地面积 (hm^2)	所占比重	总建筑面积 (万 m^2)	所占比重	容积率
南大门硬核连绵区	372.37	80.04%	792.28	89.05%	2.13
东大门硬核连绵区	92.88	19.96%	97.39	10.95%	1.05
硬核总计	465.25	100%	889.67	100%	1.91

与江北中心区的主要职能相应，其主要用地功能集中于商务、商业、金融、行政及批发等类别。其中商业类用地最多(包括商业零售用地以及商业与其他功能的混合用地)，占总用地的 19.55%；其次为商务类用地(包括其他商务设施用地及商办混合用地)，占总用地的 13.72%；其余 3 类用地，金融保险用地、行政办公用地及批发市场用地比重相当，分别为 1.30%、1.51%及 1.46%(表 3.9)。

表 3.9　江北中心区主要公共设施用地统计

用地名称	用地代码	总用地面积(hm²)	所占比重
行政办公用地	A1	21.65	1.51%
零售商业用地	B11	71.89	5.01%
批发市场用地	B12	20.87	1.46%
金融保险用地	B21	18.70	1.30%
其他商务设施用地	B29	117.56	8.20%
商住混合用地	Cb1	127.62	8.90%
商办混合用地	Cb2	79.11	5.52%
商业旅馆酒店用地	Cb4	1.62	0.11%
主要公共设计用地总计		459.11	32.02%
中心区总计		1433.79	100%
商业类用地	B11、Cb1、Cb2、Cb4	280.24	19.55%
商务类用地	B29、CB2	196.67	13.72%

在具体分布中，大量的商住混合用地分布于2个硬核连绵区之间，保持了期间的商业连续性，其余商业用地则主要分布于硬核连绵区的边缘地区(图 3.36(a))；行政办公、金融保险及商务类用地主要分布于南大门硬核连绵区，沿世宗大道分布，在南大门附近有较大的集聚区(图 3.36(b))；而批发市场用地分布则多依托传统的标志性地区分布，集中于南大门及东大门周边(图 3.36(c))。

(a) 商业类用地分布图

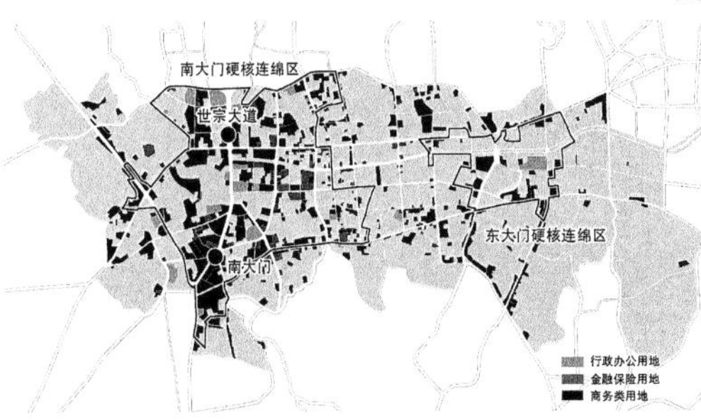

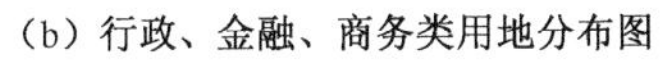

(b) 行政、金融、商务类用地分布图

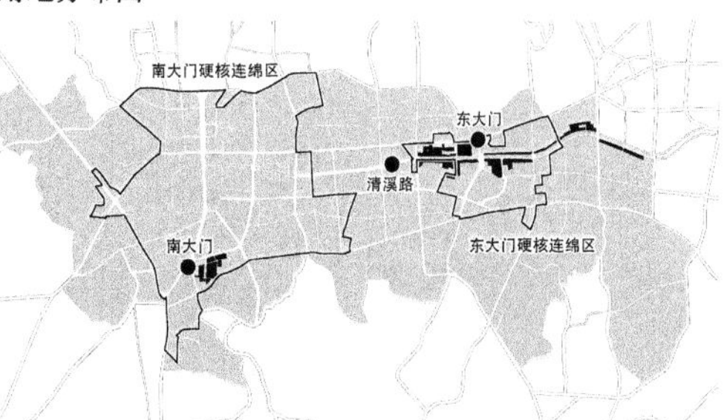

(c) 批发市场用地分布图

图 3.36　江北中心区主要用地分布

首尔轨道交通较为发达，中心区内有 6 条地铁线路通过，中心区边缘地区还有京义线及京元线 2 条铁路通过。8 条轨道交通线路共在中心区内及边缘地区设有站点 43 处，其中 25 处位于硬核连绵区范围内。2 个硬核连绵区之间有 4 条地铁线路从不同的方向相连，并在中间硬核尚未覆盖区域设有 5 个站点，非常有利于 2 个连绵区的进一步连绵发展(图 3.37)。

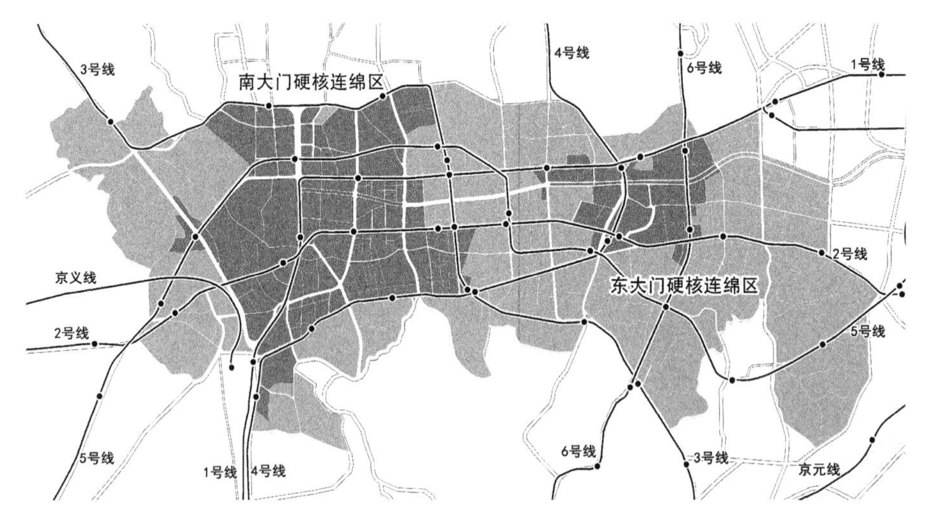

图 3.37 江北中心区轨道交通系统

江北中心区内道路用地比重达到了 16.32%，所形成的街区尺度较小，平均街区面积 1.49 公顷。高层建筑主要集中于 2 个硬核连绵区内，其中，南大门硬核连绵区是高层建筑的主要集中分布区，沿世宗大道布局。在硬核外围地区，有大量的高密度低层建筑集聚，提高了中心区的整体建筑密度，但却拉低了中心区整体高度。在此基础上，中心区建筑密度为 30.77%，平均建筑层数则仅为 5.0(图 3.38)。

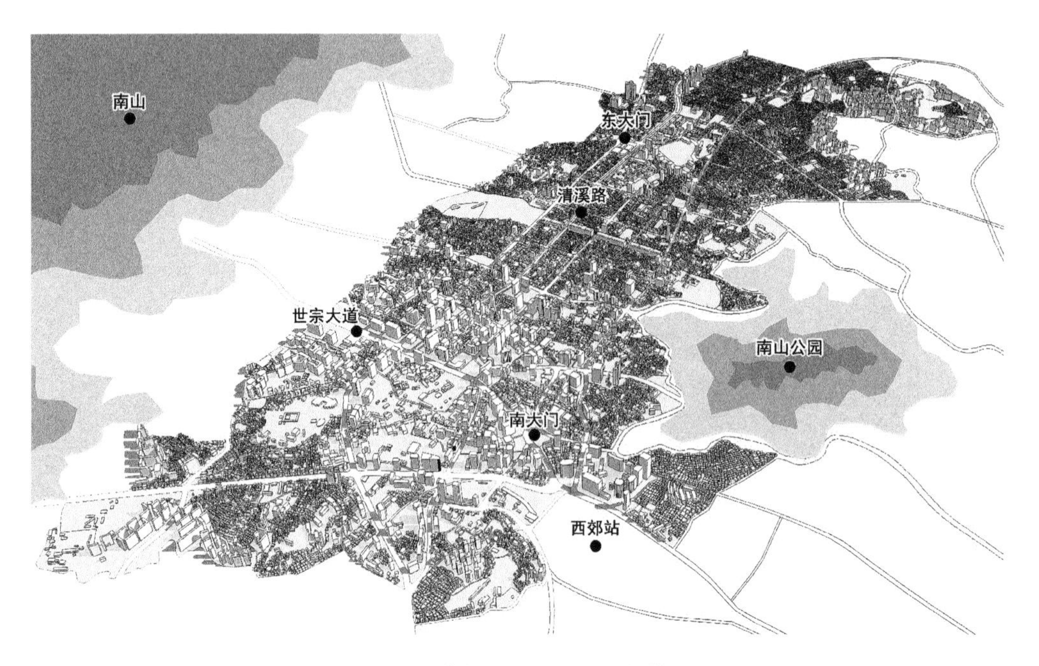

图 3.38 首尔江北中心区空间模型

3.3.3 中国香港港岛中心区

1) 香港城市概况

香港(英文名称:Hong Kong),全称中华人民共和国香港特别行政区,香港地处中国华南,珠江口东侧,濒临南中国海(图 3.39)。由香港岛、九龙半岛、新界(包括大屿山及 230 余个大小岛屿)组成。北隔深圳河与广东省深圳市相接,西与澳门隔海相望。

图 3.39 香港区位图

*资料来源:作者根据中国地图出版社网站下载中国地图绘制,网址:http://www.sinomaps.com/

香港是全球重要的国际金融、服务业及航运中心,以社会廉洁、治安优良、经济自由、税制简单和法律制度健全而闻名于世。香港在全球金融中心指数上一直名列为全球第三大金融中心,仅次于伦敦和纽约,与其并称为"纽伦港"。连续第 20 年获得全球最自由经济体系评级,经济自由度指数排名第一。香港同时为全球最安全、生活水平高、繁荣及人均寿命最长的国际大都会之一,素有东方之珠、美食天堂、购物天堂、动感之都和东方曼哈顿等美誉,亦拥有美丽壮观、幅员辽阔而且近在咫尺的郊野公园。2012 年,《经济学人》评选香港为"全球最宜居城市","亚洲国际都会"则为官方香港品牌。

香港地形主要以丘陵为主,平地较少,主要集中在新界北部、九龙半岛及香港岛北部(图 3.40)。香港拥有高度发达及方便的交通网络,公共运输主要组成部分包括铁路、公交车、小型公交车、出租车及渡轮等,也有电车及轻轨等。其中铁路是最主要公共运输工具,共有 9 条路线(地铁公司 6 条,前九广铁路公司 3 条),互相联系港岛、九龙、新界的荃湾、东涌、将军澳、上水、马鞍山、元朗及屯门等地,每日载客约 442 万人次(香港运输署 2011 年 8 月数据)①。在公路交通方面,香港也有 9 条主要的干线,主要连接新界、九龙、香港岛及大屿山等地,在九龙及香港岛地区分布较为密集。其轨道交通及干线道路均与深圳市轨道交通系统及城市快速路直接相接。

此外,香港还拥有香港国际机场及维多利亚港等国际级交通枢纽(图 3.40)。香港国际机场载客运输数量位居全球机场前列,是来往欧美、亚洲及大洋洲航班的转机点,并与城市轨道交通及干线道路相连,可以便捷地抵达城市中心等地。维多利亚港位于香港岛和九龙半岛之间,是亚洲的第一大海港及世界第三大海港。由于港阔水深,为天然良港,加之维多利亚湾两岸为城市主要的商业、商务及金融中心,高层林立,景观绝佳,香港也因而有"东方之珠""世界三大天然良港"及"世界三大夜景"的美誉。

现阶段香港市级公共中心体系呈现出 2 个综合主中心、1 个专业副中心所构成的"两主

① 香港运输署.交通运输资料月报[J].2011,8.

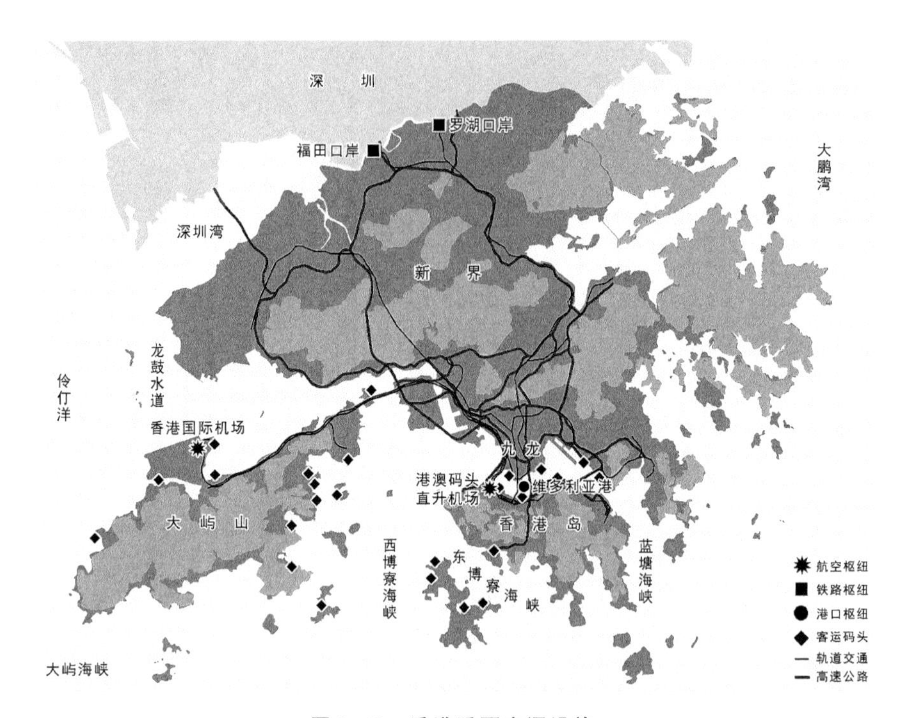

图 3.40 香港重要交通设施

* 资料来源:作者根据中国地图出版社网站下载香港地图绘制,网址:http://www.sinomaps.com/

一副"结构,其中2个综合主中心为港岛中心区(以商务及商业职能为主)和油尖旺中心区(以商务、商业及文化职能为主),专业副中心为观塘中心区(以商务职能为主),主要集中于维多利亚湾两岸。各等级中心区的布局均与轨道交通联系密切,且几乎所有线路均汇聚于2个主中心内(图3.41)。

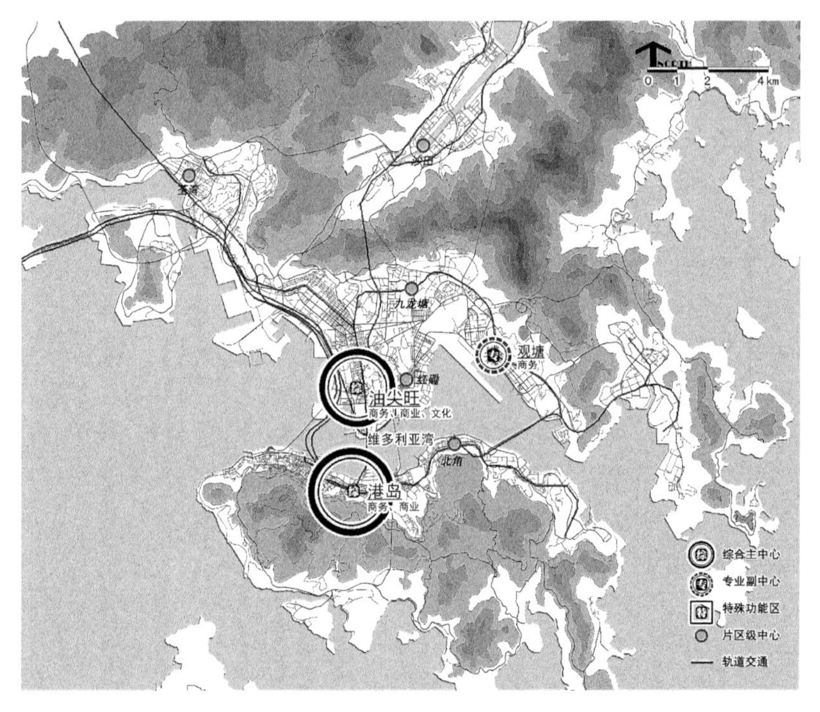

图 3.41 香港中心体系

2）港岛中心区基本情况

港岛中心区是香港的心脏地带，也是港岛开埠后最早开发的地区和香港的商业中心。早在1841年英国人占领香港的时候，英国人便率先在中环建立其军事基地，并迅速地兴建了多条主要交通干道。1970至1980年代是中环的全盛时期，当时中环不断兴建高层摩天大厦，包括各银行总部，加上金融市场开始兴旺，香港主要的商务金融活动均在中环进行。中心区总用地面积6.10平方公里，总建筑面积3 111万平方米，容积率5.10。港岛中心区位于维多利亚湾与香港岛连绵山体之间的位置，中心区内绿化用地较多，包括中山纪念公园、香港动植物公园等（图3.42）。作为香港的政治及商务金融中心，中心区核心区高层鳞次栉比，形成了维多利亚湾一道靓丽的风景线，也是世界上著名的优美天际线，已经成为香港的一个重要城市名片。

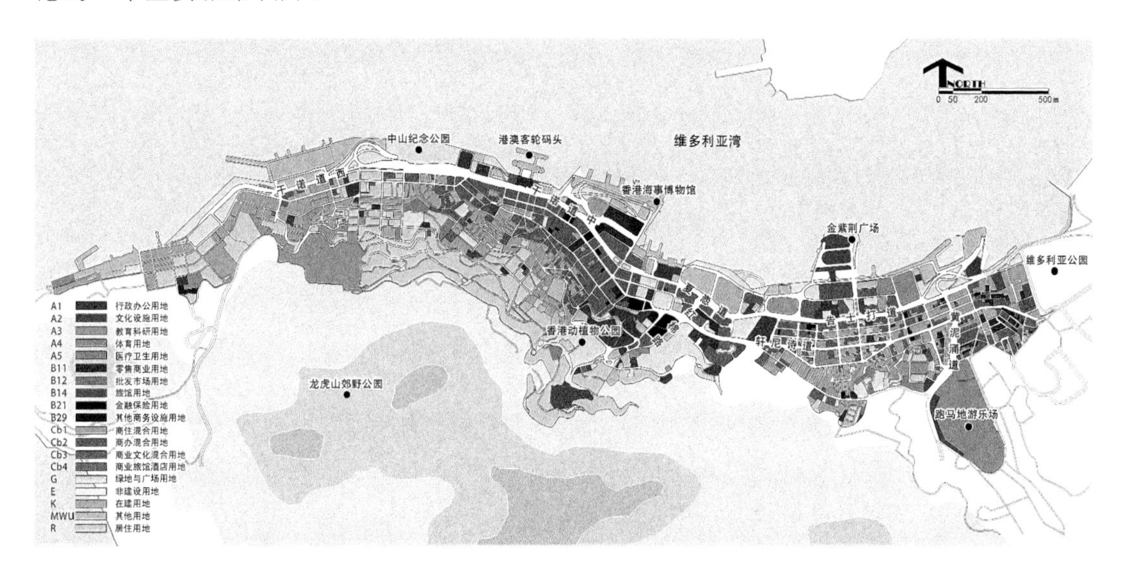

图3.42 港岛中心区用地图

目前港岛中心区已形成1个硬核连绵区及1个硬核，分别为中环硬核连绵区及铜锣湾硬核。硬核总用地面积184.26公顷，总建筑面积1 387.41万平方米，容积率高达7.53，这与香港港岛中心区用地条件有限有关，只能向空中寻求发展，形成了高密度、高强度的开发方式。其中，中环硬核连绵区是中心区主要的增长极，占到了硬核总用地面积及总建筑面积的90.85%及90.88%（表3.10）。

表3.10 港岛中心区硬核基本情况统计

硬核名称	总用地面积（ha）	所占比重	总建筑面积（万 m^2）	所占比重	容积率
中环硬核连绵区	167.40	90.85%	1 260.84	90.88%	7.53
铜锣湾硬核	16.86	9.15%	126.57	9.16%	7.51
硬核总计	184.26	100%	1 387.41	100%	7.53

表3.10中也可看出港岛中心区硬核建设力度基本相当，均呈现出较高的建设强度。在具体布局中，2个硬核基本沿维多利亚湾线型展开，与中心区整体形态相一致。硬核基本集

中于中心区的中部及东部，由地铁港岛线相连，2 个硬核间距离已不到 200 米，呈连绵发展趋势。中环硬核连绵区还与港澳客轮码头、中环码头及湾仔渡轮码头相连，并与地铁东涌线、机场快线及荃湾线相连(图 3.43)。

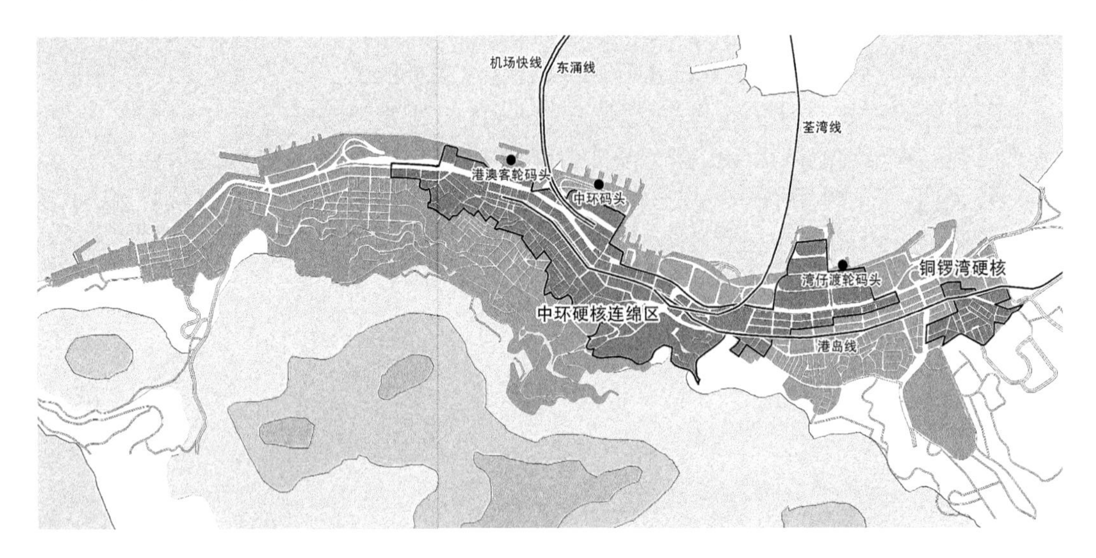

图 3.43 港岛中心区硬核分布

港岛中心区主要以商业、商务、行政、文化职能为主(表 3.11)。中心区内商业极度发达，使大量的住宅及办公楼形成了底层商业化的格局，产生了大量的商业混合用地。商住混合用地及商办混合用地 138.82 公顷，占中心区总用地面积的 22.74%，2 类混合用地总建筑面积 192.20 万平方米，占到了中心区总建筑面积的 61.78%。而独立的零售商业用地仅占 1.70%，独立的其他商务设施用地则仅占 0.39%。此外，行政办公用地及文化设施用地也较多，分别占中心区总用地面积的 3.45%及 1.82%。

表 3.11 港岛中心区主要公共设施用地统计

用地名称	用地代码	总用地面积(hm^2)	所占比重
行政办公用地	A1	21.04	3.45%
零售商业用地	B11	10.37	1.70%
金融保险用地	B21	4.56	0.75%
其他商务设施用地	B29	2.37	0.39%
文化设施用地	A2	11.10	1.82%
商住混合用地	Cb1	75.04	12.29%
商办混合用地	Cb2	63.79	10.45%
主要公共设计用地总计		188.27	30.84%
中心区总计		610.41	100%
商业类用地	B11、Cb1、Cb2	149.19	24.44%
商务金融类用地	B29、Cb2	70.71	11.58%
混合类用地	Cb1、Cb2	138.82	22.74%

在具体分布中，由于行政办公、文化设施、金融保险及其他商务设施用地数量较少，分布较为零散，难以形成明显的分布规律，而混合用地数量较大，形成了明显的分布集聚区。其中，商办混合用地主要集中于中环硬核连绵区的西侧中环地区，其余商办混合用地也基本都位于硬核范围之内；而商住混合用地则主要集聚于中环南侧地区及两个硬核之间的区域，基本分布于硬核外围区域，为中心区提供生活服务，并保证硬核间商业的连续性(图 3.44(a))。此外，与中心区相对局促的用地相反的是，中心区内公园绿地也较多，占到了中心区总用地面积的 10.25%，主要集中在中心区及硬核的边缘地区，硬核内分布较少(图 3.44(b))。

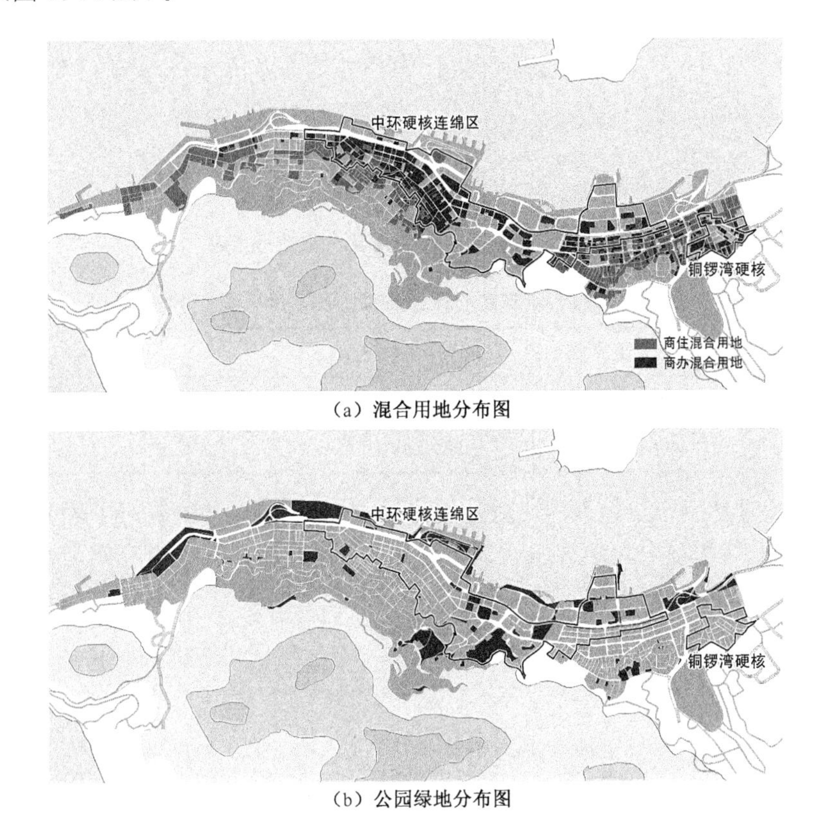

(a) 混合用地分布图

(b) 公园绿地分布图

图 3.44 港岛中心区主要用地分布

港岛中心区的整体用地较为局促，呈线型展开，中心区最宽的地段为 1.8 公里，最窄的地段不足 500 米，因此仅以一条轨道交通线路为主，横贯中心区，成为中心区发展的轴线。而由于香港特殊的地形条件，港岛中心区内的港岛线与通往大屿山及香港国际机场的机场快线和东涌线相连，并与通向九龙的荃湾线相连，均可形成站内换乘。同时还设有多个轮渡和客轮码头，与大屿山地区、九龙、新界，甚至澳门等地直接联系(图 3.45)。

同样由于中心区用地局促，港岛中心区采用了支路网为主的交通模式(表 3.12)。主干路仅占到道路总长度的 13.37%，次干路最多，比重达到了 64.19%，而支路网络则占到了道路总长度的 14.44%，由此形成的道路系统密度也较大，达到了 21.89 km/km^2。

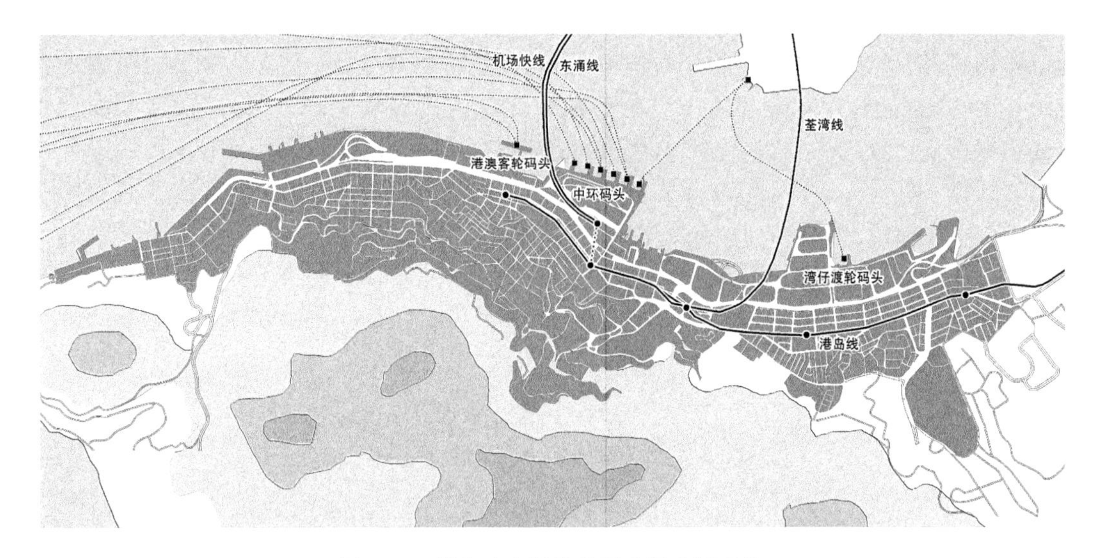

图 3.45 港岛中心区轨道及水运交通系统

表 3.12 港岛中心区道路系统基本情况统计

快速路		主干路		次干路		支路		总计
长度(m)	比重	长度(m)	比重	长度(m)	比重	长度(m)	比重	长度(m)
10 695	8.00%	17 871	13.37%	85 792	64.19%	19 294	14.44%	133 652

中心区内快速路由干诺道及告士打道相连组成(4 号干线),沿维多利亚湾展开,横贯中心区,并通过两个隧道与九龙地区主干道相连;皇后大道及轩尼诗道等横向次干路较为发达,作为加强中心区横向联系的辅助性道路,间隔布置于中心区内部;支路网络位于主次干路之间,多以单向交通组织方式为主(图 3.46)。

图 3.46 港岛中心区道路交通系统

在此基础上形成的中心区街区尺度较小,平均街区面积仅为 0.91 公顷。而用地局促导致的高密度、高强度开发模式，使得中心区建筑密度及高度均较高，建筑密度达到了30.96%，整个中心区平均建筑层数高达16.46。整体上看，中心区内基本均处于高密度、高强度的开发状态，靠近维多利亚湾沿岸地区建筑高度更高，标志性建筑如香港会议展览中心、国际金融中心等均沿岸布置(图3.47)。由此形成的天际轮廓线与南侧山体相映成趣，形成了享誉世界的景观岸线，也成为香港的标志及名片(图3.48)。

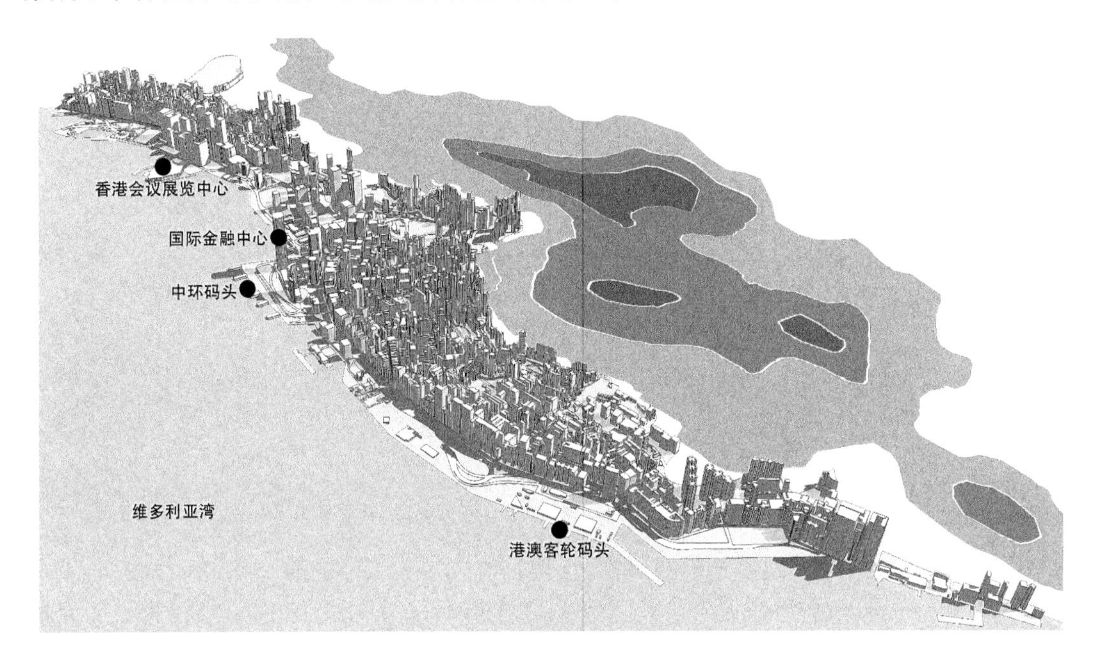

图3.47　港岛中心区空间形态模型

图3.48　港岛中心区建筑群与山体关系

*资料来源：杨俊宴.城市中心区规划理论与方法[M].南京：东南大学出版社，2013.

3.3.4　中国上海人民广场中心区

1）上海城市概况

上海，简称“沪”或“申”，位于我国东部沿海地区，长江入海口处，东向东海，隔海与日本九州岛相望，南濒杭州湾，西与江苏、浙江两省相接，共同构成以上海为龙头的中国最大经济区“长三角经济圈”(图3.49)。上海是我国四大直辖市之一，中国的国家中心城市，中国的经济、交通、科技、工业、金融、贸易、会展和航运中心，GDP总量居中国城市之首，拥有我国大陆首个自贸区“中国(上海)自由贸易试验区”。上海拥有深厚的近代城市文化底蕴和众多历史古迹，江南的吴越传统文化与各地移民带入的多样文化相融合，形成了特有的海派文化。

图 3.49 上海区位图

* 资料来源：作者根据中国地图出版社网站下载中国地图绘制，网址：http://www.sinomaps.com/

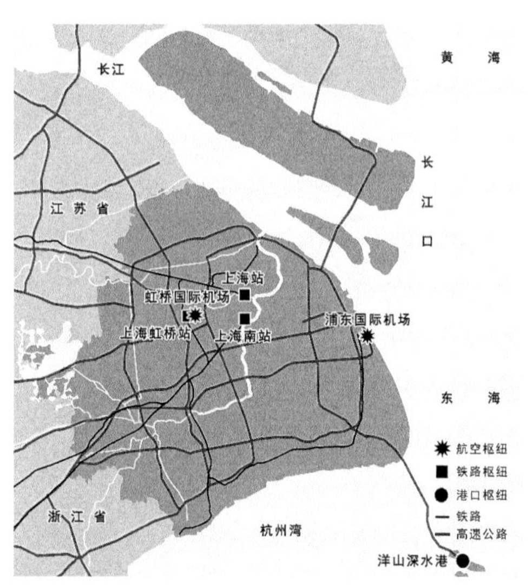

图 3.50 上海是重要交通设施图

* 资料来源：作者根据中国地图出版社网站下载中国地图绘制，网址：http://www.sinomaps.com/

作为中国的经济中心及交通枢纽城市，上海拥有众多高等级交通设施(图 3.50)。上海拥有 2 座国际机场，分别为浦东国际机场及虹桥国际机场，2 座国际机场年运送旅客大概 7 870 万人次(2012 年数据，略低于东京和北京，列亚洲第三，中国第二)，年货物吞吐量 336 万吨(2012 年数据，列亚洲第一)。上海拥有 3 个高等级火车站，上海站、上海南站及上海虹桥站，其中上海虹桥站以高速铁路为主，并与虹桥国际机场形成空铁联运枢纽。上海还拥有水深条件良好的海港。因发展需要，上海于 2005 年在东海的岛屿上建成洋山深水港，通过 32 公里长的跨海大桥与大陆相连，年吞吐量 58 170 万吨，最大靠泊能力 15 万吨级。至 2010 年，已成为世界最大的集装箱港。此外，作为长三角地区龙头城市的上海，高速公路网络较为发达，并与城市绕城高速公路及骨架型快速路相连，与江苏、浙江等地区联系密切。

目前上海市公共中心体系呈现出 2 主、4 副、4 点的格局(图 3.51)。2 个综合主中心分别为人民广场中心区(以商业、商务职能为主)及陆家嘴中心区(以商业、商务、金融职能为主)；4 个专业副中心分别为五角场中心区、上海火车站中心区、徐家汇中心区及虹桥中心区，且 4 个专业副中心均以商业职能为主；此外还有彭浦、曹家波、中山公园及打浦桥等 4 个片区级中心。

上海市目前有 14 条地铁线路，332 座车站，运营里程 538 公里，是世界上规模最大的城市地铁系统，单日最高客流达到 938.1 万人次。在 2 个综合主中心区域密集分布，整体上形成了“环＋放射”的格局(图 3.52)。地铁环状线环绕在人民广场中心区外围，串联起了黄浦江两岸，连接了陆家嘴中心区、徐家汇中心区、上海火车站中心区以及中山公园中心区。地铁环状线与其余所有线路均有交接，成为地铁系统的组织中枢，其余地铁线路则呈放射状，连接中心区及城市其余地区。上海市的轨道交通格局与日本大阪市轨道交通格局较为相似，只是上海市的轨道交通形式较为单一。

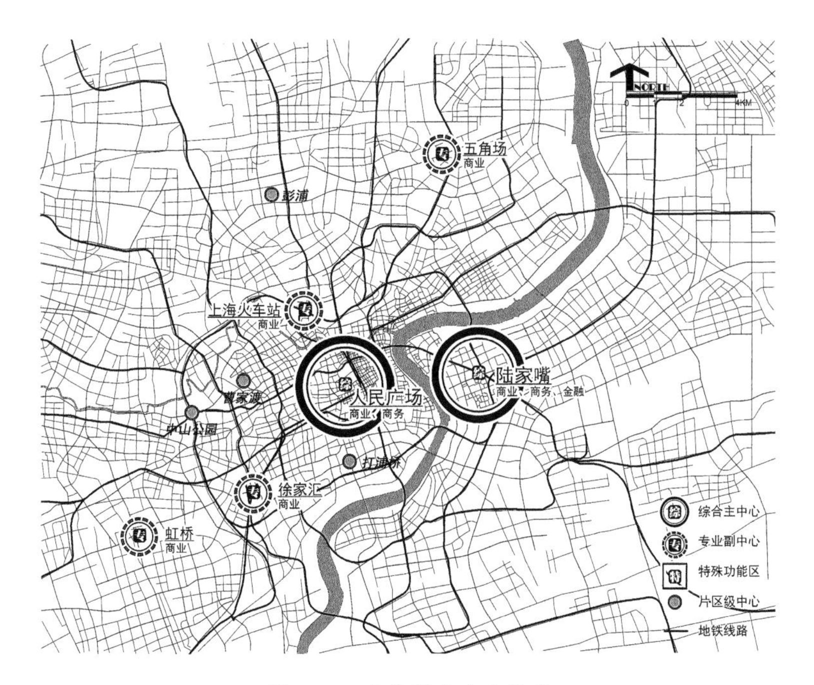

图 3.51　上海城市中心体系

图 3.52　上海市轨道交通系统

2）人民广场中心区基本情况

人民广场中心区是上海市的主中心，中心区位于上海市骨架型快速路南北高架路及延安高架路交汇处的人民广场、人民公园地区，向东直达黄浦江沿岸，吴淞江从基地北侧穿过（图 3.53）。中心区总用地面积 14.65 平方公里，总建筑面积 2 874 万平方米，容积率 1.96。

中心区内包括上海市人民政府等行政办公设施，也包括外滩等重要的商务、金融、旅游集聚地，还包括豫园等重要的历史文化资源，南京路商业街等重要的商贸集聚地，是典型的城市综合类中心区。

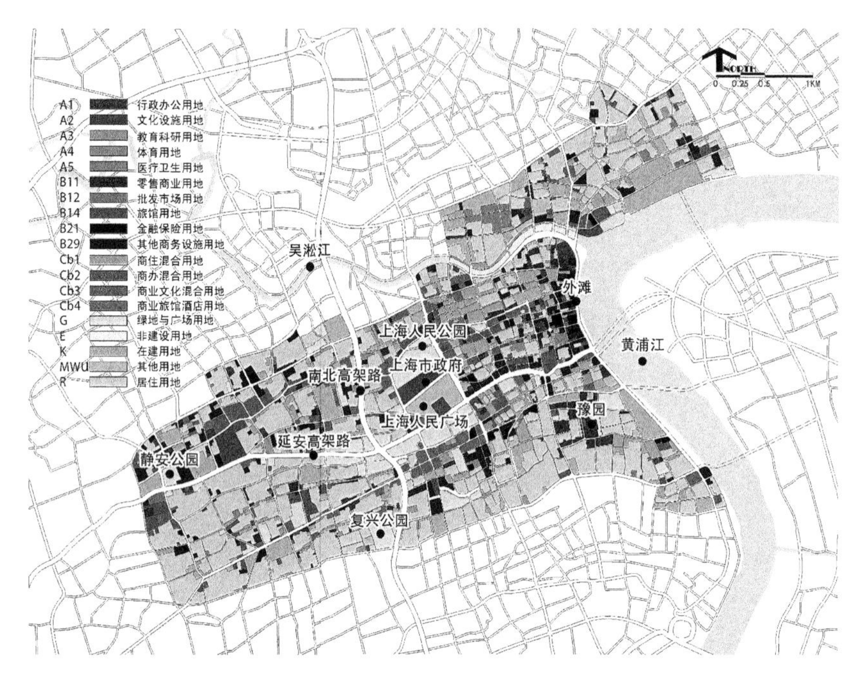

图 3.53 人民广场中心区用地图

上海人民广场中心区由于位于老城，更新力度难以得到保障，因此目前硬核的发展状态相对较为分散，形成的硬核连绵区也存在一些孔洞(图 3.54)。人民广场中心区现有 1 个

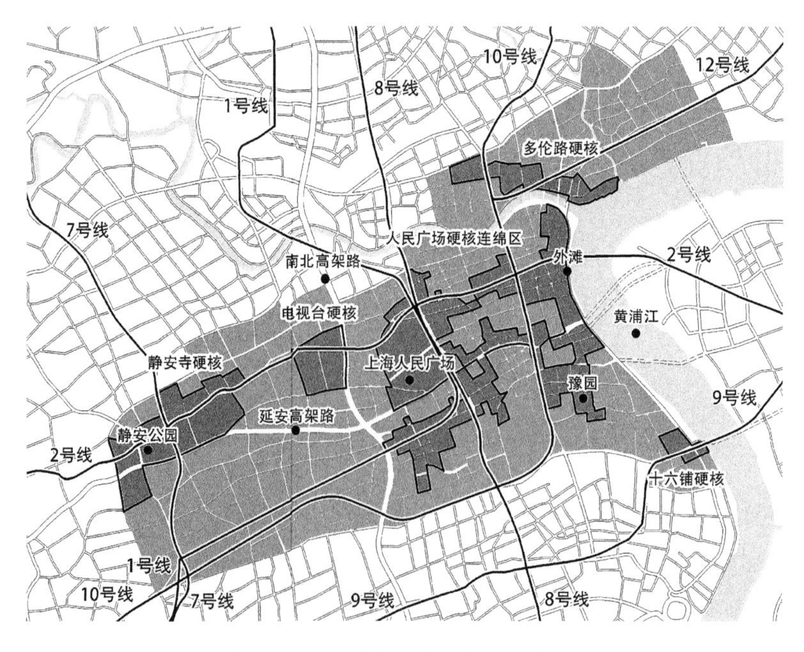

图 3.54 人民广场中心区硬核分布

硬核连绵区及4个硬核，分别为人民广场硬核连绵区、多伦路硬核、十六铺硬核、电视台硬核以及静安寺硬核。硬核总用地面积354.52公顷，总建筑面积948.12万平方米，容积率2.68，分别占到中心区总用地面积的24.20%及总建筑面积的33.10%。详细情况如表3.13所示。

表3.13 人民广场中心区硬核基本情况统计

硬核名称	总用地面积 (hm^2)	所占比重	总建筑面积 (万 m^2)	所占比重	容积率
人民广场硬核连绵区	212.62	59.97%	621.52	65.55%	2.92
静安寺硬核	76.29	21.52%	189.33	19.97%	2.48
电视台硬核	25.53	7.20%	48.06	5.07%	1.88
十六铺硬核	8.18	2.31%	14.34	1.51%	1.75
多伦路硬核	31.90	9.00%	74.87	7.90%	2.35
硬核总计	354.52	100%	948.12	100%	2.68

在具体的分布中，硬核呈现出环绕硬核连绵区的布局，并表现出沿黄浦江及地铁2号线展开的"T"型格局(图3.54)。人民广场硬核连绵区被地铁2号线及延安高架路横向串联，被地铁1号线、8号线及10号线纵向串联，连接了人民广场地区、淮海路地区、豫园地区及外滩地区。但受老城区城市更新速度制约，硬核连绵区中间还存在一定的孔洞区，多为老旧住宅用地。此外，静安寺硬核位于7号线与2号线交汇处，通过2号线与电视台硬核及人民广场硬核连绵区相连；多伦路硬核位于10号线与12号线交汇处，十六铺硬核有9号线穿过，与人民广场硬核连绵区构成沿黄浦江展开的格局。图3.54中也可看出硬核间彼此距离较近，随着进一步更新，将极易形成完全连绵格局。

人民广场中心区是以商业、商务为主要职能，并包括行政及金融等职能的综合中心区，相应的中心区主要用地类型为其他商务设施用地、零售商业用地、金融保险用地、行政办公用地及部分商业混合用地(表3.14)。其中，商业类职能包括零售商业用地、商住混合用地及商办混合用地，总用地面积208.54公顷，占中心区总用地面积的14.23%；而商务类职能则包括其他商务设施用地及商办混合用地，总用地面积144.58公顷，占中心区总用地面积的9.87%。

表3.14 人民广场中心区主要公共设施用地统计

用地名称	用地代码	总用地面积(hm^2)	所占比重
行政办公用地	A1	16.71	1.14%
零售商业用地	B11	50.03	3.41%
金融保险用地	B21	18.44	1.26%
其他商务设施用地	B29	76.36	5.21%
商住混合用地	Cb1	90.29	6.16%
商办混合用地	Cb2	68.22	4.66%
主要公共设施用地总计		320.05	21.84%
中心区总计		1 465.17	100%

在具体的分布中，商务用地分布较为均质，没有形成有效的集聚区。而商业类用地的分布则具有明显的规律性，依托传统商业中心、重要商业街道发展，在豫园、淮海路、南京西路、南京东路至北京东路之间等地区集聚(图 3.55(a))。而行政办公用地及金融保险用地的分布则体现了较为类似的规律，即均以人民广场硬核连绵区作为主要的集聚区，重点在外滩地区集聚，人民广场周边也有少量集聚(图 3.55(b))。

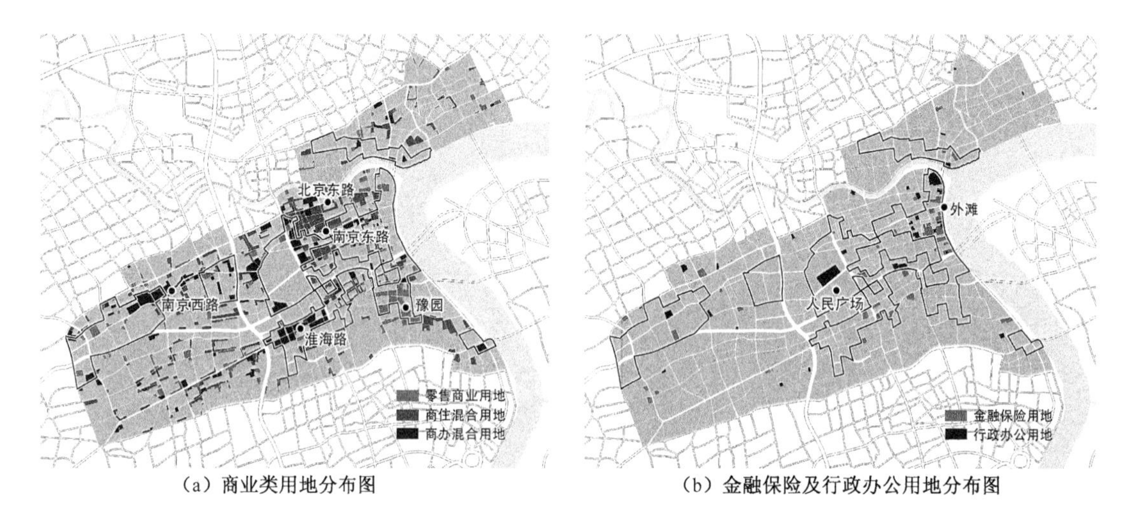

(a) 商业类用地分布图　　(b) 金融保险及行政办公用地分布图

图 3.55　人民广场中心区主要用地分布

作为上海市历史悠久的主中心，14 条轨道交通线路有 7 条直接穿过人民广场中心区，外围还有环状线所环绕，可以通过换乘便捷地到达城市其余地区(图 3.56)。7 条线路共在中心区内设有 21 个站点，轨道线路则形成了 4 横 3 纵的格局：4 横分别为 12 号线、2 号线、1 号线及 10 号线，3 纵分别为 1 号线、8 号线及 10 号线，其中 7 号线及 9 号线虽然穿过中心区，但未在中心区内设有站点。轨道线路的走向及站点的设置与中心区硬核的分布具有较为密切的关系。

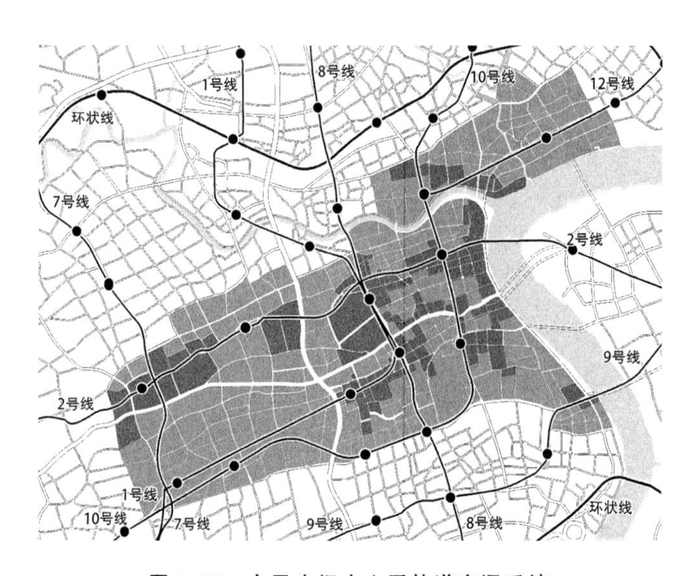

图 3.56　人民广场中心区轨道交通系统

由于人民广场中心区内老旧住区及历史遗存较多，因此道路网路发展受到较大限制，中心区整体道路密度不高，道路用地仅占中心区总用地面积的 17.55%。硬核内及中心区其余地区道路所占比重大致相当，分别为 19.15%及 17.04%。由此，中心区内平均街区尺度略大，为 2.57 公顷，建筑密度较高，达到了 36.35%，但整体建筑高度不高，平均建筑层数仅为 5.40。高层建筑主要集中在南京西路、南京东路、淮海路沿线及人民广场周边，图 3.57 中也可明显看出中心区内残存的大量底层高密度的老旧住区。

图 3.57 人民广场中心区空间形态模型

4 极核结构中心区的空间形态解析

在极核结构现象中心区界定及遴选的基础上，进一步进行深入的量化分析，分别对其空间形态、功能结构、交通输配系统等进行详细解析。本章将首先从空间形态方面展开研究，利用GIS技术平台对大量数据的处理及空间形态的分析功能，对规模尺度较大的极核结构现象中心区进行量化分析及研究。研究从空间形态最基本的高度、密度及强度三个方面展开，并探索其与硬核、轨道交通等要素的相关性，进而揭示极核结构现象中心区空间形态的深层次规律。

4.1 建筑高度形态解析

中心区往往是城市中高层建筑的密集区域，且往往拥有城市中最高的标志性建筑，空间形态特征明显。在极核结构中心区内，高层建筑集聚的力度更大，那么，不同高度形态的建筑分布是否具有一定的规律性？形成的中心区整体高度形态又有哪些特征？本节从中心区建筑的高度分布及其空间形态变化规律、街区的高度形态等多个方面进行分析，研究极核结构中心区的高度形态规律。

4.1.1 建筑高度分布特征

在参考相关国家标准的基础上，本书将建筑按其使用性质及层数划分为5个级别：低层建筑(1～3层住宅及9米以下公建)、多层建筑(4～6层住宅及18米以下公建)、中高层建筑(7～9层住宅及24米以下公建)、高层建筑(10～32层住宅及100米以下公建)及超高层建筑(33层以上住宅及100米以上公建)[①]。在高度等级划分的基础上，为了更为清晰地表达不同高度建筑的空间分布情况，本书借助GIS技术平台的核密度分析工具(Kernel Density)[②]，对不同高度建筑的分布密度进行分析。

1) 成熟型极核结构中心区以低层及多层建筑为主，整体呈圈层式分布

目前亚洲的城市中心区中，仅东京的都心中心区及大阪的御堂筋中心区为成熟型极核

---

① 按相关规范规定：住宅建筑按层数分类，1～3层为低层住宅，4～6层为多层住宅，7～9层为中高层住宅，10层及10层以上为高层住宅；除住宅建筑之外的民用建筑，高度不大于24米者为单层和多层建筑，大于24米者为高层建筑；建筑高度大于100米的民用建筑为超高层建筑。资料来源：中华人民共和国建设部.民用建筑设计通则(GB 50352—2005)[S].北京：中国建筑工业出版社，2005.

② 是在概率论中用来估计未知的密度函数，属于非参数检验方法之一，由Rosenblatt(1955)和Emanuel Parzen(1962)提出，又名Parzen窗(Parzen window)，后Ruppert和Cline基于数据集密度函数聚类算法提出修订的核密度估计方法。这一算法用来分析数据集分布的核心区域及对周边的影响。

结构，其建筑高度的分布特征相类似，呈现出明显的圈层式格局。

东京都心中心区内数量最多的为多层建筑，占到了近一半的比重，其次为低层建筑，比重达到了 36.85%，低层及多层建筑共占到了中心区总建筑量的 84.49%；相应的高层建筑数量较少，高层及超高层建筑的比重尚不足 5%(表 4.1)。

表 4.1　都心中心区不同高度建筑统计

建筑高度	建筑个数	所占比重	中心区整体建筑形态
低层建筑	45 490	36.85%	
多层建筑	58 802	47.64%	
中高层建筑	13 013	10.54%	
高层建筑	5 779	4.68%	
超高层建筑	354	0.29%	
总计	123 438	100.00%	

* 资料来源：作者及所在导师工作室共同调研、计算，作者整理绘制(下同)

在具体布局中，低层建筑主要集中在中心区边缘的江东区、墨田区、台东区、荒川区及港区集中的居住片区内，且基本分布于硬核以外(图 4.1(a))；多层建筑的分布与低层建筑类似，以墨田区、台东区、荒川区及港区为主要的集中区，且也大都分布于硬核边缘及外围地区(图 4.1(b))；从中高层建筑开始，建筑的分布出现明显的变化，即向中心集中，主要集中分布在中央区及千代田区内的硬核连绵区内，主要轨道交通轴线山手线的作用开始体现(图 4.1(c))；高层建筑的分布规律与其类似，只是分布的更为集中。图中可以看出明显的两个高密度分布区域，分别位于银座及日本桥地区。而就中心区整体来看，高层建筑主要集中于中部的硬核连绵区，在中心区中部地区形成了一条较为明显的沿山手线分布的带状，外围地区分布密度较低(图 4.1(d))；都心中心区内，最高的建筑为 53 层，而从整体来看，超高层建筑多分布于中心区的南部，于东京站附近有较为集中的分布，并基本形成了以东江站地区为核心，沿山手线及有乐町线分布的十字轴格局。在此基础上，将轨道交通站点与之进行叠合分析，可以看出超高层建筑的分布与轨道交通站点关系较为密切，基本都分布于站点周边地区(图 4.1(e))。

整体来看，建筑高度基本上形成了圈层加轴线的分布特征，高度由中心的硬核连绵区向外围地区逐渐降低，硬核连绵区内以高层及中高层为主，外围地区则以低层及多层为主，超高层建筑沿一定的轨道交通轴线分布，并在硬核连绵区核心位置有较为集中的簇群。

大阪御堂筋中心区内总建筑数量约为都心中心区的 1/3 左右，但各高度等级建筑所占比重大致相当，以多层及低层建筑为主，两者共占到了建筑总量的 80.91%，高层建筑及超高层建筑比重略高于都心中心区，达到了 7.74%(表 4.2)。两座日本的城市均以多层及低层为主的高度格局，应与日本国家整体的多地震灾害及传统生活习惯等要素相关。

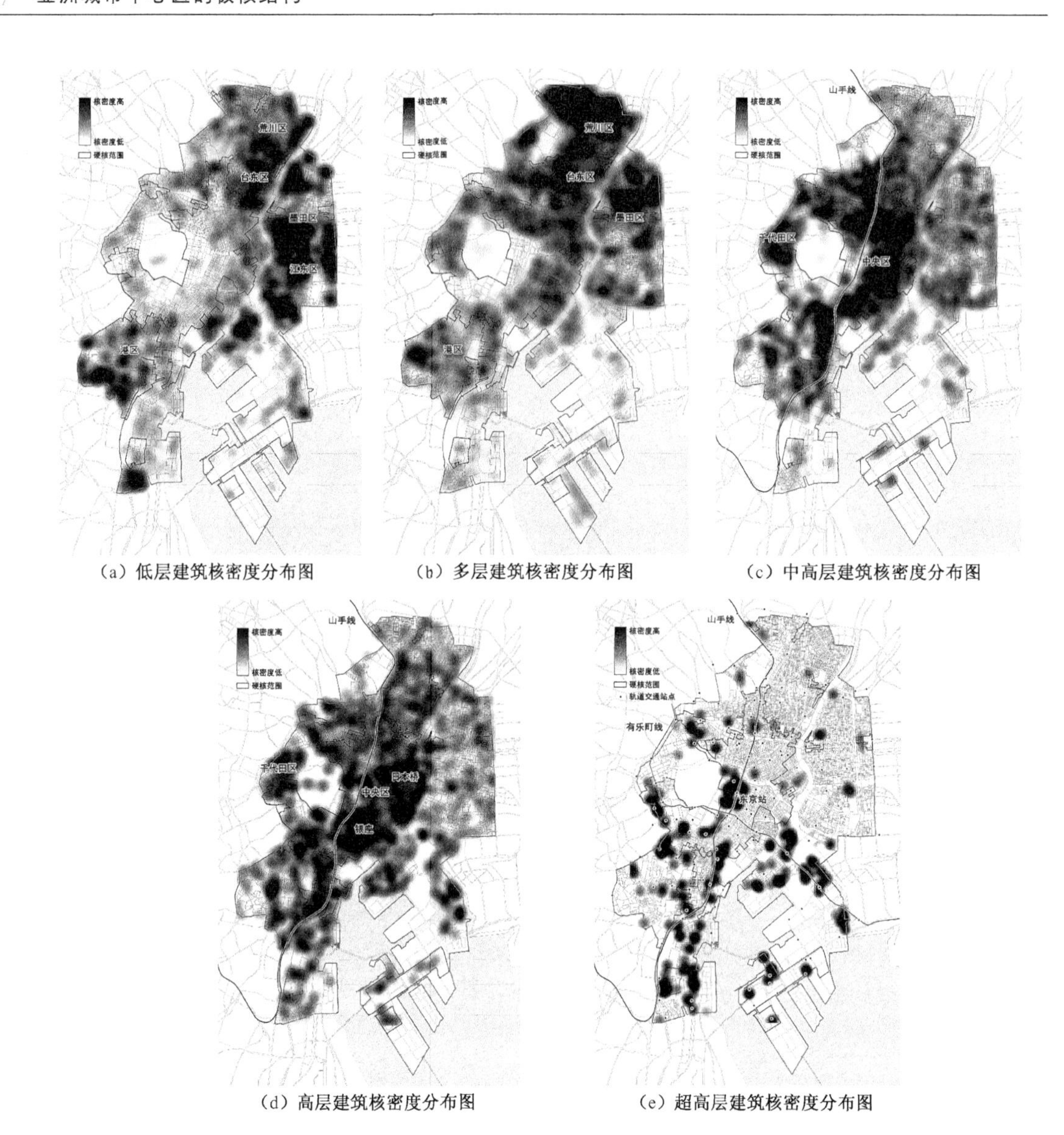

(a) 低层建筑核密度分布图　(b) 多层建筑核密度分布图　(c) 中高层建筑核密度分布图

(d) 高层建筑核密度分布图　(e) 超高层建筑核密度分布图

图 4.1　都心中心区建筑高度分布

* 资料来源：作者及所在导师工作室共同调研、计算，作者整理绘制(下同)

表 4.2　御堂筋中心区不同高度建筑统计

建筑高度	建筑个数	所占比重	中心区整体建筑形态
低层建筑	16 528	39.98%	
多层建筑	16 921	40.93%	
中高层建筑	4 692	11.35%	
高层建筑	3 073	7.43%	
超高层建筑	127	0.31%	
总计	41 341	100.00%	

在具体分布中，低层建筑主要集中分布于中心区的四角，天王寺区、浪速区、福岛区及北区的边缘位置及淀川河川南岸地区，且主要集中分布在硬核外围(图 4.2(a))；多层建筑的分布较为均衡，主要集中于中心区东侧的天王寺区及北区，大阪城公园南侧、堂岛川北侧沿岸等地区(图 4.2(b))；中高层建筑则主要集中于中央区的硬核连绵区范围内的中心位置及堂岛川沿岸，大阪城公园西侧地区也有较为集中的分布，整体分布呈现出片状分布特征(图 4.2(c))；高层建筑集聚区则主要集中于中心区中部硬核连绵区范围内，整体分布呈面状，但集中连绵区较少，呈多簇团状分布，重点集中于硬核连绵区边缘地区(图 4.2(d))；御堂筋中心区内最高建筑为 55 层，而超高层建筑基本均集中于硬核连绵区内，偏重于堂岛川北侧地区，在大阪站周边，特别是大阪站至堂岛川之间有较为集中的分布区，大阪城公园北侧也有一处相对集中的分布区域(图 4.2(e))。

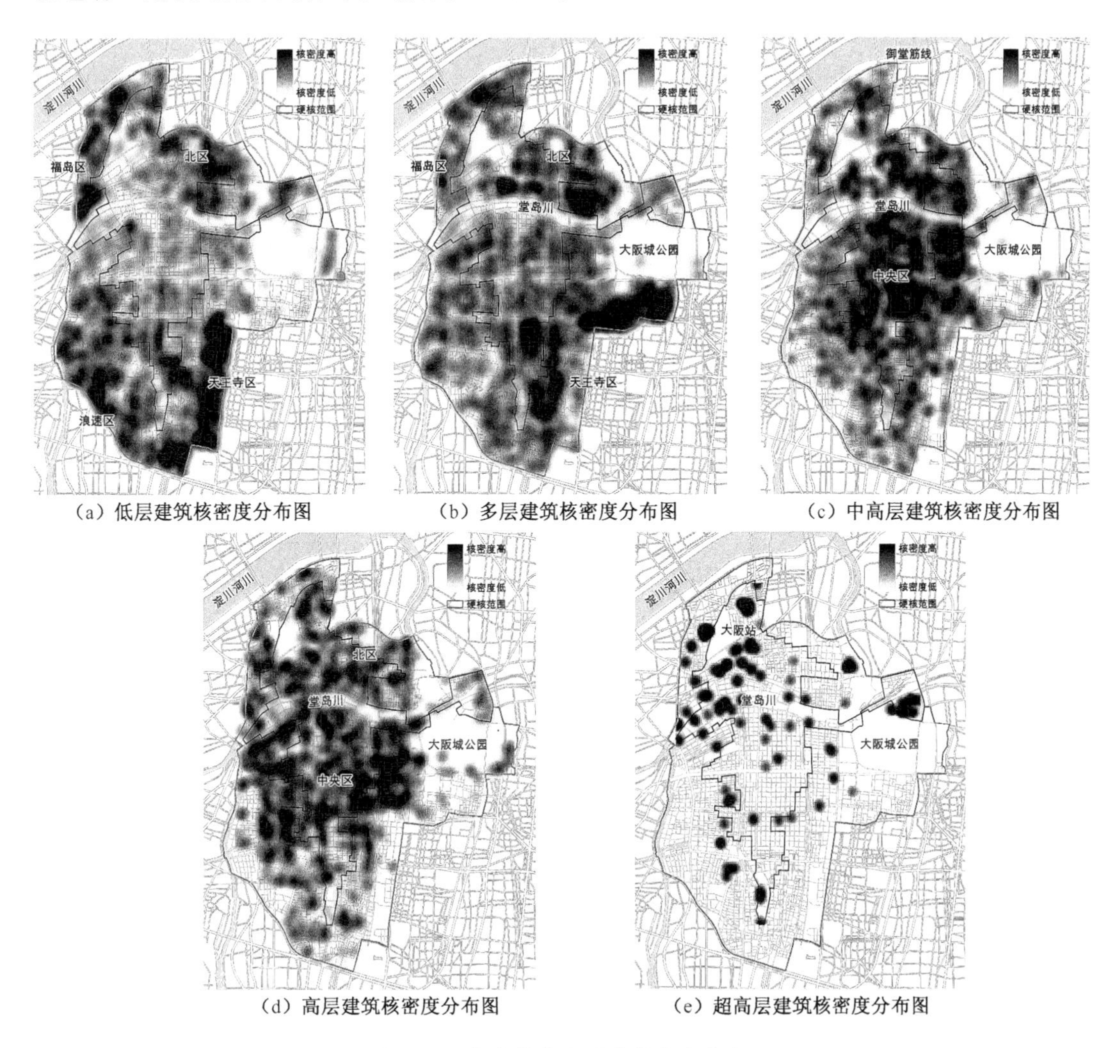

(a) 低层建筑核密度分布图　(b) 多层建筑核密度分布图　(c) 中高层建筑核密度分布图

(d) 高层建筑核密度分布图　(e) 超高层建筑核密度分布图

图 4.2　御堂筋中心区建筑高度分布

整体分布上与都心中心区类似，边缘地区以低层及多层为主，中高层、高层建筑则集中于中心的硬核连绵区内，圈层特征较为明显，但轴线分布不强，簇群状分区较为突出。而超高层建筑的分布则更多地倾向于交通枢纽位置，分布较为零散。

由于两个成熟型极核结构中心区都是日本城市，历史文化及自然地理环境相似度较高，加之中心区发展阶段的相似性，使得中心区建筑高度的空间分布特征也具有高度的相似性。就这两个案例而言，其建筑高度的分布呈现出“双圈层、多簇群”的格局(图 4.3)。低层及多层建筑主要分布于硬核连绵区外围地区，中高层及高层建筑则主要分布于位于中心区中心位置的硬核连绵区内，形成“双圈层”格局；而超高层建筑的分布随机性更大，但与轨道交通站点、轨道交通枢纽等关系较为密切，会在局部地区形成簇群式集聚，形成“多簇群”格局。虽然也会有个别超高层建筑分布于边缘地区，但超高层建筑簇群主要还是集中于硬核连绵区内。在此基础上，成熟型极核结构中心区整体上形成较为明显的圈层式高度分布规律。

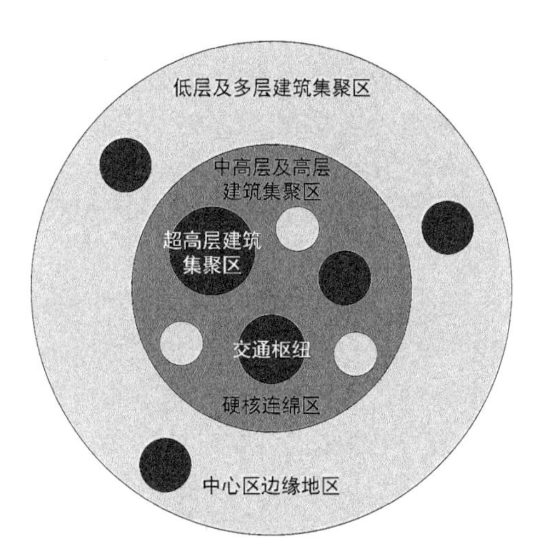

图 4.3 成熟型极核结构中心区高度分布模式

* 资料来源：作者绘制

2) 发展型极核结构中心区低层及多层建筑比重也较高，整体呈多核心状分布

新加坡海湾—乌节中心区与成熟型极核结构中心区相比建筑数量相差较大，总建筑数量尚不足御堂筋中心区的 1/10，其中，所占比重最多的仍然是低层及多层建筑，共占到了中心区总建筑数量的 66.61%，但与成熟型极核结构中心区相比，总体比重有所下降，相应的高层及超高层建筑的比重则有所上升，比重达到了 26.40%(表 4.3)。

表 4.3 海湾—乌节中心区不同高度建筑统计

建筑高度	建筑个数	所占比重	中心区整体建筑形态
低层建筑	1 530	44.74%	
多层建筑	748	21.87%	
中高层建筑	239	6.99%	
高层建筑	644	18.83%	
超高层建筑	259	7.57%	
总计	3 420	100.00%	

在具体布局中，低层建筑多集中分布于硬核边缘地区及中心区边缘地区，海湾硬核连绵区及小印度硬核内也有少量的集中分布区(图 4.4(a))；多层建筑的分布则显得较为均质，但海湾及乌节两个硬核连绵区内各有一个相对集中的分布区(图 4.4(b))；中高层建筑的分布整体看相对均衡，在海湾及乌节硬核连绵区之间有较为集中的分布区(图 4.4(c))；高层建筑的分布呈现出一种中空的态势，即中心区的“滨海湾-福康宁公园-总统府”地区多为水面及绿地，形成了一个开放廊道，从中心区中部穿过，而高层建筑则主要集中于廊道两侧(图 4.4(d))；海湾-乌节中心区最高的建筑达到了 73 层，超高层建筑基本上分布于滨海湾沿线及乌节硬核连绵区及周边，且基本上均分布于轨道交通站点周边地区(图 4.4(e))。

整体来看，由于受到地形及自然条件的影响，海湾-乌节中心区不同高度建筑均呈现出

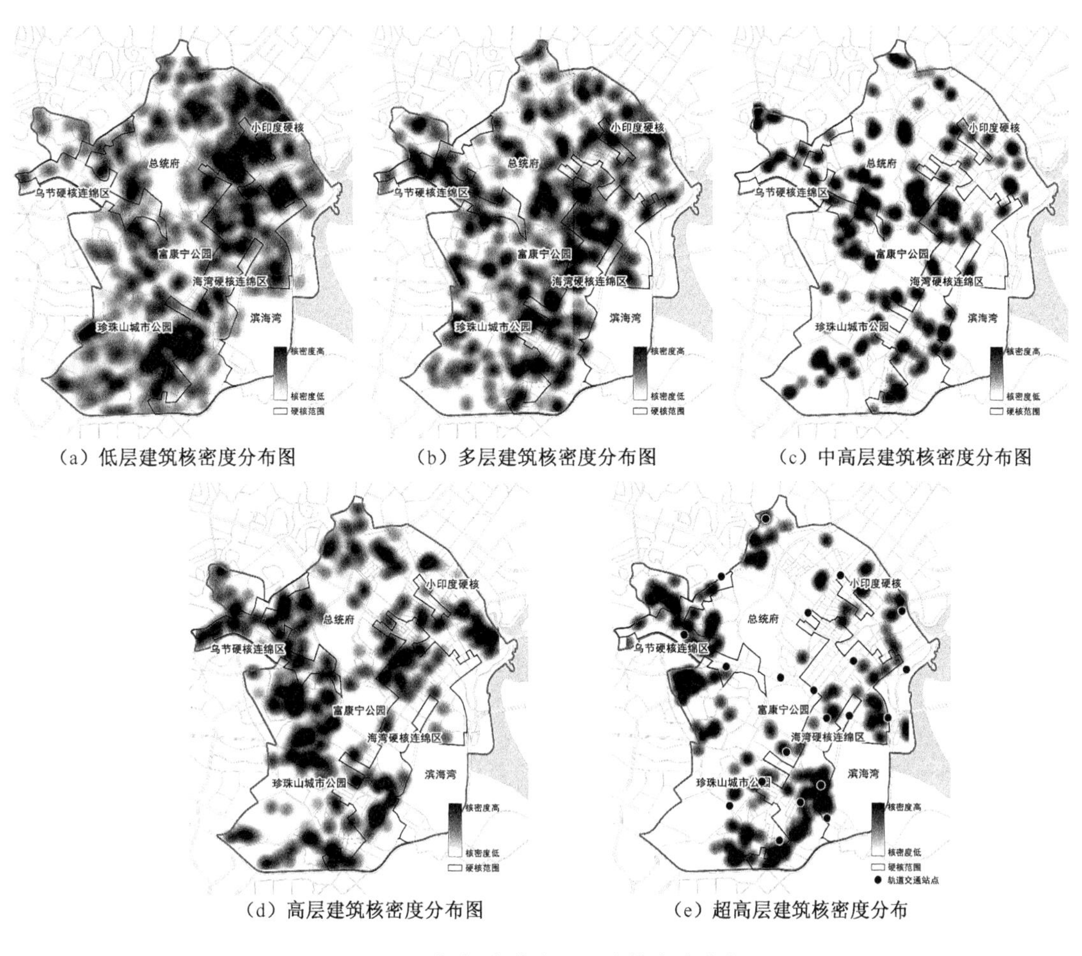

(a) 低层建筑核密度分布图　(b) 多层建筑核密度分布图　(c) 中高层建筑核密度分布图

(d) 高层建筑核密度分布图　(e) 超高层建筑核密度分布

图 4.4　海湾-乌节中心区建筑高度分布

多节点集聚的特征，并以 2 个节点的集聚为主，且硬核对于低层及多层建筑的排斥作用及对高层建筑的吸引作用并不明显。

首尔的江北中心区内低层建筑占据了主导地位，总量为 19 148 栋，占到了总建筑数量的 72.10%，其次为多层建筑，两者之和的比重达到了 95.26%。相对的，其高层及超高层建筑数量极少，超高层建筑仅有 47 栋，比重也仅为 0.18%(表 4.4)。

表 4.4　江北中心区不同高度建筑统计

建筑高度	建筑个数	所占比重	中心区整体建筑形态
低层建筑	19 148	72.10%	
多层建筑	6 151	23.16%	
中高层建筑	303	1.14%	
高层建筑	908	3.42%	
超高层建筑	47	0.18%	
总计	26 557	100.00%	

虽然低层建筑的比重较大，但在具体分布中仍主要集中于硬核外围地区，而由于江北中心区是偏向于线形的整体形态，因此低层建筑的集聚区就呈现出被硬核分隔的斑块状(图 4.5(a))；多层建筑也主要集中分布于硬核外围地区，但分布并不均匀，主要集中于东大门硬核连绵区南侧，而 2 个硬核连绵区中间也有一定的分布(图 4.5(b))；中高层建筑由于数量较少，且分布并不集中，呈现出散点状分布特征，主要集中于两个硬核连绵区内及周边较近范围内(图 4.5(c))；高层建筑分布呈现出两个明显的集中区，为世宗大道沿线及中心区东南角位置，分别以商务、酒店等公共建筑以及高层居住建筑为主(图 4.5(d))；江北中心区整体高度不高，最高建筑仅为 38 层。超高层建筑零星分布于南大门硬核连绵区中部及南部的南大门周边，东大门硬核连绵区内及边缘地区也有少量超高层建筑的分布(图 4.5(e))。

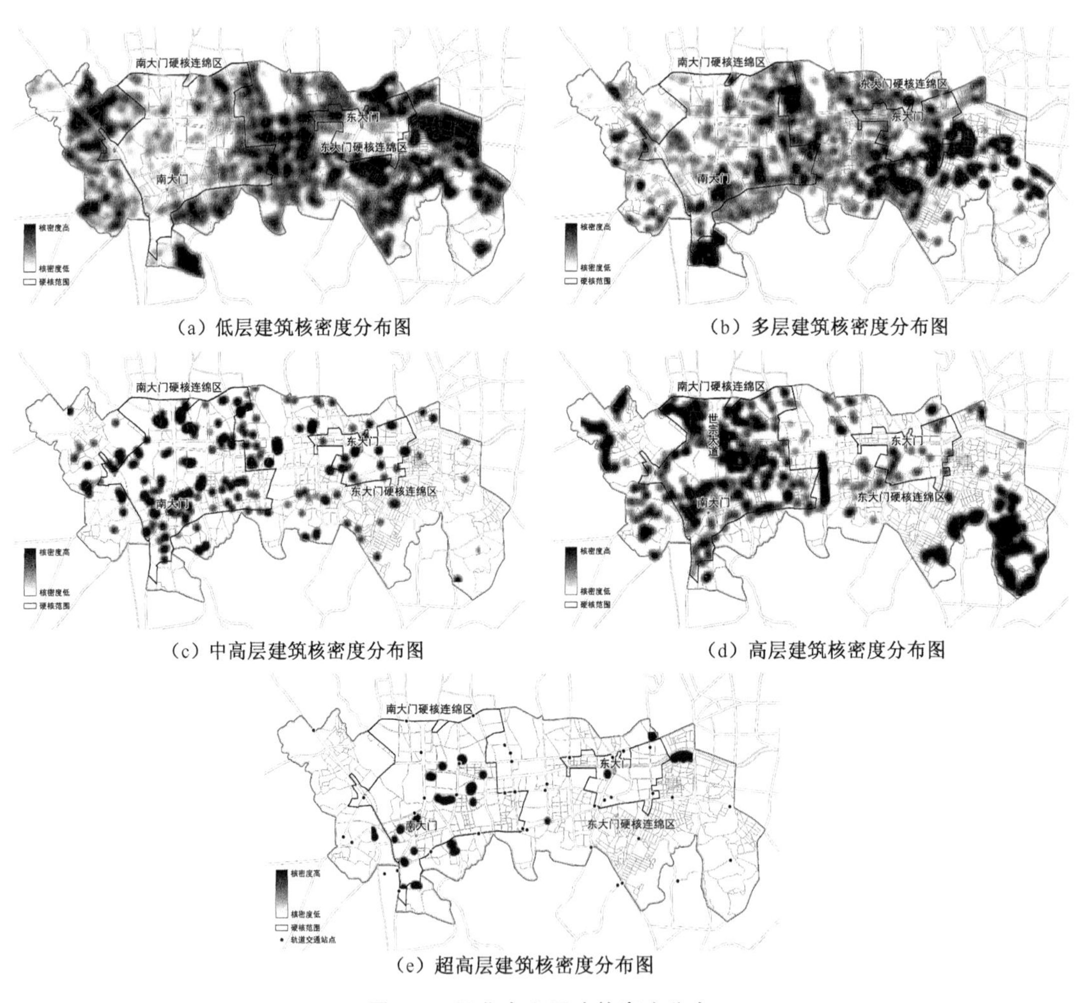

(a) 低层建筑核密度分布图

(b) 多层建筑核密度分布图

(c) 中高层建筑核密度分布图

(d) 高层建筑核密度分布图

(e) 超高层建筑核密度分布图

图 4.5 江北中心区建筑高度分布

整体来看，江北中心区的建筑高度分布特征较为清晰，硬核外围为低层及多层建筑集聚区，中高层、高层建筑以及超高层建筑主要集中于两个硬核连绵区内，并以主要的硬核连绵区——南大门硬核连绵区为核心集中区。

香港港岛中心区较为特殊，由于其用地条件较为局促，使得其整体建筑高度较高。低层及多层建筑极少，仅占到总建筑数量的 18.85%，而高层建筑及超高层建筑则是主体，高层建筑比重达到了 46.51%，接近总建筑数量的一半，超高层建筑比重也达到了 25.59%。

表 4.5　港岛中心区不同高度建筑统计

建筑高度	建筑个数	所占比重	中心区整体建筑形态
低层建筑	180	7.31%	
多层建筑	284	11.54%	
中高层建筑	223	9.06%	
高层建筑	1 145	46.51%	
超高层建筑	630	25.59%	
总计	2 462	100.00%	

具体分布中，低层建筑分布较为零散，多为历史、景观及宗教等建筑，因此受硬核影响较小，主要零散分布于中心区内(图 4.6(a))；多层建筑则主要分布于中环硬核连绵区外围及铜锣湾硬核内(图 4.6(b))；中高层建筑的分布体现了与其余中心区不同的特征，主要集中于硬核边缘地区及两个硬核之间的位置(图 4.6(c))；高层建筑是中心区内的主体建筑，其空间分布呈现出双心格局，集中于中环硬核连绵区西侧及两个硬核之间的位置(图 4.6(d))；港岛中心区整体高度较高，其最高建筑达到了 88 层。在此基础上，超高层建筑的分布基本呈现出在中心区内均质分布的特征，但其分布有两个相对的集中区域，且与高层建筑类似，集中于中环硬核连绵区中心、西侧及两个硬核之间的位置(图 4.6(e))。

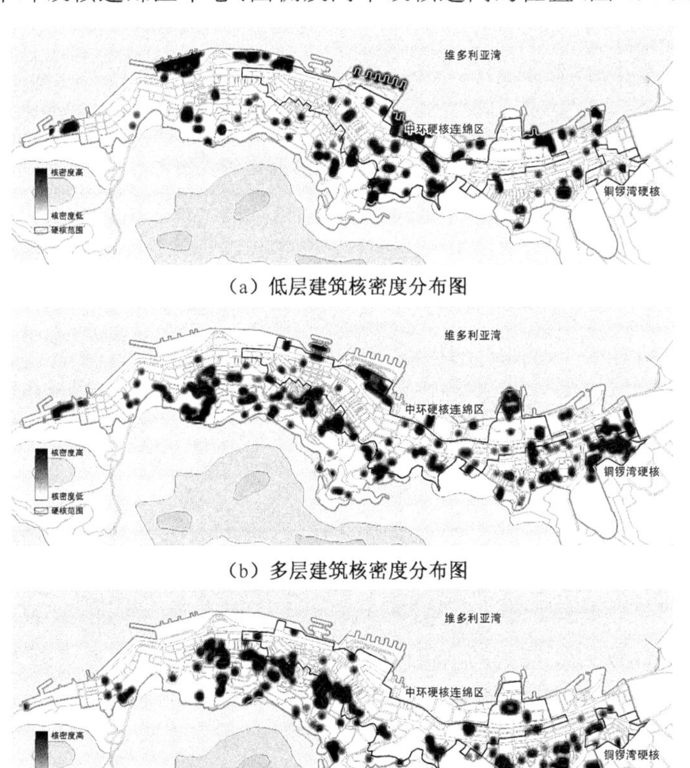

(a) 低层建筑核密度分布图

(b) 多层建筑核密度分布图

(c) 中高层建筑核密度分布图

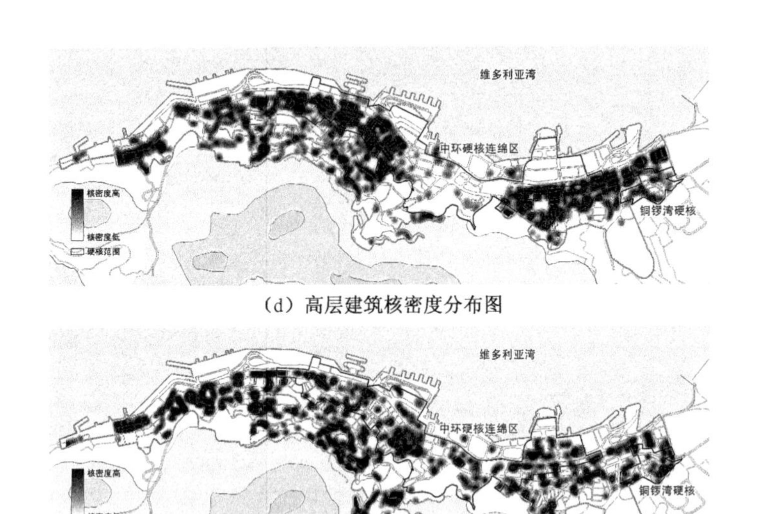

(d) 高层建筑核密度分布图

(e) 超高层建筑核密度分布图

图 4.6 港岛中心区建筑高度分布

整体来看,港岛中心区的建筑高度分布特征也较为明显,低层及多层建筑分布较为零散,受硬核影响较小,中高层建筑、高层建筑及超高层建筑分布特征相似,均呈现出围绕两个硬核连绵区分布的双核心格局,但硬核对于高层建筑分布的影响力不高。

上海人民广场中心区是在老城中心区的基础上发展而来,因此其多层及低层建筑较多。低层建筑已经占到了总建筑数量的 64.25%,多层建筑比重也达到了 21.78%。在此基础上,中高层建筑、高层建筑及超高层建筑的数量相当,其中超高层建筑为 348 栋,比重为 3.91%(表 4.6)。

表 4.6 人民广场中心区不同高度建筑统计

建筑高度	建筑个数	所占比重	中心区整体建筑形态
低层建筑	5 724	64.25%	
多层建筑	1 940	21.78%	
中高层建筑	412	4.62%	
高层建筑	485	5.44%	
超高层建筑	348	3.91%	
总计	8 909	100.00%	

在具体的分布中,低层建筑虽然数量巨大,但仍主要集中于硬核的外围地区,硬核连绵区内的一些低层建筑也呈斑块状嵌于其中,成为阻碍硬核进一步连绵的障碍(图 4.7(a));多层建筑的分布整体较为分散也较为均质,但在外滩地区有较为集中的分布,多为保留的历史建筑(图 4.7(b));中高层建筑主要沿黄浦江分布,并在外滩至人民广场之间形成较为集中地分布区(图 4.7(c));高层建筑分布较为特殊,主要集中分布于硬核的边缘地区,在人民广场硬核连绵区之间的孔洞处有较为集中的分布,主要为早期城市更新形成的高层住宅

集中区(图 4.7(d));人民广场中心区最高建筑为 60 层,超高层建筑主要集中于硬核范围内,并与轨道交通站点关系较为密切,在多个硬核及硬核连绵区内均有一定的集中分布区域,呈多簇群状分布(图 4.7(e))。

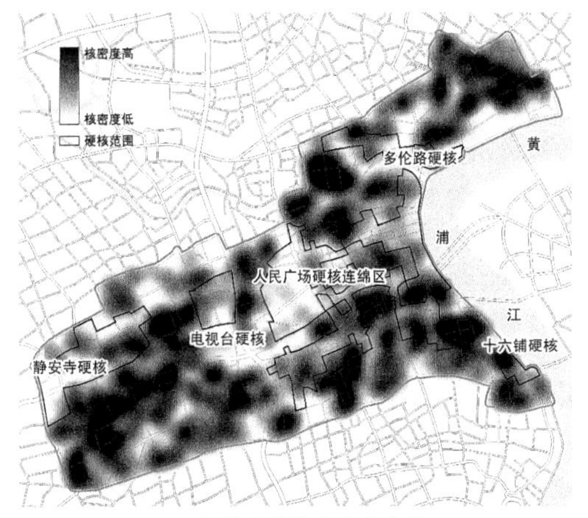

(a) 低层建筑核密度分布图

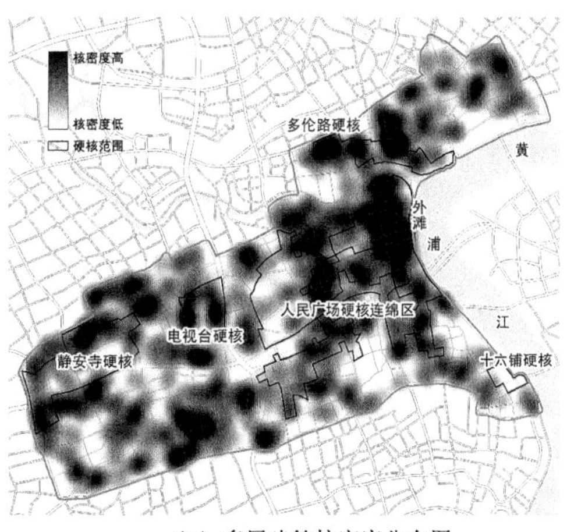

(b) 多层建筑核密度分布图

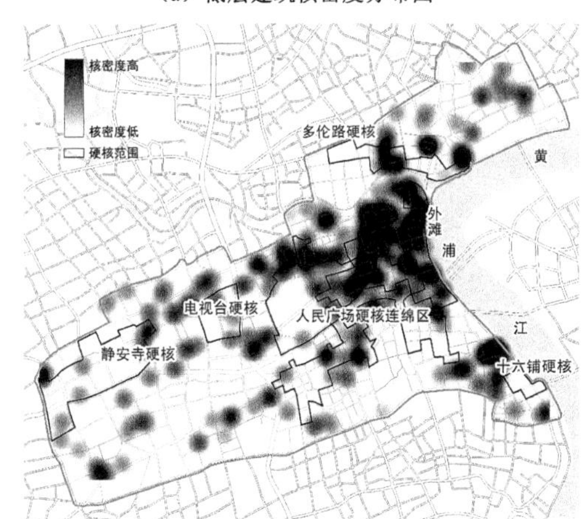

(c) 中高层建筑核密度分布图

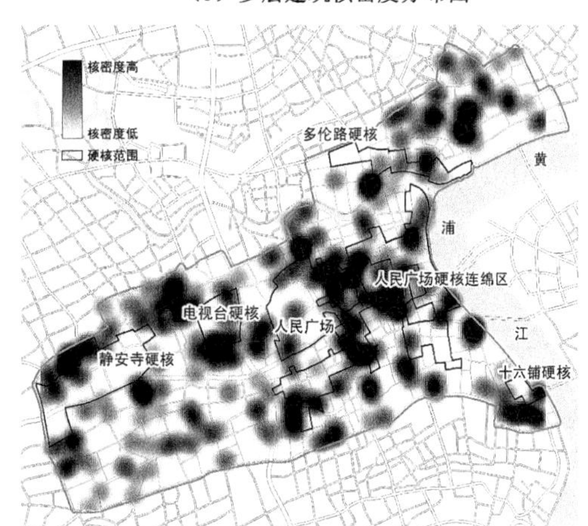

(d) 高层建筑核密度分布图

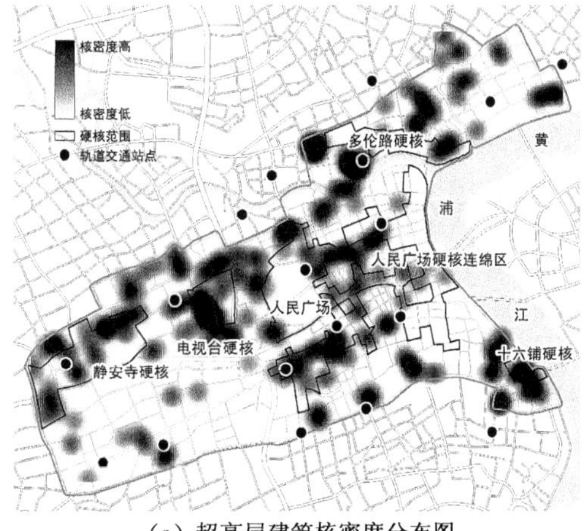

(e) 超高层建筑核密度分布图

图 4.7　人民广场中心区建筑高度分布

整体来看，人民广场中心区的建筑高度分布规律性较为明显，低层建筑多分布于硬核外围，多层建筑受硬核影响较小，并在人民广场硬核连绵区内形成较为集中的分布簇群，而中高层建筑也集中分布于该地区，高层建筑主要集中于硬核周边，而超高层建筑则主要集中于硬核内部，呈多簇群状分布。

整体来看，发展型极核结构中心区差别较大，中心区发展的历史文化背景、自然地理环境等均不相同，因此会出现一些不同的个性特征，但通过分析、比较及归纳、总结，仍能从中找出一些规律性特征。就这 4 个案例的解析而言，基本形成了"圈层式多核心"的形态格局(图 4.8)。发展型极核结构中心区一般都有一个主要的硬核连绵区，一个或多个次级的硬核连绵区(或硬核)，而次级硬核连绵区多为传统的商业中心位置，高度上往往要小于主要的硬核连绵区。这样就形成了有主次区别的多核心高度形态格局，主要硬核连绵区是高层及超高层建筑的主要集聚区，而次级硬核连绵区则多为多层或高层建筑的主要集聚区。在此基础上，硬核边缘地区成为多层及中高层建筑的集聚区，中心区边缘地区则为低层及多层建筑的集聚区，总体上保持了圈层式的结构特征。在此基础上，发展型极核结构中心区由于未形成完全连绵的硬核，因此会出现多个高层集聚核心，且在硬核连绵区内或多个硬核连绵区之间形成一些高度较低的建筑簇群。随着硬核的进一步连绵及中心区内的不断更新，其建筑高度的分布规律会逐渐向成熟性极核结构中心区靠近，变得越来越清晰。

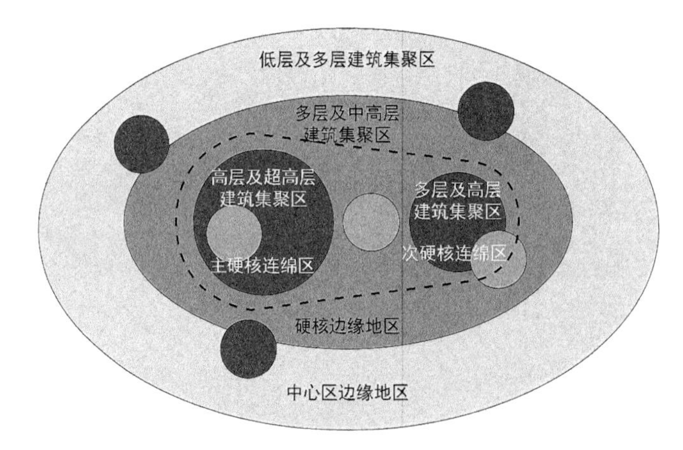

图 4.8 发展型极核结构中心区高度分布模式

*资料来源：作者绘制

4.1.2 建筑高度的空间波动特征

在建筑高度空间分布的基础上，借助 GIS 技术平台进行建筑高度的等值线分析[①]，并进一步构建了建筑高度的空间波动模型[②]。在此基础上，利用 GIS 对空间起伏程度的分

① 等值线分析法是在地图上标出表示分析对象某一指标数值的各点，并将各点连成相应的平滑曲线，以此来分析该指标的数值分布及变化情况。

② 在建筑高度等值线分析的基础上，可将这些等值线看作类似于山体等高线的形式，并借助 GIS 的三维分析技术，将其生成三维空间模型，以较为直观的方式反映中心区空间高度的整体变化趋势及特征。

析方法[①]，解析高度的空间波动情况，由此对极核结构现象中心区的整体建筑高度空间变化特征进行分析。

1）中心统领式格局

这一格局下，中心区内的最高峰值位于中心区核心位置，对中心区整体高度起到统领作用。周边地区也有可能存在一些比较高的峰值地区，但整体来看，建筑高度呈现出中心高，周边低的格局。在所有研究案例中，两个成熟型极核结构中心区的建筑高度分布，均呈现出这种趋势。

东京都心中心区内，东京站作为多条铁路、地铁等轨道交通交汇的枢纽，周边集聚了中心区内最高的高层建筑，成为中心区的峰值地区。由此向外，高度逐渐降低，并在日暮里、秋叶原、新桥、田町、品川、豊洲、国际展示场、东京国际贸易中心等位置有一些相对集中的峰值地区，但其高度均小于东京站地区。这些地区也基本连接成片，环绕在东京站地区周边（东京站旁边的明显塌陷区主要是受皇宫等大型开放空间的影响），中心区边缘地区高度则明显降低（图 4.9(a)）。在此基础上，中心区基本形成了中心统领式的高度形态格局。

都心中心区的空间波动分析也进一步印证了这一格局特征（图 4.9(b)[②]）。都心中心区

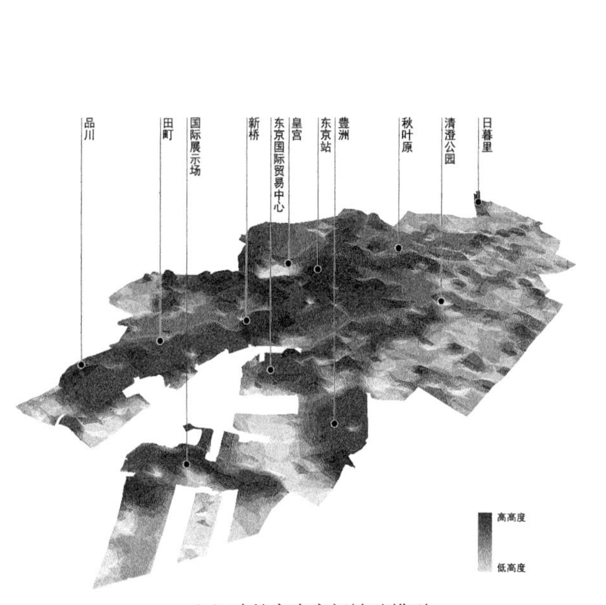

（a）建筑高度空间波动模型

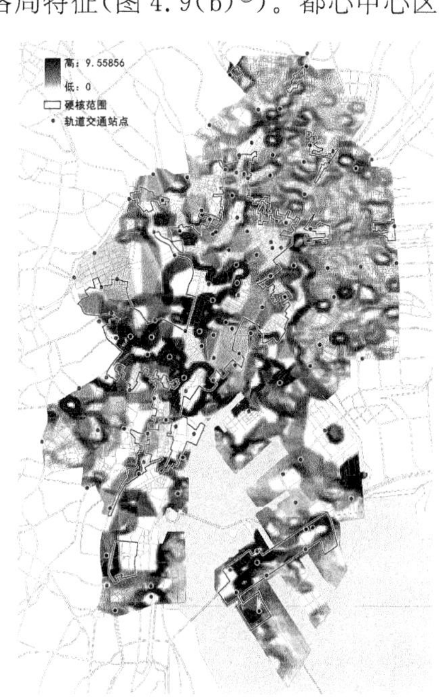

（b）建筑高度空间波动度分析

图 4.9　都心中心区建筑高度波动解析

① 地形起伏度是指在一个特定的区域内，最高点海拔高度与最低点海拔高度的差值，它是描述区域地形特征的一个宏观性指标。本节借助这一方法分析建筑高度之间的变化情况，并将其称为建筑高度空间波动度。

② 图中颜色越深表示高度波动越大，颜色越浅则表示高度波动越小，白色部分表示高度没有变化，有可能是高层建筑密集区域，也有可能是低层建筑密集区域。高度波动度与建筑物本身高度无关，反映的是建筑与周边建筑之间的高度变化关系。

内最大的高度波动度为 9.558 56①，主要集中于东京站周边地区，豊洲及国际展示场地区。说明这些地区是高度波动最为剧烈的地区，这与高度的密集分布区域基本一致，按其计算方式来看，图中这些深色区域应为高层建筑密集区域的边缘地区。同时，进一步分析还可以发现，这些空间剧烈波动的区域基本均位于硬核范围内，且基本都包含轨道交通站点或与站点相接。可见，对于东京都心中心区来说，硬核及轨道交通站点是促进空间波动的重要因素。

大阪御堂筋中心区也体现了类似的高度波动规律(图 4.10(a))。中心区核心的心斋桥位置有一个较高的峰值地区，峰值地区周边也有大量较高高度的建筑集聚，形成了一个高度连片发展区。此外，大阪城公园北侧及大阪站南侧地区也各有一个较为集中的峰值地区，但整体来看，心斋桥附近的峰值高度统领性更强。此外，外围两个峰值区周边同样有较高高度的连片发展区，且已经基本与心斋桥周边形成连绵。中心区边缘地区高度则相对较低，整体高度的圈层式分布特征明显。而就其空间波动情况来看，御堂筋中心区波动度要低于都心中心区，最高波动度仅为 5.202 73，表明御堂筋中心区整体空间波动更为平缓(图 4.10(b))。而由于中心区硬核连绵区内建筑高度基本相当，因此硬核连绵区范围内除心斋桥的峰值地区外，还有大量的浅色区域，表示该范围内整体高度波动较低。在此基础上，高度波动较高的区域基本呈现出沿硬核边缘分布的特征，而同样，高度波动较大的区域内也基本都是轨道交通站点的密集分布区。

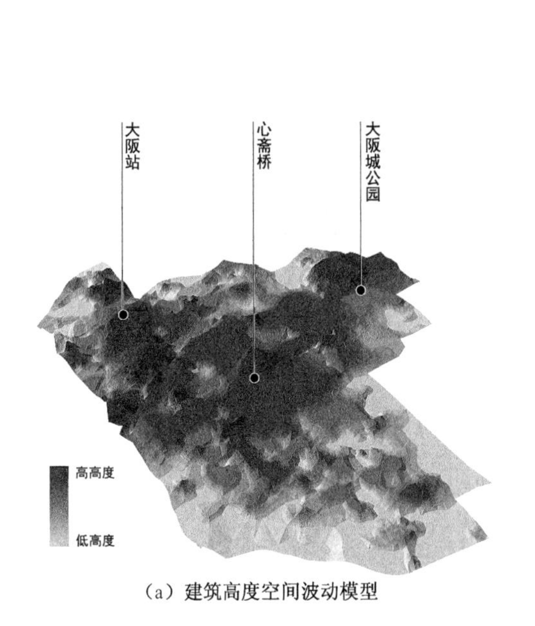

(a) 建筑高度空间波动模型

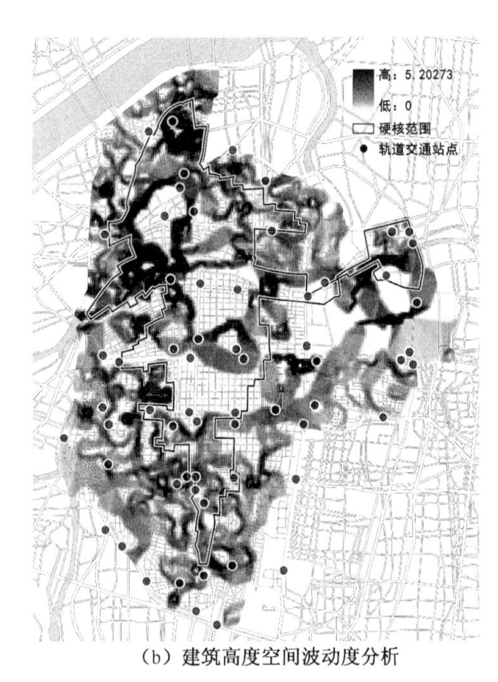

(b) 建筑高度空间波动度分析

图 4.10 御堂筋中心区建筑高度波动解析

① 该值为经过栅格计算以后，通过 GIS 的相关工具自动生成的值，与建筑本身高度无关。

2）中心塌陷式格局

与中心统领式格局相对，极核结构现象的中心区内还出现了另一种空间结构方式，即中心塌陷式格局。中心区核心位置不是用来发展硬核，形成强力的统领中心，而是以景观绿地等生态景观要素及开放空间为核心，硬核等高强度开发建设区域则分布于中心区边缘地区。由此就形成了中心低、周边高的中心塌陷式的盆地格局。

典型的如新加坡海湾-乌节中心区。海湾-乌节中心区位于新加坡南侧滨海位置，中心区内生态景观条件较好，有大量开敞绿地及公园，并形成一条沿滨海湾经富康宁公园至总统府的生态景观廊道，这一范围内建筑整体高度较低。而滨海湾两侧地区及乌节路附近则集聚了较多的高层建筑，形成中心区两个主要的高层集聚区，滨海湾南侧地区是高层建筑最为集中的区域，形成了中心区高度的峰值地区。整体上看，海湾-乌节中心区基本形成了边缘地区高高度，中心地区低高度的中心塌陷的形态(图 4.11(a))。

就其高度波动情况来看，海湾-乌节中心区整体高度波动度较大，最大值达到了15.250 7，大大高于都心及御堂筋中心区(图 4.11(b))。在具体的高度波动中，海湾-乌节中心部位置颜色较浅，波动较小，而中心区边缘地区颜色较深，波动较大。波动较大的区域也基本呈现出围绕中心区边缘布局的特征。进一步的分析可以看出，中心区内的两个硬核连绵区及一个硬核也基本均分布于中心区的边缘地区，高度波动较大的区域主要集中于硬核范围内。在此基础上，硬核内部高度波动较大的区域与轨道交通站点关系较为密切，而硬核外围的则普遍距轨道交通站点较远。主要是因为硬核内部高层建筑以公共建筑为主，而外围地区则以居住建筑为主。

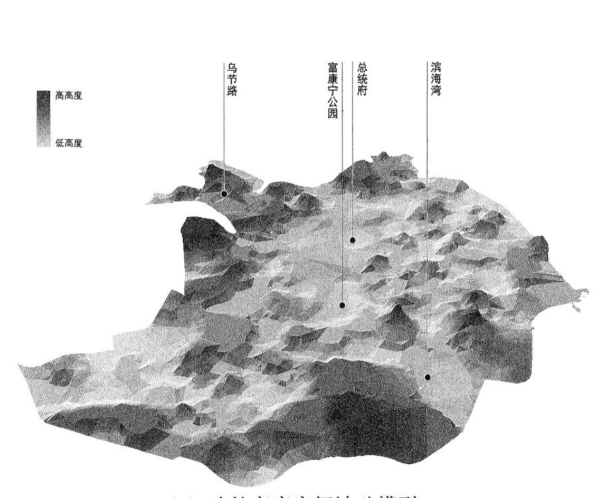

(a) 建筑高度空间波动模型

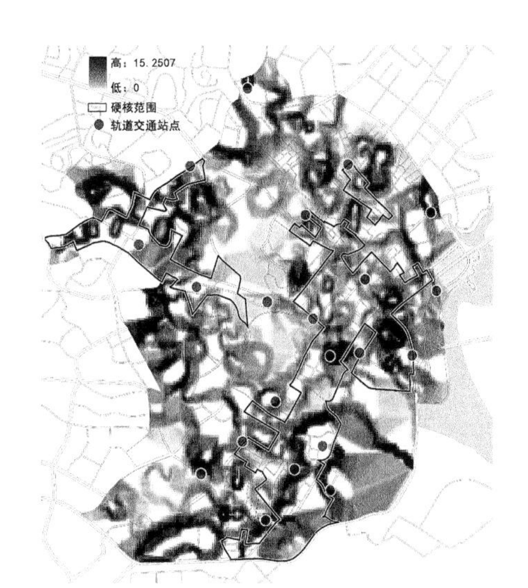

(b) 建筑高度空间波动度分析

图 4.11 海湾-乌节中心区建筑高度波动解析

3）两翼延展式格局

这一格局中，中心区多以线形的方式展开，最高峰值地区位于中心区中部，在其统领下，高层建筑向两翼展开，形成两翼延展式格局。这一格局与中心统领式相类似，但受限于中心区的整体形态格局，在中心区缺乏足够发展进深的前提下，只能向两侧线形展开。

典型的如香港港岛中心区。受北侧水体及南侧山体所限，港岛中心区整体发展空间有限，呈狭长的线形，东西向展开发展。而同样由于用地空间有限，港岛中心区整体建筑高度较高，最高峰值点位于国际金融中心位置，该位置也基本位于中心区的中心。以此为统领，高层建筑向两侧延伸，而由于高层建筑较多，基本上形成了连续的高层密集区域，形成两翼。高度较低的区域较少，嵌于高层密集区之间，形成一个个小型的孔洞状塌陷区域(图 4.12(a))。

从其具体的空间波动度来看，由于中心区整体都处于高度较高的状态，因此其空间波动度反而较低，最大波动值仅为 4.981 11(图 4.12(b))。其高度波动情况与新加坡的海湾-乌节中心区类似，高波动值地区基本均分布于中心区边缘地区，但与之不同的是，中心区中部的地区整体高度较高。而由于中心区进深较窄，高度波动较高的区域也基本位于硬核的边缘地区，呈现出滨海、沿山的分布特征。同样，由于中心区用地条件有限，并受地理条件限制，轨道交通难以全面铺开，港岛中心区内仅有一条轨道交通线路横向穿过。轨道交通站点多分布于硬核中间高层建筑的密集区域，而这些区域因为整体高度较高，空间波动度反而不高。

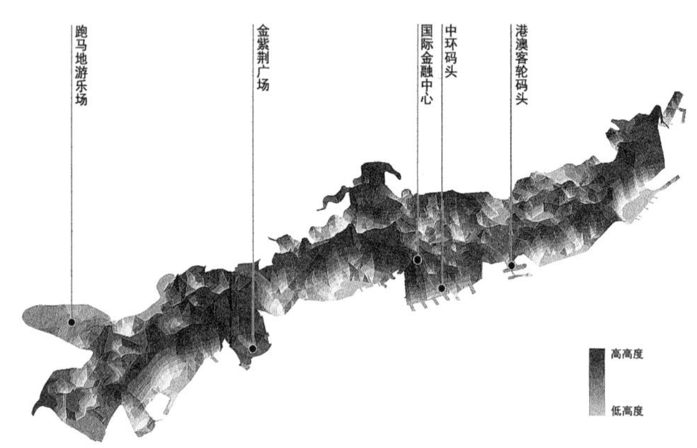

(a) 建筑高度空间波动模型

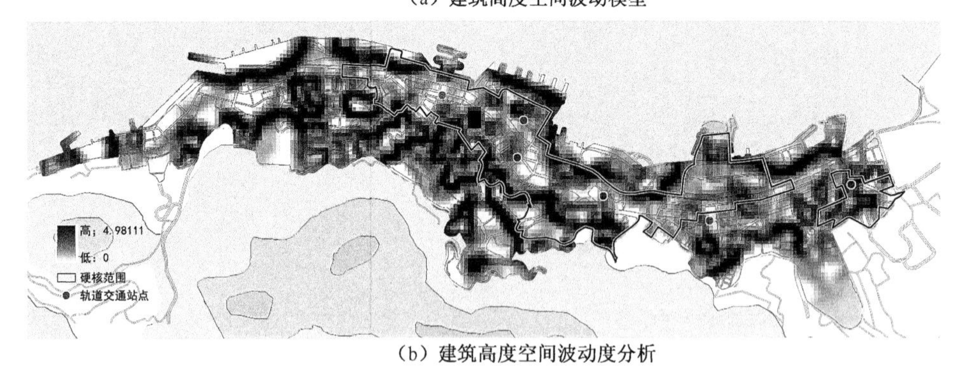

(b) 建筑高度空间波动度分析

图 4.12 港岛中心区建筑高度波动解析

4) 群峰拱卫式格局

这一格局中，中心区内的建筑高度普遍较低，高层建筑分布缺乏明显的核心，呈多簇群状，分布于一定范围之内。多个峰值地区之间高度差距不大，难以区分统领的峰值地区，且多个峰值地区之间也没有形成有效的联系，呈较为孤立的状态。中心区整体上形成了大部分地区高度较低，多个峰值地区分散布局的群峰拱卫式格局。在极核结构现象的中心区中，首尔的江北中心区及上海的人民广场中心区的建筑高度形态就形成了这种格局。

首尔江北中心区整体高度较低，中心区大部分地区均处于较为低矮的状态，高层建筑主要集中分布在南大门及东大门附近。特别是在中心区西侧的世宗大道至南大门附近地区，是中心区主要的高层建筑集聚区。在这一范围内，高层建筑分布也未形成连绵趋势，而是集聚为多个簇群，形成了多个峰值地区。这些峰值地区虽然并未形成连绵，但相对集中地分布于一定范围之内，形成了群峰拱卫的空间格局（图 4.13(a)）。除此之外，东大门附近及中心区两端也有一些较高的峰值地区，但其分布相对零散，对整体空间格局影响不大。

在具体的波动度分析中，由于这种整体低矮，局部突然高起的高度特征，江北中心区的空间波动度较大，最大值达到了 20.020 7（图 4.13(b)）。空间波动值较大的地区也基本都集中分布于群峰拱卫的区域，其余大部分地区高度波动值都不大。这种空间模式下，硬核的空间高度较为突出，非常有利于形成硬核的空间标志性及识别性。此外这些空间波动值

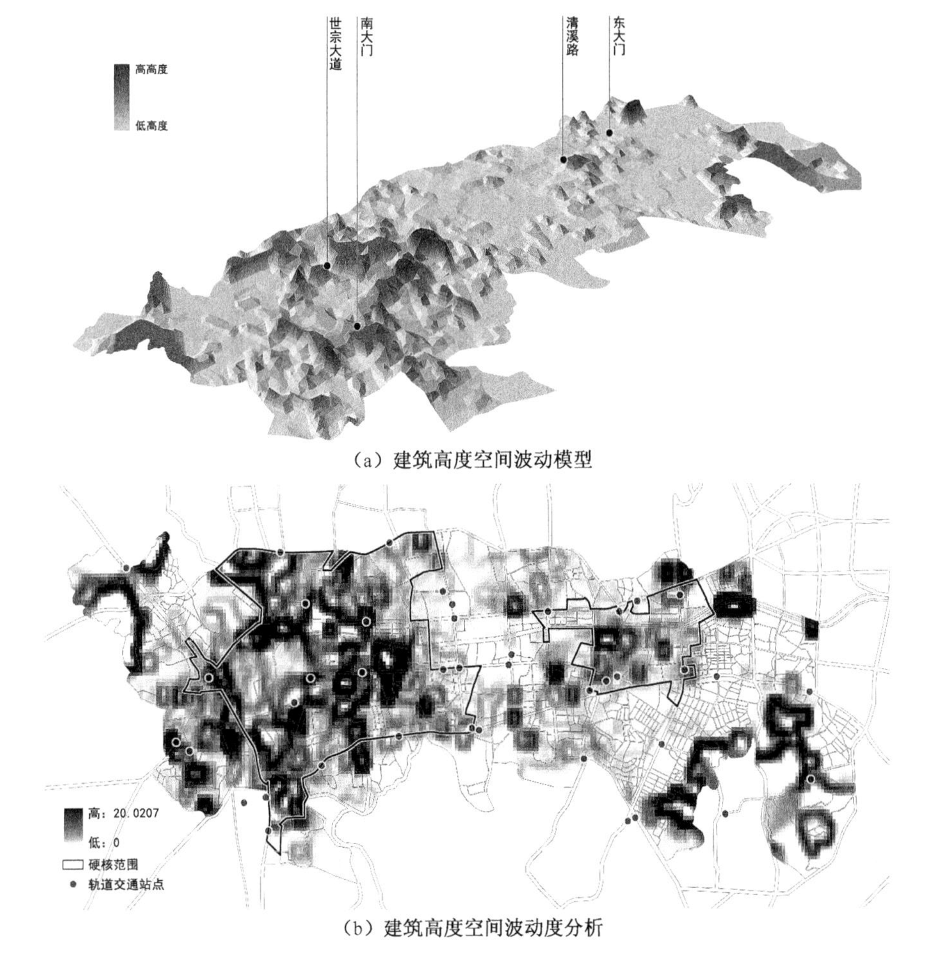

(a) 建筑高度空间波动模型

(b) 建筑高度空间波动度分析

图 4.13 江北中心区建筑高度波动解析

较大的地区，也是轨道交通站点分布密度较大的地区，对其空间高度的波动起到了有力的支撑作用。

上海人民广场中心区也呈现出类似的高度形态特征。中心区大部分地区高度相对低矮、平缓，高度峰值地区集中在人民广场周边、南京东路及南京西路沿线、淮海路沿线、上海电视台周边等地。特别是人民广场周边地区，形成了较为密集的高层建筑簇群，形成了多个峰值地区，且峰值地区之间缺乏有效的联系，较为孤立，形成了以人民广场为核心的群峰拱卫式格局(图 4.14(a))。在此基础上，人民广场中心区高度分布也体现了一定的沿路线形分布的特征，特别是沿南京路及淮海路，形成了多个峰值地区连续线形展开的格局。

与江北中心区类似，人民广场中心区的空间波动度较大，最高值达到了 16.253 2(图 4.14(b))。波动值较高的地区基本集中在中心区的中部，以及黄浦江沿岸的南北两个端头地区。高度空间波动较大的地区基本都位于硬核内部及边缘地区，特别是人民广场周边地区，空间波动的环绕特征较为明显。而同样，空间波动值较高的地区也多与轨道交通站点有着较为紧密的空间关系。

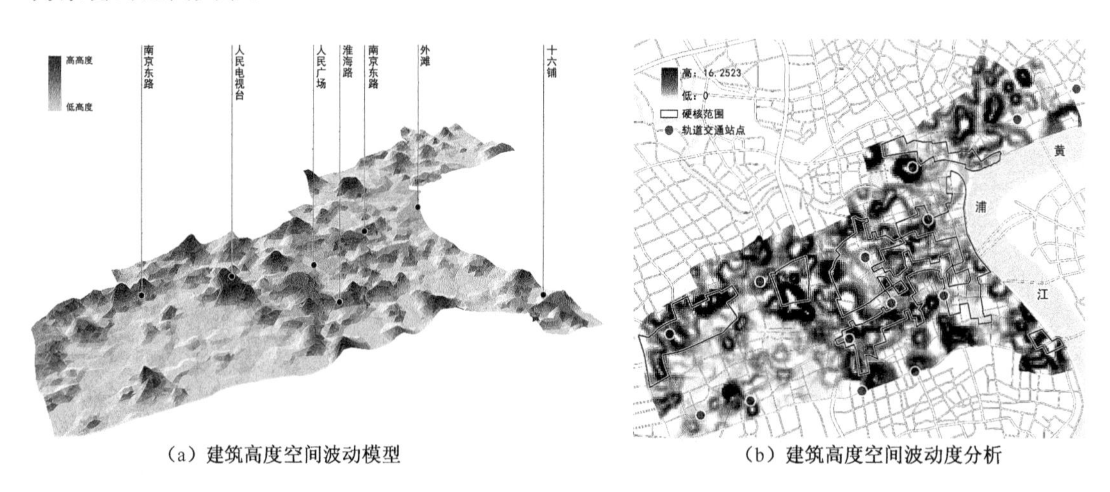

(a) 建筑高度空间波动模型　　(b) 建筑高度空间波动度分析

图 4.14　人民广场中心区建筑高度波动解析

虽然建筑高度的空间波动呈现出不同的形态格局，但从中也可以发现一些共同的规律性特征：

(1) 硬核边缘地区高度波动最为强烈。硬核往往是中心区内建设力度最大的地区，其建筑也多以商务、金融、旅馆、商业等大型公用建筑为主，集聚了大量的高层及超高层建筑，其空间形象也较为突出，与周边地区具有明显的差别。这也正是硬核边缘地带高度变化最为剧烈的原因。

(2) 高度波动值较大地区与轨道交通站点关系密切。高度值波动较大的地区，多是突然出现大量高层及超高层建筑的地区。这些地区也多是人流交通需求较大的地区，单一的路面交通很难满足大量人流集散的交通需求，因此高层、超高层建筑多选择在轨道交通站点周边进行布置，而大量高层、超高层建筑的开发，也会促使轨道交通的进一步发展，形成多条线路交汇的格局。

(3) 高层建筑多环绕大型开放空间及公园布局。中心区内土地资源相对稀缺，而将稀缺的土地资源用来作为提升环境质量的大型开放空间及公园，在改善中心区环境的同时，也使其余地区土地利用压力更大，并使其周边地区土地价值提升。也因此，推动了更多高强度开发的高层、超高层建筑在大型开放空间及公园周边布局，一方面可以用高度来分摊高昂的地价，另一方面也为高层建筑大量人流的疏散及避难提供安全保障。

4.1.3 街区平均层数空间特征

由于中心区规模尺度较大，因此建筑尺度相对较小，而为了进一步分析中心区整体的高度变化规律，本节以街区为单位，采用街区平均层数这一指标，分析中心区整体高度变化特征。街区平均层数具体计算公式为：

$$街区平均层数 = \frac{街区内总建筑面积}{街区内总建筑底面积}(公式 1)$$

这一指标，以街区为单位，更能反映出中心区的整体高度变化情况。街区平均层数受街区大小及街区内建筑层数等多个指标的影响，所得的平均层数指标也更具综合性。用统一的街区来比较分析不同中心区的建筑空间形态，能够规避局部高层建筑对于整体高度形态变化的影响，同时能够避免造型特殊的建筑在高度上的模糊性，能够较为清晰、准确地反应中心区整体的空间形态变化规律。

1）基础数据分析

——中心区以中低高度街区为主。

在平均层数计算中，借助 GIS 技术平台的数据分析功能，利用自然断裂点分析法[①]，将平均层数划分为 8 个类别，由此形成的平均层数分类会针对每个中心区的特殊性而有所不同，能够更为准确地反应中心区实际的街区平均层数变化情况。而由于采用自然断裂点的分类方法，使得每个中心区所得的街区平均层数类别各不相同，为了便于进一步地分析比较，将 8 个类别进一步合并为 3 个等级，中低高度街区、中高高度街区以及高高度街区。

东京都心中心区内，共有 8 611 个街区，平均街区层数仅为 5.54 层。8 个类别中，比重最高的为 3.21～4.56 层的街区，占到了总街区比重的 28.92%，最少的为 21.45～40.00 层的街区，比重仅为 0.56%。整个中心区以中低高度为主，5.90 层以下街区比重达到了 64.75%，而高高度街区比重仅为 1.93%（表 4.7）。

大阪的御堂筋中心区，共有街区 2 708 个，平均街区层数为 6.07 层。数量最多的为 4.25～5.93 层的街区，比重为 27.62%，最少的为 23.82～50.00 层的街区，比重也仅为 0.63%。整个中心区同样以中低高度为主，5.93 层以下的中低高度街区比重超过了一半，达到了 56.72%，而超过 14.92 层的高高度街区比重则仅为 2.03%（表 4.8）。

① 自然断裂点分析法是在对数据本身进行分析的基础上，找出数据本身的自然断点对数据进行分组，使得形成的数据分类可以实现组内差距最小，组间差距最大。对于极核结构这种数据量巨大的中心区来说，采用自然断裂点分析法能够更为准确地反映其实际的数据分布情况。

表 4.7 都心中心区街区平均层数统计

类别（层）	街区数量（个）	百分比	等级	所占比重	街区平均层数分布图
0.00～3.21	1 369	15.90%	中低高度街区	64.75%	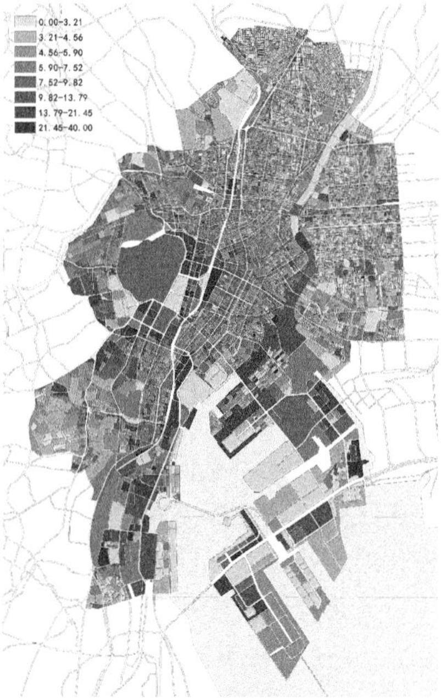
3.21～4.56	2 490	28.92%			
4.56～5.90	1 717	19.94%			
5.90～7.52	1 516	17.61%	中高高度街区	33.32%	
7.52～9.82	1 019	11.83%			
9.82～13.79	334	3.88%			
13.79～21.45	118	1.37%	高高度街区	1.93%	
21.45～40.00	48	0.56%			
总　计	8 611	100.00%	总计	100.00%	

表 4.8 御堂筋中心区街区平均层数统计

类别（层）	街区数量（个）	百分比	等级	所占比重	街区平均层数分布图
0.00～1.72	113	4.17%	中低高度街区	56.72%	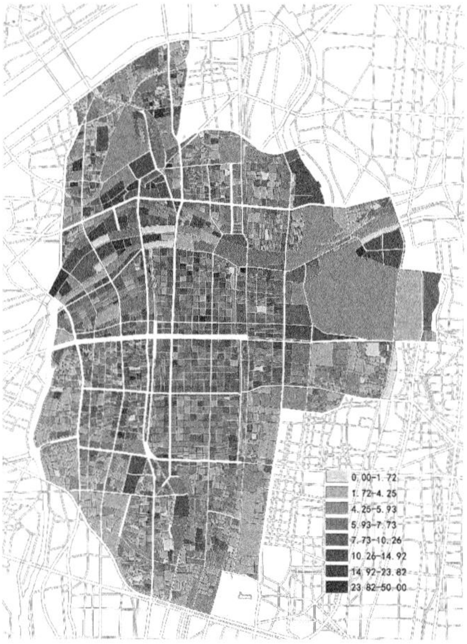
1.72～4.25	675	24.93%			
4.25～5.93	748	27.62%			
5.93～7.73	571	21.09%	中高高度街区	41.25%	
7.73～10.26	398	14.70%			
10.26～14.92	148	5.47%			
14.92～23.82	38	1.40%	高高度街区	2.03%	
23.82～50.00	17	0.63%			
总　计	2 708	100.00%	总计	100.00%	

新加坡海湾-乌节中心区共有街区 418 个，街区平均层数为 6.50 层。中心区内数量最多的为 1.00～3.54 层的街区，数量为 116 个，比重则达到了 27.75%，而最少的同样为最高的街区，即 30.00～45.00 层的街区，仅有 3 个，比重也仅为 0.72%。整体上看，中心区内仍然以中低高度的街区为主，平均层数在 5.65 层以下的街区比重达到了 56.94%，而平均层数在 19.53 层以上的高高度街区，比重仅为 3.83%（表 4.9）。

表 4.9 海湾-乌节中心区街区平均层数统计

类别（层）	街区数量（个）	百分比	等级	所占比重	街区平均层数分布图
0.00～1.00	57	13.64%	中低高度街区	56.94%	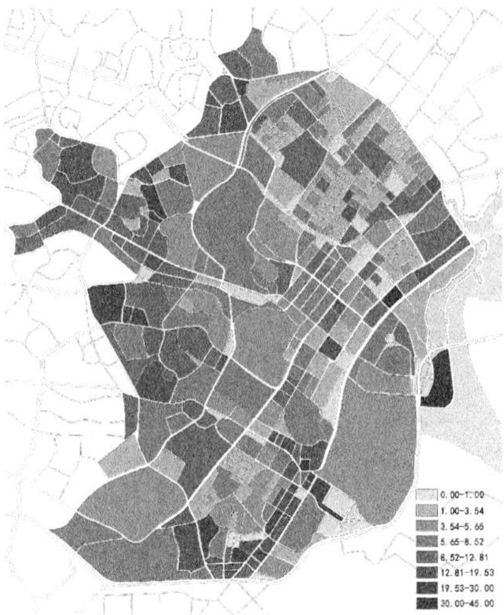
1.00～3.54	116	27.75%			
3.54～5.65	65	15.55%			
5.65～8.52	69	16.51%	中高高度街区	39.23%	
8.52～12.81	59	14.11%			
12.81～19.53	36	8.61%			
19.53～30.00	13	3.11%	高高度街区	3.83%	
30.00～45.00	3	0.72%			
总　　计	418	100.00%	总计	100.00%	

首尔江北中心区内共有街区 805 个，其街区平均层数较低，仅为 4.49 层。所有类别的街区中，数量最多的是平均层数为 2.21～3.21 层的街区，数量为 272 个，比重也高达 33.79%；而最少的也同样是高度最高的街区，平均层数为 17.13～28.69 层的街区 13 个，比重也仅为 1.61%。在整体层面来看，中心区中低高度街区比重最大，3.87 层以下的街区比重达到了 58.26%，而 11.54 层以上的高高度街区比重仅为 5.22%（表 4.10）。

香港港岛中心区共有街区 494 个，由于其整体高度较高，其街区平均层数高达 17 层。在具体的类别中，平均层数在 17.00～21.00 层的街区数量最多，共 122 个街区，比重为 24.70%，最少的则为平均层数 46.00～70.00 层的街区，比重仅为 1.42%。从高度等级上来看，港岛中心区内中高高度的街区比重最大，达到了 51.21%，中低高度街区比重也接近一半，为 44.74%，高高度街区的比重则与其余中心区相当，为 4.05%（表 4.11）。

表 4.10 江北中心区街区平均层数统计

类别（层）	街区数量（个）	百分比	等级	所占比重	街区平均层数分布图
0.00～2.21	88	10.93%	中低高度街区	58.26%	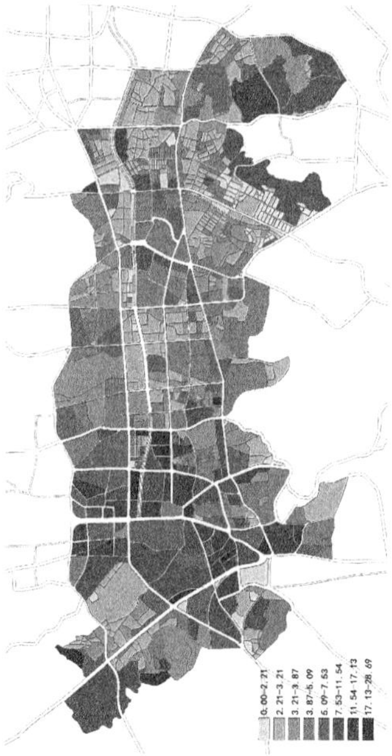
2.21～3.21	272	33.79%			
3.21～3.87	109	13.54%			
3.87～5.09	174	21.61%	中高高度街区	36.52%	
5.09～7.53	69	8.57%			
7.53～11.54	51	6.34%			
11.54～17.13	29	3.61%	高高度街区	5.22%	
17.13～28.69	13	1.61%			
总　　计	805	100.00%	总计	100.00%	

表 4.11 港岛中心区街区平均层数统计

类别（层）	街区数量（个）	百分比	等级	所占比重	街区平均层数分布图
0.00～4.00	66	13.36%	中低高度街区	44.74%	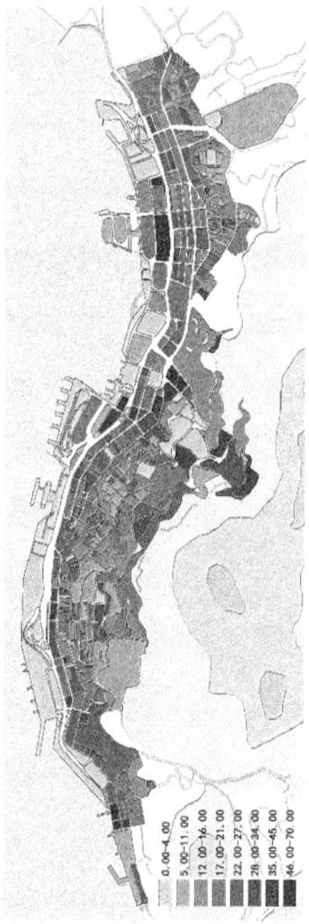
5.00～11.00	60	12.15%			
12.00～16.00	95	19.23%			
17.00～21.00	122	24.70%	中高高度街区	51.21%	
22.00～27.00	85	17.20%			
28.00～34.00	46	9.31%			
35.00～45.00	13	2.63%	高高度街区	4.05%	
46.00～70.00	7	1.42%			
总　　计	494	100.00%	总计	100.00%	

上海人民广场中心区共有街区 472 个,中心区整体平均层数为 7.3 层。8 个类别中,数量最多的为平均层数在 0.00～4.07 层之间的街区,数量为 153 个,比重为 32.42%,最少的同样为平均层数最高的街区,即平均层数在 22.51～28.91 层之间的街区,比重仅为2.33%。从整体高度等级上来看,中低高度街区仍然占据了最大的比重,平均层数在 6.05 层以下的街区比重达到了 56.36%,而在 16.17 层以上的高高度街区是所有中心区中比重最高的,达到了 9.75%(表 4.12)。

表 4.12　人民广场中心区街区平均层数统计

类别(层)	街区数量(个)	百分比	等级	所占比重	街区平均层数分布图
0.00	24	5.08%	中低高度街区	56.36%	
0.00～4.07	153	32.42%			
4.07～6.05	89	18.86%			
6.05～8.34	67	14.19%	中高高度街区	33.90%	
8.34～11.59	47	9.96%			
11.59～16.17	46	9.75%			
16.17～22.51	35	7.42%	高高度街区	9.75%	
22.51～28.91	11	2.33%			
总　　计	472	100.00%	总计	100.00%	

通过 6 个案例街区平均层数比重的比较研究,可以发现,除香港港岛中心区较为特殊外,其余中心区内中低高度街区均占据了超过一半的比重。同样,也均保持了高高度街区比重最低的规律。其中,中低高度街区的平均比重为 56.30%,中高高度街区平均比重为 39.24%,而高高度街区平均比重为 4.46%,并存在成熟型极核结构低于发展型极核结构的特点(成熟型极核结构中,都心中心区为 1.93%,御堂筋中心区为 2.03%;而发展型极核结构中心区中,海湾-乌节中心去为 3.83%,江北中心区为 5.22%,港岛中心区为 4.05%,人民广场中心区则为 9.75%)。

2) 街区高度形态解析

(1) 成熟型极核结构中心区街区高度呈圈层式分布,轨道交通轴线作用突出

在对各中心区街区平均层数分析的基础上,利用 GIS 技术平台进行等值线分析及聚类分析[①],以更为清晰地反映中心区街区高度的空间分布情况,并进一步探寻中心区整体高度

① 聚类分析又称群分析,它是研究(样品或指标)分类问题的一种统计分析方法。将物理或抽象对象的集合分成由类似的对象组成的多个类的过程被称为聚类。由聚类所生成的簇群是一组数据对象的集合,这些对象与同一个簇群中的对象彼此相似,与其他簇群中的对象相异。聚类分析的主要手段是通过分析相临数据之间的相关性,来判定其相互关系,相关性高的会被自然地分为一类。本章节运用 GIS 空间分析平台计算空间形态各项指标的高值及低值的聚集程度、集聚范围等,对空间形态相关要素的分布特征进行研究。

的空间变化特征。由于这些高等级中心区的街区尺度普遍较小,因此所求得的街区平均层数分布规律与建筑高度分布规律较为接近,但随机性更小,规律性更为突出。

东京都心中心区中,平均层数较高的街区主要集中在硬核连绵区及硬核内,而皇宫等大型开放空间街区、集中的居住街区、滨东京湾的工业街区平局层数则相对较低,这也与硬核内部街区尺度较小,而开放空间、居住社区、工业区等地区街区尺度较大有一定关系。具体来看(图 4.15(a)),平均层数较高的街区主要集中于中心区中部的秋东桥硬核连绵区,以及外围的几个较大的硬核范围内,并与重要的轨道交通站点结合较为紧密。特别是山手线沿线的几个重要站点周边,都是平均层数较高街区的集中分布区,包括日暮里站、上野站、东京站、新桥站、田町站及品川站等,外围的豊洲站周边也形成了一个高高度街区的集聚区。这其中,山手线对于中心区街区高度形态的影响较大,成为高高度街区的集聚轴线,东京站周边的集聚尤其明显。平均层数较低的区域集中在江东区、墨田区、台东区以及荒川区,这些地区也是中心区内主要的居住功能集聚区。此外,靠近南侧东京湾的港区也成为低高度街区的集中分布区。从图中还可以看出,越是靠近核心区域,平均层数变化越单一,而中心区边缘地区则呈现出较为复杂的高度变化特征,不同高度的街区之间存在着较多的渗透。

在此基础上,通过对街区平均层数进行聚类分析,可以更为清晰地反映出街区平均层

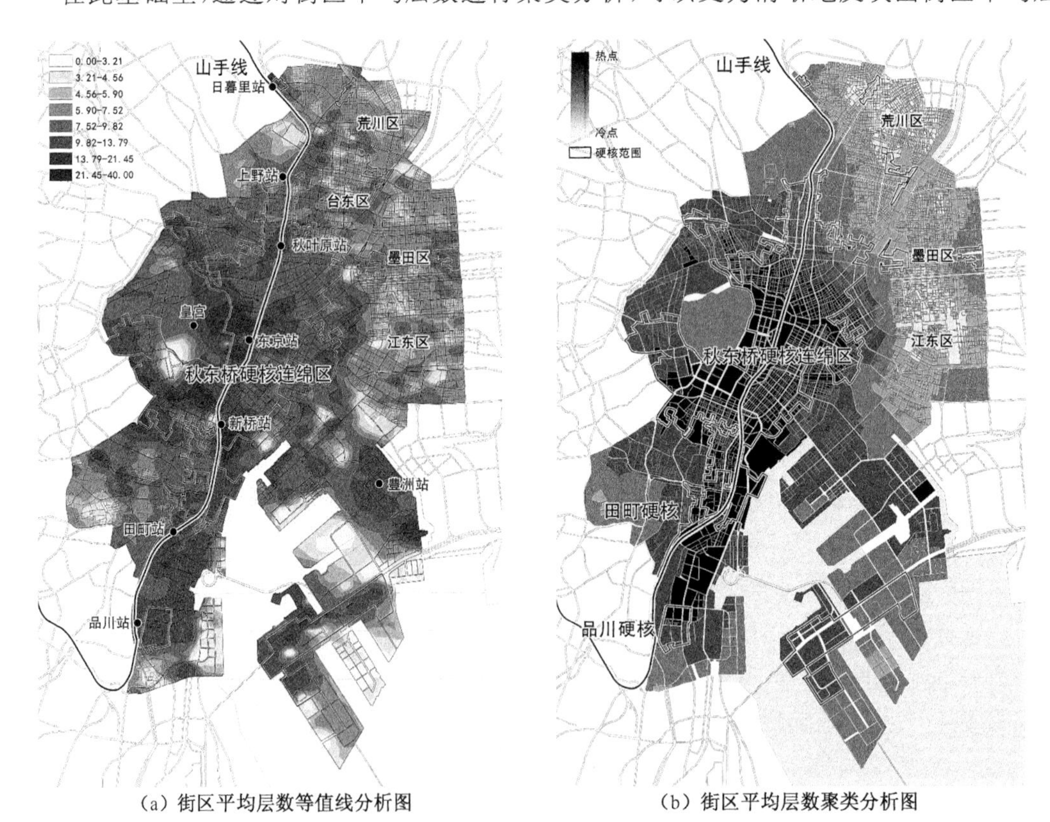

(a) 街区平均层数等值线分析图

(b) 街区平均层数聚类分析图

图 4.15 都心中心区街区平均层数解析

*资料来源:作者及所在导师工作室共同调研,作者计算、整理、绘制

数变化的热点及冷点[①]区域(图 4.15(b))。热点地区主要集中于秋东桥硬核连绵区—田町硬核—品川硬核这一连续的区域内,其中山手线的轴线作用更为清晰。冷点地区则形成了两个主要的集聚区,分别为江东区及墨田区之间的区域及荒川区,这一区域是低高度街区的主要集聚区,成为空间的塌陷区。整体来看,街区平均层数变化的圈层特征非常明显,但受轨道交通影响,这种圈层的分布特征并不是向四周均质变化的,向东侧及北侧地区的高度衰减幅度较大。

大阪御堂筋中心区内,硬核已经完全连绵,平均层数较高的街区基本都分布于硬核连绵区范围内,并形成 3 个主要的集聚区:大阪站周边及南侧地区,大阪城公园北侧地区,以及中央区中部地区。虽然 3 个集聚区之间存在一些高度较低的街区形成的孔洞,但彼此之间已经基本连接成片。低高度街区主要集中于中心区的边缘地区,包括天王寺区、浪速区、福岛区及北区的边缘地区。从不同高度街区的混杂程度来看,中心区的核心位置及边缘地区,街区高度相对统一,但硬核边缘地区,不同高度街区之间的混杂程度较高,等值线的变化也较大。整体来看轨道交通御堂筋线从中心区中部穿过,连接了大阪站、心斋桥等地区,基本上串联起了中部主要的高高度街区集中区,起到了一定的空间轴线作用(图 4.16(a))。

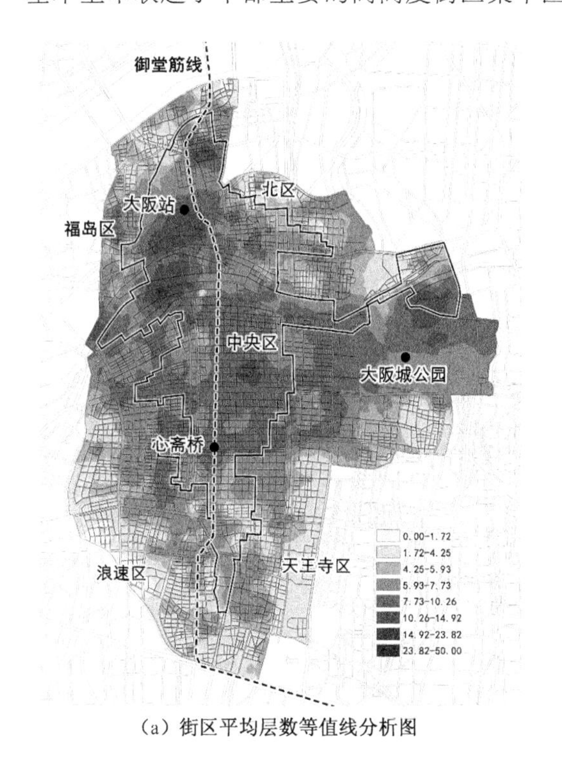

(a) 街区平均层数等值线分析图

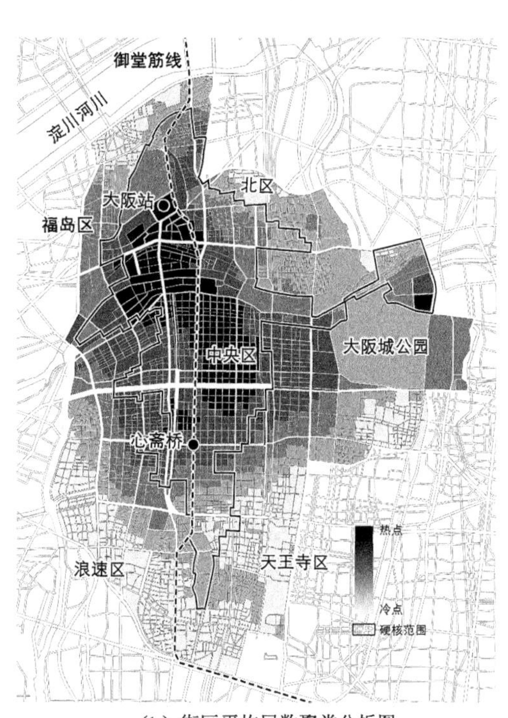

(b) 街区平均层数聚类分析图

图 4.16 御堂筋中心区街区平均层数解析

而通过进一步的聚类分析,可以看出(图 4.16(b)),中央区内从大阪站至心斋桥的区域是高高度街区集聚的热点地区,御堂筋线的组织及轴线作用明显。此外大阪城公园北侧的

① 热点最早用来指温度变化的最高值,后来也指新闻关注点、网络接入点等;冷点则与之相反,指温度变化的最低点。本文借助这一概念,以分析对象的最高值为热点,最低值为冷点,分析其高值及低值的集聚情况,可利用 GIS 技术平台的相关分析功能进行计算及分析。

高高度街区集聚区也成为一个小型的热点地区，但受大阪城公园影响，与主要的热点地区之间的联系性不强。中心区的冷点地区则几乎全部集中于中心区的边缘地区，大阪城公园南侧、天王寺区、浪速区、福岛区及北区的淀川河川沿岸地区均有大量的冷点分布，基本构成一个外围的环。聚类分析的图中，这种从中心向外围高度递减的圈层式特征反映得更为明显。

(2) 发展型极核结构中心区高高度街区的分布受高层住宅及轨道交通影响较大

新加坡海湾—乌节中心区绿化及水体较多，且多位于中心区中部地区，因此形成了外围高中心低的格局(图 4.17(a))。中心区平均层数较高的街区主要集中在中心区西侧及南侧边缘地区，这两个地区之间并未形成连绵，被多个较大尺度的街区所打断。但两个高高度街区集聚区与硬核关系较为密切，基本均集中于硬核及硬核边缘地区。低高度街区则主要集中于东侧滨海地区及海湾硬核连绵区与小印度硬核之间的狭长区域。整体来看，不同高度街区之间的混杂度不高，但由于具有较多的绿地及水面，局部地区高度等值线的突变性较大，高高度街区与低高度街区相毗邻。此外，虽然轨道交通北南线以折线形从基地西北穿越到东南，但是其空间的轴线作用仍相当明显，两段纵向的线路沿线基本均为高高度街区的集聚区。

与其尚未形成完全连绵的发展阶段相应，中心区依托两个硬核，形成了两个高度集聚的热点地区，分别为海湾硬核连绵区南部以及乌节硬核连绵区及其南侧地区(图 4.17(b))。冷点地区则集中在海湾硬核连绵区与小印度硬核之间，与两个热点地区呈三足鼎立之势。中心区内主要的轨道交通线路北南线则同时起到了空间的轴线组织及联系作用：纵向的两段线路轴线作用较强，而横向一段线路则更多的起到空间联系作用。乌节硬核连绵区的展开也与北南线的走向密切相关，并有进一步沿其发展，与海湾硬核连绵区形成连绵的发展趋势。

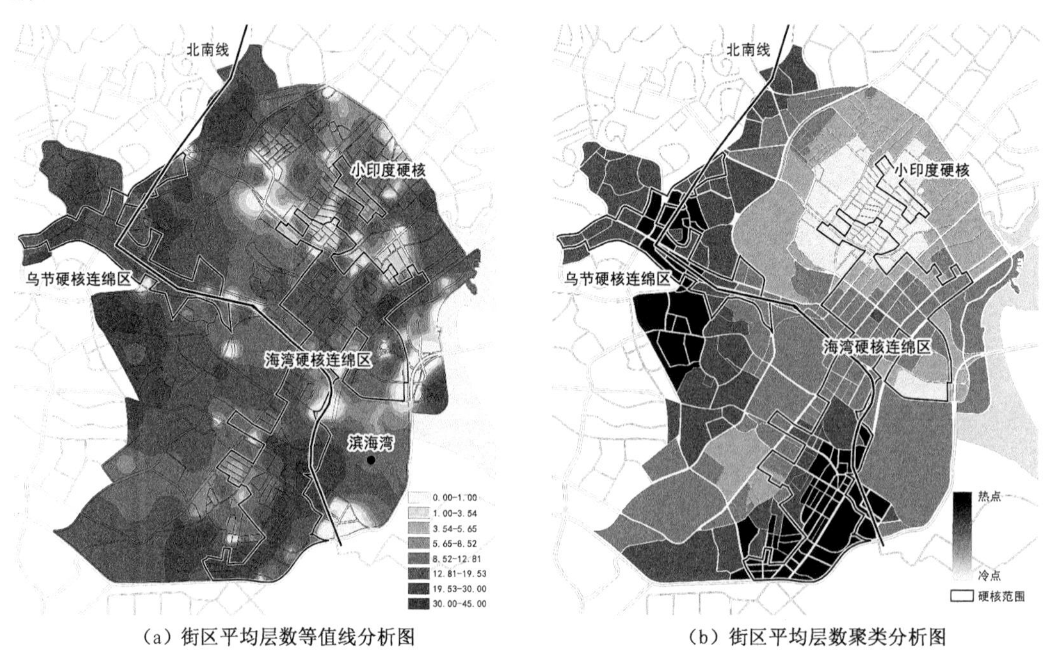

(a) 街区平均层数等值线分析图　　(b) 街区平均层数聚类分析图

图 4.17　海湾-乌节中心区街区平均层数解析

首尔江北中心区也处于发展型结核结构阶段，具有两个主要的硬核连绵区，南大门硬核连绵区以及东大门硬核连绵区，但由于两个硬核连绵区功能定位的不同，高高度街区主要集中于南大门硬核连绵区内(图 4.18(a))。南大门硬核连绵区内“世宗大道-南大门-西郊站”地区是高高度街区的核心集聚区，轨道交通 1 号线在硬核连绵区内的走向也与之相应，起到了一定的轴线强化作用。东大门硬核连绵区内也有一些较高高度的街区分布，但与南大门硬核连绵区之间存在明显的断裂带。此外，中心区东南角由于高层住宅的开发，也存在一个高高度街区的集聚区。整个中心区内不同高度的分布较为清晰，混杂度较低，被硬核连绵区所分隔，形成较为明显的间隔式分布格局。与海湾-乌节中心区相似，轨道交通 1 号线同样也起到轴线及联系作用。

高高度街区集聚的热点地区集中于南大门硬核连绵区内，沿世宗大道及 1 号线形成的轴线展开，东大门硬核连绵区处于中等高度的位置；而冷点地区则集中于东大门硬核连绵区南侧的集中居住区(图 4.18(b))。从聚类的分析图中，也可以较为清晰地看出江北中心区高度间隔式分布的特征，而轨道交通 1 号线在形成南大门硬核连绵区空间发展轴线的同时，也起到了连接两个硬核连绵区，促进其连绵发展的作用。

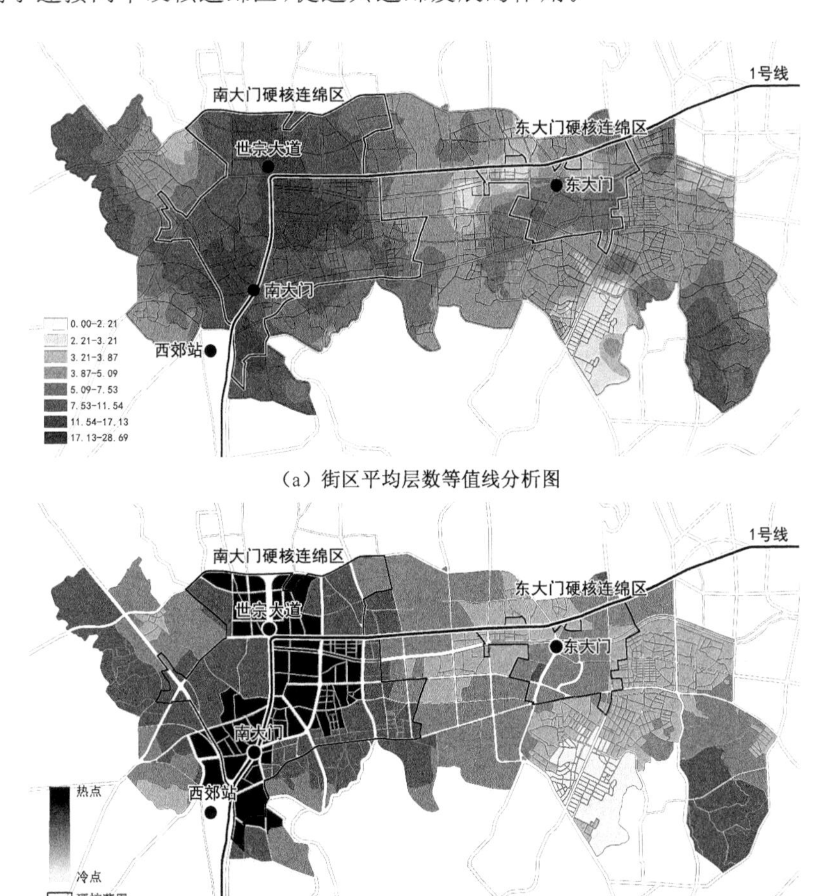

(a) 街区平均层数等值线分析图

(b) 街区平均层数聚类分析图

图 4.18　江北中心区街区平均层数解析

香港港岛中心区整体高度较高，且受发展地形限制，线形发展特征明显。在此基础上，其平均层数较高的街区也体现出沿维多利亚湾线形展开的格局(图 4.19(a))。高高度街区主要集中于中环硬核连绵区内，沿轨道交通港岛线展开，并向西延伸，在西安里、西宝城、西环码头地区也形成了几个高高度街区的集聚区。此外，南侧山体沿线也有部分集聚区。中心区内低高度街区主要为开放空间及历史建筑所在街区，呈孔洞状嵌于中心区内。中心区内轨道交通港岛线起到了良好的空间轴线作用，其主要站点上环站、中环站、金钟站、湾仔站周边都是高高度街区的集中区，并已基本形成一条连续的空间带。

通过进一步的聚类分析，可以看出(图 4.19(b))，在高高度街区的集聚区中，港岛线的中环站-金钟站之间以及西环码头周边，成为了主要的热点地区。冷点地区则主要围绕铜锣湾硬核分布，集中在其北侧的湾仔海滨长廊及南侧的跑马地游乐场地区，铜锣湾硬核本身高度也不高，以中等高度街区为主。而同样，港岛线起到了空间高度发展的轴线作用，并起到了联系两个硬核，促进两者进一步连绵发展的作用。

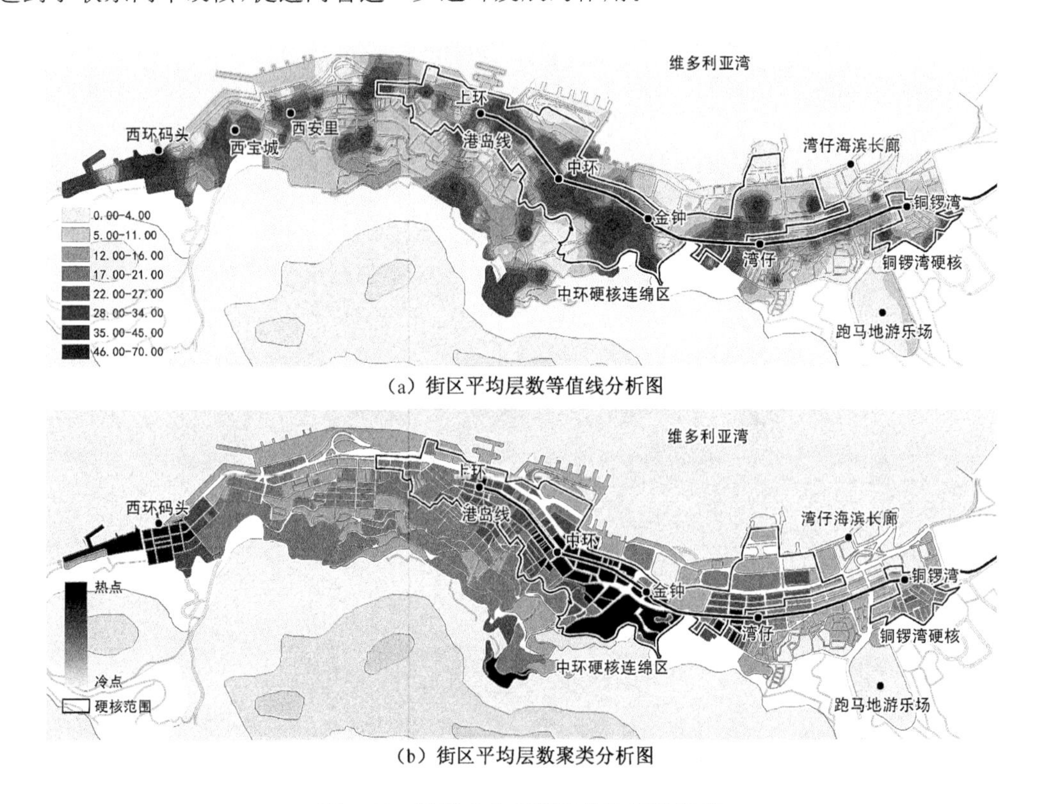

(a) 街区平均层数等值线分析图

(b) 街区平均层数聚类分析图

图 4.19 港岛中心区街区平均层数解析

上海人民广场中心区位于上海市老城区内，在城市原有中心基础上发展而来，因此中心区硬核间连绵程度较低，连绵区内也有大量孔洞存在。平均街区高度较高的街区主要位于人民广场硬核连绵区内，且形成多个高高度集聚区，外围的静安寺硬核、电视台硬核及十六铺硬核地区也有较为集中的分布。低高度街区则呈星状散步的格局嵌于中心区内，形成一个个孔洞，多伦路硬核周边、中心区西南侧及南侧地区均有一定的集中分布(图 4.20(a))。由于人民广场中心区内用地情况较为复杂，形成了依托轨道交通 1 号线及 2 号线组织空间的十字轴格局：1 号线串联起了人民广场硬核连绵区内的多个高高度街区集聚区，而

2号线则横向串联了静安寺硬核、电视台硬核以及人民广场硬核连绵区，两者结合，共同引导中心区高度形态的发展。

进一步的聚类分析可以看出(图 4.20(b))，中心区呈现出多节点、分散式的高度格局。热点地区主要集中在硬核连绵区及静安寺硬核、十六铺硬核等多个地区，且在人民广场硬核连绵区内，还存在3个分散的热点地区。冷点则主要集中在多伦路硬核、中心区南侧及东侧等多个地区，使得中心区不同高度街区的混杂度较高。两条轨道交通线路均起到了空间轴线及空间联系的作用，并促进硬核间的进一步连绵以及硬核连绵区内孔洞地区的进一步优化提升。

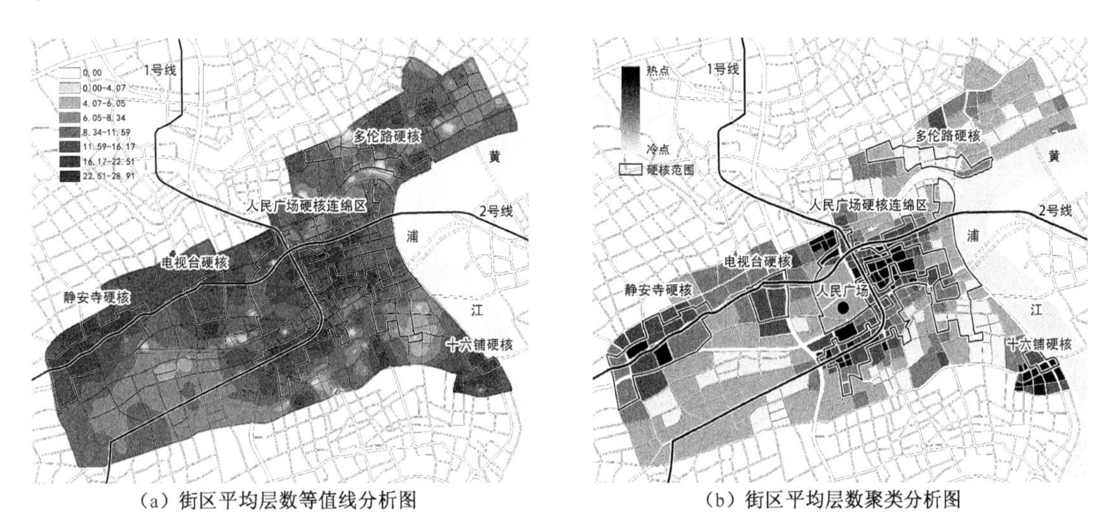

(a) 街区平均层数等值线分析图　　(b) 街区平均层数聚类分析图

图 4.20　人民广场中心区街区平均层数解析

在整体的街区平均层数分布的研究中，借助等值线分析法及聚类分析法，较为清晰及直观地反映了中心区街区平均层数的分布特征：

(1) 高高度街区多集中于硬核连绵区中心位置。所有研究案例中，除新加坡海湾—乌节中心区受滨海湾入海口的影响集中于一侧外，其余中心区基本都遵循了这一空间分布规律。而硬核连绵区作为中心区内主要的公共设施集聚区，多是早期的中心区及硬核的诞生地，具有强烈的心理认同及历史人文底蕴，而轨道交通等设施也多首先从硬核连绵区中心通过，以保证其较高的使用效率，加之地价高昂，区位竞争强烈等因素，共同推动了硬核连绵区内街区高度的提升。

(2) 街区平均层数呈现出圈层式递减的分布规律。较为明显的是都心中心区及御堂筋中心区。当然受开放空间、地形条件、用地性质等多种要素影响，这种递减并不是均匀的，会存一些高度较为混杂的地区，但整体的这种趋势并未被淹没。在多种条件影响下，也会出现中心区出现高度热点地区偏心发展的情况，造成中心区一侧衰减较快，一侧衰减较慢的格局，如首尔江北中心区。

(3) 轨道交通的空间轴线作用明显。中心区内的高高度街区集聚区往往不是一个完全均质发展的形态，而是受到轨道交通站点的影响，表现出明显的主次发展方向，在中心区整体尺度层面来看，就表现为沿核心轨道线路展开的空间格局。当中心区的强力发展将站点之间的空隙填满时，就形成了高高度街区的连绵集聚区，如东京都心中心区，而如中心区尚处于不断地发展之中，受一些地形、历史等因素影响，就会形成沿轨道交通线路的蛙跳式格局，如上海人民广场中心区。

4.2 建筑密度形态解析

建筑密度指在一定范围内，建筑物的基底面积总和与总用地面积的比例，是反映建筑物覆盖率的一项指标，可以反映出一定用地范围内建筑密集程度，也是一项反映一定范围内空间形态的重要指标。本书所指的建筑密度是以街区为基本统计单元，通过 GIS 技术平台相关的统计及计算功能所求得的中心区内各街区的建筑密度，并以此为基础，对各中心区建筑密度的数值及空间分布等进行比较研究。

4.2.1 建筑密度的数值特征解析

1）基本数据分析

为了保证比较分析具有相对统一的平台，因此，建筑密度的计算也以街区为基本单元。在各中心区建筑密度统计的基础上，仍然采用自然断裂点分析法对各中心区建筑密度数值进行分类处理，形成具有针对性的类别划分。

极核结构中心区平均建筑密度约为 50%。

东京都心中心区平均建筑密度为 58.65%，建筑密度最大的街区达到了 94.51%。所占比重最大的类别为建筑密度在 60.20%～67.59%之间的街区，比重为 21.67%，此外，建筑密度在 67.59%～75.51%之间以及 52.30%～60.20%之间的街区比重也较大，分别占到了总街区数量的 21.09%以及 18.44%。所占比重最小的类别为建筑密度在 0.00%～12.75%之间的街区，比重仅为 2.94%，而建筑密度最大的类别为建筑密度在 75.51%～94.51%之间的街区，比重为 11.85%(表 4.13)。

表 4.13　都心中心区建筑密度统计

类别	街区数量(个)	所占比重
0.00%～12.75%	253	2.94%
12.75%～30.65%	331	3.84%
30.65%～42.83%	640	7.43%
42.83%～52.30%	1 097	12.74%
52.30%～60.20%	1 588	18.44%
60.20%～67.59%	1 866	21.67%
67.59%～75.51%	1 816	21.09%
75.51%～94.51%	1 020	11.85%
总　　计	8 611	100.00%

大阪御堂筋中心区平均建筑密度为 49.59%，建筑密度最高值为 91.18%。8 个类别中，所占比重最大的为建筑密度在 47.99%～55.64%之间的街区，比重为 22.23%，而建筑

密度在 55.64%～63.42%之间的街区数量也较大，比重达到了 21.53%。所占比重最小的街区是建筑密度最大的街区，建筑密度在 72.42%～91.18%之间的街区比重仅为4.76%。(表 4.14)。

表 4.14 御堂筋中心区建筑密度统计

类别	街区数量(个)	所占比重
0.00%～10.82%	152	5.61%
10.82%～27.25%	132	4.87%
27.25%～39.07%	284	10.49%
39.07%～47.99%	428	15.81%
47.99%～55.64%	602	22.23%
55.64%～63.42%	583	21.53%
63.42%～72.42%	398	14.70%
72.42%～91.18%	129	4.76%
总　　计	2 708	100.00%

新加坡海湾-乌节中心区平均建筑密度为 41.11%，由于其绿地、水体等开放空间较多，因此存在大量建筑密度较低的街区，但建筑密度最高的街区也达到了 91.07%。所有类别中，数量最多的是建筑密度在 18.91%～33.01%之间的街区，比重达到了 15.31%。建筑密度最大的类别是在 74.96%～91.07%之间的街区，但却是数量最小的类别，比重仅为 8.13%(表4.15)。

表 4.15 海湾-乌节中心区建筑密度统计

类别	街区数量(个)	所占比重
0.00%～6.82%	60	14.35%
6.82%～18.91%	38	9.09%
18.91%～33.01%	64	15.31%
33.01%～45.66%	62	14.83%
45.66%～55.25%	52	12.44%
55.25%～64.27%	47	11.24%
64.27%～74.96%	61	14.59%
74.96%～91.07%	34	8.13%
总　　计	418	100.00%

首尔江北中心区平均建筑密度为 48.66%，最高值为 88.28%，相比于其余中心区略低。在所划分的 8 个类别中，比重最大的为建筑密度在 48.75%～56.23%之间的街区，达到了 18.39%。而建筑密度在 40.67%～48.75%之间的街区与之相当，比重为 17.76%。数量最少的街区是建筑密度在 0.00%～13.71%之间的街区，比重仅为 4.47%。其次则为建筑密

度最大的街区，建筑密度在73.67%～88.28%之间，比重则为8.82%(表4.16)。

表4.16 江北中心区建筑密度统计

类别	街区数量(个)	所占比重
0.00%～13.71%	36	4.47%
13.71%～30.66%	83	10.31%
30.66%～40.67%	129	16.02%
40.67%～48.75%	143	17.76%
48.75%～56.23%	148	18.39%
56.23%～64.10%	111	13.79%
64.10%～73.67%	84	10.43%
73.67%～88.28%	71	8.82%
总　计	805	100.00%

香港港岛中心区平均建筑密度为54.48%，建筑密度最高的街区是所有中心区内最高的，高达97.03%。在划分的8个类别中，建筑密度在68.17%～77.30%之间的街区数量最多，占到了总街区数量的19.03%。建筑密度在87.28%～97.03%之间的街区是建筑密度最大的街区，但比例却最低，仅占街区总数的7.29%。此外，建筑密度在10.28%～27.77%之间的街区数量也较低，比重为9.31%，其余类别的街区比重则大致相当(表4.17)。

表4.17 港岛中心区建筑密度统计

类别	街区数量(个)	所占比重
0.00%～10.28%	52	10.53%
10.28%～27.77%	46	9.31%
27.77%～43.73%	50	10.12%
43.73%～57.69%	73	14.78%
57.69%～68.17%	86	17.41%
68.17%～77.30%	94	19.03%
77.30%～87.28%	57	11.54%
87.28%～97.03%	36	7.29%
总　计	494	100.00%

上海人民广场中心区平均建筑密度为49.66%，建筑密度最高值达到了92.77%。8个类别中，数量最多的为建筑密度在43.21%～52.55%之间的街区，比重为17.80%，建筑密度在30.92%～43.21%以及60.85%～69.18%之间的街区数量也较多，比重分别为16.31%及16.53%。数量最少的街区同样也是建筑密度最高的街区，建筑密度在77.57%～92.77%之间，比重仅为5.30%(表4.18)。

表 4.18 人民广场中心区建筑密度统计

类别	街区数量(个)	所占比重
0.00%～12.45%	37	7.84%
12.45%～30.92%	44	9.32%
30.92%～43.21%	77	16.31%
43.21%～52.55%	84	17.80%
52.55%～60.85%	71	15.04%
60.85%～69.18%	78	16.53%
69.18%～77.57%	56	11.86%
77.57%～92.77%	25	5.30%
总　计	472	100.00%

整体来看,建筑密度最高及最低的街区,通常数量较少。成熟性极核结构中心区平均建筑密度为54.12%,而发展型极核结构中心区的平均建筑密度则为48.48%,略低于成熟性极核结构中心区,而6个中心区整体来看,具有极核结构现象的中心区平均建筑密度50.36%,建筑覆盖率基本为街区的一半。

2) 数据波动形态分析

在基本情况统计的基础上,进一步对极核结构中心区建筑密度数值的分布规律进行研究,重点考察建筑密度数值的波动情况。根据各中心区建筑密度数值空间波动折线图所形成的不同形态进行分析,并将其与中心区建筑密度的平均值进行比较。

(1) 按其空间波动的形态来看,可以分为单峰值波动及多峰值波动两种模式。

① 单峰值波动。在建筑密度数值的变化中,以其中一类数值区间的街区数量最多,成为建筑密度变化的峰值区间,两侧的数值区间的街区,则随着与其数值差距的增大数量不断减少,形成一个孤立的山峰形态,称为单峰值波动。单峰值波动是极核结构中心区建筑密度数值变化的主要方式,在6个极核结构现象的中心区案例中,有4个呈现出单峰值波动特点,分别为都心中心区、御堂筋中心区、港岛中心区及江北中心区,而2个成熟型极核结构中心区均为单峰值波动模式(图4.21)。

虽然都是单峰值的波动形态,但具体来看仍存在一些细微差别。都心中心区的峰值地区较为平缓,由多个数值区间共同组成,且峰值偏向于高值区域,向两侧递减的变化趋势也较为稳定(图4.21(a));御堂筋中心区数值变化相对剧烈,峰值地区基本位于中部,向两侧衰减较快(图4.21(b));港岛中心区峰值地区较为尖锐,且向低值区域衰减趋势较缓,并在低值区存在较小的波动,但向高值区域的衰减趋势则较为强烈(图4.21(c));江北中心区峰值地区最为平缓,由3个相近的数值区间共同构成峰值区,且向高值地区的衰减较为平缓(图4.21(d))。

② 多峰值波动。在建筑密度数值的变化中,波动性较大,出现多个街区数量较多的数值区间,并由此形成多个峰值的波动模式。新加坡海湾-乌节中心区以及上海人民广场中

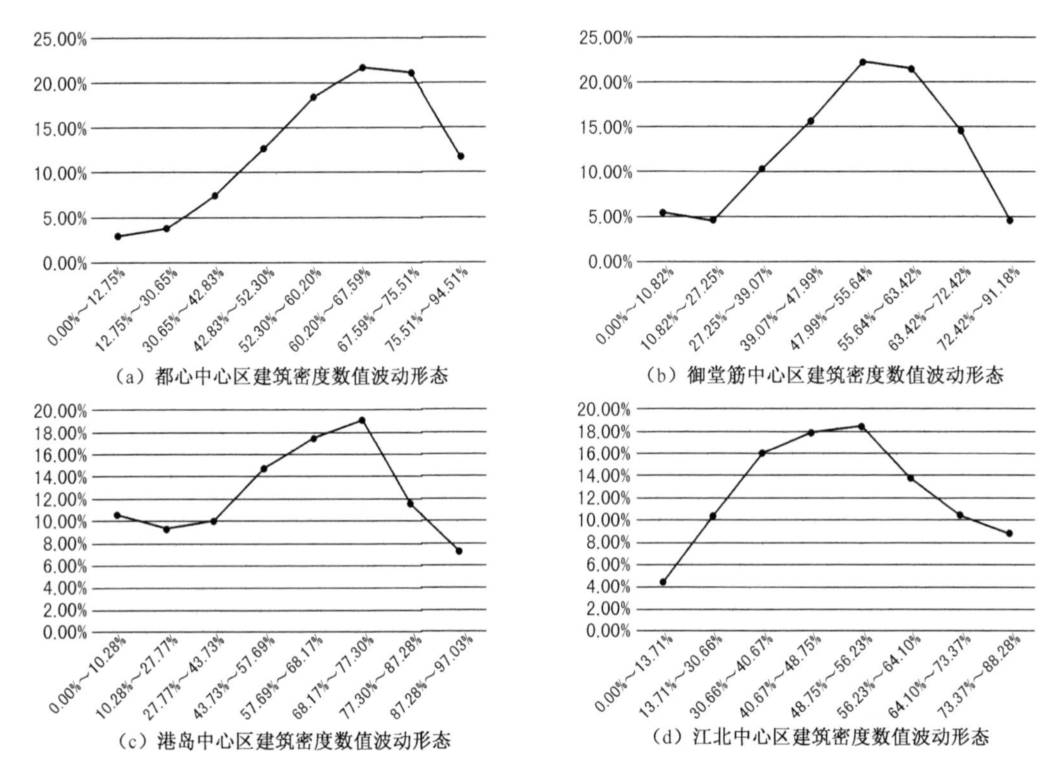

(a) 都心中心区建筑密度数值波动形态

(b) 御堂筋中心区建筑密度数值波动形态

(c) 港岛中心区建筑密度数值波动形态

(d) 江北中心区建筑密度数值波动形态

图 4.21 建筑密度数值单峰值波动形态

心区均是典型的多峰值波动模式(图 4.22)。其中,海湾-乌节中心区为 3 峰值波动,峰值出现在最低值区域、中低值区域以及高值区域,同时也可以看出,整个中心区建筑密度的数值分布相对集中(图 4.22(a));人民广场中心区为双峰值波动,波峰均集中在数值的中段位置,形成类似驼峰的形态(图 4.22(b))。

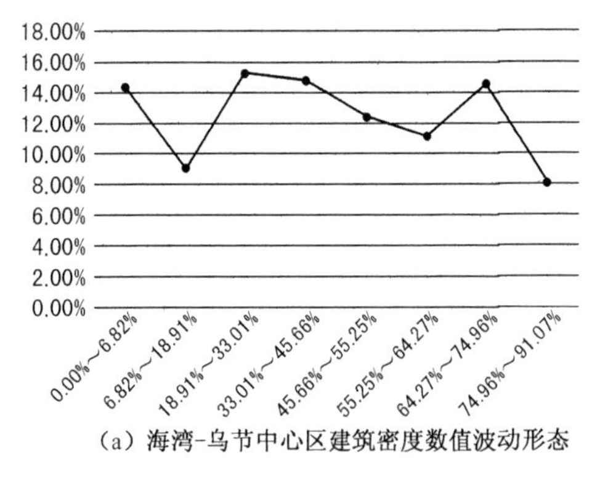

(a) 海湾-乌节中心区建筑密度数值波动形态

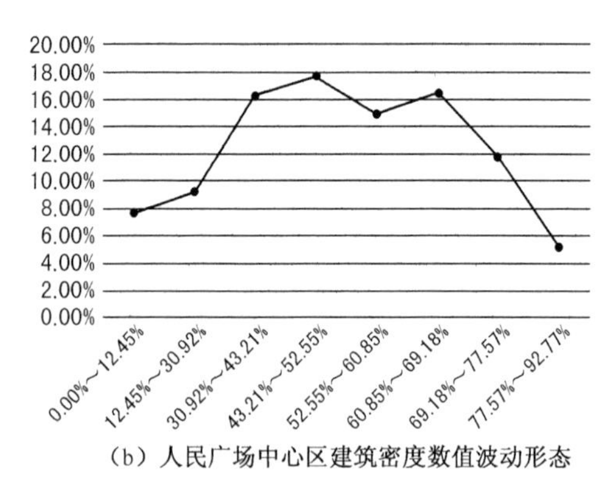

(b) 人民广场中心区建筑密度数值波动形态

图 4.22 建筑密度数值多峰值波动形态

(2) 按其波动区间来看,可以分为高值区间波动及均区间波动两种模式。

① 高值区间波动。峰值地区出现在平均值以上的高数值区间。这类中心区多以较高密度的街区为主,中心区用地较为紧凑。而由于建筑密度受建筑底面积及街区面积大

小的共同影响，在街区尺度较大的情况下，建筑覆盖率难以提高，也因此可以大致判断出高值区间波动的中心区具有较小的街区尺度。东京都心中心区、大阪御堂筋中心区以及香港港岛中心区都属于高值区间波动的模式(图 4.23)。而 3 个中心区的平均街区大小则分别为0.64 公顷、0.67 公顷以及 0.91 公顷，街区尺度在(60～90)m × 100 m 左右，街区尺度较小。

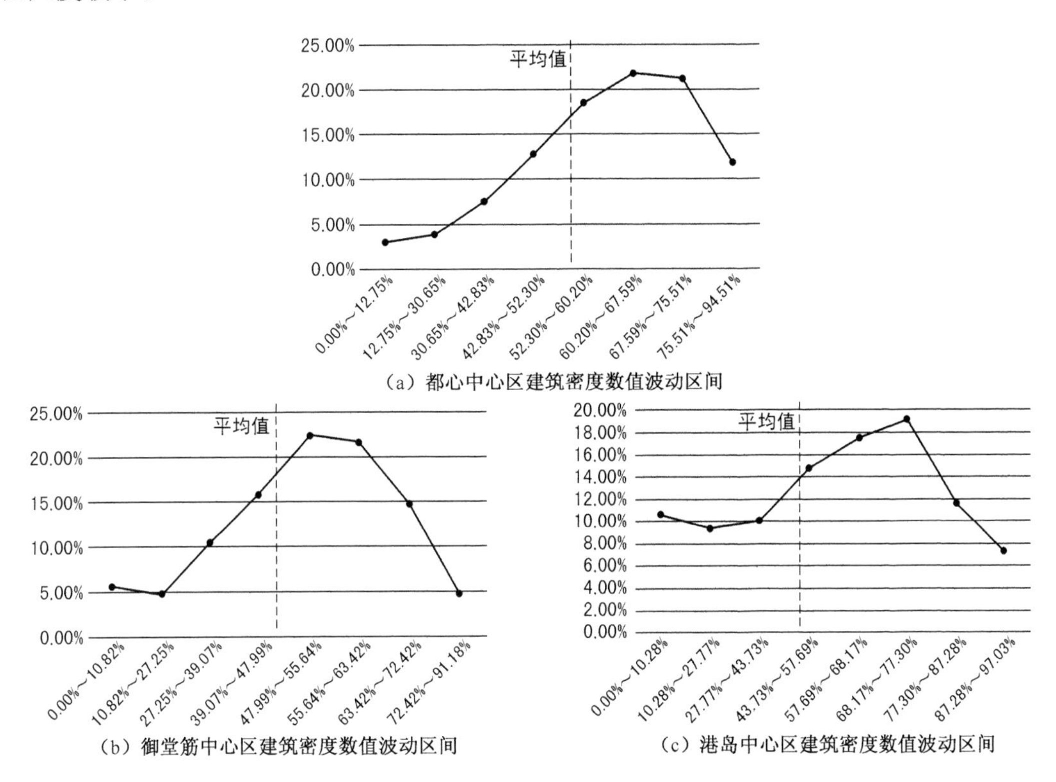

(a) 都心中心区建筑密度数值波动区间

(b) 御堂筋中心区建筑密度数值波动区间

(c) 港岛中心区建筑密度数值波动区间

图 4.23 建筑密度数值高值区间波动模式

② 均值区间波动。峰值地区围绕平均值分布。这类中心区建筑密度发展较为均衡，高密度及低密度街区基本相当，相应的街区尺度较大。新加坡海湾-乌节中心区、首尔江北中心区及上海人民广场中心区都是均值区间波动的模式(图 4.24)。3 个中心区平均街区大小分别为 2.14 公顷、1.49 公顷以及 2.57 公顷，街区尺度在(150～250)m × 100 m 左右，尺度基本在高值区间波动模式的 2～3 倍左右。

成熟型极核结构中心区均为高值区间波动模式，发展型极核结构中心区中，除香港港岛中心区受用地条件限制，中心区整体建筑密度较大，形成了高值区间波动模式外，其余中心区则都是均值区间波动模式。中心区发展越成熟，等级越高，对土地资源的相对需求也就越大，中心区也就越容易产生高建筑密度的街区。而同时，中心区本身的用地资源条件也会对建筑密度产生较大影响，如香港港岛中心区的高密度形态，以及新加坡海湾-乌节中心区相对低密度的形态等。此外，街区尺度与建筑密度的大小也存在一定的关系，街区尺度越小，建筑密度越大，反之建筑密度则越小。

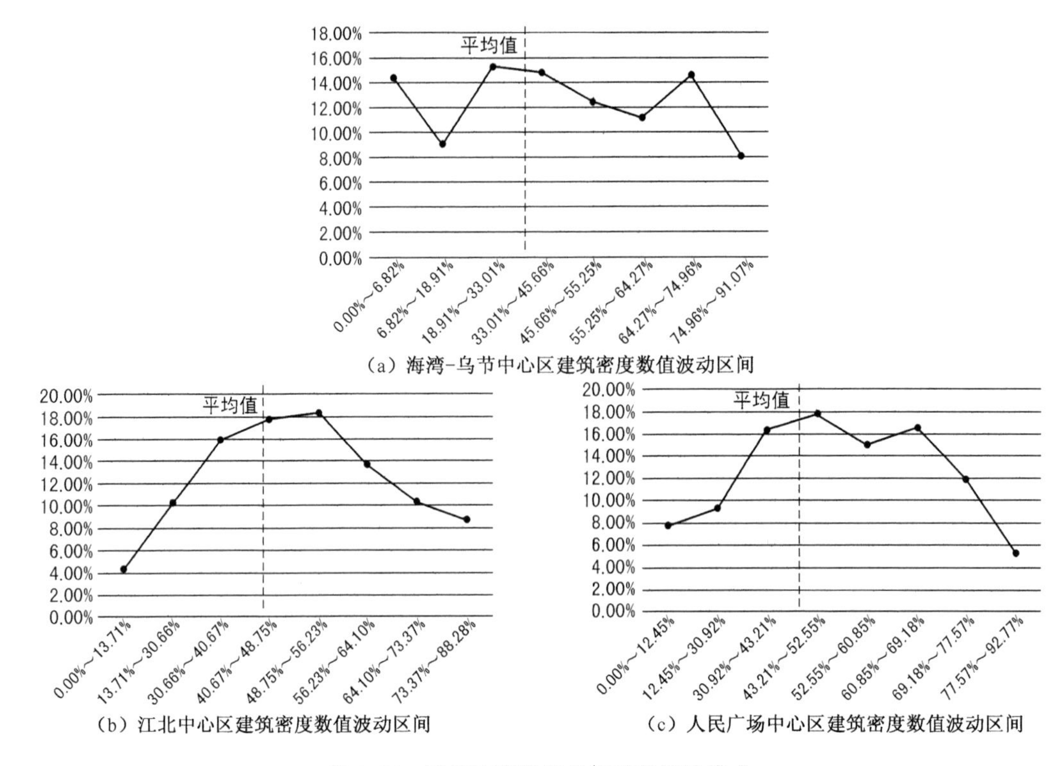

图 4.24　建筑密度数值均值区间波动模式

4.2.2 建筑密度空间分布特征解析

在对建筑密度数值分析的基础上，借助 GIS 技术平台的相关功能，对其空间分布进行详细分析，对建筑密度的分布进行等值线及聚类分析，以探寻不同建筑密度街区空间分布的规律性特征。

1）建筑密度分布受传统商业街区及住宅等影响较大，呈现出不同格局

东京都心中心区建筑密度分布特征较为明显，整体呈现出东北部高密度，西南部低密度的分布特征(图 4.25)。以隅田川为界，建筑密度较高的街区被分为东西两个部分，东侧以墨田区为中心，包括江东区北侧地区，江东区南侧也有少量建筑密度较高的街区集中分布；西侧以台东区为中心，包括荒川区南侧地区、中央区东侧地区，以及山手线"上野站-秋叶原站-东江站-新桥站"及周边地区。而建筑密度较低的街区分布更为明显，皇宫及其周边地区成为最为突出的低建筑密度集中区；东京湾周边地区以国际展示场硬核为中心，形成一个较大的低建筑密度街区集中分布区。从其整体趋势来看，不同等级的建筑密度街区分布相对集中，但高建筑密度地区则呈现出一定的混杂度，连续的高建筑密度等值线之间，往往会出现较多的低建筑密度等值线形成的孔洞区。

从图中还能反映出一个重要现象，即高建筑密度的街区基本均分布于硬核以外(图 4.25(b))。在秋东桥硬核连绵区内的上野站至秋叶原站之间，以及东京站周边地区，形成了两处建筑密度高值集聚区，但仍有大量的高建筑密度街区分布于硬核外围。硬核内的高建筑密度街区以商务、商业等用地为主，而硬核外的高建筑密度街区则以居住用地为主。

这反映出，在都心中心区这种顶级中心区内，无论是商务、商业等公共职能，还是生活居住职能，均是以较为紧凑的高密度方式布局。

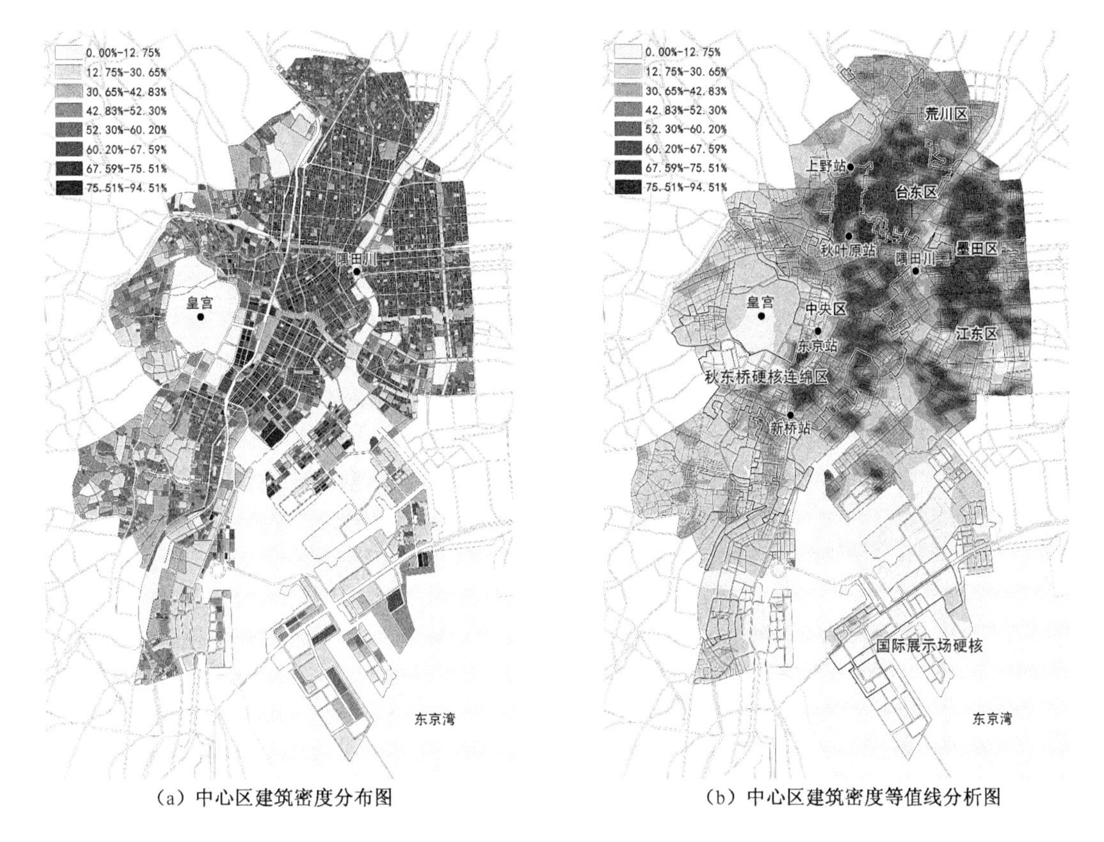

(a) 中心区建筑密度分布图　　(b) 中心区建筑密度等值线分析图

图 4.25　都心中心区建筑密度分布等值线解析

大阪御堂筋中心区内，建筑密度的分布呈现出一定的圈层式分布特征(图 4.26)。高建筑密度的街区主要集中于中心区中心位置，在轨道交通御堂筋线的大阪站、淀屋桥站、本町站、心斋桥站等地区有较为集中的分布，并依托站点，形成蛙跳式的峰值地区分布特征。这些街区基本均以商务、商业及金融用地为主，且均位于中心区的硬核连绵区内。此外，在硬核及中心区的边缘，还有一些零星分布的高建筑密度街区集聚区，如天王寺区北侧、堂岛川两岸，以及福岛区北侧地区等。同都心中心区一样，这些地区也多是居住用地的集中分布区，但其集聚的规模及特征尚未达到都心中心区的级别，不够明显。总体来看，高建筑密度街区依托公共建筑簇群，沿轨道交通线形布局，并在硬核内集聚的特征更为明显。

低建筑密度街区的分布则呈现出“一区、一带、一环”的格局(图 4.26(b))。“一区”即为大阪城公园及其周边部分街区形成的以公园绿地为主的低建筑密度集聚区；“一带”则指依托堂岛川所形成的，以开放水体及绿地为主的从中心区中部穿过的一条低密度街区集聚带；“一环”则指中心区边缘地区存在的大量低建筑密度街区，基本形成一个围绕中心区的环状，这些街区也主要以居住社区中的绿地开放空间等为主。

新加坡海湾—乌节中心区内，建筑密度分布呈现出东高西低的整体格局(图 4.27)。建筑密度较高的街区主要集中于中心区东侧硬核范围内，海湾硬核连绵区内以商务、金融、商

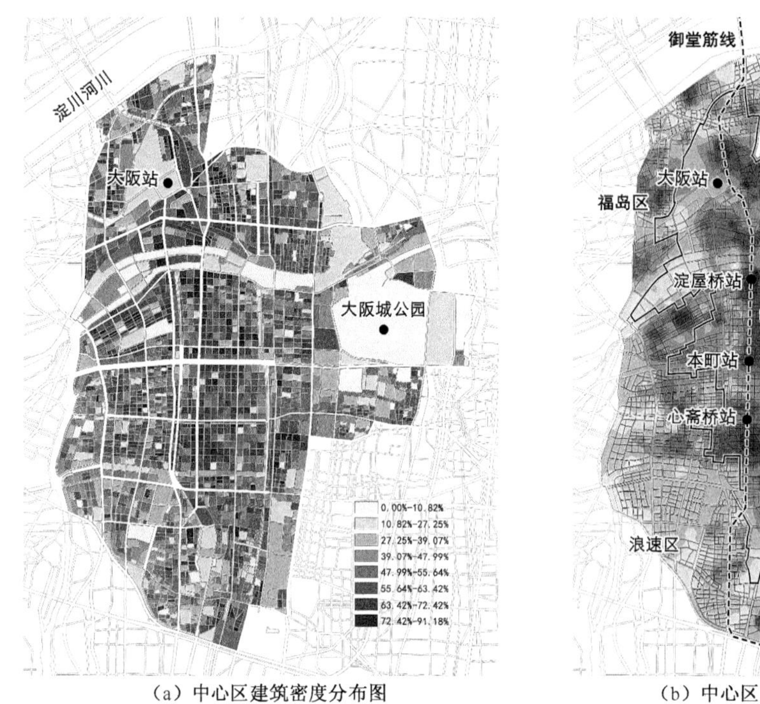

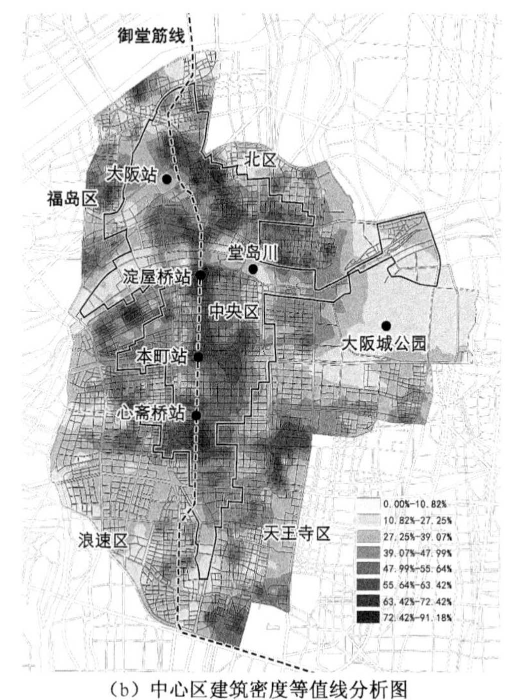

（a）中心区建筑密度分布图　　（b）中心区建筑密度等值线分析图

图 4.26　御堂筋中心区建筑密度分布等值线解析

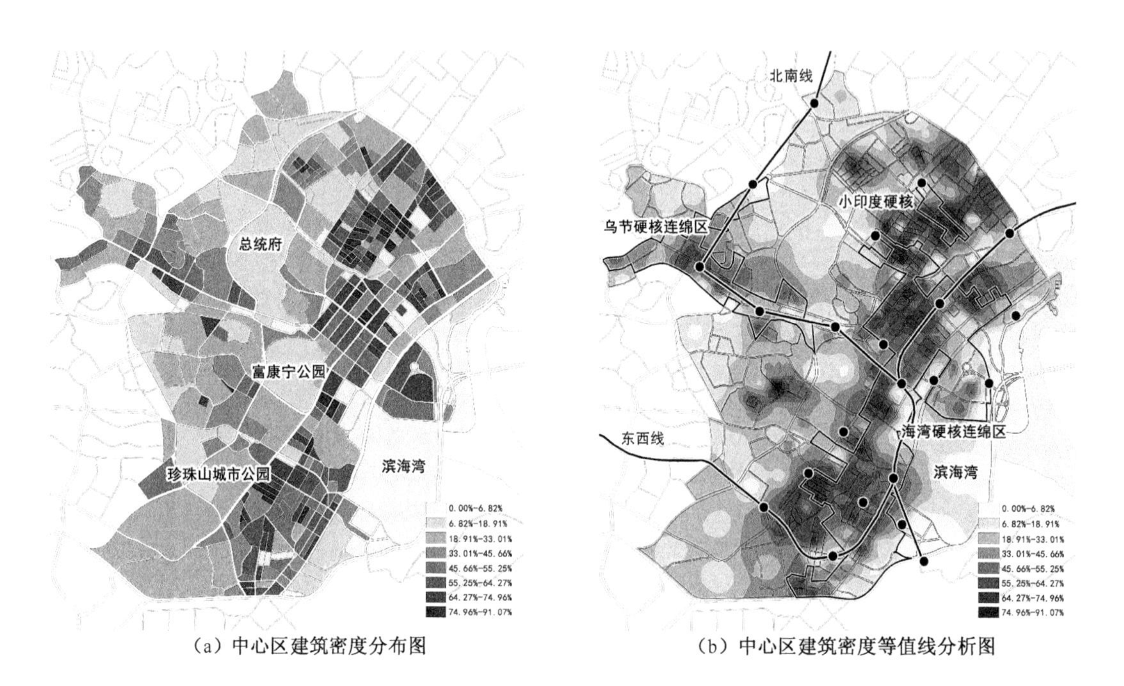

（a）中心区建筑密度分布图　　（b）中心区建筑密度等值线分析图

图 4.27　海湾-乌节中心区建筑密度分布等值线解析

业、文化等公共设施为主，而小印度硬核是较为传统的商业街形式，以高密度、低高度的商业建筑为主，其周边地区也是类似的住宅建筑。这些高建筑密度的地区基本形成连绵发展趋势，形成一条高建筑密度街区集聚带。此外，西侧的乌节硬核连绵区也以商务、商业等公共设施为主，形成了一个高建筑密度街区集聚区。中心区中部南北两侧各有一处以居住功能为主的高建筑密度集聚区。从图中还可以看出，中心区内的轨道交通站点基本都位于硬核范围内，并与公共建筑簇群形成的高建筑密度街区联系紧密，呈现出沿轨道交通东西线线形展开的格局。

在此基础上，低建筑密度街区的分布则呈现出纵向的双带状形态(图 4.27(b))。中心区最东侧紧邻滨海湾，滨水地区基本以大型的公园绿地为主，形成一条明显的低建筑密度街区集聚带。同时，中心区中部由“总统府-富康宁公园-珍珠山城市公园”一带集中了多处大型的绿地及开放空间，严重影响了建筑密度的提升，形成一条贯穿南北的建筑密度较低的街区集聚带。此外，由于海湾-乌节中心区良好的生态景观环境，中心区硬核内也分布有大量的绿地，使得“海湾硬核连绵区-小印度硬核”高建筑密度街区集聚带中零星出现一些低建筑密度街区的孔洞区。

首尔江北中心区中建筑密度较高的街区分布特征与东京都心中心区较为类似，多分布于硬核外围(图 4.28)。具体来看，南大门硬核连绵区东南角有几处高建筑密度街区的集聚区，而在其东侧外围地区也有一处较大的集聚区，并基本与硬核内连接为一体；东大门硬核连绵区内基本没有建筑密度较高的街区，而在其外围地区，则环绕了多个高建筑密度街区集聚簇群。南大门硬核连绵区内的集聚区是集中的商业街区，以高密度、低高度的小型商业建筑的集聚为主，而两个硬核连绵区外围的集聚区则基本均为高密度的老旧居住区，或在老旧居住区基础上发展而成的商业住宅混合街区。整体上看，建筑密度较高的街区基本呈现出环绕硬核连绵区布局的特征。

建筑密度较低的街区则更多的集中于两个硬核连绵区中部，多以商务、商业、金融、行政等公共职能为主(图 4.28(b))。这些功能多采用高高度、低密度的建筑簇群形态，并伴有一些开放的绿地等景观生态空间，使其建筑密度较低。此外，中心区的边缘地区一些新开发的高层居住区密度也相对较低。

香港港岛中心区建筑密度的分布基本呈现出线形展开与簇群集聚相结合的格局，这也与中心区狭长的用地形态有关(图 4.29)。建筑密度较高的街区主要分布在中心区中部，在港岛线的上环站、中环站、金钟站、湾仔站及铜锣湾站周边均有集中的高建筑密度街区集聚，且在中心区西侧，西安里及西环码头附近也有少量的集聚区。中环硬核连绵区内的高建筑密度街区主要以商务、金融等功能为主，铜锣湾硬核内的高建筑密度街区则主要以商业、商务及酒店等功能为主，而湾仔站至铜锣湾站之间的高建筑密度街区以高度集聚的商业居住混合功能为主。整体来看，建筑密度较高的街区随中心区形态线形布局的特征明显，但这种线形格局的连续性并不强，中间多有一些断裂，形成了线形与簇群相结合的形态格局。

建筑密度较低的街区主要集中于中心区南北两侧，滨水沿山地区(图 4.29(b))。中心区北侧维多利亚湾沿岸的码头及湾仔海滨长廊地区形成多个低密度街区集聚区，中心区中部南侧沿山地区及跑马地游乐场也是较为明显的低密度街区。这些低密度街区多为生态、景观、广场等开放空间，或历史建筑所在街区。

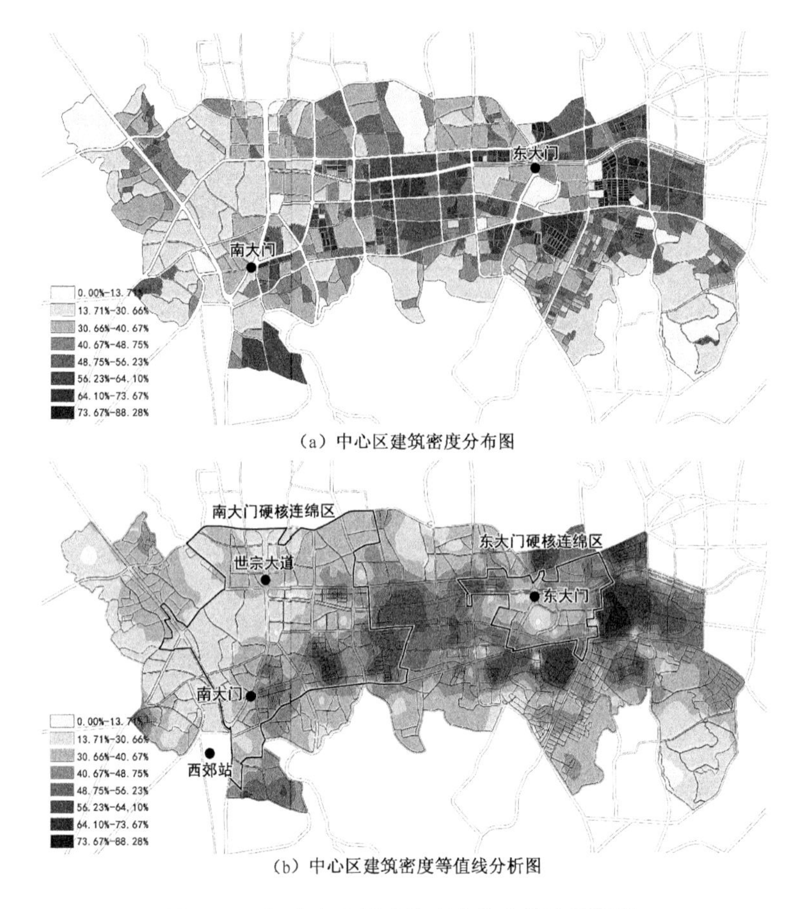

（a）中心区建筑密度分布图

（b）中心区建筑密度等值线分析图

图 4.28　江北中心区建筑密度分布等值线解析

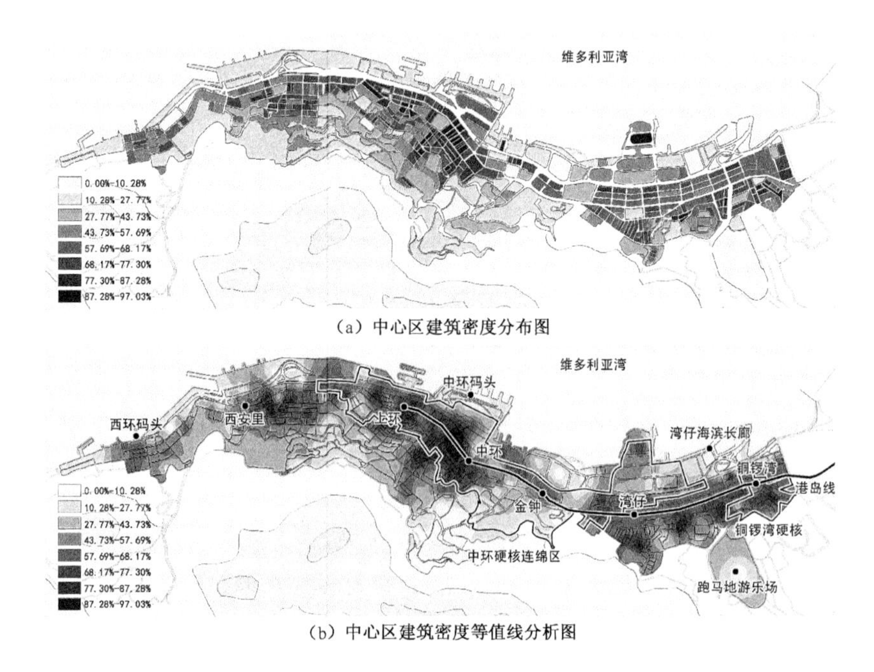

（a）中心区建筑密度分布图

（b）中心区建筑密度等值线分析图

图 4.29　港岛中心区建筑密度分布等值线解析

上海人民广场中心区则表现为明显的东部高密度，西部低密度的形态格局(图 4.30)。中心区建筑密度较高的街区分布相对集中，多位于中心区东侧中部黄浦江沿岸地区。该地区包括南京东路、外滩等著名的商业及商务金融街区，街区尺度较小，历史及老旧建筑较多，建筑密度较大。就其功能来看，包括商业、商务、金融及居住等诸多功能，其中公共职能多分布于人民广场硬核连绵区内，而居住功能则分布于外围。其余大部分地区，街区尺度明显增大，建筑密度则明显降低，在南北高架与延安路高架交汇处，依托人民广场及多处绿地形成了低建筑密度街区集聚区。此外，中心区西侧边缘地区及黄浦江沿线地区也有多处建筑密度较低的街区集聚区。

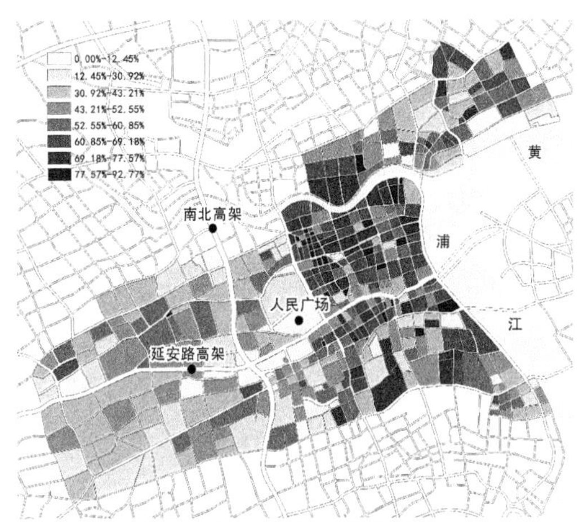

(a) 中心区建筑密度分布图

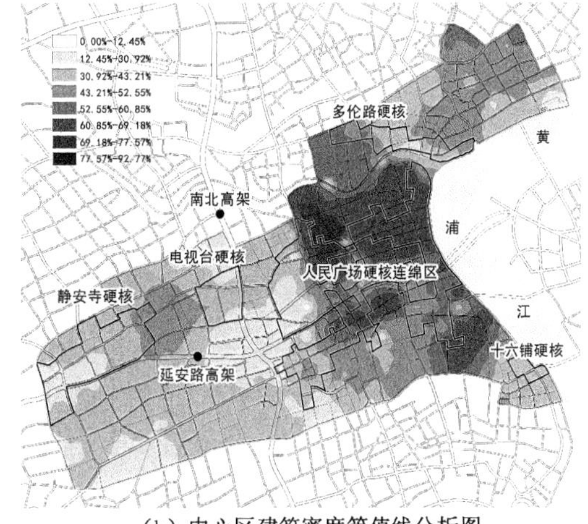

(b) 中心区建筑密度等值线分析图

图 4.30 人民广场中心区建筑密度分布等值线解析

从各中心区建筑密度的等值线分布情况来看，建筑密度分布的影响因素较多，包括中心区整体用地格局(如港岛中心区、海湾—乌节中心区等)、轨道交通线路(如御堂筋中心区、海湾—乌节中心区等)、硬核集聚(如御堂筋中心区等)、传统街区及历史建筑(如都心中心区、江北中心区及人民广场中心区)等。且中心区在发展过程中，往往受到多种因素的影响与制约，如海湾—乌节中心区同时受到轨道交通线路、传统街区以及用地格局的影响，是多种因素综合作用的结果。因此，综合来看：

(1) 极核结构的中心区基本都具有悠久的发展历史，因此多会在传统商业及居住集中区形成高建筑密度街区的集聚区(6 个中心区都或多或少的存在类似的集聚区)；

(2) 轨道交通的走线及站点的布局多与硬核关系紧密，会促使站点周边形成高密度开发的街区，当达到一定的集聚程度后，站点之间会连接为一体，形成沿轨道交通线形发展格局(6 个中心区内除江北中心区及人民广场中心区外，其余中心区均体现了一定的轨道交通引导性)；

(3) 中心区的自然地理及生态景观条件是建筑密度较低的街区形成的主要影响因素，各中心区的低密度街区基本都是围绕这些地区集聚；

(4) 建筑密度较高的街区多为商务、商业、金融等公共建筑簇群(江北中心区公共建筑簇群多采用高高度、低密度的形态模式)，而建筑密度较低的街区则多为较新的居住区(传统居住区建筑高度较低，间距较小，导致密度较大)。

2）建筑密度分布表现出一定的圈层特征

在建筑密度分布基础上的聚类分析，可以有效地摒弃杂乱信息的干扰，以冷热点来计算高建筑密度以及低建筑密度街区的核心分布区域。

东京都心中心区内建筑密度的热点地区主要分为 2 个部分，一个位于台东区西侧及上野站至秋叶原站之间的地区，另一个分布于江东区北侧至墨田区地区，且两个热点地区相互毗邻，空间距离较近。而冷点地区则主要集中分布于中心区的西侧及南侧边缘地区，包括皇宫、港区、国际展示场硬核等地区。整体来看，东京都心中心区建筑密度冷热点的分布呈现出一定的扇形特征，热点位于中心区东北侧，以此为核心，呈密度扇形递减分布(图 4.31)。

图 4.31 都心中心区建筑密度聚类分析

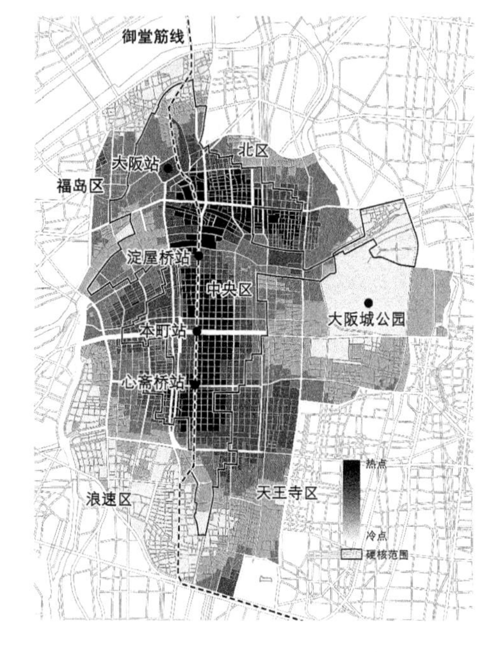

图 4.32 御堂筋中心区建筑密度聚类分析

大阪御堂筋中心区建筑密度分布的热点地区也主要分为 2 个部分，以中心区中部堂岛川为界，北侧的热点地区集中分布于大阪站东侧及南侧区域，而堂岛川南侧的热点地区则集中于淀屋桥站-本町站-心斋桥站沿线的东侧地区，且 2 个热点地区已经基本连接为一体。冷点地区则主要集中于中心区边缘地区，有 3 个明显的区域，大阪城公园及周边地区、浪速区以及淀川河川沿岸地区。整体来看，御堂筋中心区建筑密度分布的热点及冷点规模上基本相当，空间上呈现出圈层分布的特征，热点集中于中心，冷点环绕于外围(图 4.32)。

新加坡海湾-乌节中心区建筑密度分布的热点地区也形成了 2 个主要的集聚区，以轨道交通北南线为界，分为南北 2 个部分，北侧以小印度硬核及其周边地区为核心，并包括了海湾硬核连绵区部分地区；而南侧则主要集中于海湾硬核连绵区内，位于轨道交通东西线来福士坊站及丹戎巴葛站之间的西北侧地区，且2个热点地区较为独立。冷点地区较少，集中于滨海湾北侧地区。整体来看，新加坡海湾—乌节中心区建筑密度分布的热点地区明显多于冷点地区，空间上呈现出条带状分布格局，也可看做是圈层式扩散的一种拓扑形态(图4.33)。

首尔江北中心区建筑密度分布的热点地区仅有1处，位于东大门硬核连绵区东侧地区。主要的冷点地区有3处，中心区东南角地区，中心区中部地区以及南大门硬核连绵区及其西侧大片地区。整体来看，首尔江北中心区的冷点地区较多，且主要集中于中心区边缘地区。在空间分布上，热点地区偏于中心区一侧，依此为核心，随着距离增大，温度递减，表现为一定的扇形拓扑特征(图4.34)。

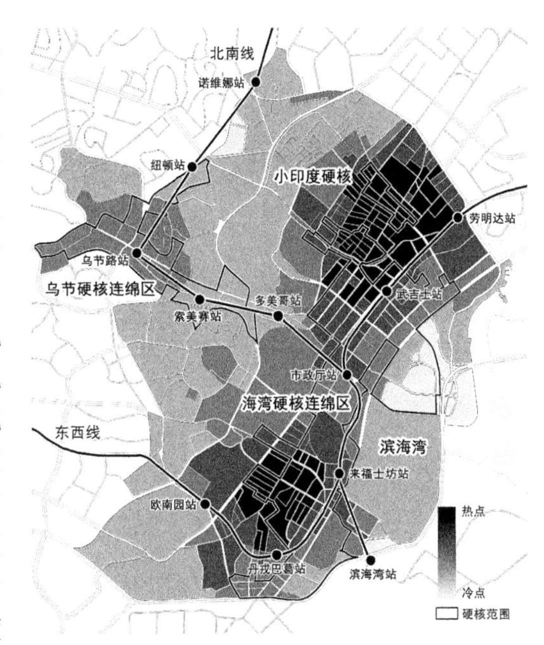

图4.33 海湾—乌节中心区建筑密度聚类分析

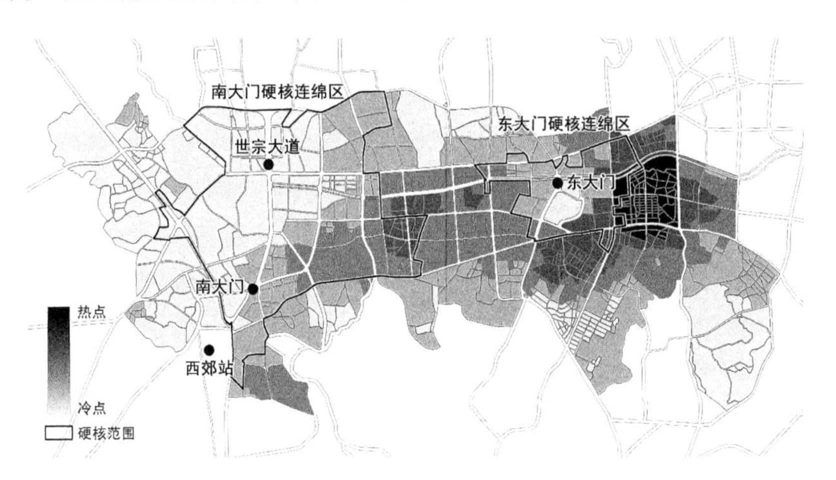

图4.34 江北中心区建筑密度聚类分析

香港港岛中心区的热点地区位于中心区中部，中环硬核连绵区西侧，港岛线上环站至中环站之间的区域。冷点地区分布相对较为分散，中心区中部沿山地区、中心区西侧西宝城地区、中心区东侧的湾仔海滨长廊及跑马地游乐场地区均有冷点的分布。整体看来，港岛中心区内建筑密度分布的冷点地区略多于热点地区，但在空间分布上，热点地区较为集中，而冷点地区相对分散，整体上以热点地区为中心的圈层式格局特征较为明显(图4.35)。

上海人民广场中心区建筑密度分布的热点地区位于南京东路周边地区；冷点地区分布同样较为零散，在南北高架及延安路高架交汇处、人民广场地区、黄浦江沿岸北侧等多个地区均有分布。整体上看，人民广场中心区建筑密度分布的热点地区较少，但相对集中，冷点地区较多，但相对分散，虽然热点地区偏于一侧，但并未形成与冷点地区的相对

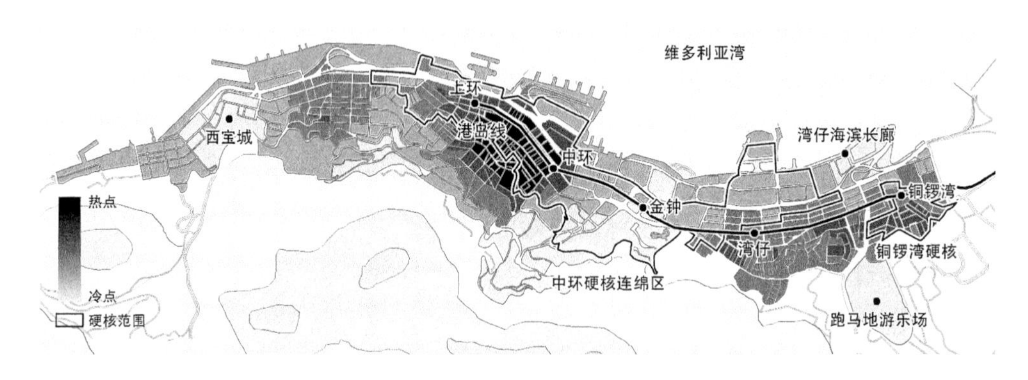

图 4.35 港岛中心区建筑密度聚类分析

分布，整体格局更像是围绕热点地区扇形展开的格局，也可认为是圈层扩散的一种拓扑形态(图 4.36)。

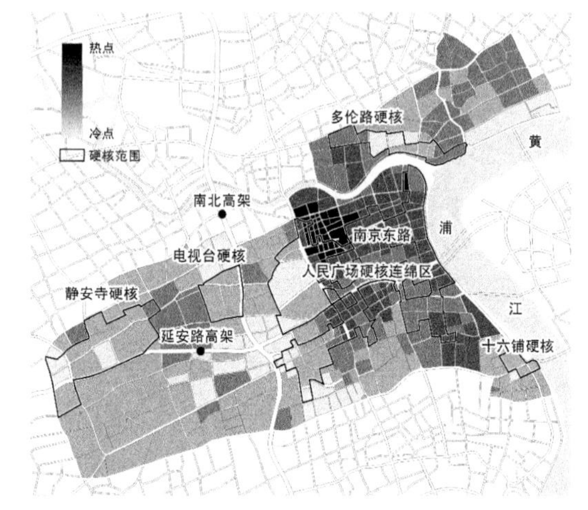

图 4.36 人民广场中心区建筑密度聚类分析

综合全部案例建筑密度冷热点分布格局来看，基本可以分为 2 种集聚模式，而无论哪种模式均表现了一定的圈层分布特征。2 种模式分别为：

(1) 热点地区分布于中心，冷点地区环绕在外围，形成明显的圈层式分布格局，典型的如大阪御堂筋中心区、新加坡海湾—乌节中心区以及香港港岛中心区；

(2) 热点地区偏于中心区一侧，但冷点地区呈现出环绕热点地区分布的特征，表现为一定的扇形分布格局，典型的如东京都心中心区及上海人民广场中心区。

4.3 建设强度形态解析

建设强度是反应汇中心区内土地开发利用程度的一项重要指标，通常以容积率来反应。容积率也是一项综合指标，受建筑密度、建筑高度、建筑层数、街区尺度、街区形态等多种因素的影响，能够给人以较为直观的空间感受，因此也是一项反应空间形态的重要指标。在此基础上，本书借助 GIS 技术平台相关的统计及计算功能，求得各中心区街区的容积率情况，并对其数值及空间分布等进行比较研究。

4.3.1 建设强度数值特征解析

1) 基本数据分析

容积率受中心区地理环境等因素影响，差别较大。

东京都心中心区平均容积率为 3.23，最高值为 23.80(表 4.19)。其中数量最多的街区为容积率在 2.14～2.98 之间的街区，占到了中心区总街区数的 28.16%。数量最少的街区则是容积率最高的街区，容积率在 11.26～23.80 之间的街区所占比重仅为 0.31%。

表 4.19　都心中心区容积率统计

容积率类别	街区数量(个)	所占比重
0.00～1.05	406	4.71%
1.05～2.14	1 559	18.10%
2.14～2.98	2 425	28.16%
2.98～3.94	1 924	22.34%
3.94～5.17	1 349	15.67%
5.17～7.12	748	8.69%
7.12～11.26	173	2.01%
11.26～23.80	27	0.31%
总　　计	8 611	100.00%

大阪御堂筋中心区平均容积率 3.14，比都心中心区略低，最高值 21.84，也略低于都心中心区(表 4.20)。其容积率类别的划分及各类别的比重也都表现出与都心中心区极高的相似性：容积率在 2.02～2.93 之间的街区数量最多，占到了中心区总街区数量的 24.19%；同样，容积率在 11.55～21.84 之间的街区是容积率最高的街区，但也是数量最少的街区，仅有 11 个，比重也仅为 0.41%。

表 4.20　御堂筋中心区容积率统计

容积率类别	街区数量(个)	所占比重
0.00～0.94	243	8.97%
0.94～2.02	502	18.54%
2.02～2.93	655	24.19%
2.93～3.95	581	21.45%
3.95～5.34	432	15.95%
5.34～7.34	220	8.12%
7.34～11.55	64	2.36%
11.55～21.84	11	0.41%
总　　计	2 708	100.00%

新加坡海湾—乌节中心区则由于大量绿地、水体等开放空间影响，容积率较低，平均容积率仅为 2.74，容积率最高值也仅为 16.10(表 4.21)。街区数量最多的为容积率在 2.04～3.06 之间的街区，比重达到了 19.86%，这与之前的两个中心区较为类似。此外，受大量开放空间的影响，容积率在 0.00～0.46 之间的街区比重也较高，达到了 18.42%。而容积率在 9.63～16.10 之间的街区是容积率最高的街区，也是比重最低的街区，仅为 2.63%。

表 4.21 海湾-乌节中心区容积率统计

容积率类别	街区数量(个)	所占比重
0.00～0.46	77	18.42%
0.46～1.31	48	11.48%
1.31～2.04	75	17.94%
2.04～3.06	83	19.86%
3.06～4.66	63	15.07%
4.66～6.64	35	8.37%
6.64～9.63	26	6.22%
9.63～16.10	11	2.63%
总　计	418	100.00%

首尔江北中心区的容积率更低，主要是受其整体建筑密度及高度均较低的影响，平均容积率仅为 2.05，容积率最高值也仅为 9.97，是所有极核结构现象的中心区中最低的(表 4.22)。街区数量最多的类别是容积率 1.23～1.74 之间的街区，占到了街区总数的 25.22%。而容积率在 5.22～9.97 之间的街区是容积率最高的街区，但同样，比重也是最低，仅为 2.98%。

表 4.22 江北中心区容积率统计

容积率类别	街区数量(个)	所占比重
0.00～0.54	37	4.60%
0.54～1.23	130	16.15%
1.23～1.74	203	25.22%
1.74～2.25	162	20.12%
2.25～2.84	132	16.40%
2.84～3.68	81	10.06%
3.68～5.22	36	4.47%
5.22～9.97	24	2.98%
总　计	805	100.00%

香港港岛中心区受其用地条件限制，是所有极核结构现象中心区中容积率最高的，平均容积率达到了 10.49，容积率最高值也高达 34.77(表 4.23)。有多个容积率区间的街区数量相当，最多的为容积率在 0.00～2.36 之间的街区，占到了总街区数量的 16.19%，而容积率在 11.81～14.71 之间的街区数量也较多，比重为 15.79%。容积率最高的街区也是数量最少的街区，容积率在 23.11～34.77 之间的街区比重仅为 4.45%。

表 4.23 港岛中心区容积率统计

容积率类别	街区数量(个)	所占比重
0.00～2.36	80	16.19%
2.36～5.96	64	12.96%
5.96～9.04	69	13.97%
9.04～11.81	73	14.78%
11.81～14.71	78	15.79%
14.71～17.88	61	12.35%
17.88～23.11	47	9.51%
23.11～34.77	22	4.45%
总　　计	494	100.00%

上海人民广场中心区容积率最高值为 17.90,不算太高,但其平均容积率超过了东京都心中心区,达到了 3.56(表 4.24)。同样有多个区间街区数量相当,其中数量最多的为容积率在 0.74～1.88 之间的街区,占到了所有街区数量的 20.55%,而与之相邻的两个区间,即容积率在 1.88～2.77 以及 2.77～4.11 之间的街区,数量也较多,比重则分别为 19.92%及 19.70%。同样,容积率在 12.64～17.90 之间的街区是容积率最高的街区,但也是数量最少的街区,仅有 6 个,比重也仅为 1.27%。

表 4.24 人民广场中心区容积率统计

容积率类别	街区数量(个)	所占比重
0.00～0.74	40	8.47%
0.74～1.88	97	20.55%
1.88～2.77	94	19.92%
2.77～4.11	93	19.70%
4.11～6.05	77	16.31%
6.05～8.97	49	10.38%
8.97～12.64	16	3.39%
12.64～17.90	6	1.27%
总　　计	472	100.00%

整体来看,用地局促的中心区容积率较高,而生态景观环境较好的中心区容积率较低。从各中心区平均容积率的情况来看,可以将其分为 3 个类别:高开发强度中心区,平均容积率在 10 以上,如香港港岛中心区;中开发强度中心区,平均容积率在 3 以上,如东京都心中心区、大阪御堂筋中心区以及上海人民广场中心区;低开发强度中心区,平均容积率在 3 以下,如新加坡海湾—乌节中心区及首尔江北中心区。此外,各中心区容积率的数值变化还体现了一些共性特征:容积率最高区间的街区,均是中心区内数量最少的街区;街区数量最

多的街区容积率区间的容积率多在 3 以下(仅新加坡海湾-乌节中心区街区数量最多的区间略高于 3,为 2.04～3.06)。

2) 数据波动形态分析

在基本情况统计的基础上,进一步对容积率数值的分布情况、变化规律及波动情况进行研究。对各中心区街区容积率数值折线图所形成的不同形态模式进行分析,并将其与中心区容积率的平均值进行比较。

(1) 按其数值分布的折线图来看,其数值变化可分为峰值波动模式及折线波动模式

① 峰值波动模式。随着容积率数值的增大,容积率区间对应的街区数量逐渐增多,在达到最大值后则开始减少,数值折线图表现为类似抛物线形态。极核结构现象的中心区内,有 4 个中心区容积率的数值变化表现为这种模式,分别为:东京都心中心区、大阪御堂筋中心区、首尔江北中心区以及上海人民广场中心区(图 4.37)。

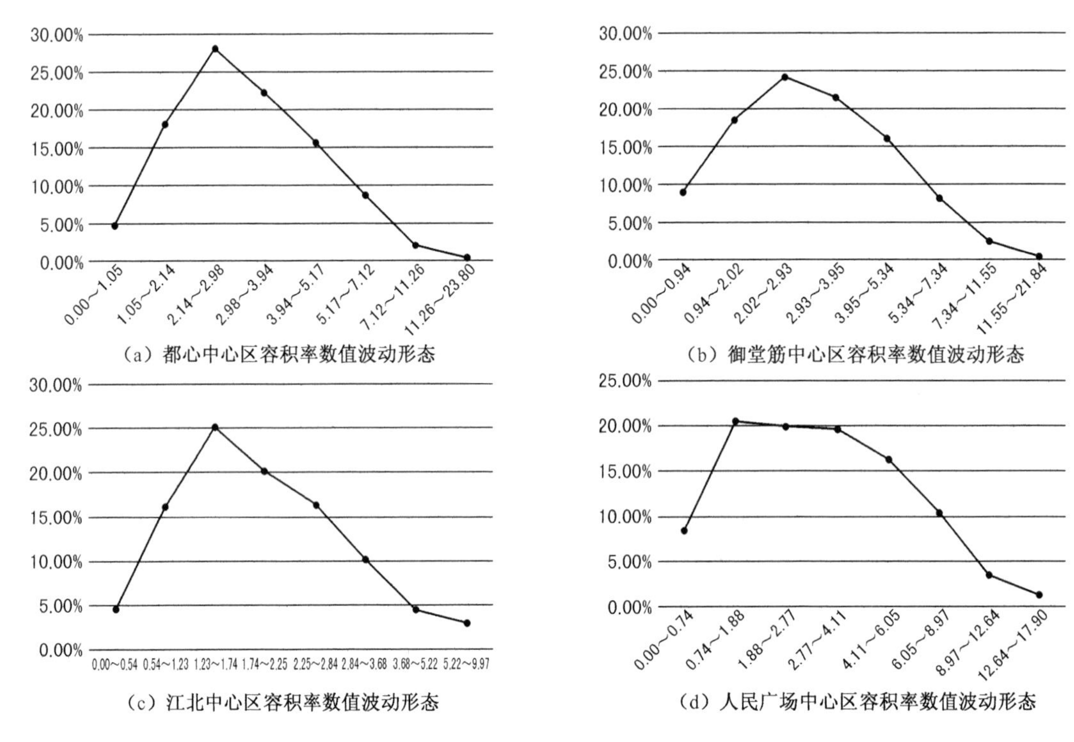

(a) 都心中心区容积率数值波动形态

(b) 御堂筋中心区容积率数值波动形态

(c) 江北中心区容积率数值波动形态

(d) 人民广场中心区容积率数值波动形态

图 4.37 容积率数值峰值波动模式

整体看来,4 个中心区的数值变化形态较为相似,峰值地区偏向于容积率的低值区域,且在高值区域均有个明显的转折,表示该处变化趋势趋缓。其中,都心中心区及江北中心区波动形态更为接近,变化的趋势及折线斜率所反应的变化波动幅度均大致相当,不同容积率类别之间的波动较为强烈(图 4.37(a)、(c));而御堂筋中心区容积率数值波动则相对平缓(图 4.37(b));人民广场中心区与之均有所不同,表现为低值区间波动强烈,峰值地区极为平缓,高值地区波动也相对平缓,从中也能反映出人民广场中心区容积率的分布区间相对集中(图 4.37(d))。

② 折线波动模式。不同容积率数值区间的比重变化不是连续性的,而是出现波折,形

成 2 个较高值地区，构成折线波动模式。新加坡的海湾—乌节中心区及香港的港岛中心区容积率的数值变化均是这种模式。

综合来看，2 个中心区数值变化的折线的波动形态非常相似(图 4.38)。其中，海湾-乌节中心区波动浮动更大，2 个峰值之间距离更近，偏向于低值区域，并在衰减至高值区域后，衰减幅度变缓(图 4.38(a))；而港岛中心区折线波动幅度不大，峰值与其之间的峰谷差距较小，但 2 个峰值之间的距离较大，且至高值区域后衰减的幅度有所增加(图 4.38(b))。

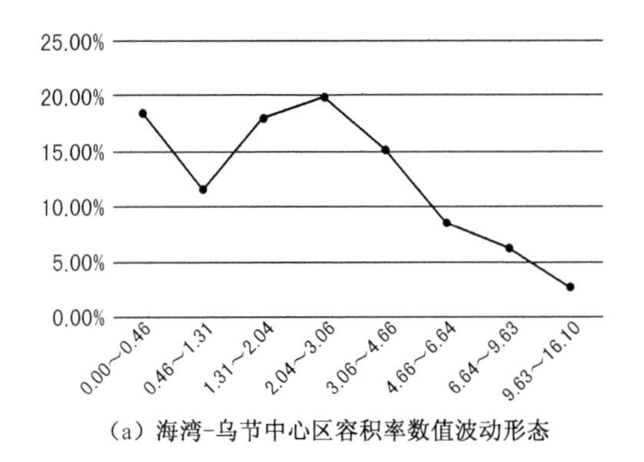

(a) 海湾-乌节中心区容积率数值波动形态

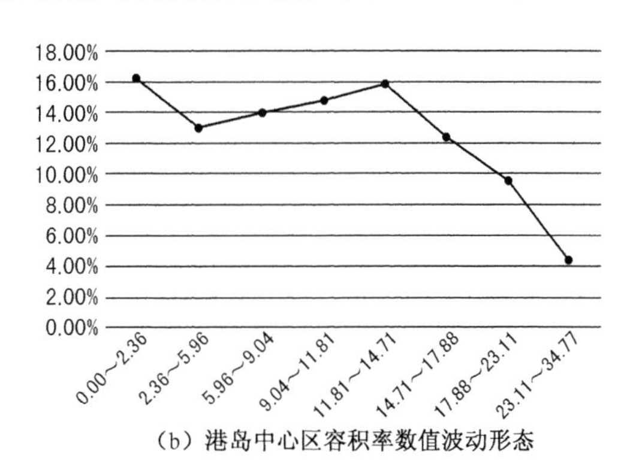

(b) 港岛中心区容积率数值波动形态

图 4.38　容积率数值折线波动模式

(2) 按其峰值波动的区间来看，可分为单侧波动式及双侧波动式两种模式

① 单侧波动模式。指峰值位于平均值线的一侧。所研究的 6 个中心区案例中，东京都心中心区、大阪御堂筋中心区以及首尔江北中心区均是这种波动模式(图 4.39)。3 个中心区中，峰值均位于平均值左侧的低值区域内，但均与平均值线较为接近。

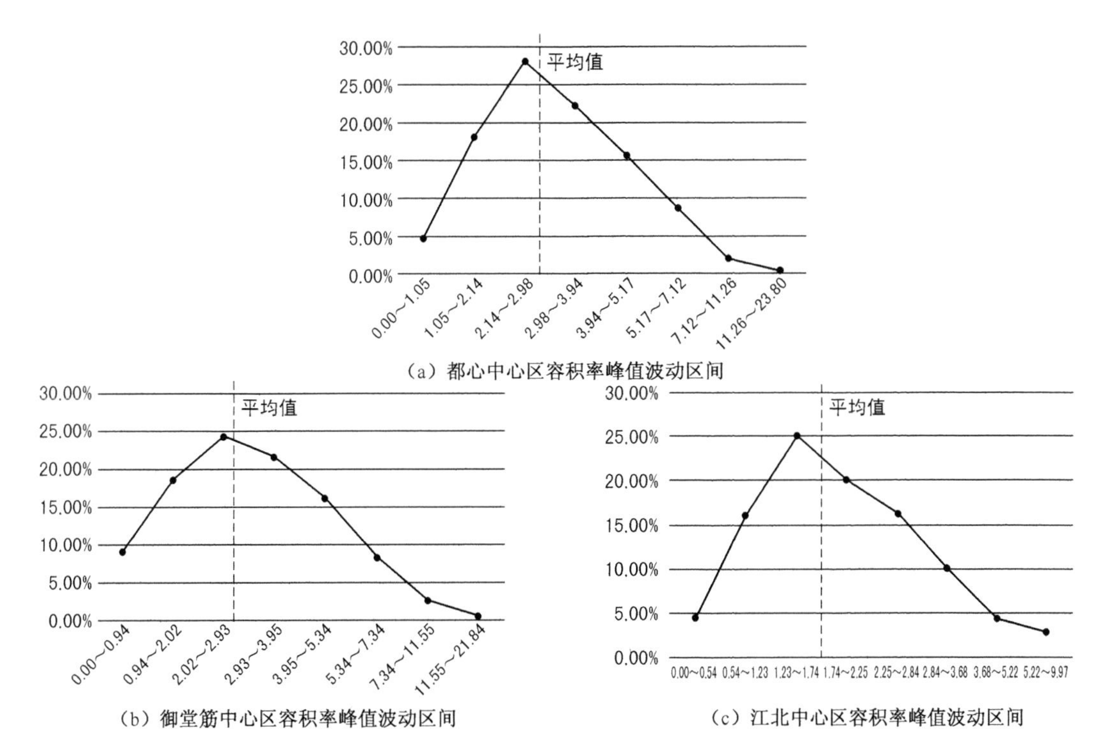

(a) 都心中心区容积率峰值波动区间

(b) 御堂筋中心区容积率峰值波动区间

(c) 江北中心区容积率峰值波动区间

图 4.39　容积率数值单侧波动模式

② 双侧波动模式。指数值的波动出现 2 个峰值点，且分布于平均值线两侧，新加坡海湾-乌节中心区、香港港岛中心区以及上海人民广场中心区均是这种波动模式(图 4.40)。其中，新加坡海湾-乌节中心区波动偏向于低值区间，最高的峰值点虽位于均值线右侧，但距其较近；港岛中心区最高峰值点位于最低值区域，但两个峰值点分布较为均衡，距均值线均较远；人民广场中心区则是峰值区域较为平缓，横跨均值线两侧，并整体偏向于低值区域。

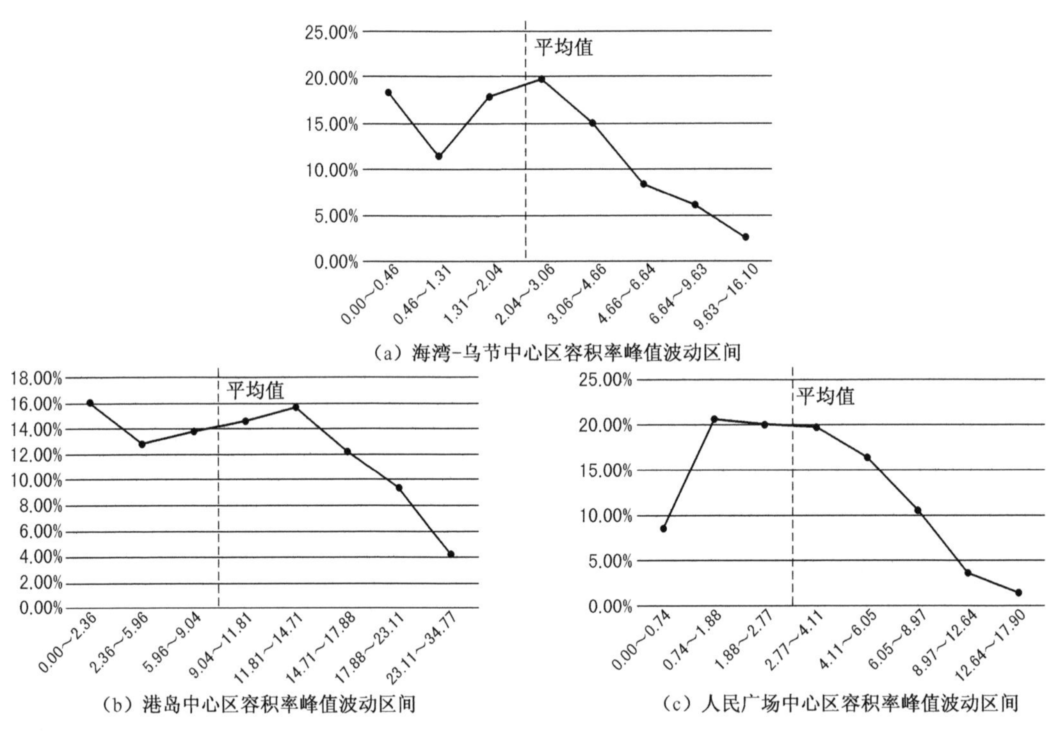

图 4.40 容积率数值双侧波动模式

从上文的分析可以看出，2 个成熟型极核结构中心区无论是数值区间、平均值，还是数值折线的波动模式及其峰值区间的分布，均表现出了极高的相似度。而大部分中心区内，峰值区间基本都围绕在均值线附近，其中，新加坡的海湾-乌节中心区以及香港的港岛中心区较为特殊，数值出现明显的起伏波动。而这两个中心区的共同点则是中心区用地相对受限，海湾-乌节中心区是由于大量绿地的渗透剂分布，港岛中心区则是因用地被山水所夹，中心区形态过于狭长，使得用地资源有限。

4.3.2 建设强度空间分布特征解析

在对街区容积率数值及其波动特征分析的基础上，借助 GIS 技术平台的相关功能，对其空间分布进行详细分析，对街区容积率的分布进行等值线及聚类分析，以探寻不同容积率街区空间分布的规律性特征。

1) 空间分布形态解析

(1) 成熟型极核结构中心区高容积率街区呈核心团块状集聚特征

东京都心中心区的建设强度分布特征较为明显，呈现出向硬核集聚的特征(图 4.41)。容积率较高的街区主要集中于中心区核心的秋东桥硬核连绵区内，整个硬核连绵区内基本均为较高开发强度的街区，容积率最高的峰值地区则分布在山手线的东京站周边，也基本位于硬核连绵区及中心区的核心位置。在其影响下，秋东桥硬核连绵区的边缘地区也形成了大量具有较高容积率的高强度建设集聚区。山手线依托轨道交通站点形成的几个小型硬核，日暮里硬核、田町硬核及品川硬核也均以高强度建设为主，外围地区的硬核的容积率也较高。此外，在江东区、墨田区、台东区及荒川区的部分地区，以及豊洲站周边地区也有一些容积率较高的街区分布。整体来看，容积率较高的街区主要集中于硬核内部，且在分布上形成了中心最为集聚，越到外围越分散的特征。

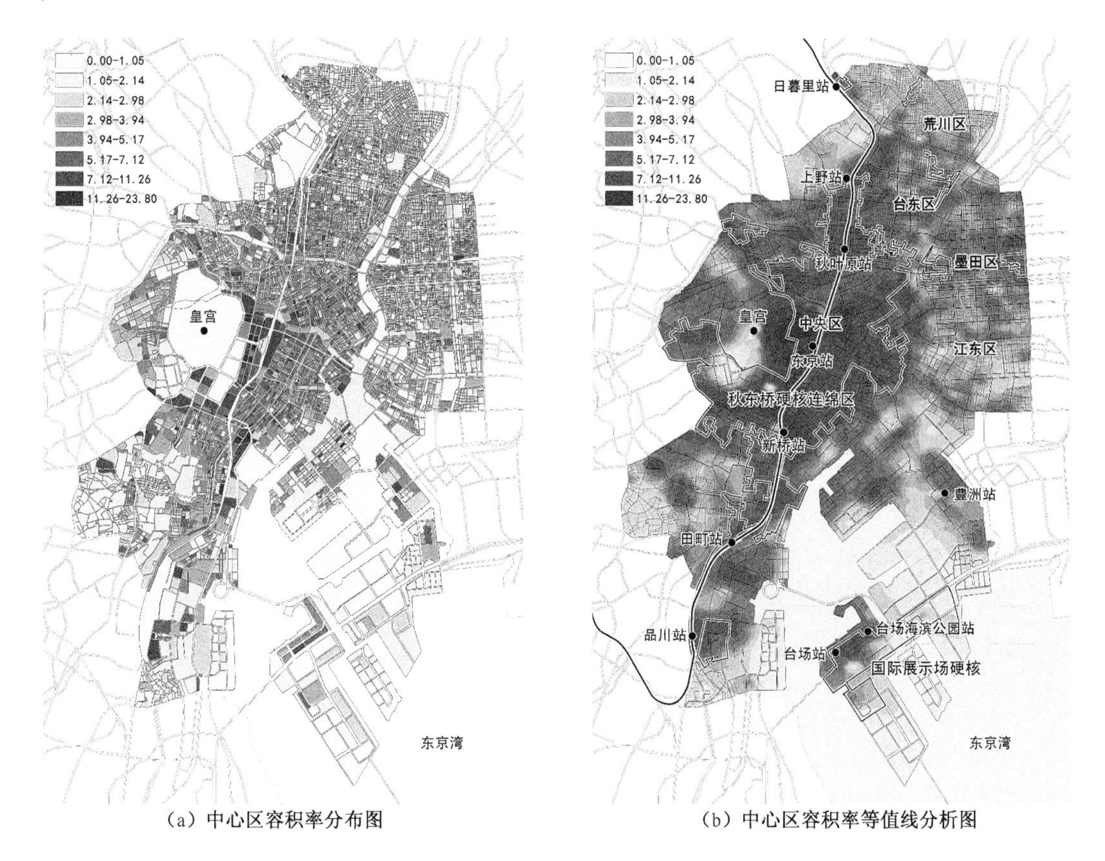

(a) 中心区容积率分布图　(b) 中心区容积率等值线分析图

图 4.41　都心中心区街区容积率等值线解析

容积率较低的街区主要以绿地、水体、广场等开放空间所在街区为主，如皇宫等地区；其次为东京湾的港区，由于街区尺度较大，且建筑覆盖率不高，导致容积率较低；主要的居住集中区，江东区至荒川区之间，由于整体高度较低，并有一定的开放空间分布，也使该地区内形成了一定的低容积率街区。整体来看，容积率较低的街区主要集中于中心区的边缘地区，并基本构成一个围绕秋东桥硬核连绵区的环状(图 4.41(b))。

大阪御堂筋中心区建设强度的空间分布也体现了类似的特征(图 4.42)。容积率较高的街区基本都集中于硬核连绵区内，特别是硬核连绵区中部及北侧地区。其中，御堂筋线的大阪站、淀屋桥站以及本町站周边地区是容积率最高的街区集聚区，并已基本连绵成片。

此外，紧邻硬核边缘的街区，容积率也较高。整体来看，容积率较高的街区基本形成了核心集聚及沿线发展的格局，容积率的峰值地区则依托轨道交通站点布局，并连接成片。容积率较低的街区则主要分布在中心区的边缘地区，包括大阪城公园及其周边地区、天王寺区、浪速区边远地区以及淀川河川沿岸地区等，这些地区基本相连构成环状。同时从图中(图 4.42(b))也可以看出，不同容积率的街区分布相对集中，彼此之间的混杂分布程度较低，中心区由内而外的容积率逐渐降低的特征较为明显。

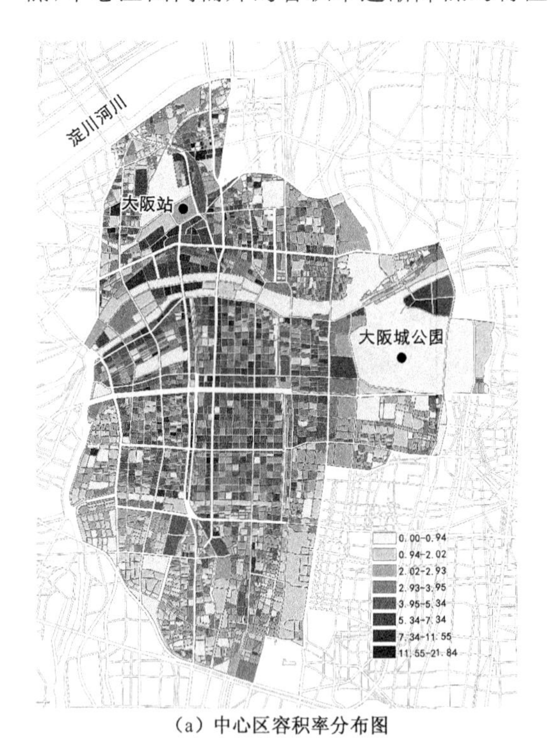

(a) 中心区容积率分布图

(b) 中心区容积率等值线分析图

图 4.42 御堂筋中心区街区容积率等值线解析

(2) 发展型极核结构中心区高容积率街区呈多簇群式分布特征

新加坡海湾-乌节中心区内，街区容积率的分布特征并不明显(图 4.43)。容积率较高的街区分布较为零散，2 个硬核连绵区都有大量高容积率街区分布，特别是轨道交通东西线丹戎巴葛站至来福士坊站之间、市政厅站至武吉士站之间，以及劳明达站周边地区都是容积率分布的峰值地区。此外，轨道交通北南线的诺维娜站周边地区、纽顿站-乌节路站-索美赛站之间也是高容积率街区的集聚区。在此基础上，中心区中部南侧地区，以及中心区北侧边缘地区也有多处高容积率街区的集中分布区。而低容积率街区则主要围绕绿地等开放空间布局，集中于中心区的中部总统府、富康宁公园及珍珠山城市公园周边，以及东部滨海湾沿岸地区。且低容积率街区的分布也较为零散，在其余地区多以小型的孔洞形态与高容积率街区混杂分布。整体来看，新加坡海湾-乌节中心区是一种大疏大密的形态格局，由于绿地等开放空间比重较大，因此其余地区无论是公共建筑还是居住建筑，多采用高强度的建设形态。

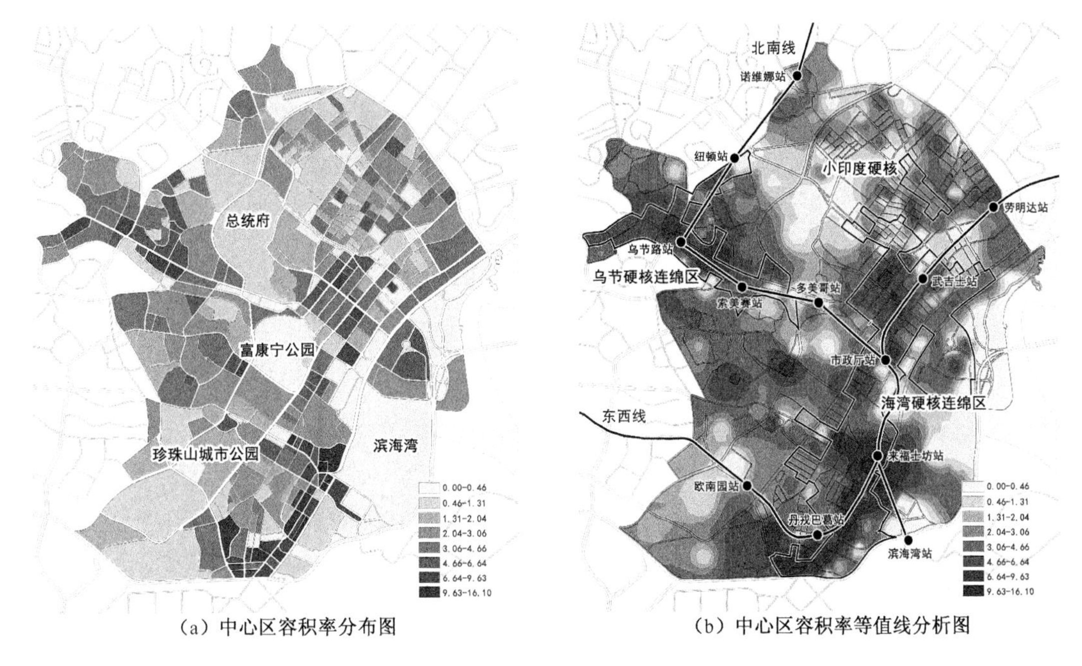

(a) 中心区容积率分布图　　(b) 中心区容积率等值线分析图

图 4.43　海湾-乌节中心区街区容积率等值线解析

首尔江北中心区街区容积率的集聚特征较为明显，呈现出一区多点的格局(图 4.44)。容积率较高的街区主要集中在两个地区，并呈现出不同的集聚特征。南大门硬核连绵区内，基本均采用较高的建设强度，特别是世宗大道沿线至南大门地区是高容积率街区的核心集聚区；东大门硬核连绵区周边地区也是高容积率街区的主要集聚区，但高容积率街区主要分布在硬核的边缘地区及外围，并基本形成多簇群状环绕的格局。整体来看，高容积率街区围绕两个硬核连绵区分布，其中 1 个集聚于内部形成连片集聚区，并沿轨道交通布局，1 个环布于外围形成多个簇群。容积率较低的街区则主要分布于中心区边缘地区。

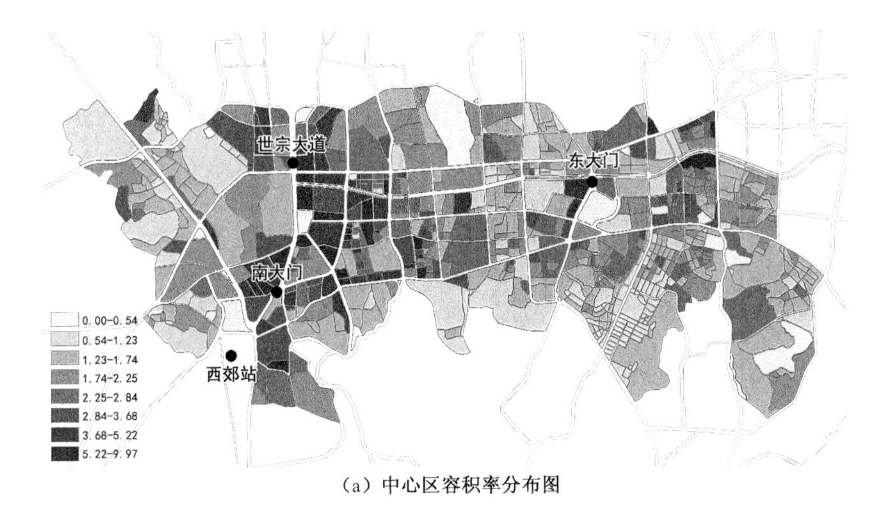

(a) 中心区容积率分布图

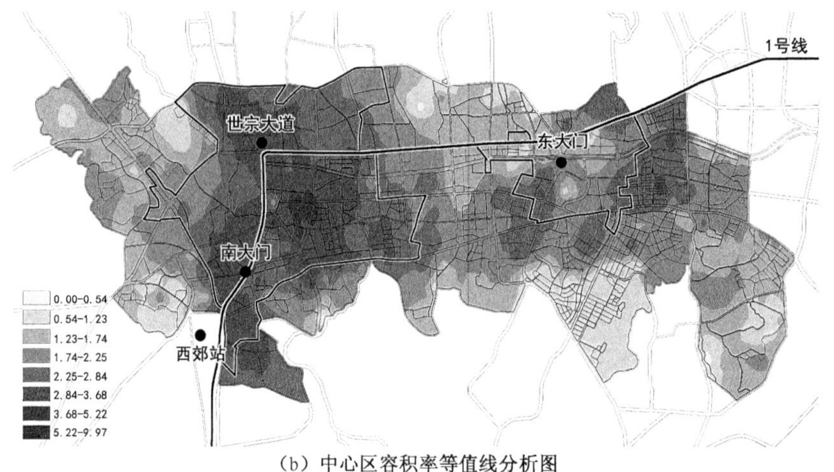

(b) 中心区容积率等值线分析图

图 4.44 江北中心区街区容积率等值线解析

香港港岛中心区内,受中心区整体形态的影响,街区容积率的分布也呈现出线形分布的特征(图 4.45)。容积率较高的街区基本分布在中心区中部,从西环码头及西安里地区,以及上环至铜锣湾地区,且已基本形成连片集聚的特征。特别是中环硬核连绵区内上环至中环地区,成为高容积率街区的核心集聚区,而湾仔至铜锣湾地区也有大量高容积率街区,基本呈现出沿港岛线线形分布的特征,且站点地区容积率明显高于周边。低容积率街区则主要集中于南北两侧的滨水及沿山地区,包括中环码头、湾仔海滨长廊、跑马地游乐场等地区。整体来看,高容积率街区的核心集聚特征明显。

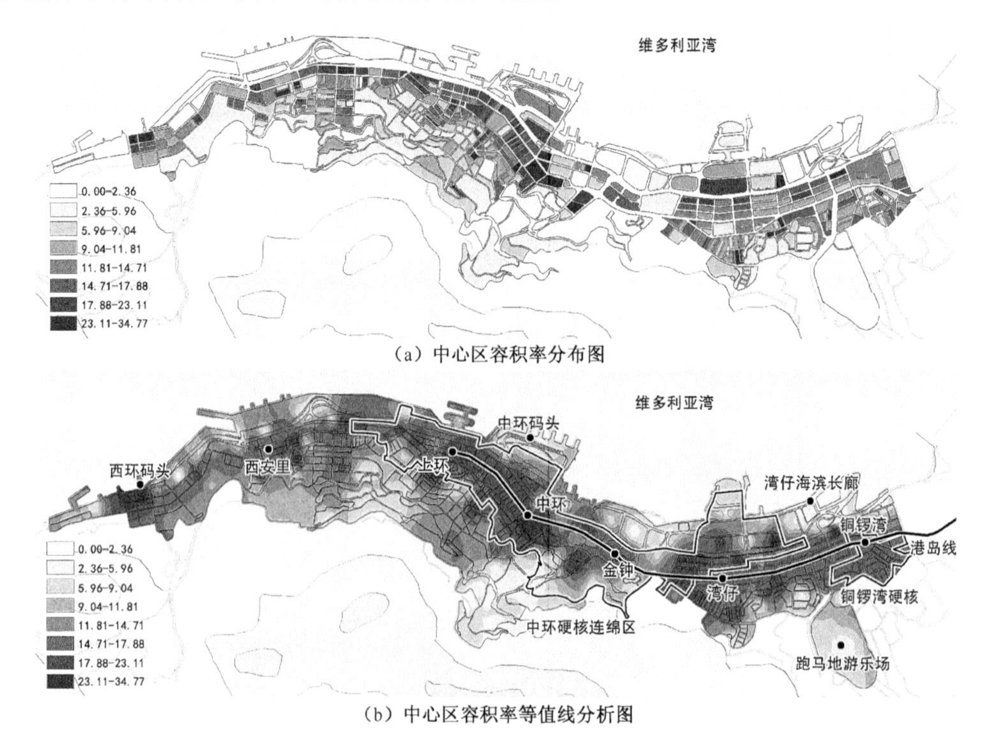

(a) 中心区容积率分布图

(b) 中心区容积率等值线分析图

图 4.45 港岛中心区街区容积率等值线解析

上海人民广场中心区街区容积率的分布团块集聚及线形扩展的特征较为明显(图4.46)。容积率较高的街区主要集中于人民广场硬核连绵区，以及静安寺硬核、电视台硬核、十六铺硬核及其周边地区，峰值地区位于人民广场东侧的南京东路地区。整体上来看，高容积率街区在人民广场东侧地区形成团块状集聚，并形成沿轨道交通1号线及2号线线形展开的形态格局。此外，黄浦江沿岸地区也形成较多的高容积率街区簇群。容积率较低的街区仍多以开放空间为主，如南北高架及延安路高架交汇处、豫园周边地区等，多伦路硬核地区则因存在较多的绿地及较多的老旧住区，因此容积率不高。此外，在南北高架及延安路高架交汇形成的西南象限，主要为居住功能，容积率整体较低。

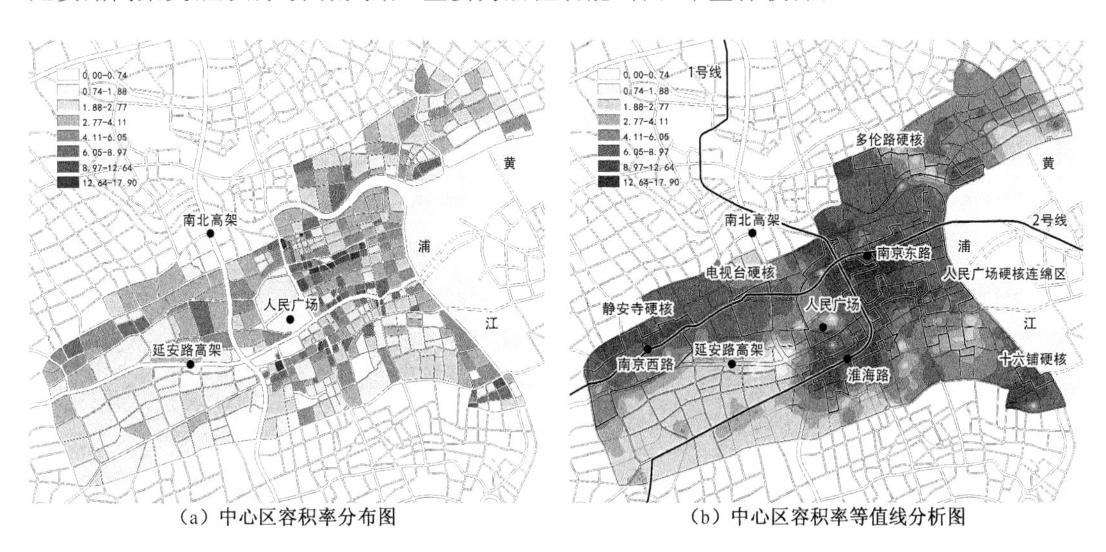

(a) 中心区容积率分布图　　(b) 中心区容积率等值线分析图

图4.46　人民广场中心区街区容积率等值线解析

综合6个中心区的等值线解析，可以看出容积率的分布具有一定的共同特征：

(1) 高容积率街区，特别是容积率的峰值地区，基本均集中于核心的硬核连绵区内。如中心区有多个硬核连绵区，则多集中在主要的、规模较大的硬核连绵区内；

(2) 高容积率街区多与轨道交通站点结合紧密，以获得高建设强度的支撑，由此，也多会形成沿轨道交通线形展开的形态格局；

(3) 由于中心区用地的相对稀缺性，导致中心区内大量居住街区也采用高建设强度的方式进行开发，多在硬核外围形成一些高容积率街区，对于中心区整体容积率的分布具有一定的影响，但主要影响的是中低值的容积率区间，对峰值地区影响不大；

(4) 中心区内的低容积率街区多为绿地、广场等开放空间，以及尚未更新的老旧住区，其余地区在用地相对稀缺及高地价的影响下，建设强度较难降低；

(5) 高容积率街区多分布于轨道交通条件优越、地价高昂的核心地区，低容积率街区则多分布于地价相对较低的中心区边缘地区。

2) 空间集聚形态解析

等值线分析方法可以详细地反映出不同等级容积率的街区的详细分布情况，在此基础上，进一步的聚类分析，以容积率变化的冷热点来进行聚类分析，可以更为清晰地反映高容积率及低容积率街区的空间集聚情况。

(1) 成熟型极核结构中心区高容积率街区依托核心站点集聚

东京都心中心区容积率的集聚特征非常明显(图 4.47),热点地区完全集中于秋东桥硬核连绵区内,且位于中部,以轨道交通枢纽东京站为核心,集聚在山手线秋叶原站至新桥站之间的区域,而该区域也基本是整个中心区的中心区域。热点地区表现出明显的核心集聚、依托轨道交通的集聚特征。而冷点地区则主要集中在江东区、荒川区及港区的南侧地区,国际展示场硬核周边由于是以工业、仓储等功能为主的区域,温度也较低,而紧邻热点地区的皇宫则是中心区内主要的开放空间,因此容积率较低。冷点地区的集聚体现了明显的边缘集聚的特征,使得整个中心区形成外冷内热的格局,具有一定的圈层特征。

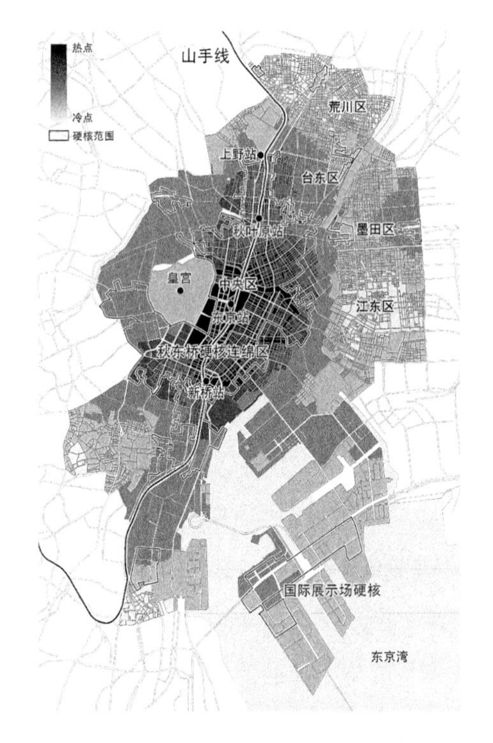

图 4.47 都心中心区街区容积率聚类分析

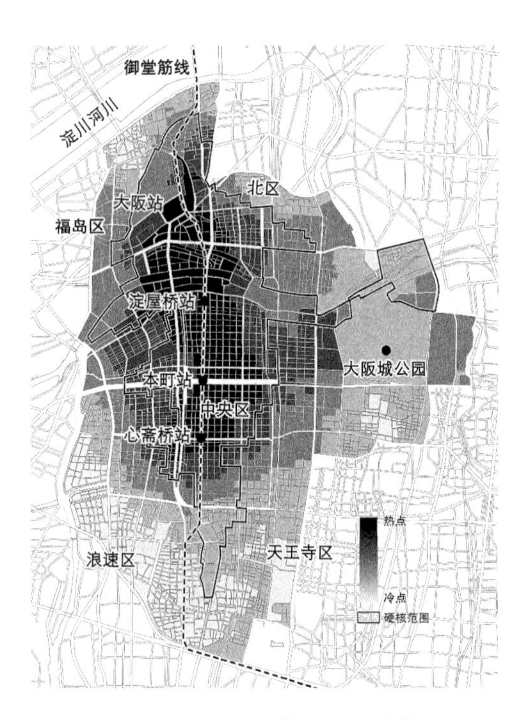

图 4.48 御堂筋中心区街区容积率聚类分析

大阪御堂筋中心区容积率的集聚特征与东京都心中心区极为相似(图 4.48)。容积率集聚的热点地区位于硬核连绵区中部位置,同样也是中心区的相对中心位置,基本形成了以轨道交通御堂筋线为轴线的线形分布形态,集中于大阪站-淀屋桥站-本町站-心斋桥站这一区间范围内,同样的表现为核心集聚及依托轨道交通集聚的特征。而冷点地区也同样集中于中心区的边缘地区,主要集中于中心区南侧的浪速区及天王寺区的边缘地区,该地区多以居住用地为主,以及大阪城公园的南侧地区、淀川河川的沿岸地区等,边缘集聚特征明显。与都心中心区相比较来看,御堂筋中心区容积率集聚的圈层特征更为明显。

(2) 发展型极核结构中心区高容积率街区在主要硬核连绵区内集聚

新加坡海湾-乌节中心区容积率的冷热点集聚则呈现出不同的变化趋势(图 4.49)。热点地区主要集中于海湾硬核连绵区的南侧,滨海湾的西侧地区,主要集聚在轨道交通东西线的丹戎巴葛站及来福士坊站之间的区域。该热点地区的衰变较快,两侧很少有过渡区,而是直接进入较冷地区。此外,乌节硬核连绵区形成了次一级的热点区域,主要集中在轨道交通北南线纽顿站-乌节路站-索美赛站之间。冷点区域则主要集中在中心区北侧,包括了小印度硬核的全部及大量居住用地,滨海湾北侧地区则因大量绿地开放空间的关系,也形成了一处冷点地区。虽然海湾-乌节中心区容积率冷热点集聚的圈层特征不强,但热点地区的硬核集聚及依托轨道交通展开的特征仍然较为明显,且冷点的边缘集聚特征也较为明显。

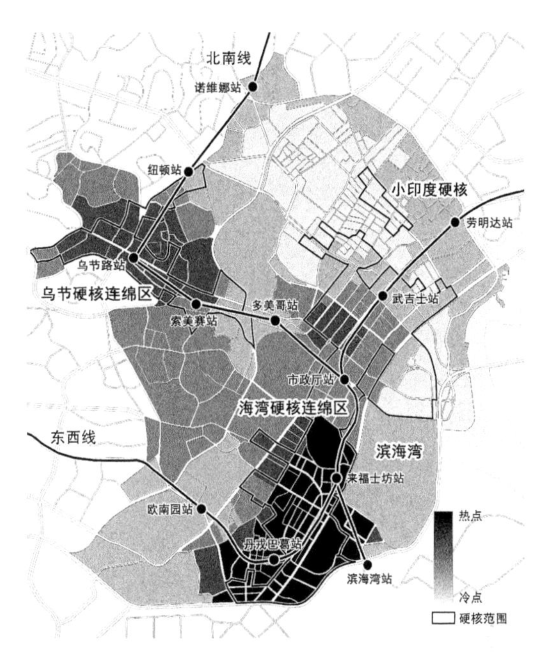

图 4.49 海湾-乌节中心区街区容积率聚类分析

首尔江北中心区容积率冷热点集聚的特征与新加坡海湾-乌节中心区较为类似(图 4.50)。热点地区集中在南大门硬核连绵区内,主要位于世宗大道至南大门的东侧区域。轨道交通 2 号线正好从该区域中间穿过,1 号线也从热点地区的北侧及西侧通过,热点地区主要分布在乙支路入口站周边及 2 号线市政厅站至乙支路三街站之间,以及 1 号线钟阁站南侧地区。此外,东大门硬核连绵区东侧也有一个次级的热点地区。而冷点地区则主要集中于东大门硬核连绵区的南侧,其余次级的冷点地区也基本均集中在中心区边缘地区。整体上,江北中心区容积率冷热点集聚的圈层特征不明显,但热点的核心集聚及依托轨道交通特征仍然明显,而冷点的边缘集聚特征也较为明显。

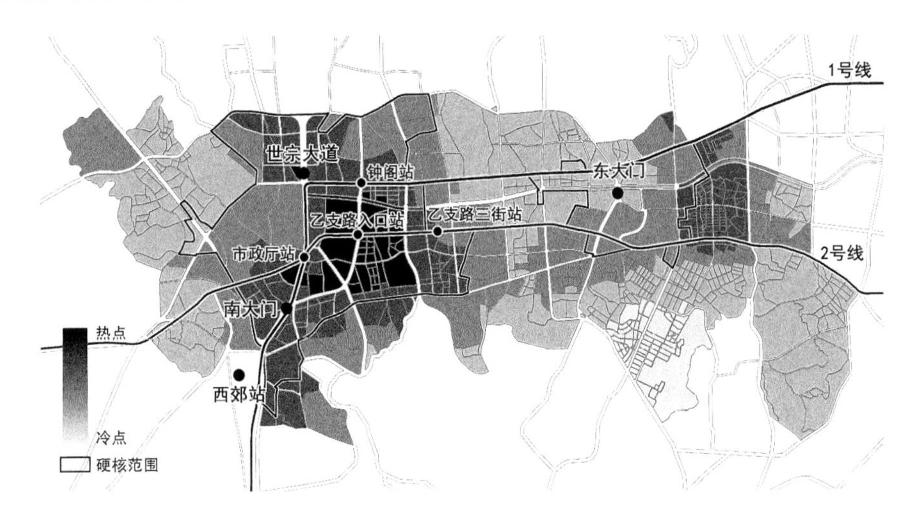

图 4.50 江北中心区街区容积率聚类分析

香港港岛中心区由于整体形态过于狭长,其冷热点集聚的特征也较为特殊(图 4.51)。热点地区主要集中于中心区中心位置,同时也位于中环硬核连绵区内,核心位置处于轨道交通港岛线上环站至中环站之间的地区。此外,由于中心区横向距离过长,在西环码头及湾仔站周边也形成了次一级的热点地区。冷点地区则主要集中于维多利亚湾沿岸及南侧山体沿线地区，如金紫荆广场、湾仔海滨长廊、跑马地游乐场、香港动植物公园等地区。港岛中心区容积率的冷热点集聚特征也沿承了热点核心集聚依托轨道交通分布，冷点边缘集聚的特征，但也体现了一些自身的特点，即呈现出多簇群分布格局。

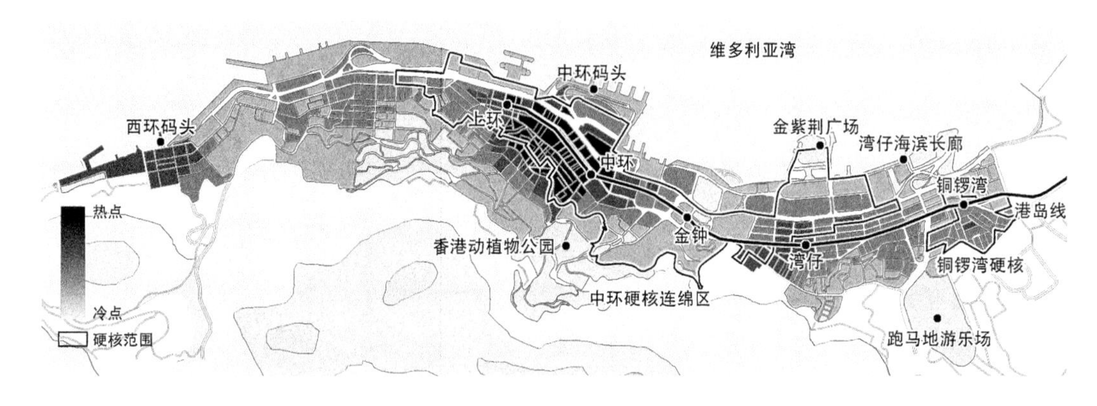

图 4.51 港岛中心区街区容积率聚类分析

上海人民广场中心区容积率冷热点集聚也呈现出较为特殊的形态(图 4.52)。热点地区主要集中于人民广场硬核连绵区中部地区，并包括了一些硬核连绵区外围的街区。热点地区偏于中心区东侧，轨道交通 1 号线从西侧穿过，2 号线则从其北侧穿过，核心地区位于人民广场站至南京东路站之间的区域。此外，在黄陂南路站、十六铺硬核周边、静安寺硬核周边地区，也形成了次级的热点地区。而冷点地区分布较为特殊，除边缘集聚的特征外，在人民广场等大型开放空间的影响下，还呈现了向中心区集聚的特征，形成与热点毗邻的布局。从中心区整体来看，与港岛中心区类似，由于热点地区形成了不同的等级及集聚区位，相应的也就形成了多个冷热点的集聚簇群，并产生了主次的区别。同时，热点地区仍体现出了核心集聚及依托轨道交通的空间分布特征。

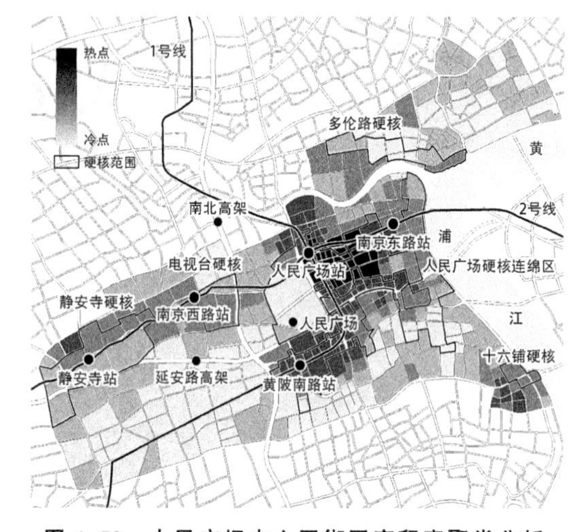

图 4.52 人民广场中心区街区容积率聚类分析

综合来看，极核结构现象中心区容积率的集聚特征较为明显，主体上呈现出热点地区分布于硬核连绵区内部，或主要的硬核连绵区内，并依托轨道交通线路的特征，而冷点地区则多分布于中心区的边缘地带，并受中心区内部大型开放空间的影响。其集聚形态则主要表现为 2 种模式：

(1) 圈层式集聚模式。硬核连绵区分布于中心区中心位置，热点地区分布于硬核连绵区核心位置，随距离中心距离的增加，温度降低，冷点地区则集中于中心区边缘地区，体现出明显的圈层式分布特征。两个成熟型极核结构中心区均是这种圈层式集聚模式。

(2) 多簇群式集聚。发展型极核结构中心区的容积率分布均表现为这一模式。由于中心区内硬核并未完全连绵，因此在热点地区于主要硬核连绵区内形成集聚的基础上，其余硬核多会形成次级的热点地区，而冷点地区则基本呈现出环绕各级热点地区集聚的空间特征，形成了容积率集聚的多簇群模式。

4.4 空间形态模式总结

在对极核结构现象中心区空间形态详细研究的基础上，可以看出，成熟型极核结构中心区与发展型极核结构中心区体现了不同的形态格局，成熟型极核结构中心区形态更为完整，规律性更强，而发展型极核结构中心区则各有各的特点，形态结构也更为复杂。究其原因，主要还是因为高高度、高密度、高强度的地区多以公共设施的集聚区为主，而公共设施又主要在中心区的硬核连绵区及硬核内形成集聚，因此发展型极核结构往往体现出多核心的集聚特征。虽然在具体的布局中，老旧居住区及传统商业集聚区的高密度形态对密度的分布具有一定的影响，而新建的高层居住区则对高度及强度的空间分布具有一定的影响，但综合来看，这种影响的程度不大。此外，轨道交通的发展也多是以疏解硬核连绵区及硬核巨大的交通压力为目标的，但客观上也起到了强化硬核连绵区及硬核交通区位优势的作用，进一步增加了这些地区的集聚动力，也使高高度、高密度、高强度的街区呈现出沿主要轨道交通线路集聚的特征。

4.4.1 成熟型极核结构中心区空间模式

成熟型极核结构中心区为东京都心中心区以及大阪御堂筋中心区，均为日本城市的中心区，也因此，两个城市中心区具有较为类似的历史、社会及文化背景，这极大地促使了两个城市中心区空间形态的相似性，同时这也在一定程度上反映了日本城市及中心区城市建设方面的先进性。

在此基础上，通过对这两个中心区空间形态高度、密度及强度方面的归纳总结，提出成熟型极核结构中心区的空间形态模式（图 4.53）。高高度、高密度、高强度的街区主要集中在硬核连绵区及中心区的核心位置，并以主要轨道交通线路的核心站点为依托，形成高集聚核心，该站点也多是轨道交通的核心换成站点（如都心中心区的东京站、御堂筋中心区的大阪站、本町站等）。在此基础上，高集聚核心区域会沿主要轨道交通线路展开布局使得主要轨道交通线路成为空间高集聚的轴线（如都心中心区的山手线及御堂筋中心区的御堂筋线）。硬核连绵区内高集聚核心的外围区域也具有较高的高度、密度及强度，但明显低于高集聚核心区域。这一区域与硬核外围的区域基本为空间形态的过渡区域，高度、密度、强度等均呈现出由高集聚核心向外围逐渐递减的特征。而中心区的边缘地区则与高集聚核心相反，成为低集聚区，高

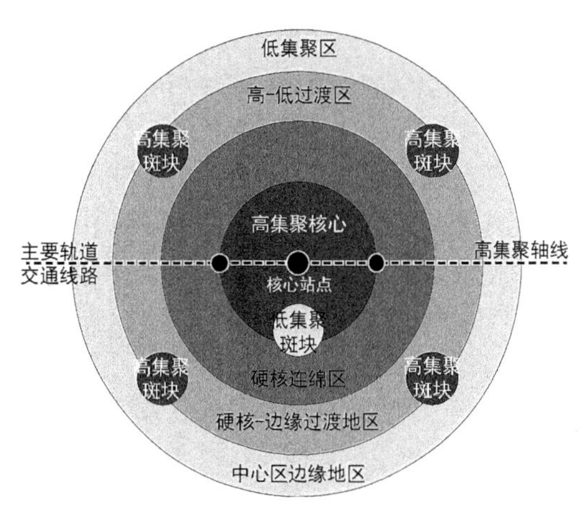

图 4.53 成熟型极核结构中心区空间形态模式

*资料来源：作者绘制

度、密度、强度最低的街区多集中于该区域内。由此，成熟型极核结构中心区硬核连绵区及外围区域均被分成 2 个部分，形成 4 个圈层，并基本呈现出由内向外高度、密度、强度逐渐降低的圈层式递减特征。

此外，正如上文所言，中心区内的一些居住、传统商业等街区会对中心区整体的形态格局产生一定影响，本书对这些影响区域也做了进一步的归纳与分析。硬核连绵区外围的高集聚街区（高高度、高密度、高强度的街区）多以住宅区及传统商业街区为主，多分布在中心区边缘至硬核连绵区边缘地区，有些甚至会与硬核连绵区有部分重合区域，但总体来看，其分布多具有一定的空间局限性，规模不大，多为相邻的几个街区组合而成，在中心区内呈斑块状分布，形成高集聚斑块。典型的如都心中心区江东区、墨田区、台东区及荒川区的高密度居住区，以及豊洲站附近的高层居住区等；又如御堂筋中心区内天王寺区、浪速区内一些靠近硬核的高密度居住区等。而硬核连绵区内也会因为一些大型的开放空间及水体等的影响，产生低集聚街区（低高度、低密度、低强度的街区），形成低集聚斑块。典型的如都心中心区的皇宫地区，与硬核连绵区紧邻，形态上则呈现明显的差异；又如御堂筋中心区内的堂岛川地区，堂岛川从中心区中部穿过，形成多个低集聚斑块。

整体来看，成熟型极核结构中心区空间形态形成了以圈层式结合斑块为基础，以核心站点为中心，以轨道交通为轴线的“圈层＋轴线式”模式格局。

4.4.2 发展型极核结构中心区空间模式

发展极核结构中心区包括新加坡海湾-乌节中心区、首尔江北中心区、香港港岛中心区，以及上海人民广场中心区，4 个中心区分属 3 个国家，地理范围也从东亚至东南亚，国家及城市的历史人文、地理环境、经济社会等差别较大。受这些条件影响，虽然各城市中心区均处于同一发展阶段，但其表现的空间形态却各不相同。在此基础上，以不同形态特征街区集聚的共同特征为切入点，重点归纳总结其分布与硬核连绵区、硬核及轨道交通的关系，提出针对性的发展型极核结构中心的空间形态模式。

发展型极核结构中心区由于多个硬核连绵区及硬核的存在，会形成多个空间增长极，并根据发展状态形成等级的差异，其中主要的硬核连绵区是核心增长极，次要的硬核连绵区或硬核为次级增长极。等级及规模的差异在空间形态方面也有所体现，一般情况下，等级越高，街区的高度、密度、强度也就越高。在此基础上，发展型极核结构中心区就形成了多簇群式的结构特征。

如图 4.54 所示，高高度、高密度、高强度街区在主要的硬核连绵区集聚，形成高集聚核心，且多围绕核心轨道交通站点分布，如海湾-乌节中心区的海湾硬核连绵区、江北中心区的南大门硬核连绵区、港岛中心区的中环硬核连绵区，以及人民广场中心区的人民广场硬核连绵区。在主要硬核连绵

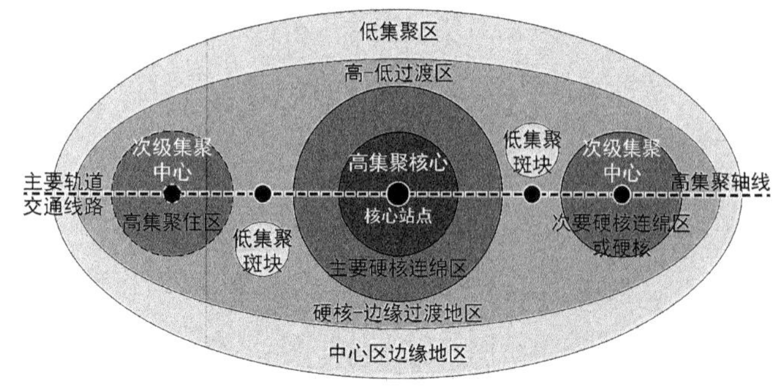

图 4.54 发展型极核结构中心区空间形态模式

＊资料来源：作者绘制

区外围，有次要硬核连绵区或硬核，多为次一级的集聚核心，有些也会形成高集聚斑块的形态，如海湾-乌节中心区的乌节硬核连绵区、江北中心区的东大门硬核连绵区、港岛中心区的铜锣湾硬核、人民广场中心区的静安寺硬核、电视台硬核等；有些中心区在集中的高层居住建筑影响下，也会形成高集聚斑块形态，如港岛中心区的西环码头地区（图中以虚线表示），一般情况下，这些高集聚住区不设有轨道交通站点。这些地区通常会被主要的轨道交通线路穿过，并在主要硬核连绵区内设有核心站点（多条线路的换乘站点），形成轨道交通串联的多核心簇群式发展格局，轨道交通的空间轴线作用明显。典型的如海湾-乌节中心区的东西线及北南线，其核心站点为丹戎巴葛站及来福士坊站；江北中心区的 1 号线及 2 号线，核心站点为市政厅站及乙支路入口站；港岛中心区的港岛线，核心站点为上环站及中环站；人民广场中心区的 1 号线及 2 号线，核心站点为人民广场站。

低集聚区同样分布于中心区的边缘地区，并与硬核连绵区、硬核及高集聚住区之间形成明显的过渡地带。但由于多核心的格局，使得各高集聚区之间出现断裂，有些高集聚区过渡区域较小，甚至直接与低集聚区相连，并在相邻的高集聚区之间形成低集聚斑块，典型的如海湾乌节中心区的滨海湾地区、富康宁公园地区，港岛中心区的金钟站地区，人民广场中心区的人民广场地区等。通常情况下，这些地区也多为大型的公园、广场、水面等开放空间。

整体来看，发展型极核结构中心区仍大体保持了圈层式格局，且以核心站点为依托，以轨道交通为轴线的特征也较为明显，但表现为多核心的集聚形态，整体呈现出“多簇群＋轴线式”模式格局。其中海湾-乌节中心区可看作是该模式的一种变体，是由于其主要硬核连绵区的展开方向与硬核连绵区之间的联系方向不同而形成的。由此进一步可以预计，随着各硬核连绵区及硬核的发展，借助轨道交通的影响，当各硬核连绵区及硬核形成完全连绵后，“多簇群＋轴线式”格局会自然地转化为“圈层＋轴线式”格局。

5 极核结构中心区的功能结构解析

在全球经济产业网络中，极核结构现象的中心区往往成为核心节点，对国际乃至全球的经济产业发展有着重要的控制及调节作用。在此基础上，极核结构现象中心区的内部功能是否会偏向于控制及调节作用更强的生产型服务业？在公共服务设施高度集聚的硬核连绵区及硬核内，又会以什么功能为主？不同功能的形态特征又有哪些不同？本章节将借助 GIS 技术平台的相关分析工具，分别对中心区及硬核的功能形态进行解析，探寻其在功能构成、空间形态及空间布局方面的深层次规律特征。

5.1 功能构成解析

中心区内的功能构成包括两个层面：用地层面及建筑层面。用地是一种二维形态，其数量的多少只能反映出该类功能占据的地面空间的多少，而建筑则是一个三维概念，能够反映出该类功能实际的规模总量。由于在实际的使用中，不同的用地、不同的区位所表现的空间形态不尽相同，因此以单一的用地或建筑来反应中心区实际的功能构成情况较为片面，必须将两者结合分析才能更为清晰地反映出中心区的功能构成特征。

5.1.1 用地功能构成解析

中心区内的土地存在着强烈的竞争，特别是硬核范围内，寸土寸金，而又一寸难求，这就使得土地的使用具有较强的流动性，致使用地性质及使用功能呈现出多变性特征，且数据较为分散，难以统计。因此，为了避免数据过于分散的干扰，且便于统计及分析，本书结合用地的实际使用情况，以及《城市用地分类与规划建设用地标准(GB 50137—2011)》①的相关用地分类标准，将中心区内用地划分为 5 种类型，即：公共管理与公共服务用地(A)、商业服务业设施用地(B)、居住用地(R)、绿地与广场用地(G)以及其他用地(包括工业用地 M、物流仓储用地 W、除城市道路用地外的道路与交通设施用地 S②、公用设施用地 U 等)。中心区内还存在一定数量的混合用地，经各中心区的详细调研发现，混合用地主要分为 4 个类别：商住混合用地(Cb1)、商办混合用地(Cb2)、商业文化混合用地(Cb3)、商业旅馆酒店用地(Cb4)，4 种混合用地也单独作为一类来考虑。此外，一些正在拆除或正在建设的用地，因为无法判定其用途，因此，统一作为在建用地考虑(K)。在此基础上，借助 GIS 技术平台，

---

① 中华人民共和国住房和城乡建设部. 城市用地分类与规划建设用地标准(GB 50137—2011)[S]. 北京：中国建筑工业出版社，2011.

② 由于极核结构现象中心区内城市道路用地比重较大，且没有实际的建设功能，因此本章节仅分析除道路用地以外的建设用地使用情况，亦即街区内用地的使用情况，道路的情况将在第六章进行详细解析。

通过对中心区及硬核两个层面用地构成的解析，可以更为清晰地把握极核结构中心区用地构成的深层次规律及特征。

1) 中心区用地功能构成分析

从中心区整体层面来看，空间尺度巨大，用地类型多样，其用地构成也更为复杂。而从中心区整体层面的用地构成分析中，可以较为清晰地反映出各中心区的土地利用特征以及极核结构中心区土地利用的普遍性规律。

(1) 成熟型极核结构中心区以商业服务业设施用地为主

东京都心中心区内，除城市道路用地外，总用地面积为5 475.41公顷(表5.1)。在服务设施相关的用地中，商业服务业设施用地比重最高，达到了21.27%，但公共管理与公共服务用地以及混合用地数量较少，比重较低，仅为8.49%和3.52%。此外，居住用地数量最多，达到1 725.63公顷，占中心区总用地面积的31.52%，其他用地比重为17.54%，绿地与广场用地受皇宫等大型绿地影响，比重较高，达到16.28%，表明都心中心区内整体绿化条件较好，而数量最少的是在建用地，比重仅为1.38%。

表5.1 都心中心区用地构成统计

用地类别	用地代码	用地面积(万 m^2)	用地所占比重
公共管理与公共服务用地	A	464.81	8.49%
商业服务业设施用地	B	1 164.82	21.27%
混合用地	Cb	193.15	3.52%
居住用地	R	1 725.63	31.52%
绿地与广场用地	G	891.31	16.28%
其他用地	MWSU	960.22	17.54%
在建用地	K	75.47	1.38%
总计		5 475.41	100.00%

*资料来源：作者及所在导师工作室共同调研，作者计算、整理、绘制(下同)

大阪御堂筋中心区内，除城市道路用地外，总用地面积为1 769.75公顷(表5.2)。在服务设施相关的用地中，商业服务业设施用地比重也是最高的，达到了28.60%，而公共管理与公共服务用地以及混合用地比重相对较低，分别为4.70%和4.41%。此外，数量最多的仍然是居住用地，比重也与东京的都心中心区相近，为34.89%，绿地与广场用地比重也与都心中心区接近，为17.02%，主要是受大阪城公园等大型公园绿地的影响，在建用地比重最低，仅为1.50%。

表5.2 御堂筋中心区用地构成统计

用地类别	用地代码	用地面积(万 m^2)	用地所占比重
公共管理与公共服务用地	A	83.24	4.70%
商业服务业设施用地	B	506.21	28.60%
混合用地	Cb	78.03	4.41%

续表 5.2

用地类别	用地代码	用地面积(万 m²)	用地所占比重
居住用地	R	617.45	34.89%
绿地与广场用地	G	301.14	17.02%
其他用地	MWSU	157.07	8.88%
在建用地	K	26.61	1.50%
总　　计		1 769.75	100.00%

(2) 发展型极核结构中心区内,混合用地较为突出

新加坡海湾-乌节中心区内,除城市道路用地外,总用地面积为1 429.75公顷(表5.3)。海湾-乌节中心区内公共管理与公共服务用地以及商业服务业设施用地比重相当,分别为10.10%及11.78%,但混合用地比重较高,超过了两类服务设施用地,达到了13.09%。此外,数量最多的仍然是居住用地,比重达到了26.11%,绿地与广场用地比重与之相当,达到了24.93%,这也与海湾-乌节中心区内富康宁公园、总统府等大量的大型开放绿地有关。此外,中心区内在建用地比重也较高,为7.81%,表明中心区内建设较为活跃。

表 5.3　海湾-乌节中心区用地构成统计

用地类别	用地代码	用地面积(万 m²)	用地所占比重
公共管理与公共服务用地	A	144.42	10.10%
商业服务业设施用地	B	168.49	11.78%
混合用地	Cb	187.21	13.09%
居住用地	R	373.28	26.11%
绿地与广场用地	G	356.42	24.93%
其他用地	MWSU	88.20	6.17%
在建用地	K	111.73	7.81%
总　　计		1 429.75	100.00%

首尔江北中心区内,除城市道路用地外,总用地面积为1 199.81公顷(表5.4)。中心区内,商业服务业设施用地比重为20.17%,混合用地比重与之接近,比重为17.37%,但公共管理与公共服务用地比重较低,仅为4.99%。此外,数量最多的仍然是居住用地,用地面积516.90公顷,比重则高达43.08%,而其余用地比重均较低,绿地与广场用地比重仅为5.93%,在建用地比重也仅为3.71%。

表 5.4　江北中心区用地构成统计

用地类别	用地代码	用地面积(万 m²)	用地所占比重
公共管理与公共服务用地	A	59.89	4.99%
商业服务业设施用地	B	241.99	20.17%
混合用地	Cb	208.35	17.37%

续表 5.4

用地类别	用地代码	用地面积(万 m²)	用地所占比重
居住用地	R	516.90	43.08%
绿地与广场用地	G	71.12	5.93%
其他用地	MWSU	57.06	4.76%
在建用地	K	44.50	3.71%
总　计		1 199.81	100.00%

香港港岛中心区是用地面积最小的中心区,除城市道路用地外,总用地面积仅为452.62公顷(表5.5)。受其用地紧张的影响,中心区数量最多的用地为混合用地,面积为138.82公顷,比重也高达30.67%。此外,港岛中心区集中了主要的公共管理与公共服务设施,其对应的用地比重为19.92%,而由于混合用地比重较高,独立的商业服务业设施用地比重相对较低,仅为5.02%,独立的居住用地比重也相对较低,为18.50%。但受其滨水临山的地形条件影响,其绿地与广场用地比重并不低,达到了13.83%。中心区内建设较为成熟,在建用地比重最低,仅为1.00%。

表 5.5　港岛中心区用地构成统计

用地类别	用地代码	用地面积(万 m²)	用地所占比重
公共管理与公共服务用地	A	90.15	19.92%
商业服务业设施用地	B	22.74	5.02%
混合用地	Cb	138.82	30.67%
居住用地	R	83.73	18.50%
绿地与广场用地	G	62.59	13.83%
其他用地	MWSU	50.07	11.06%
在建用地	K	4.52	1.00%
总　计		452.62	100.00%

上海人民广场中心区内,除城市道路用地外,总用地面积为1 208.02公顷(表5.6)。其中商业服务业设施用地比重为15.79%,混合用地比重与之接近,达到了13.63%,而公共管理与公共服务用地比重较低,仅为4.56%。此外,数量最多的用地为居住用地,比重则高达44.17%。而受人民广场、人民公园等大型开放空间的影响,绿地与广场用地比重达到了10.03%。人民广场中心区内建设力度较大,在建用地比重高达10.94%。

表 5.6　人民广场中心区用地构成统计

用地类别	用地代码	用地面积(万 m²)	用地所占比重
公共管理与公共服务用地	A	55.09	4.56%
商业服务业设施用地	B	190.76	15.79%
混合用地	Cb	164.64	13.63%

续表 5.6

用地类别	用地代码	用地面积(万 m²)	用地所占比重
居住用地	R	533.56	44.17%
绿地与广场用地	G	121.18	10.03%
其他用地	MWSU	10.59	0.88%
在建用地	K	132.2	10.94%
总　计		1 208.02	100.00%

综合来看,成熟型极核结构中心区用地比重较为接近,而发展型极核结构中心区则各有各的特点。从表 5.7 中可以看出,无论是成熟型还是发展型极核结构中心区,其居住用地比重均是最高,且较为接近;此外,绿地与广场用地也较为接近,成熟型极核结构中心区略高。就主要的服务设施用地来看,成熟型极核结构中心区内商业服务业设施用地比重较高,公共管理与公共服务用地以及混合用地与之相差较大;而发展型极核结构中心区内,混合用地比重最高,商业服务业设施用地略低,公共管理与公共服务用地比重最低,但三者之间的差距相对较小。从中反映出成熟型极核结构中心区更偏向于发展商业服务业设施,且各类设施更倾向于采用独立用地的方式布局,而发展型极核结构中心区则更倾向于公共设施用地的混合使用,且公共管理与公共服务用地比重较高。此外,成熟型极核结构中心区内其他用地比重较高,而发展型极核结构中心区内的其他用地比重则是最低的。这与成熟型极核结构中心区巨大的规模尺度有关,同样也反映了其用地发展的相对均衡性,而发展型极核结构中心区则相对集中于具有公共服务性质的用地。在建用地的数据中,发展型极核结构中心区是成熟型极核结构中心区的 4 倍多,这也反映了成熟型极核结构中心区整体建设相对成熟,中心区发展缓慢,而发展型极核结构中心区则存在相对较多的发展提升空间,更新力度较大。

表 5.7　极核结构现象中心区用地构成统计

用地类别	用地代码	成熟型极核结构中心区平均值	发展型极核结构中心区平均值
公共管理与公共服务用地	A	6.60%	9.89%
商业服务业设施用地	B	24.94%	13.19%
混合用地	Cb	3.97%	18.69%
居住用地	R	33.21%	32.97%
绿地与广场用地	G	16.65%	13.68%
其他用地	MWSU	13.21%	5.72%
在建用地	K	1.44%	5.87%

2) 硬核用地功能构成分析

硬核是公共服务设施的核心集聚区,因此其用地构成与中心区有着明显的区别,相应的公共服务设施类用地比重增加,而其余类型用地则相应减少。此外,由于各中心区发展阶段的不同,中心区内硬核连绵区及硬核的数量也各不相同,因此,对于硬核用地构成的分析将从硬核整体、主要硬核连绵区及其余硬核连绵区及硬核三个层面展开。

(1) 成熟型极核结构中心区的硬核内，商业服务业设施用地占据主导地位

东京都心中心区内，除秋东桥硬核连绵区外，尚有 9 个小型硬核，硬核总计用地面积 1 119.24公顷(表 5.8)。整体来看，硬核的总体用地构成特征更为明显，公共服务类用地比重突出，商业服务业设施用地比重最高，为 56.13%，公共管理与公共服务用地及混合用地比重分别为 11.73%和 8.36%。相对地，其余用地比重下降较多，但在建用地比重略有提升，这也反映了硬核内的建设活力高于中心区其他地区。其中，秋东桥硬核连绵区内比重最大的为商业服务业设施用地，比重高达 61.08%，而公共管理与公共服务用地以及混合用地比重相当，分别为 10.31%及 10.08%。此外，居住用地及绿地与广场用地比重相对较低，分别为 7.11%及 7.30%，而其他用地及在建用地比重最低，分别为 2.16%及 1.96%。其余硬核的用地比重特征则更为明显，田町硬核、品川硬核、饭田桥硬核、锦系町硬核、浅草硬核、日暮里硬核、三之轮硬核均以商业服务业设施用地为主；而两国硬核与国际展示场硬核与之略有不同，表现为多种用地功能发展相对均衡。

表 5.8 都心中心区硬核用地构成统计

硬核名称		A	B	Cb	R	G	MWSU	K	总计
秋东桥硬核连绵区	面积(万 m²)	93.48	553.55	91.33	64.43	66.15	19.59	17.78	906.31
	比重	10.31%	61.08%	10.08%	7.11%	7.30%	2.16%	1.96%	100.00%
田町硬核	面积(万 m²)	1.21	21.30	0.89	4.45	2.49	0.16	—	30.50
	比重	3.97%	69.84%	2.92%	14.59%	8.16%	0.52%	—	100.00%
品川硬核	面积(万 m²)	—	27.19	2.16	2.40	7.61	0.38	—	39.74
	比重	—	68.42%	5.44%	6.04%	19.15%	0.96%	—	100.00%
饭田桥硬核	面积(万 m²)	0.69	10.54	1.07	1.69	2.25	2.17	—	18.41
	比重	3.75%	57.25%	5.81%	9.18%	12.22%	11.79%	—	100.00%
两国硬核	面积(万 m²)	5.69	3.84	0.79	1.15	0.32	0.06	—	11.85
	比重	48.02%	32.41%	6.67%	9.70%	2.70%	0.51%	—	100.00%
锦系町硬核	面积(万 m²)	—	6.95	1.89	0.86	0.58	—	0.41	10.69
	比重	—	65.01%	17.68%	8.04%	5.43%	—	3.84%	100.00%
浅草硬核	面积(万 m²)	0.60	7.48	1.71	0.80	—	0.07	0.10	10.76
	比重	5.58%	69.52%	15.89%	7.43%	—	0.65%	0.93%	100.00%
日暮里硬核	面积(万 m²)	—	2.52	—	0.16	0.18	—	—	2.86
	比重	—	88.11%	—	5.59%	6.29%	—	—	100.00%

续表 5.8

硬核名称		A	B	Cb	R	G	MWSU	K	总计
三之轮硬核	面积(万 m^2)	—	5.13	—	0.84	0.11	—	—	6.08
	比重	—	84.38%	—	13.82%	1.81%	—	—	100.00%
国际展示场硬核	面积(万 m^2)	38.44	31.79	—	0.54	34.03	38.79	13.44	157.03
	比重	24.48%	20.24%	——	0.34%	21.67%	24.70%	8.56%	100.00%
硬核总计	面积(万 m^2)	140.12	670.29	99.84	77.32	113.74	61.20	31.73	1 194.24
	比重	11.73%	56.13%	8.36%	6.47%	9.52%	5.12%	2.66%	100.00%

* 注:A:公共管理与公共服务用地,B:商业服务业设施用地,Cb:混合用地,R:居住用地,G:绿地与广场用地,MWSU:其他用地,K:在建用地。(下同)

大阪御堂筋中心区硬核完全连绵,因此数据只有一种(表 5.9)。中心区内硬核总用地面积 593.77 公顷,其中数量最多的用地与都心中心区相同,均为商业服务业设施用地,比重也较为相近,为 57.74%。而公共管理与公共服务用地以及混合用地比重则相对较低,分别为 4.36%及 6.56%。居住用地、其他用地比重比之略高,分别为 9.17%和 12.24%,而绿地与广场用地及在建用地比重则比之略低,分别为 7.86%和 2.06%。

表 5.9 御堂筋中心区硬核用地构成统计

硬核名称		A	B	Cb	R	G	MWSU	K	总计
御堂筋硬核连绵区	面积(万 m^2)	25.90	342.85	38.95	54.44	46.67	72.70	12.26	593.77
	比重	4.36%	57.74%	6.56%	9.17%	7.86%	12.24%	2.06%	100.00%

(2) 发展型极核结构中心区的硬核内,混合用地比重更为突出

新加坡海湾-乌节中心区内有 2 个硬核连绵区及 1 个硬核,总用地面积 351.10 公顷(表 5.10)。整体来看,海湾-乌节中心区内商业服务业设施用地以及混合用地比重最高,且较为接近,分别为 29.06%及 29.45%,而公共管理与公共服务用地比重不高,仅为 8.78%。此外,绿地与广场用地也较为突出,比重达到 18.73%,而其余用地比重均较低。其中,海湾硬核连绵区内,数量最多的同样为商业服务业设施用地,比重为 30.53%,混合用地比重也较高,达到了 28.57%。此外,与中心区整体特色相统一,绿地与广场用地比重也较高,达到了 19.14%,其余用地类别比重较低。乌节硬核连绵区与海湾硬核连绵区用地构成较为接近,但混合用地比重更大,而小印度硬核商业服务业设施用地则更为突出。

表 5.10 海湾-乌节中心区硬核用地构成统计

硬核名称		A	B	Cb	R	G	MWSU	K	总计
海湾硬核连绵区	面积(万 m^2)	21.84	81.44	76.20	6.55	51.06	18.08	11.55	266.72
	比重	8.19%	30.53%	28.57%	2.46%	19.14%	6.78%	4.33%	100.00%

续表 5.10

硬核名称		A	B	Cb	R	G	MWSU	K	总计
乌节硬核连绵区	面积（万 m^2）	9.00	15.50	24.93	7.62	12.85	1.67	3.40	74.97
	比重	12.00%	20.67%	33.25%	10.16%	17.14%	2.23%	4.54%	100.00%
小印度硬核	面积（万 m^2）	—	5.07	2.27	—	1.84	0.23	—	9.41
	比重	—	53.88%	24.12%	—	19.55%	2.44%	—	100.00%
硬核总计	面积（万 m^2）	30.84	102.02	103.40	14.16	65.75	19.98	14.95	351.10
	比重	8.78%	29.06%	29.45%	4.03%	18.73%	5.69%	4.26%	100.00%

首尔江北中心区共有两个硬核连绵区，总用地面积 385.85 公顷（表 5.11）。整体来看，数量最多的仍然是商业服务业设施用地，比重 43.24%，而混合用地比重约为其的一半，为 20.17%，其余用地比重相对较低。其中，南大门硬核连绵区内最突出的用地为商业服务业设施用地，比重占到了 43.59%，排在第二位的混合用地比重尚不足其一半，为 19.78%，而公共管理与公共服务用地比重则相对较低。东大门硬核连绵区用地比重与之相当，主要的不同点体现在在建用地上，其在建用地比重达到了 14.15%，反映出东大门硬核连绵区是中心区建设更新的热点地区。

表 5.11 江北中心区硬核用地构成统计

硬核名称		A	B	Cb	R	G	MWSU	K	总计
南大门硬核连绵区	面积（万 m^2）	29.36	136.76	62.04	30.87	5.24	31.05	18.39	313.71
	比重	9.36%	43.59%	19.78%	9.84%	1.67%	9.90%	5.86%	100.00%
东大门硬核连绵区	面积（万 m^2）	5.85	30.09	15.79	6.21	2.37	1.62	10.21	72.14
	比重	8.11%	41.71%	21.89%	8.61%	3.29%	2.25%	14.15%	100.00%
硬核总计	面积（万 m^2）	35.21	166.85	77.83	37.08	7.61	32.67	28.60	385.85
	比重	9.13%	43.24%	20.17%	9.61%	1.97%	8.47%	7.41%	100.00%

香港港岛中心区有 1 个硬核连绵区及 1 个硬核，总用地面积 127.04 公顷（表 5.12）。整体来看，受中心区用地条件影响，硬核内混合用地比重较高，达到了50.98%，公共管理与公共服务用地、商业服务业设施用地以及绿地与广场用地比重较为接近，分别为 15.09%、13.78%及 15.00%，而其余用地比重较低。其中，中环硬核连绵区内，混合用地比重最高，占据了接近一半的比重，为 49.59%，其余两类公共服务设施用地及绿地与广场用地比重也较高，其余用地比重较低。铜锣湾硬核用地特征更为突出，混合用地比重高达 65.78%。

表 5.12 港岛中心区硬核用地构成统计

硬核名称		A	B	Cb	R	G	MWSU	K	总计
中环硬核连绵区	面积（万 m^2）	19.17	14.48	57.58	0.94	18.90	4.69	0.35	116.11
	比重	16.51%	12.47%	49.59%	0.81%	16.28%	4.04%	0.30%	100.00%
铜锣湾硬核	面积（万 m^2）	—	3.03	7.19	—	0.16	—	0.55	10.93
	比重	—	27.72%	65.78%	—	1.46%	—	5.03%	100.00%
硬核总计	面积（万 m^2）	19.17	17.51	64.77	0.94	19.06	4.69	0.9	127.04
	比重	15.09%	13.78%	50.98%	0.74%	15.00%	3.69%	0.71%	100.00%

上海人民广场中心区拥有 1 个硬核连绵区及 4 个小型的硬核，总用地面积 285.91 公顷（表 5.13）。整体来看，商业服务业设施用地比重最高，为 34.61%，而混合用地及公共管理与公共服务用地比重也相对较高，分别为 18.83%及 12.33%。而由于中心区内大型公园及广场较多，绿地与广场用地比重也较大，达到了 13.71%，在建用地比重与中心区整体水平相当。其中，人民广场硬核连绵区内，商业服务业设施用地数量最多，比重为 38.73%，公共管理与公共服务用地比重仅为商业服务业设施用地的 1/3 左右。而混合用地及绿地与广场用地比重也相对较高，其余用地比重均较低。电视台硬核则正处于大规模建设更新之中，在建用地比重 34.17%，而商业服务业设施用地以及混合用地比重则分别为 18.62%及 18.48%；静安寺硬核主要用地类型比重相差不大，商业服务业设施用地及混合用地比重略高；多伦路硬核商业服务业设施用地及在建用地比重最为突出，分别为 32.42%及 26.28%；十六铺硬核仅三种用地类型，商业服务业设施用地比重最高为 44.59%，混合用地比重也高达 37.00%。

表 5.13 人民广场中心区硬核用地构成统计

硬核名称		A	B	Cb	R	G	MWSU	K	总计
人民广场硬核连绵区	面积（万 m^2）	23.34	65.93	32.82	7.61	31.98	2.29	6.26	170.23
	比重	13.71%	38.73%	19.28%	4.47%	18.79%	1.35%	3.68%	100.00%
电视台硬核	面积（万 m^2）	0.78	3.94	3.91	3.75	1.55	—	7.23	21.16
	比重	3.69%	18.62%	18.48%	17.72%	7.33%	—	34.17%	100.00%
静安寺硬核	面积（万 m^2）	8.75	18.30	13.01	10.29	2.84	1.37	9.00	63.56
	比重	13.77%	28.79%	20.47%	16.19%	4.47%	2.16%	14.16%	100.00%
多伦路硬核	面积（万 m^2）	2.39	8.03	1.82	3.20	2.82	—	6.51	24.77
	比重	9.65%	32.42%	7.35%	12.92%	11.38%	—	26.28%	100.00%

续表 5.13

硬核名称		A	B	Cb	R	G	MWSU	K	总计
十六铺硬核	面积（万 m^2）	—	2.76	2.29	1.14	—	—	—	6.19
	比重	—	44.59%	37.00%	18.42%	—	—	—	100.00%
硬核总计	面积（万 m^2）	35.26	98.96	53.85	25.99	39.19	3.66	29.00	285.91
	比重	12.33%	34.61%	18.83%	9.09%	13.71%	1.28%	10.14%	100.00%

综合来看(表 5.14)，成熟型极核结构中心区用地特征更为相近，比重也大致相当。比重最高的为商业服务业设施用地，而比重最小的则为在建用地，其余类别的用地比重则大致相当。这一组数据反映出成熟型极核结构中心区的硬核功能以商业服务业设施为主，公共管理与公共服务功能相对较低，且不同功能的混合程度较低，硬核整体的建设更新力度大于中心区整体水平，但也维持在相对较低的状态。而发展型极核结构中心区则体现了不同的特征，硬核的用地中，没有特别突出的用地类别，比重最大的两类用地分别为商业服务业设施用地及混合用地，且两者比重大致相当。公共管理与公共服务用地比重明显高于成熟型极核结构中心区，也反映了发展型极核结构中心区承担了更多的非生产型服务功能。绿地与广场用地比重也明显高于成熟型极核结构中心区，其余用地比重相当。此外，在建用地比重较高，反映出发展型极核结构中心区的硬核内，整体的建设力度较大。

表 5.14　极核结构现象中心区硬核用地构成统计

中心区类别	A	B	Cb	R	G	MWSU	K	总计
成熟型极核结构中心区硬核用地构成	8.05%	56.94%	7.46%	7.82%	8.69%	8.68%	2.36%	100.00%
发展型极核结构中心区硬核用地构成	11.33%	30.17%	29.86%	5.87%	12.35%	4.78%	5.63%	100.00%

5.1.2　建筑功能构成解析

相对于用地功能而言，建筑功能更能反映出不同功能之间实际的规模关系。在综合考虑中心区功能使用的多变性，以及各类功能自身特征的基础上，将建筑功能进行分类统计，重点是对服务产业相关功能进行划分，以便更为清晰地反应建筑功能构成的特征。根据服务产业服务对象的不同，大致可以分为以下三类：生产型服务业、生活型服务业及公益型服务业，划分的依据主要是服务产业在城市内所服务的对象和扮演的角色。生产型服务业指的是主要服务于工业生产和商务贸易活动的产业类型，主要包括金融保险、商务办公、酒店旅馆等服务产业；生活型服务业指直接将服务产品面向广大消费者，为消费者提供消费产品的服务业，主要包括商业零售、休闲娱乐等产业；公益型服务业指的是政府为了保障城市运行、维持社会公平、促进城市发展而提供的服务产业类型，主要包括行政办公、文化体育、医疗卫生等产业类型。此外,中心区内的建筑功能还包括居住功能以及其他功能,共五种类别(表 5.15)。

表 5.15 中心区功能类型划分

类 别	包含主要用地类别
生产型服务功能	金融保险、商务办公、贸易资讯、旅馆酒店、房地产、会议展览等
生活型服务功能	零售商业、批发市场、餐饮、康体娱乐、商品租赁等
公益型服务功能	行政办公、文化服务、科研教育、体育健身、医疗卫生等
居住功能	居住
其他功能	工业、仓储物流、公用设施等

* 资料来源:作者整理绘制

1) 中心区建筑功能构成分析

(1) 成熟型极核结构中心区内,生产型服务功能占据主导地位

东京都心中心区共有建筑面积 13 031.40 万平方米,其中,生产型服务功能成为主导功能,建筑规模最大,占中心区总建筑面积的比重为 41.80%,其余两类服务功能比重相对较低。此外,居住功能比重较高,达到了 40.87%,其他功能比重仅为 5.09%的比重(表 5.16)。与用地构成所不同的是,建筑功能构成更为集中,特征更为突出,反映出都心中心区内以生产型服务功能为主的特征,公益型服务及生活型服务功能仅起到辅助配套的作用,不是中心区的核心功能。

表 5.16 都心中心区建筑功能构成统计

功能类别	建筑面积(万 m^2)	用地所占比重
生产型服务功能	5 447.35	41.80%
生活型服务功能	513.21	3.94%
公益型服务功能	1 082.09	8.30%
居住功能	5 325.35	40.87%
其他功能	663.40	5.09%
总 计	13031.40	100.00%

大阪的御堂筋中心区总建筑面积 5 052.82 万平方米,其建筑功能构成特征与都心中心区较为相似(表 5.17)。生产型服务功能比重为 41.61%,在三类服务功能中占据主导地位。此外,居住功能比重最高,达到了 46.71%,其他功能比重则相对较低,仅为 1.25%。

表 5.17 御堂筋中心区建筑功能构成统计

功能类别	建筑面积(万 m^2)	用地所占比重
生产型服务功能	2 102.49	41.61%
生活型服务功能	294.81	5.83%

续表 5.17

功能类别	建筑面积(万 m²)	用地所占比重
公益型服务功能	232.37	4.60%
居住功能	2 360.02	46.71%
其他功能	63.13	1.25%
总　　计	5 052.82	100.00%

(2) 发展型极核结构中心区生产型服务功能仍是主体,但生活型服务功能有所提升

新加坡海湾-乌节中心区共有建筑面积 2 923.24 万平方米,其建筑功能构成与两个成熟型极核结构中心区有所不同(表 5.18)。生产型服务功能的比重有所降低,为 31.77%,但相应的生活型及公益型服务功能比重则有所上升,且生活型服务功能大于公益型服务功能,两者比重分别为 13.50%及 9.33%。居住功能仍然是建筑规模最大的功能,比重达到了 42.53%,其他功能比重较低,仅为 2.88%。

表 5.18　海湾-乌节中心区建筑功能构成统计

功能类别	建筑面积(万 m²)	用地所占比重
生产型服务功能	928.63	31.77%
生活型服务功能	394.74	13.50%
公益型服务功能	272.61	9.33%
居住功能	1 243.14	42.53%
其他功能	84.12	2.88%
总　　计	2 923.24	100.00%

首尔江北中心区总建筑面积 2 195.94 万平方米,其建筑功能构成关系与新加坡海湾-乌节中心区较为类似(表 5.19)。三类服务功能仍以生产型服务功能为主,比重为 33.99%,生活型服务功能比重则明显高于公益型服务功能,两者比重分别为 12.67%及 4.64%。此外,居住功能建筑规模最大,比重也最高,达到了 47.70%,其他功能建筑规模最小,比重仅为 0.99%。

表 5.19　江北中心区建筑功能构成统计

功能类别	建筑面积(万 m²)	用地所占比重
生产型服务功能	746.49	33.99%
生活型服务功能	278.27	12.67%
公益型服务功能	101.93	4.64%
居住功能	1 047.42	47.70%
其他功能	21.83	0.99%
总　　计	2 195.94	100.00%

香港港岛中心区总建筑面积 3 111.30 万平方米,建筑功能构成关系与其余发展型极核

结构中心区也较为相似(表 5.20)。三类服务功能中,生产型服务功能明显高于其余类型服务功能,达到了 36.94%,生活型与公益型服务功能建筑规模较为相当,分别为 7.81%及 8.59%。居住功能比重最大,为 44.76%,其他功能比重最小,仅为 1.89%。

表 5.20 港岛中心区建筑功能构成统计

功能类别	建筑面积(万 m^2)	用地所占比重
生产型服务功能	1 149.41	36.94%
生活型服务功能	243.02	7.81%
公益型服务功能	267.24	8.59%
居住功能	1 392.72	44.76%
其他功能	58.91	1.89%
总　计	3 111.30	100.00%

上海人民广场中心区总建筑面积 2 874.10 万平方米,三类服务功能中,生产型服务功能同样明显高于其余两类服务功能,比重达到 37.60%,而生活型服务功能又明显高于公益型服务功能,两者的比重分别为 9.61%及 4.44%(表 5.21)。居住功能仍然是建筑规模最大的功能,比重达到 47.78%,而其他功能建筑规模数量最小,比重也最低,仅为 0.57%。

表 5.21 人民广场中心区建筑功能构成统计

功能类别	建筑面积(万 m^2)	用地所占比重
生产型服务功能	1 080.58	37.60%
生活型服务功能	276.28	9.61%
公益型服务功能	127.71	4.44%
居住功能	1 373.29	47.78%
其他功能	16.24	0.57%
总　计	2 874.10	100.00%

综合来看,成熟型极核结构中心区与发展型极核结构中心区的建筑功能构成表现出一定的共性特征,但也有所区别(表 5.22)。共性特征表现在:①生产型服务功能均是中心区最主要的服务功能,且公益型与生活型服务功能比重较为接近;②居住功能建筑规模均是最大,且比重较为相当;③其他功能均是建筑规模最小的功能,比重最低。不同点则表现在:发展型极核结构中心区内,生产型服务业建筑规模比重相对较小,但生活型服务功能所占比重则相对较大。

这些相同点及不同点实际上也反映了不同发展阶段极核结构中心区的功能差别,即成熟型极核结构中心区的生产型服务职能更为强烈,已经基本摆脱了生活型服务及公益型服务功能,而这两类功能则作为中心区内生产型服务功能及居住功能必要的辅助及配套职能;反观发展型极核结构中心区,生产型服务功能虽然已经明显成为最主要的服务功能,但中心区也承担了一定的生活型服务功能。这两者的区别实际也反映出中心区国际化的程度不同,成熟型极核结构中心区内相关的生活型及公益型服务功能已经几乎全部转移到了城市其余的中心区内，其本身则专注于国际化的服务职能，而发展型极核结构中心区与之相比尚存在一定的差距。

表 5.22 极核结构现象中心区建筑功能构成统计

功能类别	成熟型极核结构中心区建筑功能构成	发展型极核结构中心区建筑功能构成
生产型服务功能	41.71%	35.08%
生活型服务功能	4.89%	10.90%
公益型服务功能	6.45%	6.75%
居住功能	43.79%	45.69%
其他功能	3.17%	1.58%
总　计	100.00%	100.00%

2）硬核建筑功能构成分析

（1）成熟型极核结构中心区硬核内，生产型服务功能更为突出

东京都心中心区1个硬核连绵区9个硬核共有建筑面积 4 751.96 万平方米(表 5.23)。整体来看，都心中心区内的硬核主导功能为生产型服务功能，占据了约 3/4 的建筑规模，比重达到 75.78%，其余两类服务功能比重相对较低，且与居住功能比重相当，而其他功能几乎没有。其中，秋东桥硬核连绵区内，生产型服务功能建筑规模最大，而生活型服务功能、公益型服务功能以及居住功能所占比重大致相当，其他功能比重极少。其余大部分硬核建筑功能的比重关系与之类似，即生产型服务功能极为突出，如田町硬核、品川硬核、饭田桥硬核、日暮里硬核以及三之轮硬核；两国硬核生产型服务功能仍占据主导地位，但同时公益型服务功能也较为突出；锦系町硬核及浅草硬核也以生产型服务功能为主导，但生活型服务功能较为突出；而国际展示场硬核则以公益型服务功能为主。

表 5.23 都心中心区硬核建筑功能构成统计

硬核名称		生产型服务功能	生活型服务功能	公益型服务功能	居住功能	其他功能	总计
秋东桥硬核连绵区	面积(万 m^2)	3 066.45	264.54	292.98	276.98	23.25	3 924.20
	比重	78.14%	6.74%	7.47%	7.06%	0.59%	100.00%
田町硬核	面积(万 m^2)	102.55	1.92	4.16	21.12	0.07	129.82
	比重	78.99%	1.48%	3.20%	16.27%	0.05%	100.00%
品川硬核	面积(万 m^2)	176.54	8.85	—	18.08	—	203.47
	比重	86.76%	4.35%	—	8.89%	—	100.00%
饭田桥硬核	面积(万 m^2)	55.31	1.11	2.88	6.36	0.14	65.80
	比重	84.06%	1.69%	4.38%	9.67%	0.21%	100.00%
两国硬核	面积(万 m^2)	17.88	0.52	5.80	3.94	—	28.14
	比重	63.54%	1.85%	20.61%	14.00%	—	100.00%

续表 5.23

硬核名称		生产型服务功能	生活型服务功能	公益型服务功能	居住功能	其他功能	总计
锦系町硬核	面积(万 m^2)	29.77	12.71	—	4.65	—	47.13
	比重	63.17%	26.97%	—	9.87%	—	100.00%
浅草硬核	面积(万 m^2)	24.28	12.42	2.15	4.86	0.01	43.72
	比重	55.54%	28.41%	4.92%	11.12%	0.02%	100.00%
日暮里硬核	面积(万 m^2)	8.48	—	—	1.03	—	9.51
	比重	89.17%	—	—	10.83%	—	100.00%
三之轮硬核	面积(万 m^2)	17.1	0.43	—	2.07	—	19.60
	比重	87.24%	2.19%	—	10.56%	—	100.00%
国际展示场硬核	面积(万 m^2)	102.44	34.92	135.08	6.01	2.12	280.57
	比重	36.51%	12.45%	48.14%	2.14%	0.76%	100.00%
硬核总计	面积(万 m^2)	3 600.80	337.42	443.05	345.10	25.59	4 751.96
	比重	75.78%	7.10%	9.32%	7.26%	0.54%	100.00%

大阪御堂筋中心区内硬核完全连绵为一体，共有建筑面积 2 094.35 万平方米(表 5.24)。硬核连绵区内同样以生产型服务功能为主导，占据了近 3/4 的建筑规模，比重达到了 74.11%，与都心中心区较为接近。生活型服务功能比重 10.51%，高于公益型服务功能的 4.54%，居住功能比重也较高，达到了 9.88%，而其他功能则较少，比重仅为 0.96%。

表 5.24 御堂筋中心区硬核建筑功能构成统计

硬核名称		生产型服务功能	生活型服务功能	公益型服务功能	居住功能	其他功能	总计
御堂筋硬核连绵区	面积(万 m^2)	1 552.13	220.11	95.09	206.89	20.13	2 094.35
	比重	74.11%	10.51%	4.54%	9.88%	0.96%	100.00%

(2) 发展型极核结构中心区硬核仍以生产型服务功能为主，而生活型服务功能有所加强

新加坡海湾-乌节中心区硬核共有建筑面积 1 225.37 万平方米，整体来看，海湾-乌节中心区的硬核功能仍以生产型服务功能为主，比重为 62.43%，此外，生活型服务功能也占据了较大的比重，达到了 20.66%，公益型服务功能比重较低，仅为 7.93%(表 5.25)。其中，海湾硬核连绵区内，建筑功能构成与之类似，以生产型服务功能为主，但生活型服务功能占有较大的比重。乌节硬核连绵区内建筑功能构成与之类似，但生产型服务功能比重略低，相应地，生活型服务功能比重则有所提升。小印度硬核建筑功能构成区别较大，生活型服务功能比重最高，但生产型服务功能比重与之差距不大，两类功能发展相对均衡。

表 5.25 海湾-乌节中心区硬核建筑功能构成统计

硬核名称		生产型服务功能	生活型服务功能	公益型服务功能	居住功能	其他功能	总计
海湾硬核连绵区	面积(万 m^2)	618.64	177.97	83.01	48.87	24.44	952.93
	比重	64.92%	18.68%	8.71%	5.13%	2.56%	100.00%
乌节硬核连绵区	面积(万 m^2)	139.13	66.23	14.14	33.35	0.86	253.71
	比重	54.84%	26.10%	5.57%	13.14%	0.34%	100.00%
小印度硬核	面积(万 m^2)	7.24	8.97	—	2.48	0.04	18.73
	比重	38.65%	47.89%	—	13.24%	0.21%	100.00%
硬核总计	面积(万 m^2)	765.01	253.17	97.15	84.70	25.34	1 225.37
	比重	62.43%	20.66%	7.93%	6.91%	2.07%	100.00%

首尔江北中心区2 个硬核连绵区共有建筑面积 889.68 万平方米，整体来看，首尔江北中心区的硬核功能仍以生产型服务功能为主，比重为 62.25%，而生活型服务功能比重也较高，达到了 19.45%(表 5.26)。其中，南大门硬核连绵区建筑功能构成与之类似，而东大门硬核连绵区则与之不同，生活型服务功能的比重超过一半，成为主导功能，生产型服务功能的比重则下降较大。

表 5.26 江北中心区硬核建筑功能构成统计

硬核名称		生产型服务功能	生活型服务功能	公益型服务功能	居住功能	其他功能	总计
南大门硬核连绵区	面积(万 m^2)	522.55	119.54	75.41	60.49	14.30	792.29
	比重	65.95%	15.09%	9.52%	7.63%	1.80%	100.00%
东大门硬核连绵区	面积(万 m^2)	31.26	53.52	4.83	7.43	0.35	97.39
	比重	32.10%	54.95%	4.96%	7.63%	0.36%	100.00%
硬核总计	面积(万 m^2)	553.81	173.06	80.24	67.92	14.65	889.68
	比重	62.25%	19.45%	9.02%	7.63%	1.65%	100.00%

香港港岛中心区内 1 个硬核连绵区 1 个硬核共有建筑面积 1 387.41 万平方米，整体来看，香港港岛中心区的硬核以生产型服务功能为主导，比重达到了 70.50%，生活型服务功能略强于公益型服务功能，两者比重分别为 10.96%及 8.90%(表 5.27)。其中，中环硬核连绵区内生产型服务功能占据绝对主导地位，建筑规模比重高达 70.13%，而生活型及公益型服务功能建筑规模较为相当，比重也较为接近。铜锣湾硬核内没有公益型服务功能，但生产型及生活型服务功能比重关系与中环硬核连绵区较为接近。

表 5.27 港岛中心区硬核建筑功能构成统计

硬核名称		生产型服务功能	生活型服务功能	公益型服务功能	居住功能	其他功能	总计
中环硬核连绵区	面积(万 m^2)	884.21	131.08	123.52	109.74	12.29	1 260.84
	比重	70.13%	10.40%	9.80%	8.70%	0.97%	100.00%

续表 5.27

硬核名称		生产型服务功能	生活型服务功能	公益型服务功能	居住功能	其他功能	总计
铜锣湾硬核	面积(万 m²)	93.93	21.01	—	11.47	0.16	126.57
	比重	74.21%	16.60%	—	9.06%	0.13%	100.00%
硬核总计	面积(万 m²)	978.14	152.09	123.52	121.21	12.45	1 387.41
	比重	70.50%	10.96%	8.90%	8.74%	0.90%	100.00%

上海人民广场中心区硬核共有建筑规模达到 948.12 万平方米，整体来看，上海人民广场中心区硬核内建筑功能与其余发展型极核结构中心区较为类似，生产型服务功能作为主导功能，比重达到了 69.53%，而生活型服务功能则强于公益型服务功能，两者比重分别为 13.36%及 6.23%(表 5.28)。其中，人民广场硬核连绵区内建筑功能构成关系与之类似，生产型服务功能占据主导地位，且生活型服务功能强于公益型服务功能。其余各硬核也表现了较为类似的功能构成关系，且由于其余硬核整体用地规模较小，建筑功能更为集中，生产型服务功能比重更高。

表 5.28 人民广场中心区硬核建筑功能构成统计

硬核名称		生产型服务功能	生活型服务功能	公益型服务功能	居住功能	其他功能	总计
人民广场硬核连绵区	面积(万 m²)	409.16	88.55	53.67	64.85	5.30	621.53
	比重	65.83%	14.25%	8.64%	10.43%	0.85%	100.00%
电视台硬核	面积(万 m²)	36.26	4.48	1.02	6.30	—	48.06
	比重	75.45%	9.32%	2.12%	13.11%	—	100.00%
静安寺硬核	面积(万 m²)	144.92	24.32	1.36	17.37	1.35	189.32
	比重	76.55%	12.85%	0.72%	9.17%	0.71%	100.00%
多伦路硬核	面积(万 m²)	57.05	8.38	3.00	6.44	—	74.87
	比重	76.20%	11.19%	4.01%	8.60%	—	100.00%
十六铺硬核	面积(万 m²)	11.82	0.98	—	1.54	—	14.34
	比重	82.43%	6.83%	—	10.74%	—	100.00%
硬核总计	面积(万 m²)	659.21	126.71	59.05	96.50	6.65	948.12
	比重	69.53%	13.36%	6.23%	10.18%	0.70%	100.00%

综合来看，成熟型极核结构中心区与发展型极核结构中心区硬核内的建筑功能构成较为相近，特别是居住功能及其他功能，比重基本保持一致，所不同的主要集中在三类服务功能上(表 5.29)。成熟型极核结构中心区的硬核中，生产型服务功能比重接近 3/4，达到了 74.95%，生活型及公益型服务功能比重较为接近，且生活型服务功能略强。而发展型极核结构中心区的硬核内，虽然仍以生产型服务功能为主，但其比重有所降低，为 66.18%，而生活型服务功能则明显强于公益型服务功能，比重约为公益型服务功能的 2 倍，两者比重分别为 16.11%及 8.02%。这也反映出两类不同发展阶段的中心区核心功

能的发展演变过程，即：由发展型向成熟型极核结构中心区发展的过程中，生活型服务功能比重逐渐降低，生产型服务功能比重则更为突出，也表明生产型服务是极核结构中心区发展的核心推动力。

表 5.29 极核结构现象中心区硬核建筑功能构成统计

硬核名称	生产型服务功能	生活型服务功能	公益型服务功能	居住功能	其他功能	总计
成熟型极核结构中心区硬核建筑功能构成	74.95%	8.81%	6.93%	8.57%	0.75%	100.00%
发展型极核结构中心区硬核建筑功能构成	66.18%	16.11%	8.02%	8.37%	0.70%	100.00%

5.2 功能布局解析

在功能构成的基础上，借助 GIS 技术平台的核密度(Kernel Density)分析功能，进一步分析各功能的空间分布情况。因为建筑功能的类别划分更为清晰，因此本书以建筑功能划分的 5 个类别为基础，对其分布进行分析。这一分类方式可以有效解决功能的混合情况，但由于功能混合往往发生在同一栋建筑之中，因此在各功能类别布局的分析中，可能会产生重叠的区域，这也可以更为清晰地反映各功能分布的准确情况，也便于更好地总结规律特征。

5.2.1 服务类功能布局解析

服务类功能主要包括生产型服务功能、生活型服务功能以及公益型服务功能，三类服务功能构成了中心区的核心功能，是中心区产生吸聚力的关键。

1) 生产型服务功能

(1) 成熟型极核结构中心区中，生产型服务功能核心集聚

东京都心中心区内的生产型服务功能主要集中在秋东桥硬核连绵区内，特别是山手线上野站、秋叶原站、神田站周边地区，且在东江站东侧的日本桥、银座等地区分布也较为集中。此外，山手线新桥站西侧地区也有一处较为集中的分布区。中心区其余地区也有少量生产型服务功能的分布，但从其集聚情况来看，外围地区分布较为零散，且集聚程度不高。集聚程度最高的秋东桥硬核连绵区内，生产型服务功能的最大集聚密度为 0.141 2 (图 5.1)。生产型服务功能的集聚基本上贯穿了整个硬核连绵区，核心集聚区之间的连绵程度较高，基本形成整体，且在硬核连绵区北侧地区集聚力度更大。

大阪御堂筋中心区内，生产型服务功能也主要集中在硬核连绵区内，硬核连绵区外围地区也有一定的生产型服务功能的分布，但集聚力度不大，分布相对分散，且较为均衡(图 5.2)。硬核连绵区内形成了两个主要的生产型服务功能集聚区，一个位于硬核连绵区北侧，大阪站以南的区域，另一个位于硬核连绵区中部，淀屋桥站至心斋桥站之间的区域，两个区域被堂岛川所分隔，未能连接成片。硬核连绵区内的生产型服务功能的最大集聚密度为 0.096 1。

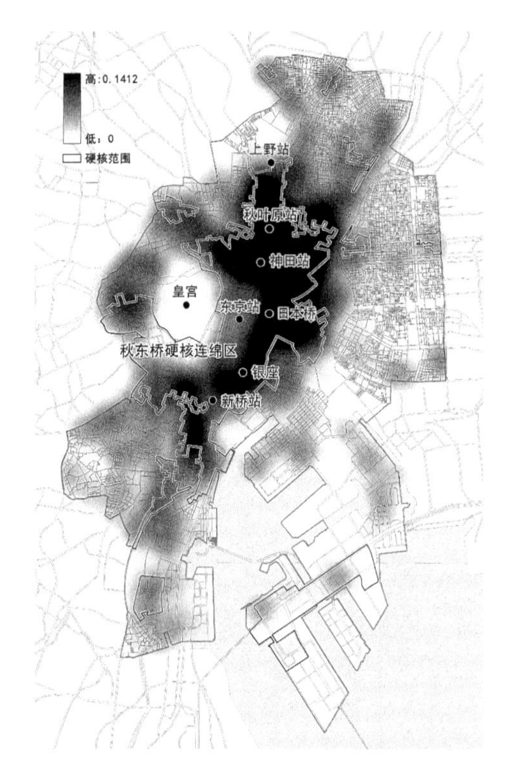

图 5.1 都心中心区生产型服务功能分布

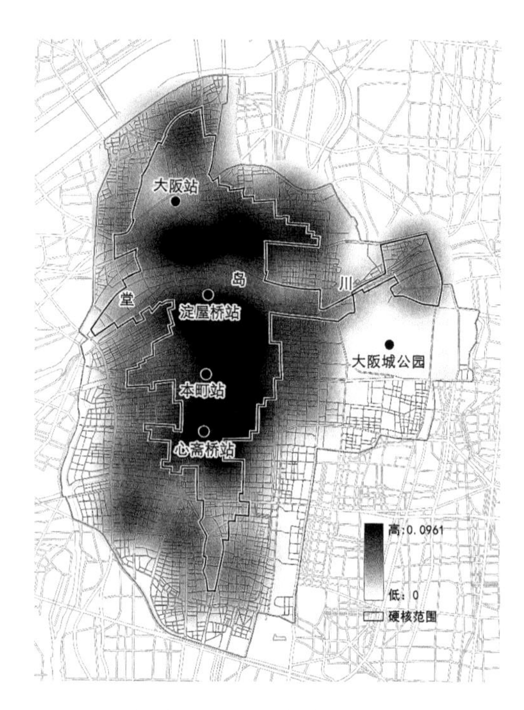

图 5.2 御堂筋中心区生产型服务功能分布

＊资料来源:作者及所在导师工作室共同调研,作者计算、整理、绘制(下同)

(2) 发展型极核结构中心区中,生产型服务功能多簇群集聚

新加坡海湾-乌节中心区内,由于存在多个硬核连绵区及硬核,因此生产型服务功能分布相对分散(图 5.3)。生产型服务功能的主要集聚区有 3 处,分别位于滨海湾的北侧及西侧地区:轨道交通环线的博物馆站、会议中心站至美年站周边地区,轨道交通东西线来福士坊站周边地区,以及丹戎巴葛站南侧地区。这 3 处主要的集聚区,全部分布于主要的海湾硬核连绵区内,生产型服务功能的最大集聚密度为 0.025 9。此外,乌节硬核连绵区的西侧地区也有一处较为集中的分布区,而中心区中部、东西线北侧地区的集中分布区则是一处旅馆酒店为主的为旅游服务的集聚区。

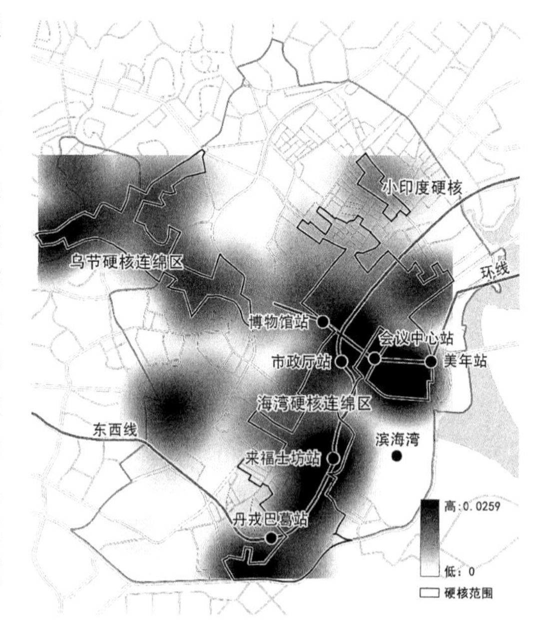

图 5.3 海湾-乌节中心区生产型服务功能分布

首尔江北中心区内生产型服务功能也主要分布在中心区主要的硬核连绵区内(图 5.4)。生产型服务功能有 2 处集聚密度较大,核心的集聚区位于南大门硬核连绵区内,南大门南侧的地区,最大集聚密度为 0.034 9。另一

处集聚区规模较小，位于南大门及东大门硬核连绵区中间的位置，主要是一处较为集中的小型商务区。此外，从中心区整体层面来看，硬核连绵区外围地区也有较多的生产型服务功能分布，且分布较为均质，并有多处分布较为集中的区域。

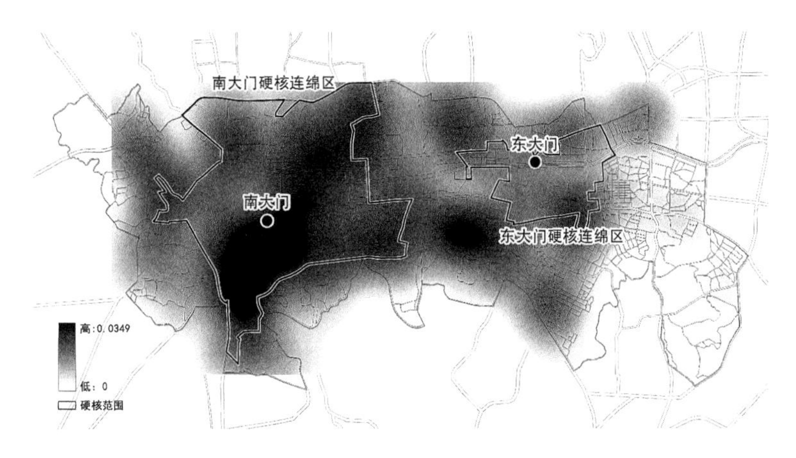

图 5.4 江北中心区生产型服务功能分布

香港港岛中心区内，生产型服务功能的分布显得更为集中，整体偏于中心区的中部及东侧地区，中心区西侧地区分布密度较低(图 5.5)。生产型服务功能主要集中于中心区中部，中环硬核连绵区的西侧地区，在轨道交通港岛线上环站至中环站地区分布最为密集，最大集聚密度为 0.052 6。铜锣湾硬核内，生产型服务功能分布也较为集中，密度较大。此外，在中环硬核连绵区东侧的湾仔站周边地区，也有 1 处较为明显的集聚区，但集聚密度不大。硬核连绵区及硬核外围地区则少有生产型服务功能的分布。

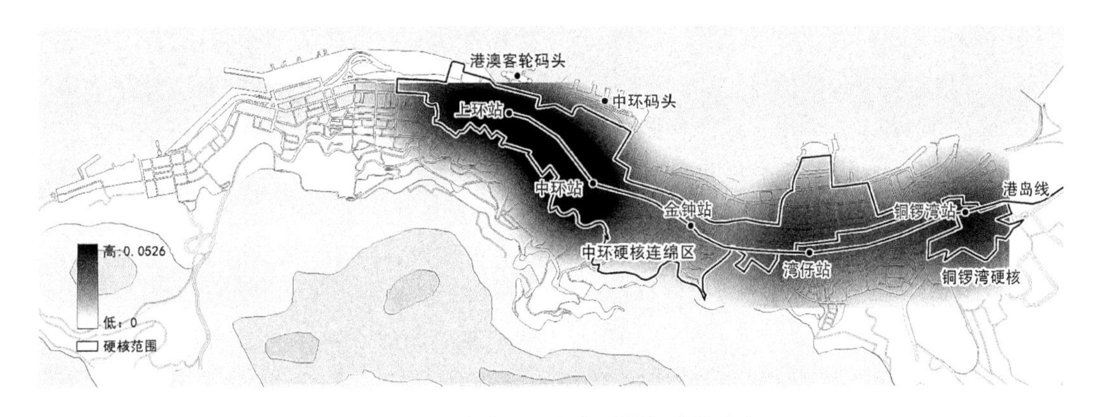

图 5.5 港岛中心区生产型服务功能分布

上海人民广场中心区内，由于硬核较多，且主要硬核连绵区集聚力度不强，生产型服务功能的分布相对较为分散(图 5.6)。生产型服务功能形成了两个主要的集中分布区，较大的一处位于人民广场硬核连绵区及周边地区，除大型开放空间人民广场及东南侧的豫园地区外，其余地区集聚密度均较大，最大集聚密度为 0.040 7。但硬核连绵区内部存在一定的孔洞区，使得生产型服务功能的集聚超出了硬核连绵区的范畴。另一处分布较为集中的地区位于静安寺硬核东侧，以商务办公的集聚为主。此外，其余各个硬核内生产型服务功能的分布密度也明显高于周边地区。

综合来看,生产型服务功能在硬核连绵区内形成核心集聚区的特征较为突出,而其余硬核内的分布密度也基本均高于周边地区。而从集聚的力度来看,成熟型极核结构中心区则明显高于发展型极核结构中心区,两个成熟型极核结构中心区内,生产型服务功能在硬核连绵区内的最高集聚密度均在 0.1 左右,而发展型极核结构中心区的最高集聚密度则保持在 0.025～0.053 左右的区间内,密度约为成熟型极核结构中心区的 1/4～1/2。此外,从具体分布形态来看,成熟型极核结构中心区内除受自然条件的分隔外,生产型服务功能的核心集聚区已经基本连接成片,且占据硬核连绵区内核心区域,而发展型极核结构中心区生产型服务功能的分布则相对分散,核心集聚区也仅集中于硬核连绵区内较小的空间范围内。从中也反映出成熟型极核结构中心区的生产型服务功能,具有更强的向心集聚力及吸引力,相应的生产型服务功能对中心区发展的推动力也更强。

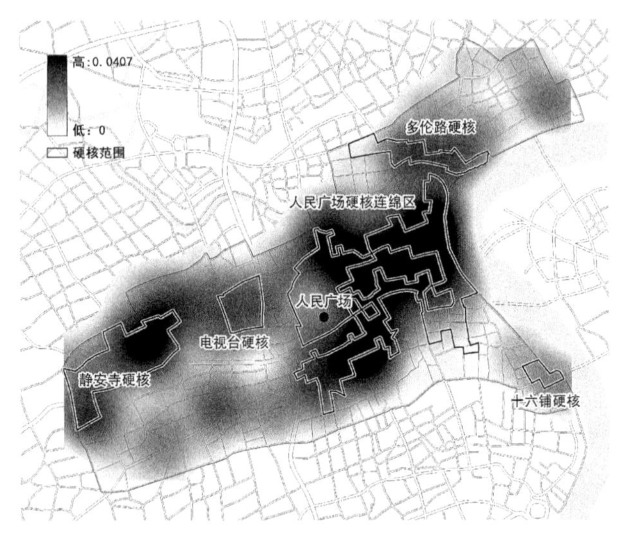

图 5.6 人民广场中心区生产型服务功能分布

2) 生活型服务功能

(1) 成熟型极核结构中心区中,生活型服务功能围绕硬核连绵区多簇群分布

东京都心中心区内,生活型服务功能的分布形态与生产型服务功能相比,显得更为分散,但同样与硬核连绵区关系密切(图 5.7)。中心区内,生活型服务功能共有 7 处较为集中的分布区,其中有 4 处分布于秋东桥硬核连绵区内,且 4 处集聚区彼此分离,各不相连。最大的一处为山手线上野站、秋叶原站及神田站周边地区,其次为山手线新桥站至银座地区,日本桥地区也有一处较大的集聚区,而硬核连绵区内最小的一处集聚区位于皇宫西侧。此外,浅草硬核及周边地区也形成了一处较大规模的集聚区,港区西侧及锦系町硬核地区也有一定的集中分布区。整体来看,都心中心区内的生活型服务功能主要集中分布于秋东桥硬核连绵区内,但簇群状分布特征明显,并与生产型服务功能有较多的重叠区域,最大集聚密度为 0.100 6。硬核连绵区外围的居住集中地区,也会形成一定的生活型服务功能集中分布的簇群,为居住人群提供生活服务。

大阪御堂筋中心区生活型服务功能的分布特征略有不同(图 5.8)。由于中心区内硬核完全连绵,且占据了中心区较大的空间范围,使得中心区内居住用地的分布过于狭窄,生活型服务功能也被挤压进了硬核连绵区。御堂筋中心区内的生活型服务功能的核心集聚区,也均集中于硬核连绵区内,并形成 3 个簇群:大阪站东侧地区、堂岛川北侧地区以及硬核连绵区南侧地区,本町站、心斋桥站至难波站周边地区。3 个集中分布的簇群也有相当一部分与生产型服务功能的集中分布区相重叠,但簇群之间的空间距离较大,簇群的独立性较强。硬核连绵区内,生活型服务功能最大集聚密度为 0.084 2。

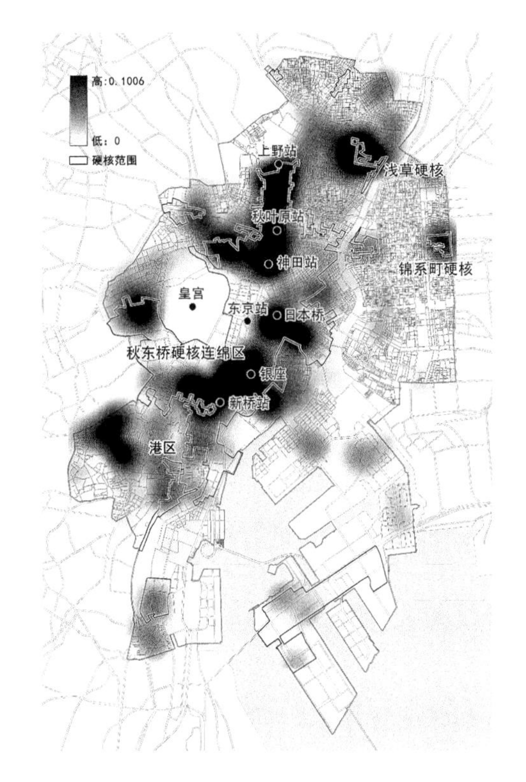

图 5.7 都心中心区生活型服务功能分布

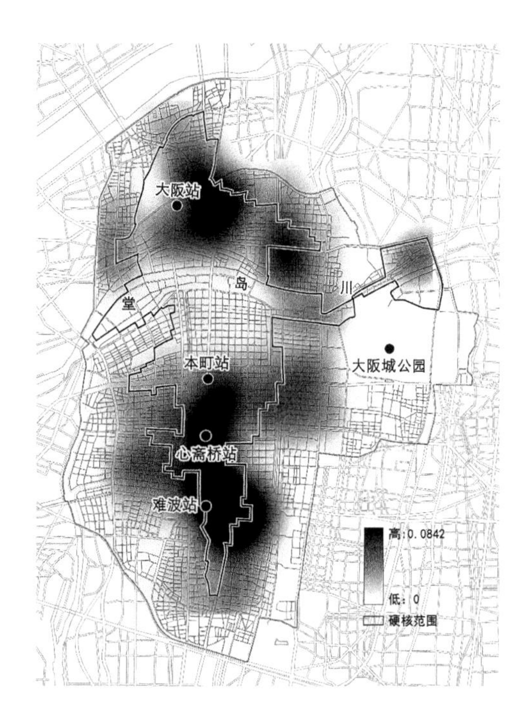

图 5.8 御堂筋中心区生活型服务功能分布

(2) 发展型极核结构中心区中,生活型服务功能分散式多簇群集聚

新加坡海湾-乌节中心区内生活型服务功能的分布与生产型功能分布的重叠区域较少,但核心的集聚区较为接近(图 5.9)。生活型服务功能在两个硬核连绵区及小印度硬核内均有较为集中的分布区,海湾硬核连绵区内,生活型服务功能以滨海湾为界,主要集中在南北两端,南侧主要分布在欧南园站、牛车水站、克拉码头站以及来福士坊站、丹戎巴葛站所围合的区域内,而北侧地区的集中分布带较为狭长,并与小印度硬核连接成片,主要集中在市政厅站、武吉士站、小印度站、花拉花园站所辖的区域内。这两处较为集中的分布区也是生活型服务功能分布密度最高的区域,最高集聚密度为 0.046 4,高于生产型服务功能。此外,乌节硬核连绵区内乌节路站附近也有一处较为集中的分布区,但其集聚力度相对较弱。

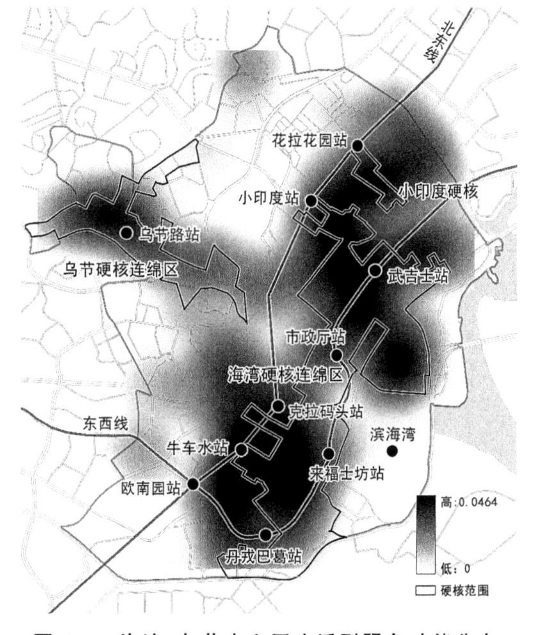

图 5.9 海湾-乌节中心区生活型服务功能分布

首尔江北中心区内,生活型服务功能的分布较为特殊(图 5.10)。虽然在两个硬核连绵

区内也有一定生活型服务功能的分布，且在南大门及东大门附近分布密度较高，但核心的集聚区却分布于两个硬核连绵区之间，且分布密度极高，最大密度值已达到了 0.145 3。该地区主要是连片的商业及居住功能的混合区域，整个区域的底层空间几乎全部被商业用地所占满，因此集聚密度较大。而相反，受大量居住功能集聚的影响，该区域尚无法划入硬核范围。

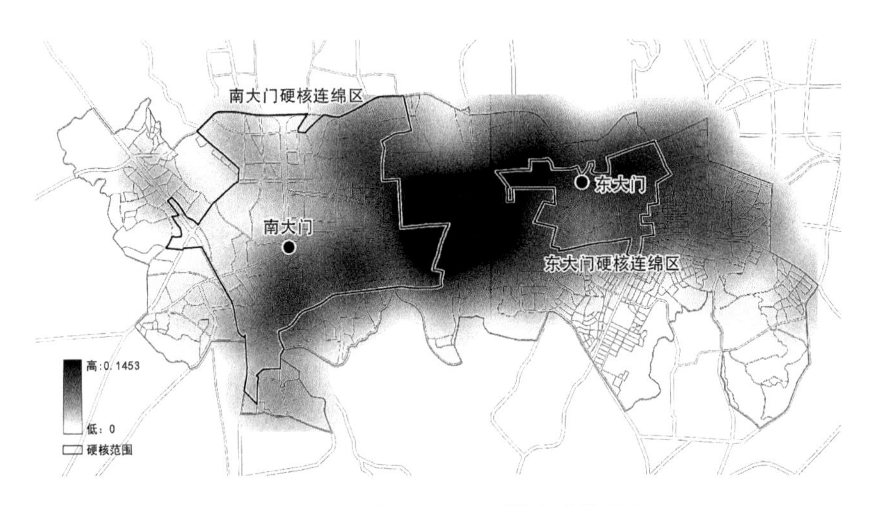

图 5.10　江北中心区生活型服务功能分布

香港港岛中心区内，生活型服务功能的分布地区与生产型服务功能较为接近，但整体来看，分布得更加均质(图 5.11)。生活型服务功能形成了两个主要的集中分布区，一处为中心区中部，中环硬核连绵区西侧地区，港岛线上环站至中环站地区，该地区也是生产型服务功能的主要集聚区，也反映出该地区功能以生产型及生活型功能的混合为主。另一处集中分布区在港岛线湾仔站至铜锣湾站地区，主要位于中环硬核连绵区外围，以及铜锣湾硬核内的区域，这点与江北中心区较为相似，硬核连绵区及硬核之间的集中分布区主要为商业与居住功能的混合区域。而该地区也是生产型服务功能较为集中地分布区。港岛中心区内生活型服务功能的集聚力度也同样大于生产型服务功能，最大集聚密度为 0.074 7。

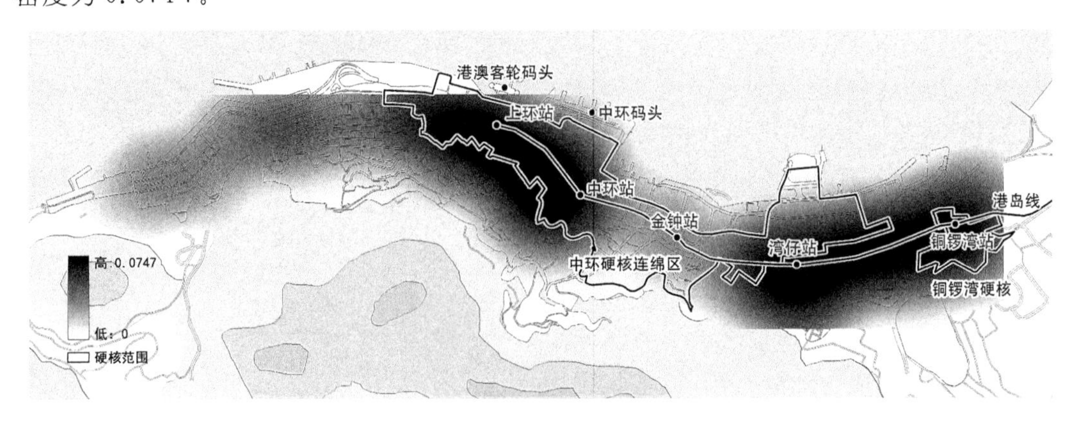

图 5.11　港岛中心区生活型服务功能分布

上海人民广场中心区内，生活型服务功能的分布形成了两处集中分布区(图 5.12)。核心的集中分布区位于人民广场东侧，以及南京东路地区，集聚规模较大，且有部分地区与生产型服务功能的核心集聚区重叠。另一处则集中分布于豫园周边地区，集聚密度较大，但集聚规模相对较小。南京东路地区的生活型服务功能有很大一部分集聚发生在硬核连绵区外围，而豫园地区则基本全部分布于硬核连绵区内。两处集聚区的集聚功能也有所不同，南京东路地区以现代商业零售业为主，而豫园地区则以传统的商业为主。人民广场中心区内生活型服务功能的集聚力度也较大，高于生产型服务功能，最大集聚密度为 0.069 6。

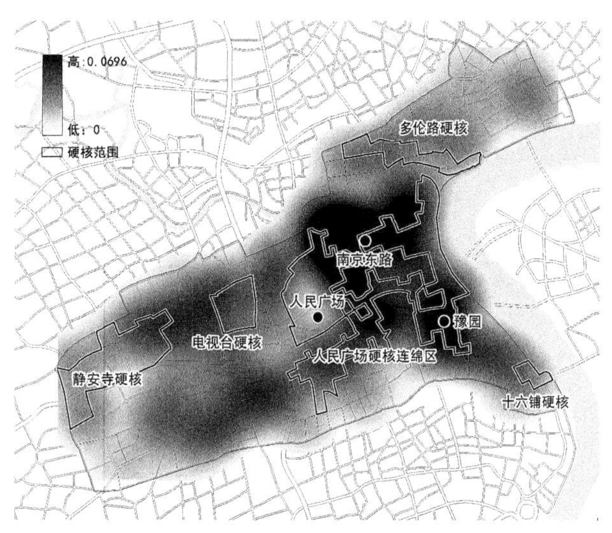

图 5.12 人民广场中心区生活型服务功能分布

综合看来，生活型服务功能分布变化较大，较为共同的分布特征是基本以簇群状形态集聚。成熟型极核结构中心区内，生活型服务功能主要集中在硬核连绵区内，且有较多分区区域与生产型功能相重叠，但集聚的密度均小于生产型服务功能，最高集聚密度的平均值为 0.092 4。发展型极核结构中心区内，生活型服务功能的分布主要形成了 2 种集聚特征，偏向于硬核连绵区及硬核集聚，或在硬核连绵区及硬核之间形成集聚。从集聚力度上看，生活型服务功能的最大集聚密度均高于生产型服务功能，首尔江北中心区内生活型服务功能的最大集聚密度甚至高过了东京的都心中心区，这也说明在发展型极核结构中心区内，生活型服务功能以更为集聚的形态发展。

3) 公益型服务功能

(1) 成熟型极核结构中心区中，公益型服务功能在硬核外围地区多簇群状集聚

东京都心中心区公益型服务功能分布与硬核连绵区及硬核关系不大(图 5.13)。图中可见，公益型服务功能主要集中分布于皇宫周边，虽然有部分位于秋东桥硬核连绵区内，但整体来看，与之关系不大。皇宫南侧是主要的行政文化功能集聚区，而皇宫北侧则是主要的教育中心，上野站西侧地区以文化功能为主。此外，田町硬核、品川硬核以及国际展示场硬核边缘地区也有少量的集中分布区，其余地区的分布则较为均质。中心区内公益型服务功能的最大集聚密度仅为 0.043 2，远低于生产型及生活型服务设施。

大阪御堂筋中心区内，公益型服务功能的分布特征与都心中心区较为相近(图 5.14)。核心的分布区有 4 处，分别为大阪站北侧地区，以行政教育功能为主；堂岛川中部地区，以行政文化功能为主；大阪城公园北侧地区，以文化教育功能为主；以及大阪城公园西侧地区，以行政办公功能为主。其余地区分布较为分散，且集聚密度不高。整体来看，虽然公益型服务功能的分布显得较为随机，但靠近大型开放空间的分布特征较为明显，且集聚密度也远低于生产型及生活型服务功能，最大集聚密度仅为 0.027 2。

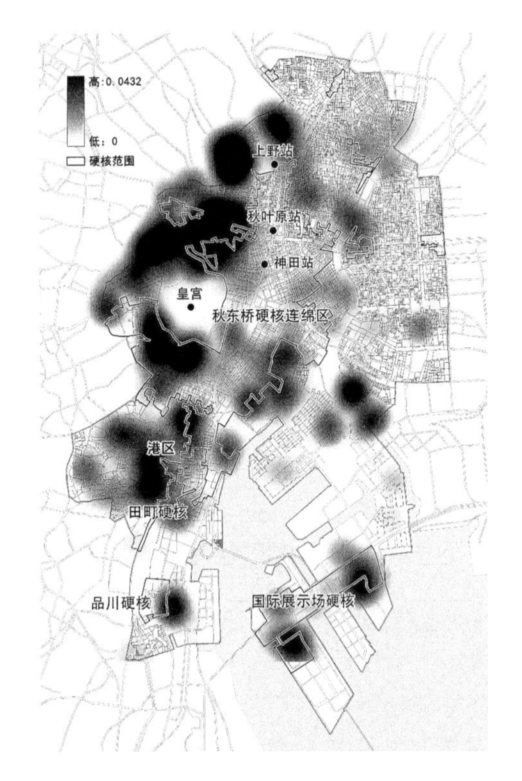

图 5.13　都心中心区公益型服务功能分布

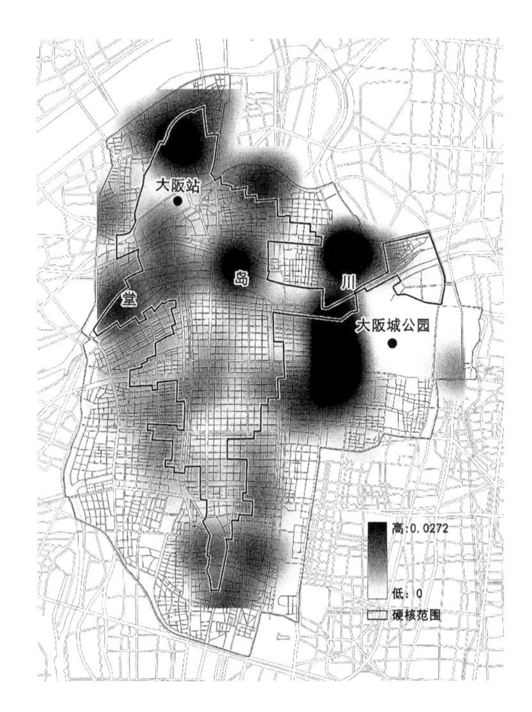

图 5.14　御堂筋中心区公益型服务功能分布

(2) 发展型极核结构中心区中,公益型服务功能在硬核内外均有较大的集聚簇群

新加坡海湾-乌节中心区内,公益型服务功能形成了3处核心的集中分布区(图 5.15)。海湾硬核连绵区内,以市政厅为中心,形成了行政文化的集中分布区,主要分布于滨海湾沿岸,轨道交通东西线市政厅站周边地区;轨道交通北东向小印度站西侧地区则形成了依托总统府的行政文化中心;欧南园站地区则是重要的医疗卫生功能集聚区,核心集聚区内公益型服务功能的最大集聚密度为0.027 1,略高于生产型服务功能的集聚密度。此外,中心区边缘地区、丹戎巴葛站地区、乌节硬核连绵区周边地区也有一定的公益型服务功能分布,整体来看分布较为均衡。

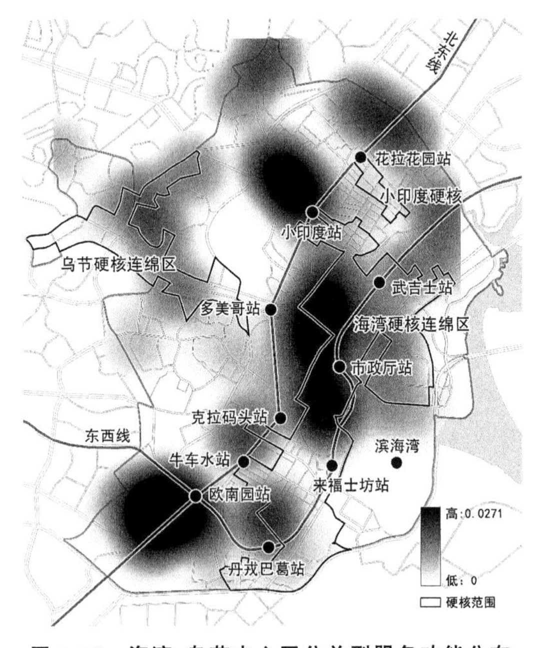

图 5.15　海湾-乌节中心区公益型服务功能分布

首尔江北中心区内,公益型服务设施在两个硬核连绵区及外围地区均有分布(图 5.16)。公益型服务功能的核心集聚区有3处,南大门硬核连绵区内的南大门北侧区域为市政府所在地,以集中的行政文化功能为主;中心区中部南侧的集聚区则以医疗卫生功能为主;东大

门硬核连绵区内集聚力度相对较弱，以行政办公功能为主。整体看来，南大门硬核连绵区内集中了较多的公益型服务功能，最大集聚密度为0.014 8，低于其余两类服务功能。

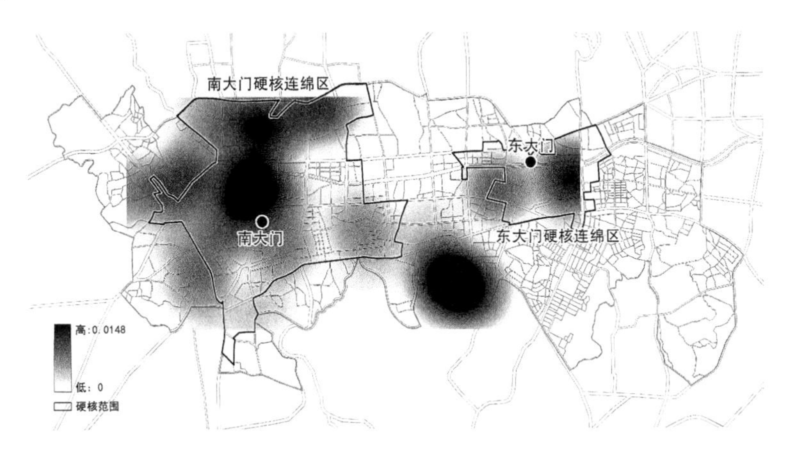

图5.16　江北中心区公益型服务功能分布

香港港岛中心区内，公益型服务功能的分布与其余两类服务功能差异较大(图5.17)。公益型服务功能主要集中分布区有3处，其中2处分布于中环硬核连绵区内，但与生产型及生活型服务功能集中分布区不同，集中于硬核连绵区东侧。港岛线中环站与金钟站之间地区有一处集中分布区，以集中的行政办公功能为主；湾仔站北侧地区的集中分布区则以行政文化功能为主；铜锣湾硬核与中环硬核连绵区之间的一处集中分布区以教育文化及医疗卫生功能为主。此外，中环硬核连绵区西侧边缘地区也有较为集中的分布区。虽然公益型服务功能呈3个簇群状的分布特征，但其分布区域相对接近，最高集聚密度为0.009 1，也远低于其余两类服务功能。

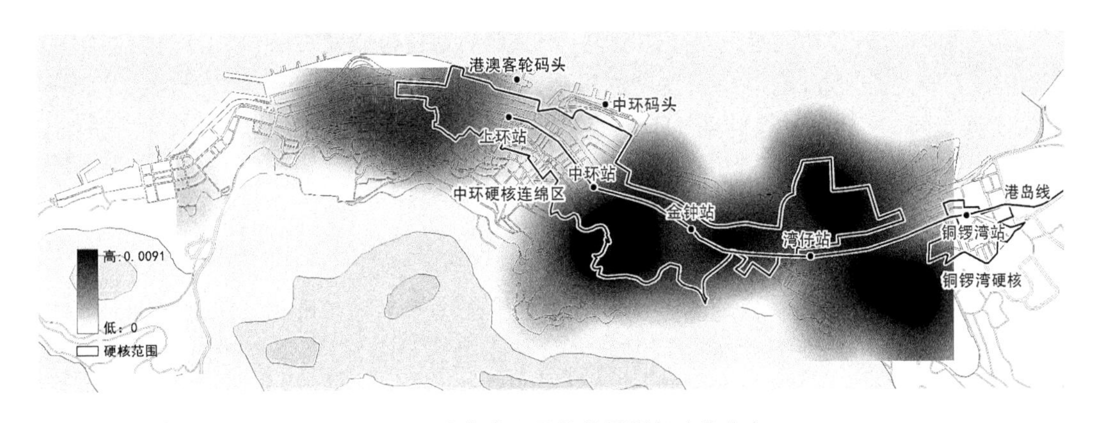

图5.17　港岛中心区公益型服务功能分布

上海人民广场中心区内，公益型服务功能则主要围绕硬核连绵区集中分布(图5.18)。人民广场硬核连绵区成为公益型服务功能最为主要的集聚区，其中外滩地区以行政办公功能的集聚为主，淮海路地区则形成了一处文化教育功能集中分布区，而人民广场北侧地区则是市政府所在地，形成了一处行政文化集聚区。外围地区整体来看，分布相对均衡，并有局部地区集聚密度较大。整体来看，硬核连绵区内集聚力度最大，最大密度为0.014 8，远低于其余两类服务功能，也反映出公益型服务功能分布相对零散的形态特征。

综合来看，公益型服务功能集聚密度要明显低于生产型及生活型服务功能，其中成熟型极核结构中心区内平均最大密度值为 0.035 2，而发展型极核结构中心区内则仅为 0.016 4，反映出公益型服务功能之间的集聚力度相对较弱，以一种相对低密度的方式分布，也反映出该功能的空间效率要远低于另外两类服务功能。其分布特征则因中心区发展阶段的不同而表现出不同特征：成熟型极核结构中心区内，硬核连绵区被更为高效的生产型及生活型服务功能所占据，公益型服务功能多分布在硬核连绵区外围或内部的边缘地区，更倾向于在环境优势较大的地区集中分布；而发展型极核结构中心区中，主要的行政、文化等功能更偏向于在硬核连绵区内集中分布，而教育、医疗等功能则明显向硬核连绵区外围地区集聚。这也从一定程度上反映出，成熟型极核结构中心区的硬核连绵区具有更高的空间效率，更多的为国际化的生产、生活而服务，对公益型服务功能具有一定的排斥作用。

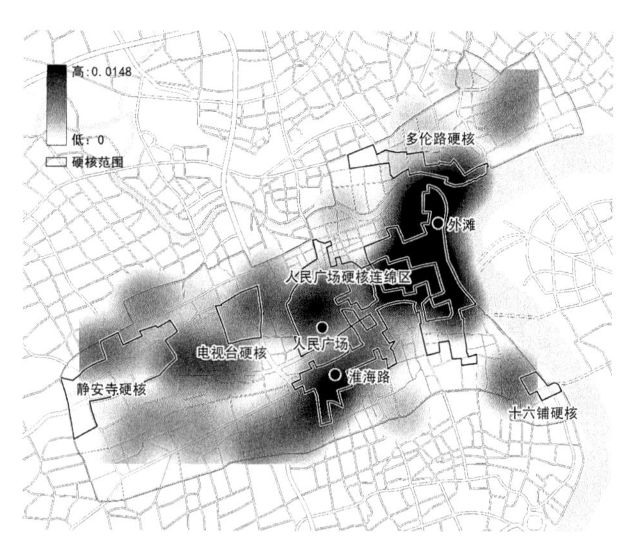

图 5.18 人民广场中心区公益型服务功能分布

5.2.2 其余功能分布解析

其余功能中，居住功能是最主要的功能，无论是用地还是建筑面积，中心区内的居住功能均占据了最大的比重，是中心区发展的重要辅助与支撑功能。而其他功能则包括工业、仓储、交通设施、市政设施等辅助、配套功能，这些功能单独来看，比重较小，对中心区发展贡献也较小，但又必不可少。

1) 居住功能

(1) 成熟型极核结构中心区中，居住功能多集中于中心区边缘地区

东京都心中心区内，居住功能主要集中分布于硬核连绵区及硬核外围地区，在中心区北侧及东侧的荒川区、台东区、墨田区及江东区分布最为集中，最高集聚密度高达 0.2187，甚至超过了服务功能的集聚密度(图 5.19)。此外，港区的西侧地区、品川硬核南侧地区也有一定的居住用地分布，而中心区南侧的东京港地区，则基本没有居住功能分布。整体来看，硬核连绵区及硬核对居住用地的排斥作用较大。

大阪御堂筋中心区内，居住功能的分布也呈现出类似的特征(图 5.20)。居住功能被硬核连绵区内的服务功能所挤压，基本均分布于硬核连绵区外围，大阪城公园南侧及天王寺区内分布最为集中，此外堂岛川北侧地区、福岛区北侧、淀川河川沿岸地区也有 2 处较小的集中分布区，最高集聚密度达到了 0.167 4，也高于中心区内服务功能的集聚密度。此外，浪速区、北区及福岛区的其余地区居住功能的分布也较为集中。

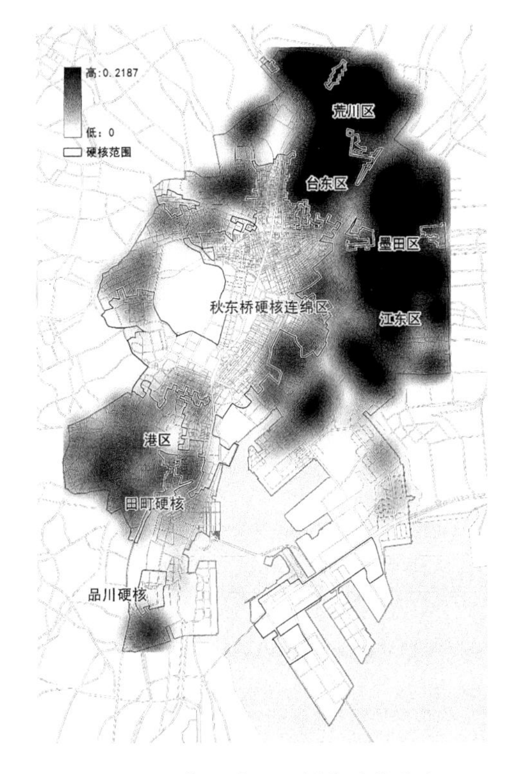

图 5.19　都心中心区居住功能分布

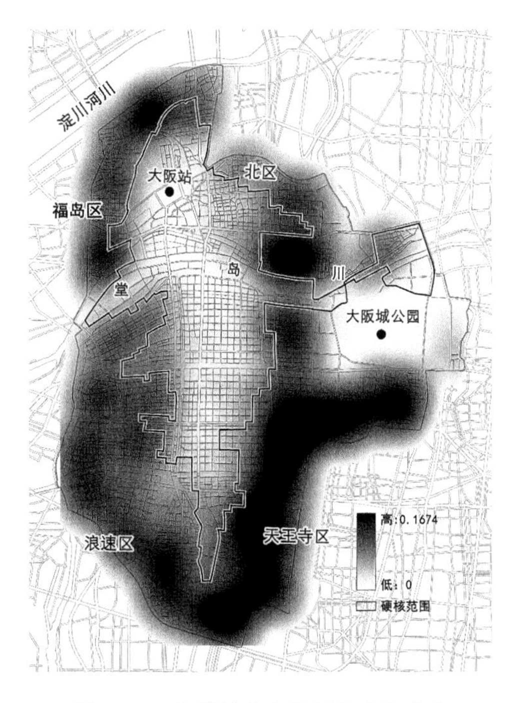

图 5.20　御堂筋中心区居住功能分布

(2) 发展型极核结构中心区中,居住功能多集中于硬核外围地区

新加坡海湾-乌节中心区内,居住用地的分布受硬核连绵区的排斥作用也较强(图 5.21)。居住用地主要集中分布于硬核连绵区外围地区,即中心区中部地区,除几处大型的开放空间外,其余地区居住功能分布密度均较大。其中,海湾硬核连绵区西南侧、乌节硬核连绵区南侧及小印度硬核南北两侧均有较为集中的分布区,最高集聚密度为 0.044 1,该密度值仅略小于生活型服务功能的集聚密度,但却高于生产型及公益型服务功能的集聚密度。小印度硬核内部也有部分居中功能分布较为密集的地区,主要为硬核内商业与居住功能的混合区域。

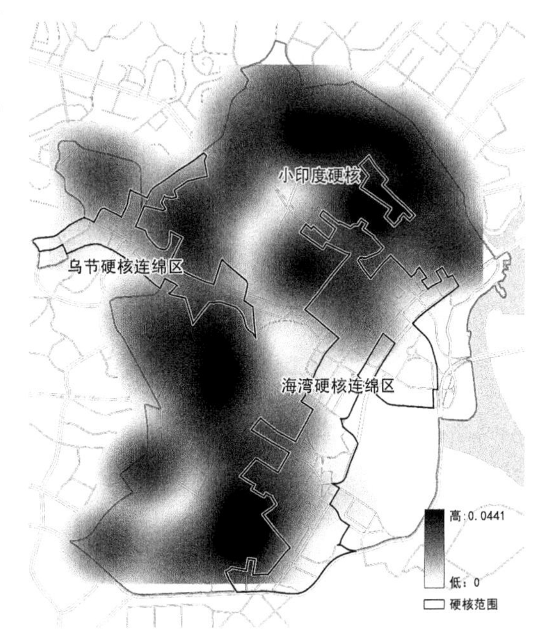

图 5.21　海湾-乌节中心区居住功能分布

首尔江北中心区内,居住功能也主要分布于硬核连绵区外围地区(图 5.22)。分布密度最大的地区有 2 处,主要集中分布于东大门硬核连绵区东南侧外围地区,而南大门硬核连绵区东侧地区也有 1 处较小的集中分布区,居住功能最高集聚密度为 0.183 3,高于三类

服务功能的最大分布密度。

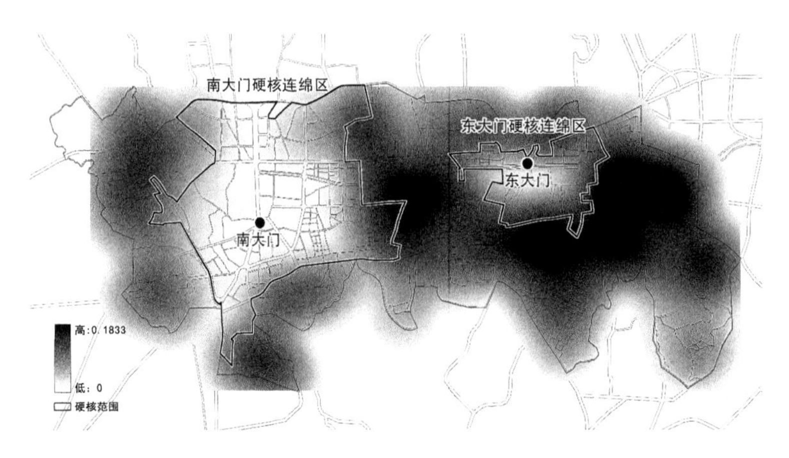

图 5.22 江北中心区居住功能分布

香港港岛中心区内,居住用地主要集中分布于中环硬核连绵区至铜锣湾硬核之间,以及铜锣湾硬核内部地区(图 5.23)。该地区是中心区内主要的商业居住功能的混合区域,但该地区道路网络较密,街区尺度较小,建筑的分布密度较大,使得该地区的居住功能集聚密度反而高于中环硬核连绵区西南侧,独立的居住功能集聚区。居住功能最大的集聚密度为 0.113 8,也大于三类服务功能的集聚密度。

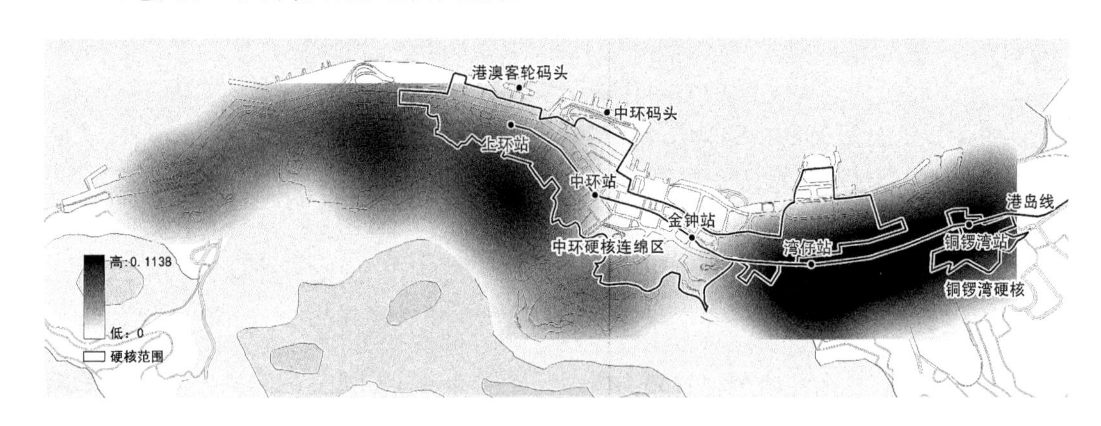

图 5.23 港岛中心区居住功能分布

上海人民广场中心区内,居住功能分布较为均衡,除人民广场等大型开放空间外,其余地区几乎均有居住功能的分布(图 5.24)。相对来看,硬核连绵区及硬核内居住功能的分布明显低于周边地区,在静安寺硬核东南侧地区,人民广场硬核连绵区北侧和南侧部分地区,以及中心区东北角地区,均是居住功能分布密度较大的地区,最大集聚密度为 0.080 8,高于三类服务功能的最大集聚密度。

综合来看,虽然硬核连绵区及硬核内也会存在一定的居住功能,但居住功能的核心集聚区基本均分布于硬核连绵区及硬核外围地区,硬核内的居住功能也多以功能混合的形式出现。在此基础上,居住功能的最大集聚密度基本均高于三类服务功能的集聚密度,这种现象也能反映出一些极核结构中心区的特殊性,即:居住功能的效率及效益远低于三类服务功能,因而必须以一种更为集聚的形态来提升空间效率及效益。但这种高密度的集聚形态一旦形成,会增加中心区更新的成本及难度,实际上对中心区的发展是起到一定的阻碍作用,只有能够承担起更高的成本,具有更高的效率及效益的功能才能取代居住功能,并进一步优化中心区的结构。成熟型极核结构中心区内,居住功能的平均最大集聚密度为 0.193 1,而发展型极核结构中心区内也达到了 0.105 5。

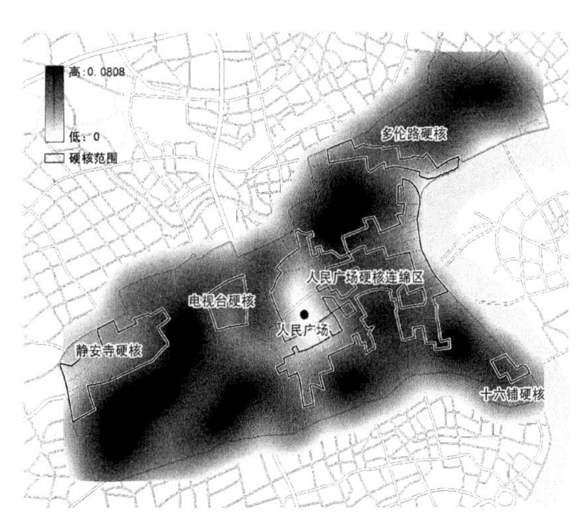

图 5.24 人民广场中心区居住功能分布

2) 其他功能

(1) 成熟型极核结构中心区中,其他功能多在硬核外围分散布局

东京都心中心区内,其他功能的分布更为分散,且硬核连绵区及外围各硬核内分布较少(图 5.25)。其他功能基本均呈现出小的簇群模式,散布于秋东桥硬核连绵区外围,且在北侧的居住功能集中分布区内,集聚密度较低,集聚密度较高的簇群基本都分布于中心区南侧的港区,且这些集聚密度较高的簇群基本都分布于硬核连绵区及硬核的边缘地区,以及中心区的边缘地区,最大集聚密度为 0.057 3。这一集聚密度略高于公益型服务功能的集聚密度,但低于其余功能。

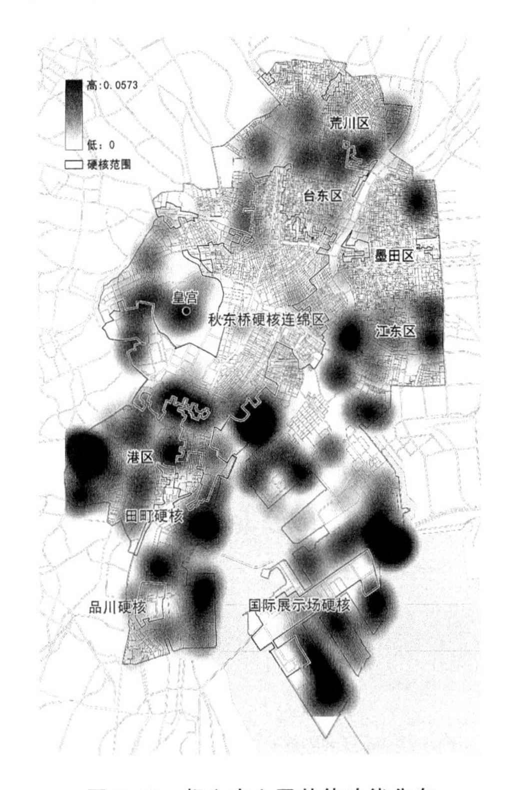

图 5.25 都心中心区其他功能分布

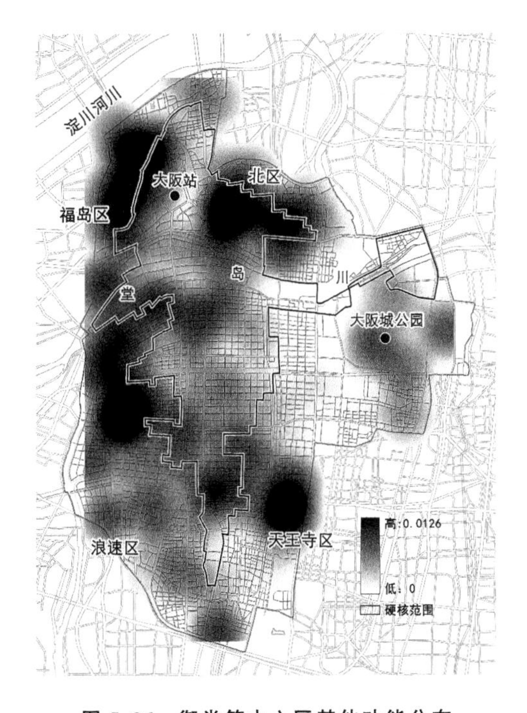

图 5.26 御堂筋中心区其他功能分布

大阪御堂筋中心区内，其他功能整体分布较为分散，但也较为均衡，中心区内各处基本均有一定的其他功能分布(图 5.26)。其他功能的核心集聚区也呈现出簇群状分布的特征，在天王寺区中部，浪速区北部，福岛区均有较为集中的分布区。此外，硬核连绵区内部也有 1 处集中分布区，分布于大阪站东侧地区。中心区内其他功能的最大集聚密度为 0.012 6，是集聚密度最低的功能。

(2) 发展型极核结构中心区中，其他功能分布受硬核影响较小

新加坡海湾-乌节中心区内，其他功能分布也体现了较为类似的分布规律，及整体分布较为均质，核心集聚区呈簇群状分布(图 5.27)。其他功能的核心集聚区主要分布于海湾硬核连绵区内的南北两侧、其外部的西南侧地区，以及乌节硬核连绵区的北侧、南侧及东侧地区。簇群分布较为分散，且硬核连绵区内部也有一定的集中分布区，最大集聚密度 0.011 6，是中心区内分布密度最低的功能。

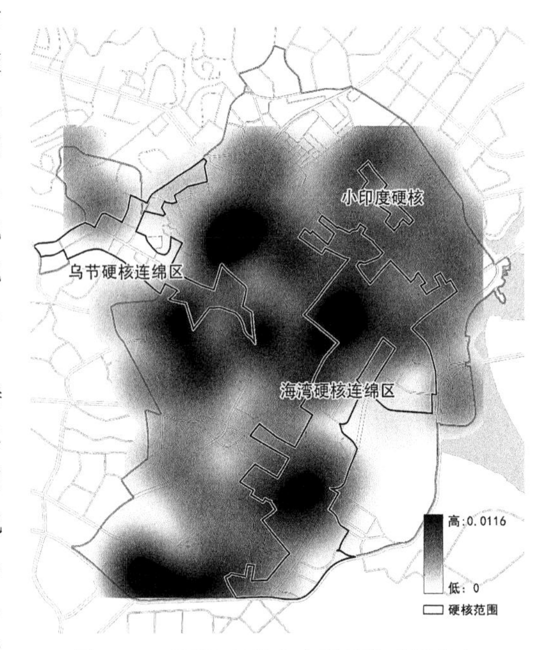

图 5.27 海湾-乌节中心区其他功能分布

首尔江北中心区内，其他功能的分布较为特殊，基本均分布于硬核连绵区内部(图 5.28)。其他功能集聚密度最大的地区，主要分布于南大门硬核连绵区内，南大门的北侧及东侧地区，且已经连接成片，最大集聚密度为 0.024 9，仅高于公益型服务功能的集聚密度。此外，东大门硬核连绵区西侧边缘地区，也有一处较为集中的分布区，但集聚密度明显小于南大门硬核连绵区内。

图 5.28 江北中心区其他功能分布

香港港岛中心区内，其他功能的分布主要集中于硬核连绵区边缘及外围地区(图 5.29)。整体来看，中心区内其他功能的分布较为均质，在局部地区形成明显的高密度簇群。其

他功能集聚密度最大的地区位于中环硬核连绵区中部南北两侧的外边缘地区，以及中环硬核连绵区西侧地区，大致在西安里及西环码头地区形成2处集中分布区。其他功能的最大集聚密度为0.010 6，也是略高于公益型服务功能的集聚密度，但低于其余功能的集聚密度。

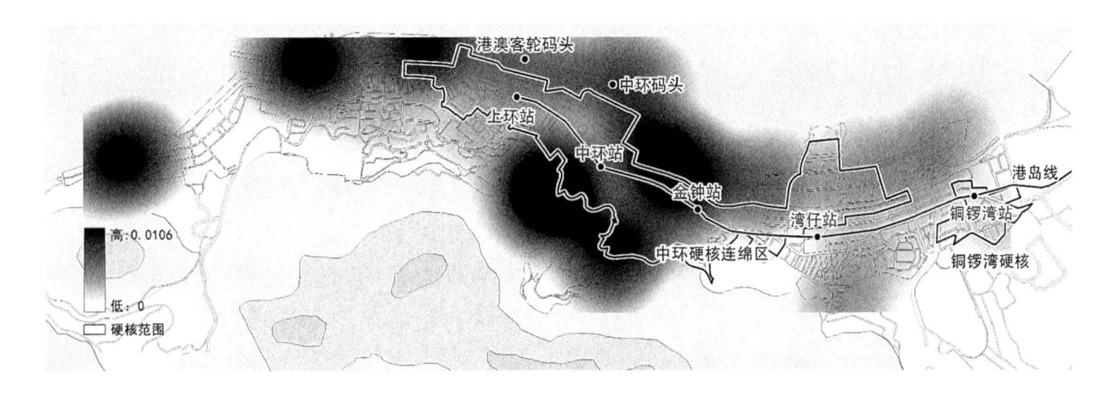

图5.29 港岛中心区其他功能分布

上海人民广场中心区内，其他功能簇群集聚特征更为明显(图5.30)。其他功能的核心集聚区分布较为分散，在硬核连绵区、硬核以及外围地区均有分布，人民广场硬核连绵区内的人民广场东侧以及其外围的东侧地区、电视台硬核及周边地区、静安寺硬核北侧边缘地区、多伦路硬核北侧及西侧边缘地区、十六铺硬核南侧地区，以及中心区东北角地区，均有较为集中的分布区，最大集聚密度为0.033 4，也是略高于公益型服务功能的集聚密度，但低于其余功能的集聚密度。外围地区分布相对分散，集聚密度较低。

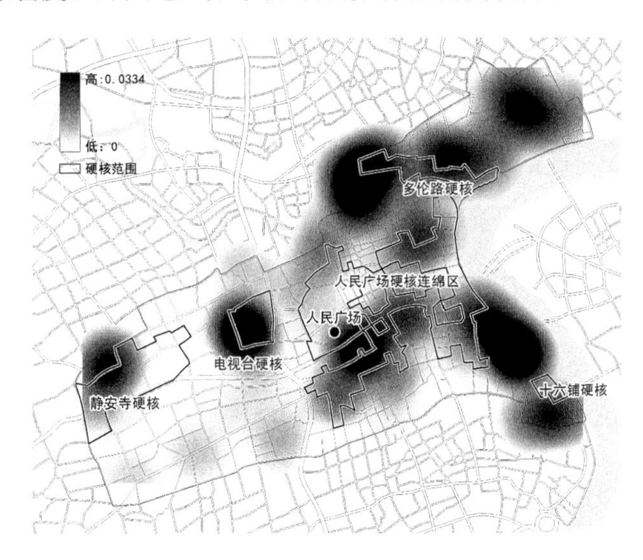

图5.30 人民广场中心区其他功能分布

综合看来，其他功能的分布规律较为特殊，在整体分布较为均质的基础上，核心的集聚簇群分布的随机性较大，硬核连绵区、硬核以及外围地区均有分布。其集聚密度较低，基本与公益型服务功能相当，大部分情况下略高于公益型服务功能，但低于其余功能。从中可以看出，其他功能主要为辅助、配套功能，其分布的随机性较高，且总体来看，其他功能的集聚密度不高，相对地，其空间效率也较低，在中心区内较易被服务类功能所替换，特别是工业、仓储等功能。在其他功能的集聚密度上，与其余功能相似，极核结构中心区内的平均最高集聚密度也高于发展型极核结构中心区，两类中心区内的平均最高集聚密度分别为0.035 0 及 0.020 1。

5.3 功能形态解析

由于各功能的空间需求及使用方式的不同，使得不同的功能具有各自特定的形态特征。而对于形态的分析，特别是密度、强度等形态特征，必然需要以一定的用地为空间载体进行分析，因此不能以建筑的功能构成作为分析对象，同时，也应避免功能的空间混合与用地无法对应的影响。因此，本节的分析以用地功能构成为基础，分别对中心区及硬核两个层面的功能形态进行分析。其中，绿地与广场用地以及在建用地由于建设量过小，或建设情况无法统计，因此本节不做分析。在此基础上，功能形态的划分类别为公共管理与公共服务用地、商业服务业设施用地、混合用地、居住用地及其他用地，共 5 种类别，并对不同类别的用地功能的高度形态（平均层数）、密度形态（建筑密度）及强度形态（容积率）进行分析。

5.3.1 各功能的高度形态

1）成熟型极核结构中心区中，混合用地高度最高

东京都心中心区内，硬核整体平均层数 8.55，而中心区整体平均层数仅为 6.48，硬核整体高度高于中心区整体水平（表 5.30）。其中，中心区最高值为混合用地，平均层数为 8.72，此外，商业服务业设施用地高度也较高，平均层数达到 8.44。但在硬核层面来看，最高的为商业服务业设施用地，平均层数为 9.03，此外，公共管理与公共服务用地、混合用地以及居住用地平均层数也较高，且高度较为相近，分别为 7.59、7.93 以及 7.43。其他用地的高度均较低。整体看来，硬核高度要高于中心区其余地区，从各用地的情况来看，除混合用地外，硬核内各用地也均高于中心区整体水平，这也反映出硬核具有更高的空间高度，使得其用地更为集约。

从各硬核的高度情况来看，秋东桥硬核连绵区与硬核整体水平较为接近，并略低于硬核的整体水平，而其余较小的硬核内高度变化较大（表 5.30）。整体高度最高的为品川硬核，平均层数达到了 13.61，最低的为日暮里硬核，平均层数仅为 6.06。而高度最高的用地类型集中于商业服务业设施用地（如饭田桥硬核、两国硬核、浅草硬核、三之轮硬核等）、混合用地（如田町硬核、品川硬核等），以及居住用地（锦系町硬核、日暮里硬核、国际展示场硬核等）。

表 5.30 都心中心区功能的高度形态统计

统计类别	公共管理与公共服务用地	商业服务业设施用地	混合用地	居住用地	其他用地	整体平均值
中心区整体	6.03	8.44	8.72	5.72	3.09	6.48
硬核整体	7.59	9.03	7.93	7.43	3.15	8.55

续表 5.30

统计类别	公共管理与公共服务用地	商业服务业设施用地	混合用地	居住用地	其他用地	整体平均值
秋东桥硬核连绵区	7.60	8.97	7.64	7.04	3.41	8.46
田町硬核	5.55	10.29	11.23	9.76	1.17	9.93
品川硬核	—	12.09	28.78	15.59	—	13.61
饭田桥硬核	6.55	11.29	5.57	6.90	1.00	9.73
两国硬核	5.86	7.82	6.29	5.18	—	6.70
锦系町硬核	—	9.30	4.72	10.24	—	8.65
浅草硬核	5.12	6.37	5.80	5.06	1.00	6.08
日暮里硬核	—	5.77	—	10.30	—	6.06
三之轮硬核	—	6.5	—	4.22	—	6.16
国际展示场硬核	7.85	8.15	—	13.98	1.96	7.89

大阪御堂筋中心区内,硬核整体高度水平也高于中心区整体水平,但与都心中心区相比,两者的高度水平较为接近,中心区平均层数 7.34,而硬核平均层数则为 7.69(表 5.31)。中心区内,混合用地高度最高,平均层数为 8.34,此外,商业服务业设施用地以及居住用地高度也较高,平均层数分别为 7.49 以及 7.66。而从硬核层面来看,混合用地的高度也是最高,平均层数 9.09,高于中心区整体水平,同样商业服务业设施用地高度较高,达到了 7.97。此外,公共管理与公共服务用地以及居住用地高度相当,分别为 6.63 以及 6.73。整体来看,硬核内用地高度普遍高于中心区整体水平。从各用地具体高度来看,无论是中心区内,还是硬核内,混合用地都是高度最高的用地类型。

表 5.31 御堂筋中心区功能的高度形态统计

统计类别	公共管理与公共服务用地	商业服务业设施用地	混合用地	居住用地	其他用地	整体平均值
中心区整体	5.54	7.49	8.34	7.66	2.72	7.34
硬核整体	6.63	7.97	9.09	6.73	2.21	7.69

综合来看,成熟型极核结构中心区内,无论是中心区层面,还是在硬核层面,混合用地均是高度最高的用地类别(表 5.32)。中心区整体层面来看,整体平均层数 6.91,混合用地及商业服务业设施用地平均层数高于中心区平均水平,分别为 8.53 及 7.97。而硬核内整体平均层数 8.12,也仅有混合用地及商业服务业设施用地高度高于硬核整体水平,且两者极为接近,分别为 8.51 及 8.50。

表 5.32 成熟型极核结构中心区功能的高度形态统计

统计类别	公共管理与公共服务用地	商业服务业设施用地	混合用地	居住用地	其他用地	整体平均值
中心区整体	5.79	7.97	8.53	6.69	2.91	6.91
硬核整体	7.11	8.50	8.51	7.08	2.68	8.12

2）发展型极核结构中心区中，混合用地同样最高

新加坡海湾-乌节中心区内，中心区整体高度水平与硬核整体高度水平较为接近，平均层数分别为7.06及7.12(表5.33)。中心区内，居住用地整体高度最高，平均层数8.28，混合用地高度也较高，达到了7.82，而商业服务业设施用地则低于中心区平均水平，平均层数仅为6.70。中心区内还有一个较为突出的特点，即公共管理与公共服务用地高度较低，平均高度仅为4.96，主要是由于其公共管理与公共服务相关设施基本均采用独立的，并与一定开放空间结合的，高度较低的建筑形态。硬核整体高度也表现了类似的特征，但混合用地的高度已经高于居住用地，平均层数分别为8.08及8.05，此外，商业服务业设施用地高度有所提升，达到了7.22，超过了硬核的平均水平。海湾硬核连绵区内，混合用地高度最高，平均层数达到了9.07；乌节硬核连绵区内，居住用地高度最高，平均层数达到了12.45；小印度硬核由于偏向于传统商业功能，其整体高度较低，硬核整体平均层数仅为3.16。整体看来，中心区内居住用地始终以较高的形态出现，而混合用地以及商业服务业设施用地高度也较高，且在硬核内表现出更高的高度形态，但公共管理与公共服务用地高度则相对较低。

表5.33 海湾-乌节中心区功能的高度形态统计

统计类别	公共管理与公共服务用地	商业服务业设施用地	混合用地	居住用地	其他用地	整体平均值
中心区整体	4.96	6.70	7.82	8.28	3.35	7.06
硬核整体	4.19	7.22	8.08	8.05	3.80	7.12
海湾硬核连绵区	4.99	7.27	9.07	5.59	4.10	7.52
乌节硬核连绵区	2.28	8.10	6.49	12.45	1.28	6.43
小印度硬核	—	4.11	1.87	—	1.00	3.16

首尔江北中心区内，硬核整体高度同样高于中心区平均水平，但相比较而言，江北中心区整体高度水平较低，中心区平均层数5.09，硬核内平均层数也仅为6.90(表5.34)。中心区内商业服务业设施用地高度最高，平均层数为6.59，公共管理与公共服务用地以及混合用地高度也相对较高，平均层数分别为5.96以及5.30。而硬核内则是混合用地最高，平均层数为7.88，公共管理与公共服务用地高度也超过了商业服务业设施用地，平均层数分别为7.38及7.18。中心区内居住用地高度较低，平均层数仅为4.28，而硬核内居住用地高度反而更低，平均层数仅为3.37。南大门硬核连绵区内，公共管理与公共服务用地、商业服务业用地以及混合用地高度较为接近，而东大门硬核连绵区内，混合用地高度较为突出。整体看来，中心区内公共管理与公共服务用地、商业服务业设施用地以及混合用地高度相对较高。

表5.34 江北中心区功能的高度形态统计

统计类别	公共管理与公共服务用地	商业服务业设施用地	混合用地	居住用地	其他用地	整体平均值
中心区整体	5.96	6.59	5.30	4.28	2.32	5.09
硬核整体	7.38	7.18	7.88	3.37	3.38	6.90
南大门硬核连绵区	8.50	8.64	8.10	3.83	3.40	7.81
东大门硬核连绵区	2.40	2.62	6.98	1.45	2.92	3.55

香港港岛中心区内，由于用地条件的局限性，整体高度均较高，且硬核整体高度高于中心区平均水平，平均层数高达 21.50(表 5.35)。中心区内混合用地高度最高，平均层数达到了 22.37，居住用地也以较高的形态出现，平均层数为 20.64，商业服务业设施用地平均层数也达到了 18.28，但公共管理与公共服务用地高度较低，平均层数为 10.97。硬核内，混合用地高度同样最高，平均层数更是高到 23.98，且除居住用地外，其余用地高度均有所提升。中环硬核连绵区及铜锣湾硬核内，混合用地同样是高度最高的用地，此外，商业服务业设施用地也相对较高。整体看来，香港港岛中心区各类功能的高度均较高，其中混合用地最为突出，高度最高，且在中心区层面居住用地高于商业服务业设施用地，但在硬核内，则正好相反，商业服务业设施用地高于居住用地。

表 5.35 港岛中心区功能的高度形态统计

统计类别	公共管理与公共服务用地	商业服务业设施用地	混合用地	居住用地	其他用地	整体平均值
中心区整体	10.97	18.28	22.37	20.64	4.73	18.77
硬核整体	14.94	19.01	23.98	12.36	8.64	21.50
中环硬核连绵区	14.94	20.73	24.19	12.36	8.64	21.84
铜锣湾硬核	—	11.35	22.24	—	—	18.62

上海人民广场中心区内，整体高度不高，中心区整体平均层数仅为 5.92，硬核内平均层数则相对较高，达到了 8.45(表 5.36)。无论是中心区还是硬核内，商业服务业设施用地以及混合用地均是高度最高的用地类别。中心区内两类用地高度相当，分别为 8.26 及 8.25，而在硬核内，混合用地更高，两者平均层数分别为 9.40 及 11.54。其余各硬核也基本均保持了这一规律，即混合用地与商业服务业设施用地高度最高。整体来看，上海人民广场中心区内，混合用地及商业服务业设施用地高度较高，而公共管理与公共服务用地高度较低，居住用地高度更低，也从一定程度上说明在中心区及硬核内，居住用地的使用效率不高，高度有待进一步提升。

表 5.36 人民广场中心区功能的高度形态统计

统计类别	公共管理与公共服务用地	商业服务业设施用地	混合用地	居住用地	其他用地	整体平均值
中心区整体	5.52	8.26	8.25	4.29	2.68	5.92
硬核整体	4.31	9.40	11.54	3.36	3.52	8.45
人民广场硬核连绵区	5.06	8.38	10.94	3.25	3.68	8.17
电视台湾硬核	3.78	9.14	15.74	3.44	—	9.22
静安寺硬核	2.52	13.08	11.32	3.68	3.00	8.74
多伦路硬核	3.13	12.05	15.05	3.39	—	9.32
十六铺硬核	—	12.78	13.90	2.11	—	10.20

综合来看，发展型极核结构中心区及硬核的整体高度均高于成熟型极核结构中心区，各类用地的高度也均高于成熟型极核结构中心区，这主要与两个成熟型中心区均是日本的

城市，受日本滨海、多自然灾害等条件，以及历史文化、居住文化等影响有关。而与成熟型极核结构中心区相似，发展型极核结构中心区及硬核内，混合用地高度均是最高，平均层数分别为 10.94 及 12.87（表 5.37）。此外，中心区整体层面而言，商业服务业设施用地及居住用地高度较为接近，但在硬核内，商业服务业用地则明显高于居住用地，居住用地高度较低，也是唯一低于成熟型极核结构中心区高度的数值。这也从一定程度上说明，发展型极核结构中心区内，居住用地尚有较大的更新及发展空间。

表 5.37　发展型极核结构中心区功能的高度形态统计

统计类别	公共管理与公共服务用地	商业服务业设施用地	混合用地	居住用地	其他用地	整体平均值
中心区整体	6.85	9.96	10.94	9.37	3.27	9.21
硬核整体	7.71	10.70	12.87	6.79	4.84	10.99

5.3.2　各功能的密度形态

1）成熟型极核结构中心区中，混合用地密度最大

东京都心中心区内，硬核的整体建筑密度高于中心区整体建筑密度，达到了 52.97%，而中心区则为 44.60%（表 5.38）。中心区内密度最高的用地为混合用地，建筑密度高达 60.78%。硬核的整体建筑密度与中心区较为相似，除其他用地建筑密度更低外，其余用地类别建筑密度均高于中心区整体水平，最高的仍是混合用地，建筑密度高达 64.16%。其中，秋东桥硬核连绵区与硬核整体密度特征较为接近，但其余硬核建筑密度变化较大。整体来看，东京都心中心区内，混合用地建筑密度最高，商业服务业设施用地建筑密度也较大，中心区及硬核内居住用地建筑密度较为接近，也均超过了 50.00%，反映了中心区内混合用地以及商业服务业设施用地是更为密集的用地类别，而居住用地也表现为高密度的形态特征。

表 5.38　都心中心区功能的密度形态统计

统计类别	公共管理与公共服务用地	商业服务业设施用地	混合用地	居住用地	其他用地	整体平均值
中心区整体	38.59%	53.10%	60.78%	51.14%	22.20%	44.60%
硬核整体	41.65%	57.45%	64.16%	51.88%	12.99%	52.97%
秋东桥硬核连绵区	41.25%	58.80%	65.13%	51.82%	34.00%	56.37%
田町硬核	61.98%	47.04%	39.33%	42.70%	37.50%	46.70%
品川硬核	—	46.60%	51.85%	48.33%	—	46.53%
饭田桥硬核	63.77%	45.26%	57.01%	47.34%	6.45%	41.83%
两国硬核	17.40%	50.52%	64.56%	66.09%	—	36.43%
锦系町硬核	—	60.00%	45.50%	48.84%	—	56.19%
浅草硬核	70.00%	66.44%	66.08%	82.50%	14.29%	67.45%

续表 5.38

统计类别	公共管理与公共服务用地	商业服务业设施用地	混合用地	居住用地	其他用地	整体平均值
日暮里硬核	—	58.33%	—	62.50%	—	58.58%
三之轮硬核	—	52.44%	—	58.33%	—	53.27%
国际展示场硬核	44.75%	53.00%	—	79.63%	2.78%	32.46%

大阪御堂筋中心区内，硬核整体的建筑密度也高于中心区整体建筑密度，但两者相差不大，分别为 50.94%及 47.75%(表 5.39)。中心区内商业服务业用地及混合用地建筑密度相近，分别为 56.70%及 56.57%，而公共管理与公共服务业用地与居住用地建筑密度较为接近，分别为 49.76%及 47.41%。硬核内也基本保持了这一结构关系，但混合用地略高于商业服务业设施用地。

表 5.39　御堂筋中心区功能的密度形态统计

统计类别	公共管理与公共服务用地	商业服务业设施用地	混合用地	居住用地	其他用地	整体平均值
中心区整体	49.76%	56.70%	56.57%	47.41%	14.76%	47.75%
硬核整体	53.67%	58.47%	59.87%	47.24%	12.45%	50.94%

综合来看，成熟型极核结构中心区硬核内建筑密度超过 50.00%，达到了 51.96%，而中心区整体建筑密度也较高，为 46.18%，且中心区及硬核内各用地类别建筑密度的高低顺序一致(表 5.40)。其中，混合用地建筑密度最大，其次为商业服务业设施用地，居住用地建筑密度排在第三位，公共管理与公共服务用地比值略低，其他用地建筑密度最低。可以看出，成熟型极核结构中心区内，混合用地的建筑形态最为密集，而其他用地建筑密度过低，大大降低了中心区及硬核用地的使用效率。

表 5.40　成熟型极核结构中心区功能的密度形态统计

统计类别	公共管理与公共服务用地	商业服务业设施用地	混合用地	居住用地	其他用地	整体平均值
中心区整体	44.18%	54.90%	58.68%	49.28%	18.48%	46.18%
硬核整体	47.66%	57.96%	62.02%	49.56%	12.72%	51.96%

2) 发展型极核结构中心区中，混合用地仍是密度最大的用地类别

新加坡海湾-乌节中心区内，硬核内建筑密度同样高于中心区整体水平，但两者的差距较大，硬核内建筑密度高达 63.47%，而中心区整体建筑密度则仅为 43.06%(表 5.41)。中心区内，混合用地仍然是建筑密度最大的用地类别，达到 63.96%。从硬核层面来看，混合用地建筑密度同样是最大的，达到了 70.77%，而公共管理与公共服务用地建筑密度则超过了商业服务业设施用地，两者比重分别为 68.42%及 63.61%。而硬核连绵区及硬核内，各用地类别的建筑密度变化较大，总体来看，混合用地、公共管理与公共服务用地以及商业服务业设施用地建筑密度较高。

表 5.41 海湾-乌节中心区功能的密度形态统计

统计类别	公共管理与公共服务用地	商业服务业设施用地	混合用地	居住用地	其他用地	整体平均值
中心区整体	36.86%	56.58%	63.96%	32.36%	28.33%	43.06%
硬核整体	68.42%	63.61%	70.77%	40.79%	33.18%	63.47%
海湾硬核连绵区	68.27%	64.15%	65.62%	56.64%	32.74%	62.11%
乌节硬核连绵区	68.78%	59.61%	85.40%	27.17%	40.12%	67.20%
小印度硬核	—	67.26%	79.68%	—	17.39%	78.20%

首尔江北中心区整体建筑密度均较低，硬核内建筑密度甚至低于中心区整体水平，仅为 36.88%，中心区整体建筑密度也仅为 39.78%（表 5.42）。中心区内，无论是从中心区整体层面，硬核整体层面，还是从各硬核连绵区层面来看，各用地建筑密度的大小关系较为接近，除东大门硬核连绵区商业服务业设施用地建筑密度最大外，混合用地均是建筑密度最大的用地类别。

表 5.42 江北中心区功能的密度形态统计

统计类别	公共管理与公共服务用地	商业服务业设施用地	混合用地	居住用地	其他用地	整体平均值
中心区整体	28.57%	41.47%	49.67%	38.93%	15.91%	39.78%
硬核整体	30.90%	40.61%	43.68%	32.36%	13.25%	36.88%
南大门硬核连绵区	30.21%	37.47%	44.26%	31.45%	13.56%	34.99%
东大门硬核连绵区	34.36%	54.84%	41.42%	36.88%	7.41%	46.10%

香港港岛中心区内，硬核整体建筑密度高于中心区整体水平，达到 60.23%，而中心区内建筑密度则仅为 42.95%（表 5.43）。中心区内建筑密度最大的用地类别为商业服务业设施用地，高达 67.68%，混合用地建筑密度比之略低，为 61.89%，其余三类用地类别建筑密度较为接近。而硬核内，商业服务业设施用地建筑密度更高，达到了 70.25%，混合用地建筑密度也有所提升，达到了 65.32%，公共管理与公共服务用地建筑密度提升较大，达到了 43.14%，其余两类用地建筑密度基本相当。中环硬核连绵区及铜锣湾硬核内，建筑密度也基本保持了这一关系。

表 5.43 港岛中心区功能的密度形态统计

统计类别	公共管理与公共服务用地	商业服务业设施用地	混合用地	居住用地	其他用地	整体平均值
中心区整体	27.03%	67.68%	61.89%	33.67%	23.37%	42.95%
硬核整体	43.14%	70.25%	65.32%	26.60%	29.00%	60.23%
中环硬核连绵区	43.14%	69.34%	65.61%	26.60%	29.00%	59.57%
铜锣湾硬核	—	74.59%	63.00%	—	—	66.44%

上海人民广场中心区内，硬核内建筑密度与中心区整体建筑密度水平较为接近，分别

为52.17%及50.25%(表5.44)。人民广场中心区各类用地的建筑密度较为特殊,中心区内建筑密度最高的用地类别是其他用地,为57.32%,最低的则为公共管理与公共服务用地,为44.25%,且各类用地的建筑密度值较为接近。硬核内各类用地的建筑密度值更为接近,最高值为商业服务业设施用地的54.36%,最低值则为公共管理与公共服务用地的44.02%。人民广场硬核连绵区及各硬核内,各类用地的建筑密度也均较为接近,整体建筑密度波动不大。

表5.44　人民广场中心区功能的密度形态统计

统计类别	公共管理与公共服务用地	商业服务业设施用地	混合用地	居住用地	其他用地	整体平均值
中心区整体	44.25%	53.15%	55.04%	48.22%	57.32%	50.25%
硬核整体	44.02%	54.36%	54.17%	50.83%	51.64%	52.17%
人民广场硬核连绵区	45.29%	60.19%	59.81%	62.55%	62.88%	57.64%
电视台湾硬核	34.62%	42.89%	42.46%	42.40%	—	42.08%
静安寺硬核	42.51%	40.44%	45.04%	41.11%	32.85%	41.88%
多伦路硬核	40.17%	51.43%	57.14%	59.38%	—	52.01%
十六铺硬核	—	32.25%	42.79%	64.04%	—	42.00%

综合来看,发展型极核结构中心区与成熟型极核结构中心区建筑密度形态较为接近(表5.45)。发展型极核结构中心区内,中心区整体建筑密度44.01%,其中混合用地密度最大,其次为商业服务业设施用地,两者建筑密度分别为57.64%及54.72%,其余三类用地建筑密度较为相当;而硬核内,同样是混合用地建筑密度最高,商业服务业设施用地与之差距缩小,两者建筑密度分别为58.49%及57.21%,此外,公共管理与公共服务用地建筑密度提升较大,达到了46.62%,其余两类用地变化不大。

表5.45　发展型极核结构中心区功能的密度形态统计

统计类别	公共管理与公共服务用地	商业服务业设施用地	混合用地	居住用地	其他用地	整体平均值
中心区整体	34.18%	54.72%	57.64%	38.30%	31.23%	44.01%
硬核整体	46.62%	57.21%	58.49%	37.65%	31.77%	53.19%

5.3.3　各功能的强度形态

1)成熟型极核结构中心区中,混合用地建设强度最高

东京都心中心区内,硬核的建设强度明显高于中心区整体的建设水平,容积率达到了4.53,而中心区的容积率则仅为2.89(表5.46)。中心区混合用地容积率最高,为5.30,其次为商业服务业设施用地,容积率为4.48。而从硬核整体来看,除其他用地外,容积率均高于中心区整体水平,商业服务业设施用地超过混合用地,容积率达到5.19,混合用地则降低至5.09。秋东桥硬核连绵区及其余硬核,由于发展条件及周边环境的不同,各用地类别的容积率变化较大,但整体容积率均较高。

表 5.46 都心中心区功能的强度形态统计

统计类别	公共管理与公共服务用地	商业服务业设施用地	混合用地	居住用地	其他用地	整体平均值
中心区整体	2.33	4.48	5.30	2.92	0.69	2.89
硬核整体	3.16	5.19	5.09	3.85	0.41	4.53
秋东桥硬核连绵区	3.13	5.27	4.98	3.65	1.16	4.77
田町硬核	3.44	4.84	4.42	4.17	0.44	4.63
品川硬核	—	5.63	14.92	7.53	0.00	6.33
饭田桥硬核	4.17	5.11	3.18	3.27	0.06	4.07
两国硬核	1.02	3.95	4.06	3.43	—	2.44
锦系町硬核	—	5.58	2.15	5.00	—	4.86
浅草硬核	3.58	4.23	3.83	4.18	0.14	4.10
日暮里硬核	—	3.37	—	6.44	—	3.55
三之轮硬核	—	3.42	—	2.46	—	3.28
国际展示场硬核	3.51	4.32	—	11.13	0.05	2.56

大阪御堂筋中心区内，硬核的建设强度同样高于中心区整体水平，但两者相差不大，分别为 3.92 及 3.50(表 5.47)。中心区内混合用地容积率最高，达到了 4.72，商业服务业设施用地容积率也较高，为 4.25，此外，居住用地容积率高于公共管理与公共服务用地，而其他用地容积率同样是最低的。硬核内，混合用地容积率同样最高，且高于中心区整体水平，达到了 5.44，商业服务业设施用地容积率也有所提升，达到了 4.66，公共管理与公共服务用地容积率提升较多，超过了居住用地，其他用地容积率最低。

表 5.47 御堂筋中心区功能的强度形态统计

统计类别	公共管理与公共服务用地	商业服务业设施用地	混合用地	居住用地	其他用地	整体平均值
中心区整体	2.76	4.25	4.72	3.63	0.40	3.50
硬核整体	3.56	4.66	5.44	3.18	0.28	3.92

综合看来，成熟型极核结构中心区内，硬核建设强度高于中心区整体水平，且除其他用地外，硬核内其余用地容积率均高于中心区(表 5.48)。无论是在中心区还是在硬核层面，混合用地均是容积率最大的用地类别，其次为商业服务业设施用地，居住用地的容积率较高，超过了公共管理与公共服务用地，其他用地容积率较低。从中可以看出，混合用地是一种更为高效的用地类别，商业服务业设施用地空间集约程度也较高，而中心区及硬核内的居住用地也是以较为集约的形态发展。

表 5.48 成熟型极核结构中心区功能的强度形态统计

统计类别	公共管理与公共服务用地	商业服务业设施用地	混合用地	居住用地	其他用地	整体平均值
中心区整体	2.55	4.37	5.01	3.28	0.55	3.20
硬核整体	3.36	4.93	5.27	3.52	0.35	4.23

2) 发展型极核结构中心区中,混合用地建设强度同样最高

新加坡海湾-乌节中心区内,硬核的整体建设强度同样高于中心区的整体水平,两者容积率分别为 4.52 及 3.04(表 5.49)。中心区内,混合用地建设强度最高,容积率达到了 5.00,商业服务业设施用地容积率也较高,达到了 3.79,但公共管理与公共服务用地建设强度较低,容积率仅为 1.83。在硬核内,混合用地容积率同样最高,且有所提升,达到了 5.72,其余用地容积率也均有所提升。两个硬核连绵区内也基本保持了这一规律,即混合用地容积率最高,其次为商业服务业设施用地。

表 5.49 海湾-乌节中心区功能的强度形态统计

统计类别	公共管理与公共服务用地	商业服务业设施用地	混合用地	居住用地	其他用地	整体平均值
中心区整体	1.83	3.79	5.00	2.68	0.95	3.04
硬核整体	2.87	4.59	5.72	3.28	1.26	4.52
海湾硬核连绵区	3.40	4.66	5.95	3.17	1.34	4.67
乌节硬核连绵区	1.57	4.83	5.54	3.38	0.51	4.32
小印度硬核	—	2.76	1.51	—	0.17	2.23

首尔江北中心区内,中心区整体建设强度虽然低于硬核整体建设强度,但两者相差不大,分别为 2.02 及 2.54(表 5.50)。中心区内,商业服务业设施用地与混合用地建设强度相当,分别为 2.73 及 2.63,公共管理与公共服务用地及居住用地容积率较低。而在硬核内,混合用地容积率则明显高于商业服务业设施用地,两者容积率分别为 3.44 及 2.91,公共管理与公共服务用地建设强度有所提升,容积率达到了 2.28,居住用地容积率则有所降低。此外,两个硬核连绵区内,混合用地均是建设强度最高的用地类别,其次也均为商业服务业设施用地,与硬核整体水平类似。

表 5.50 江北中心区功能的强度形态统计

统计类别	公共管理与公共服务用地	商业服务业设施用地	混合用地	居住用地	其他用地	整体平均值
中心区整体	1.70	2.73	2.63	1.67	0.37	2.02
硬核整体	2.28	2.91	3.44	1.09	0.45	2.54
南大门硬核连绵区	2.57	3.24	3.58	1.20	0.46	2.73
东大门硬核连绵区	0.83	1.44	2.89	0.53	0.22	1.64

香港港岛中心区整体建设强度较高,硬核内整体容积率高达 12.95,中心区整体容积率

也达到了 8.06(表 5.51)。中心区内,混合用地建设强度最高,容积率为 13.85,商业服务业设施用地与之接近,容积率也高达 12.37。在硬核内,整体建设强度有所提升,混合用地容积率高达 15.66,商业服务业设施用地也提升至 13.35。中环硬核连绵区及铜锣湾硬核也基本保持了这一规律,且中环硬核连绵区容积率更高。

表 5.51 港岛中心区功能的强度形态统计

统计类别	公共管理与公共服务用地	商业服务业设施用地	混合用地	居住用地	其他用地	整体平均值
中心区整体	2.96	12.37	13.85	6.95	1.11	8.06
硬核整体	6.44	13.35	15.66	3.29	2.51	12.95
中环硬核连绵区	6.44	14.38	15.87	3.29	2.51	13.01
铜锣湾硬核	—	8.47	14.01	—	—	12.37

上海人民广场中心区内,硬核整体建设强度同样高于中心区整体建设强度,两者容积率分别为 4.41 及 2.97(表 5.52)。同样,中心区内混合用地建设强度最高,容积率为 4.54,而商业服务业设施用地建设强度与之接近,容积率为 4.39,其余几类用地容积率则相对较低。硬核内混合用地及商业服务业设施用地的建设强度水平更为突出,两者容积率分别为 6.25 及 5.11,其余用地类别容积率与之差别较大。而人民广场硬核连绵区及其余各硬核内,也基本均保持了这一规律,除静安寺硬核外,混合用地均是建设强度较高的用地,且其整体的建设强度也均高于中心区整体水平。

表 5.52 人民广场中心区功能的强度形态统计

统计类别	公共管理与公共服务用地	商业服务业设施用地	混合用地	居住用地	其他用地	整体平均值
中心区整体	2.44	4.39	4.54	2.07	1.53	2.97
硬核整体	1.90	5.11	6.25	1.71	1.82	4.41
人民广场硬核连绵区	2.29	5.04	6.55	2.03	2.31	4.71
电视台湾硬核	1.31	3.92	6.68	1.46	—	3.88
静安寺硬核	1.07	5.29	5.10	1.51	0.99	3.66
多伦路硬核	1.26	6.20	8.60	2.01	—	4.85
十六铺硬核	—	4.12	5.95	1.35	—	4.29

综合来看,发展型极核结构中心区的建设强度高于成熟型极核结构中心区,其中,中心区整体容积率为 4.02,而硬核的整体容积率则达到了 6.11(表 5.53)。与成熟型极核结构中心区相同的是,混合用地容积率最高,其次为商业服务业设施用地,公共管理与公共服务用地与居住用地容积率较为接近,但中心区内居住用地容积率高,而在硬核内则是居住用地容积率低,其他用地则同样是容积率最低的用地。可见,对于极核结构现象的中心区来说,混合用地是一种较为高效的土地利用方式,具有最高的高度、最高的密度以及最高的容积率水平。其次为商业服务业设施用地,其高度、密度及强度形态基本均排在第二位,且与混合用地水平较为接近。这两类用地类别,也基本囊括了中心区内的高层建筑,成为中心

区空间形态发展的关键要素。

表 5.53 发展型极核结构中心区功能的强度形态统计

统计类别	公共管理与公共服务用地	商业服务业设施用地	混合用地	居住用地	其他用地	整体平均值
中心区整体	2.23	5.82	6.51	3.34	0.99	4.02
硬核整体	3.37	6.49	7.77	2.34	1.51	6.11

5.4 极核结构现象中心区的功能结构

在分别对极核结构现象中心区功能的构成、布局及形态研究的基础上，发现在功能结构方面，不同发展阶段的中心区有着一定的共性特征，也有着诸多的不同表现。总体看来，中心区主要为生产提供服务，与之相关的用地及建筑构成比重均较高，且具有较高的高度、密度及强度，形态也更为紧凑与集约。

5.4.1 成熟型极核结构中心区的功能结构

成熟型极核结构中心区内，在与服务业相关的用地中，商业服务业设施用地所占比重最大，且约是其余服务业相关用地的 4～8 倍。而从建筑功能上来看，商业服务业设施用地主要包括了生活型及生产型两类服务功能(两类功能还有部分分布在混合用地之中)，其中，生产型服务功能是中心区的主导功能，其总量约是其余服务功能的 6～10 倍。这种功能构成方式在硬核内体现得更为明显，生产服务功能相关的用地及建筑比重更大。从其分布上看，生产型功能也主要集中分布于中心区的硬核连绵区内。在此基础上，结合其余功能的比重及空间分布情况，成熟型极核结构中心区的功能结构模式如图 5.31 所示。

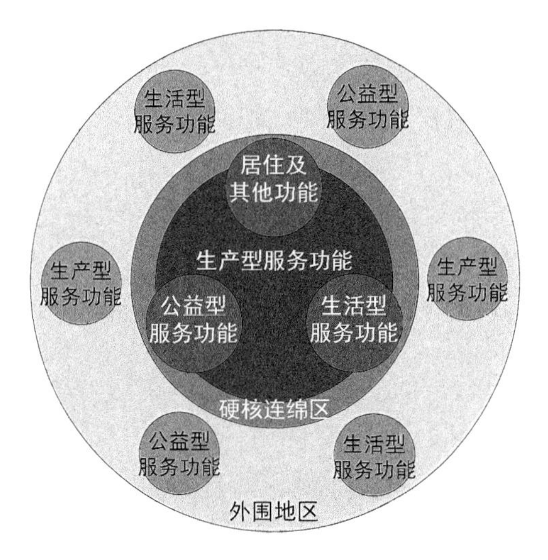

图 5.31 成熟型极核结构中心区功能结构模式

* 资料来源：作者绘制

中心区总体上仍然分为硬核连绵区及外围地区两个大的圈层，其中，硬核连绵区是服务类功能主要的集聚区。硬核连绵区内,生产型服务是核心功能,在硬核连绵区内占据绝对的主导地位,而生活型及公益型服务功能属于配套及支撑功能,所占比重相对较低,但也会在硬核连绵区内形成集聚密度较高的簇群,且与生产型服务功能关系密切,就其空间分布来看,也多会与生产型服务功能具有一定的重叠区域。在这里值得说明的是,在生产型服务功能的构成中,金融及商务功能居于核心地位,旅馆酒店等则是辅助与配套职能,但在具体的研究中发现,虽然金融及商务功能的集聚也会在硬核连绵区内形成一些略高于周边地区的集聚区,但总体来看,这些生产型的服务功能在硬核连绵区内的分布较为均衡,且彼此之间的混合程度较高,难以形成明显的区分,因此将其合并为统一的生产型服务功能予以考虑。此外,硬核连绵区内尚存有一定的居住功能及其他功能,多分布于硬核连绵区的边缘地区。而在外围地区,则以居住功能及其他功能为主,但由于中心区整体发展水平较高,这些居住及其他功能的主要集聚区内,也存在一些服务功能的集聚簇群,特别是生活型及公益型服务功能。这两类功能的分布受环境、居住及其他功能影响较大,分布相对分散,局部地区形成的集聚簇群密度也较大。而生产型服务功能受交通及环境条件等影响较大,也会在局部地区形成一定的小型集聚簇群,但集聚力度明显低于硬核连绵区。

将这一功能结构模式,与成熟型极核结构中心区的具体案例进行对照,可以发现,无论是东京的都心中心区,还是大阪的御堂筋中心区,基本均符合这一结构模式。东京的都心中心区内,生产型服务功能主要集聚于硬核连绵区内,且集聚密度较大,分布范围较广,占据了硬核连绵区绝大多数空间,且在外围地区也有少量的集聚地区,主要围绕外围的小型硬核发展,但相对来看,集聚力度较低。而生活型及公益型服务功能相对分散,硬核连绵区内外均有一定而高密度集聚区,且硬核连绵区内的集聚区呈簇群状形态,其空间区位也与生产型服务功能具有一定的重合。大阪御堂筋中心区也基本保持了这一结构模式,但由于其硬核完全连绵,外围地区的生产型服务功能集聚特征并不明显。

5.4.2 发展型极核结构中心区的功能结构

发展型极核结构中心区中,功能的混合程度较高,且生产型服务功能比重有所下降,而生活型服务功能的比重则有所上升。产生这一变化的原因,主要是由于发展型极核结构中心区的吸聚能力相对较弱,而这种较弱主要是针对国际化的功能,对于当地及周边地区的吸引力则是随着中心区的发展持续增强的。在发展型极核结构中心区向成熟型发展的过程中,通过不断地加强中心区的自身建设,提升中心区的服务水平,进而提高对国际化生产功能的吸引力,这一过程中,生活型服务功能得到强化。而随着中心区的进一步发展,生产型功能的进一步集聚,生活型服务功能的比重会逐渐降低。就其空间分布来看,虽然生产型服务功能仍然为核心功能,但同

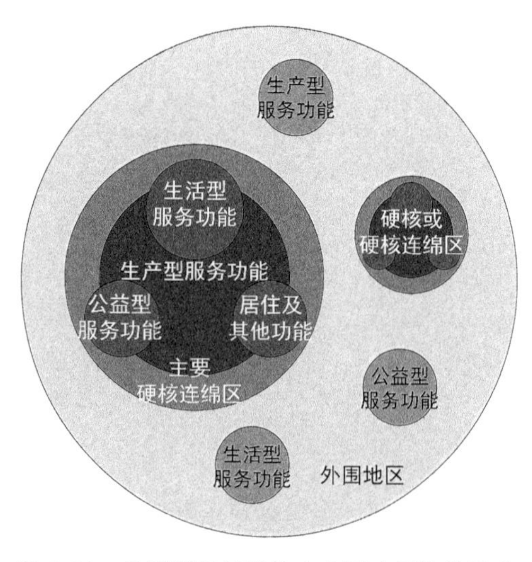

图 5.32 发展型极核结构中心区功能结构模式

* 资料来源:作者绘制

样受到硬核连绵区的吸聚能力较弱的影响，使得部分生产型服务功能在主要硬核连绵区外围，以及其余硬核连绵区、硬核形成集聚，空间分布相对较为分散。此外，生活型及公益型服务功能也均表现了相应的特征。在此基础上，发展型极核结构中心区功能结构模式如图 5.32 所示。

中心区内分为主要的硬核连绵区及其余的硬核连绵区或硬核。在主要的硬核连绵区内，生产型服务功能作为核心功能，占据了主导地位，形成的簇群规模也较大。而生活型服务功能所占比重虽然不高，但明显超出其余的功能类别，成为主要硬核连绵区的第二大功能簇群。公益型服务功能以及居住和其他功能比重相对较低，但也是硬核连绵区内必要的辅助及支撑功能。此外，其余的硬核及硬核连绵区内，也基本保持了这一功能簇群结构方式，有些中心区内的硬核生产型服务功能会更为突出。在此基础上，三类服务功能均会在外围地区形成一定的集聚簇群，虽尚未构成硬核，但集聚密度较大，具有较高的发展潜力。这些服务类功能的集聚簇群也是发展型极核结构中心区发展的必然，而随着这些簇群及与其相近的硬核连绵区及硬核的发展，会促进硬核之间的连绵趋势进一步加快，对发展型极核结构中心区空间结构的进一步发展优化具有重要作用。

将该结构模式与发展型极核结构中心区的具体案例(新加坡海湾-乌节中心区、首尔江北中心区、香港港岛中心区以及上海人民广场中心区等)进行对比分析，可以看出，这一功能结构模式也基本反映了各中心区发展的实际情况。新加坡海湾-乌节中心区内，生产型服务功能在海湾硬核连绵区及乌节硬核连绵区均形成了一定的集聚规模，且外围地区也形成了一定的集聚簇群。其余功能的集聚也呈现出类似的特征，所不同的只是在硬核连绵区内集聚簇群的规模尺度。其余中心区各类功能的空间集聚特征也较为相似，其中首尔江北中心区的生活型服务功能主要在两个硬核连绵区之间形成集聚，主要受大量商业与居住的混合功能高密度形态的影响，香港港岛中心区也有一些类似的现象，但其硬核连绵区内同样也有一定的生活型服务功能簇群，而港岛中心区内则同样存在生活型服务功能的核心集聚簇群，因此，对整体结构模式的影响不大。

6 极核结构中心区的交通系统解析

极核结构现象的中心区规模尺度较大，建设强度较高，人流、车流集散压力巨大。在长期的发展中，这类中心区基本都形成了立体的、高效运营的交通系统，包括道路交通、轨道交通等多种形式。那么，这些交通系统是如何构成的？又会对极核结构现象中心区的空间形态产生什么样的影响？本章将从这两个方面入手，对极核结构形态中心区的交通系统展开研究。

6.1 道路交通系统解析

道路是中心区内基本的线型空间，有些重要的道路甚至会成为城市发展的轴线，对城市的空间结构起到重要的引导与控制作用。道路的形态格局往往体现了城市以及中心区的自然地理特征，反映了城市及中心区的地形地貌的变化特征，良好的道路交通组织，不仅能够大大提升交通效率，保证城市各项功能的良好运营，同时也能构建起良好的城市及中心区的空间形态。

6.1.1 道路交通系统基本情况分析

由于极核结构现象中心区规模尺度较大，集聚及辐射能力较强，影响范围巨大，使得其内部道路交通情况复杂。极核结构现象中心区内，除主干路、次干路和支路外，通常还包括以跨区域远距离交通职能为主的城市快速路（简称快速路），形成了高效的立体交通体系。

1）基本数据分析

次干路在道路系统的构成中占据主导地位

东京都心中心区规模尺度巨大，道路用地占中心区总用地的比重达到了 19.95%，道路线密度①为 20.21 km/km^2。中心区内共有道路长度 1 382 676 m，其中数量最多的为次干路，长度 698 599 m，比重也占到了中心区全部道路长度的一半多，达到了 50.53%，其次为支路，比重为 28.32%，主干路比重较少，仅为 17.44%。此外东京都心中心区内还有数量较多的快速路，总长度达到了 51 484 m，比重则为 3.72%（表 6.1）。

---

① 道路的线密度是交通系统中较为常用的一种道路网络密度计量方法，表示单位区域面积内所包含的道路网络的长度。计算中，将道路视为一维线段，以单位面积内的道路总长度与单位面积的比值来衡量。

表 6.1 都心中心区道路基本情况统计

道路等级	快速路		主干路		次干路		支路		总计
基础数据	长度(m)	比重	长度(m)	比重	长度(m)	比重	长度(m)	比重	长度(m)
	51 484	3.72%	241 082	17.44%	698 599	50.53%	391 511	28.32%	1 382 676

*资料来源:作者及所在导师工作室共同调研、计算,作者计算、整理、绘制(下同)

大阪御堂筋中心区内,道路用地比重更高,达到了总用地面积的24.19%,道路密度也略高于都心中心区,达到了22.03 km/km²。中心区内道路总长度514 243 m,其中数量最多的仍然是次干路,总长度389 304米,比重高达75.70%。此外,御堂筋中心区内快速路系统也较为发达,总长度27 144米,比重为5.28%(表6.2)。

表 6.2 御堂筋中心区道路基本情况统计

道路等级	快速路		主干路		次干路		支路		总计
基础数据	长度(m)	比重	长度(m)	比重	长度(m)	比重	长度(m)	比重	长度(m)
	27 144	5.28%	75 021	14.59%	389 304	75.70%	22 774	4.43%	514 243

新加坡海湾-乌节中心区内,道路用地比重有所降低,占中心区总用地面积的16.67%,道路密度也较低,仅为10.86 km/km²。中心区内道路总长度也较少,仅为186 325 m,其中,次干路数量仍是最多,占到了道路总长度近一半的量,比重为49.17%。其次为主干路,比重为28.49%,支路比重较少,为15.49%。此外中心区内也有主要的快速路通过,但比重仅占到6.85%(表6.3)。

表 6.3 海湾-乌节中心区道路基本情况统计

道路等级	快速路		主干路		次干路		支路		总计
基础数据	长度(m)	比重	长度(m)	比重	长度(m)	比重	长度(m)	比重	长度(m)
	12 766	6.85%	53 089	28.49%	91 616	49.17%	28 854	15.49%	186 325

首尔江北中心区道路用地占中心区总用地面积的16.32%,道路密度则为15.59 km/km²。中心区内道路总长度为214 169 m,其道路系统构成与其余中心区有所不同,支路系统所占比重最大,总长度110 945 m,比重达到了51.8%。主干路与次干路比重相当,分别为24.57%及23.62%。此外,江北中心区是唯一的中心区内没有快速路通过的中心区(表6.4)。

表 6.4 江北中心区道路基本情况统计

道路等级	快速路		主干路		次干路		支路		总计
基础数据	长度(m)	比重	长度(m)	比重	长度(m)	比重	长度(m)	比重	长度(m)
	—	—	52 629	24.57%	50 595	23.62%	110 945	51.80%	214 169

香港港岛中心区内道路用地面积比重最高,占到了中心区总用地面积的25.85%,道路密度也较高,达到了21.89 km/km²,但道路总长度却是所有案例中最少的,仅为133 652 m。其中最多的仍为次干路,次干路总长度85 792 m,比重高达64.19%。主干路与支路比重基

本相当,主干路略低于支路,比重分别为13.37%及14.44%。此外,港岛中心区内也拥有快速路系统,快速路总长度10 695米,比重为8.00%(表6.5)。

表6.5 港岛中心区道路基本情况统计

道路等级	快速路		主干路		次干路		支路		总计
基础数据	长度(m)	比重	长度(m)	比重	长度(m)	比重	长度(m)	比重	长度(m)
	10 695	8.00%	17 871	13.37%	85 792	64.19%	19 294	14.44%	133 652

上海人民广场中心区道路面积比重也不高,占到了中心区总用地面积的17.55%,道路密度则为11.97 km/km²。道路总长度175 410 m,其中次干路数量最多,总长度为79 219 m,占到了道路总长度的45.16%。支路的长度则明显多于主干路,比重为31.34%,主干路相对较低,比重为19.16%。在人民广场中心区内,同样有快速路通过,总长度7 617 m,比重仅为4.34%(表6.6)。

表6.6 人民广场中心区道路基本情况统计

道路等级	快速路		主干路		次干路		支路		总计
基础数据	长度(m)	比重	长度(m)	比重	长度(m)	比重	长度(m)	比重	长度(m)
	7 617	4.34%	33 605	19.16%	79 219	45.16%	54 969	31.34%	175 410

从以上数据可以看出,成熟型极核结构中心区与发展型极核结构中心区具有明显的差异。成熟型极核结构中心区平均道路面积比重为22.07%,平均道路密度21.12 km/km²,而发展型极核结构中心区道路比重则基本在17.00%左右,平均面积比重19.10%,平均道路密度则为15.08 km/km²(香港港岛中心区受用地条件限制,因此比重及密度较高),两者具有明显的差异。从数量规模上看,虽然御堂筋中心区与都心中心区也存在巨大的差距,但与发展型极核结构中心区相比,仍有质的区别。发展型极核结构中心区道路总长度区间为134~214 km,最高值尚不到御堂筋中心区的一半。

同时,极核结构现象中心区内也存在一定的共同特征,道路系统基本均以次干路为主(首尔江北中心区由于老旧地区较多,以支路网为主),次干路平均比重为51.40%,基本占到了道路总长度的一半左右。此外,中心区内均存在一定的快速交通系统,5个拥有快速路的中心区内,快速路比重也大致相当,平均比重为5.64%。

2) 数据的空间波动解析

在数据统计的基础上,进一步对其数据的变化规律及波动情况进行分析,可以发现,极核结构现象中心区道路交通的数据,呈现出极为相似的波动特征,表现为两种特征:

(1) 道路系统数据波动形式呈山峰状

在不考虑快速路的情况下,道路数据表现为两端低中间高的形式,形成类似山峰状的波动特征,这一波动形式表明次干路所占比重最大,这也与数据本身的分析情况相符。其特点是,以2~4车道的次干路为主,道路设计速度在30~40 km/h左右,车速不高,交通往来便利、频繁。道路两侧会集聚大量的公共服务设施,包括商业、商务、餐饮、休闲及娱乐等,道路的消费性职能显著,并会吸引大量人流在其间步行穿梭。这一路网结构模式也能大大增加中心区内的多样性,丰富城市景观及活动内容,使得中心区更具活力。在极核结构现象的6个中心区中，有5个中心区均是这一结构模式，包括：东京都心中心区、大阪御堂筋中心区、新加坡海湾-乌节中心区、香港港岛中心区及上海人民广场中心区等。

山峰状的波动模式又可以分为两种具体的表现形式：陡坡式及缓坡式(图6.1)。陡坡式如御堂筋中心区及港岛中心区(图6.1(b)、(d))，次干路所占比重极高，主干路与支路所占比重相当，数据间波动度较大，使得数据间连接曲线形成高耸的山峰式，两侧坡面较陡。该波动形式下，次干路比重约为65%以上，御堂筋中心区甚至超过75%，中心区内道路交通拥有更高的效率，中心区活力更为充沛。缓坡式如都心中心区、海湾-乌节中心区以及人民广场中心区(图6.1(a)、(c)、(e))，次干路比重在50%左右，主干路与支路所占比重有所差别，两者间相差10%左右，数据间波动度相对较小，形成的数据波动曲线更为平缓。相对于陡坡式而言，中心区道路交通效率略低。

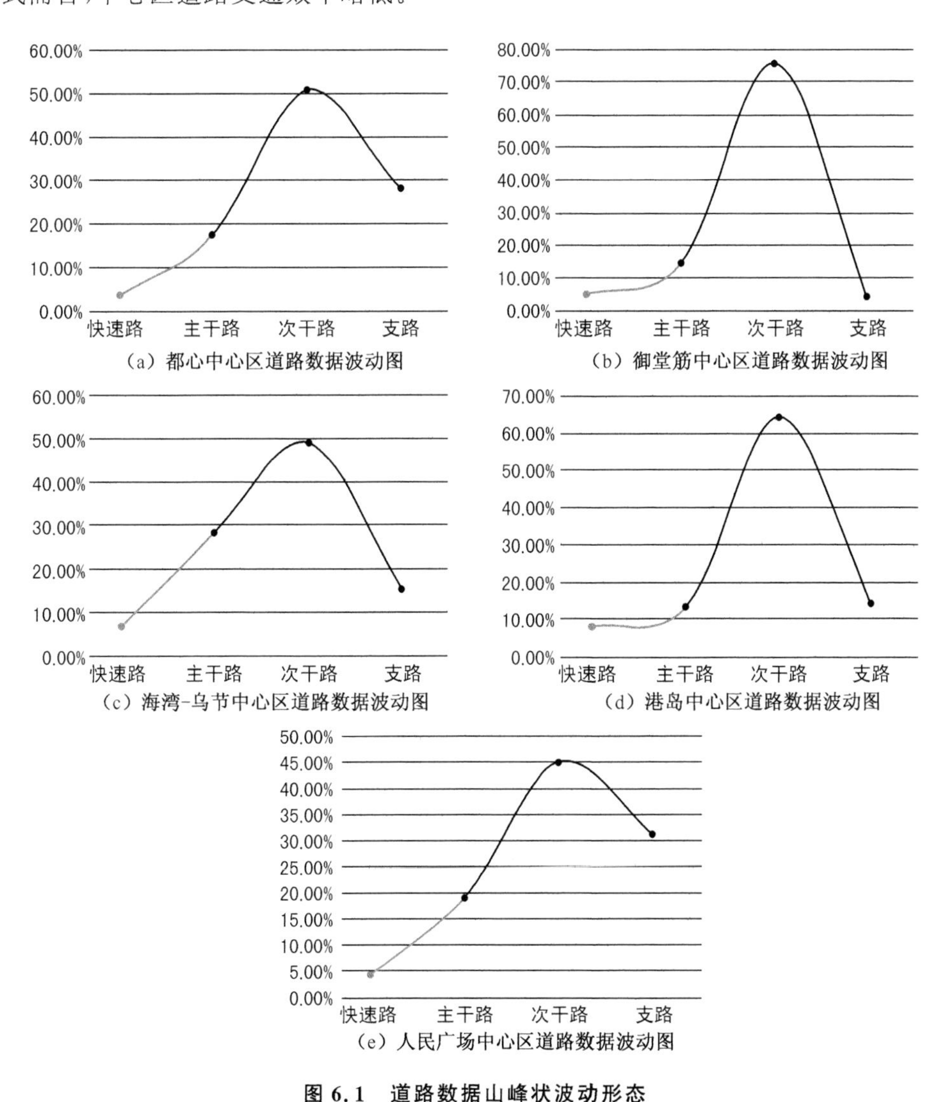

图6.1 道路数据山峰状波动形态

*资料来源：作者及所在导师工作室共同调研，作者计算、整理、绘制(下同)

(2) 道路系统数据波动形式呈盆地状

数据呈现出中间低两端高的形式，形成类似于盆地状的波动特征，表明中心区内次干路所占比重最低。相比于山峰状波动形态的中心区而言，该类中心区集聚商业、商务等公共服务设施以及人流的能力较弱，大大降低了中心区的发展机会，不利于中心区活力的激发。极核结构现象的中心区内，仅首尔的江北中心区的道路系统形成了这种波动模式。

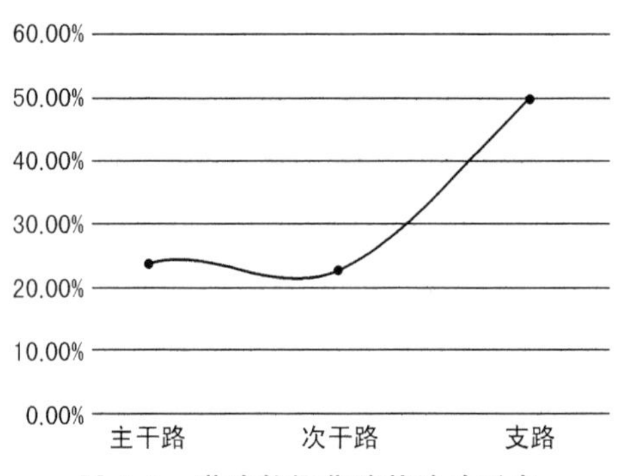

图 6.2 道路数据盆地状波动形态

具体来看(图 6.2)，江北中心区内主干路所占比重仅略高于次干路，所形成的形态更类似于一把勺子，支路所占比重较高。支路为中心区内毛细血管道路，车流通行能力低，会造成中心区内车流拥塞状况严重，道路的可达性低，降低了中心区发展的机遇及活力，且不利于中心区范围的扩展。较低的次干路比重及较高的支路网比重使得江北中心区整体道路系统结构不够合理，且效率较低。

6.1.2 道路交通系统分布形态分析

在道路系统数据分析的基础上，进一步对其空间形态研究，探寻各等级道路的结构形态、集聚形态等特征，并与极核结构现象中心区的硬核等结构要素的空间形态及布局进行比较研究，以揭示道路形态格局与中心区结构要素之间的规律性特征。

1) 道路结构形态解析

(1) 成熟型极核结构中心区形成快速路“环形＋放射”，主次干路网络状的格局

东京都心中心区内，道路系统整体特征明显，基本为密集网络式模式(图 6.3)。其中，中心区北侧区域以密集道路网络为主，西侧及南侧港区道路相对较为稀疏，呈北密南疏格局。具体来看，中心区内有快速道路 13 条，包括：首都高速都心环状线、首都高速羽田线、首都高速目黑线、首都高速涩谷线、首都高速新宿线、首都高速池袋线、首都高速上野线、首都高速向岛线、首都高速松川县、首都高速深川线、首都高速台场线、首都高速八重洲线以及首都高速湾岸线(图 6.4)。高速公路整体呈“环形＋放射”的格局模式，首都高速都心环状线围绕皇宫及秋东桥硬核连绵区布局，并有首都高速八重洲线从皇宫东侧穿过，以缓解东京站周边的车流交通压力。除首都高速湾岸线外，其余 10 条高速道路均与首都高速都心环状线相连，形成放射格局，并连接羽田国际机场(首都高速羽田线)、涩谷中心区(首都高速涩谷线)、新宿中心区(首都高速新宿线)、池袋中心区(首都高速池袋线)等多个主要城市中心区。这些高速公路也多与城市之间的区域高速公路相连接，将都心中心区的影响力进一步向区域辐射。此外，图中还可以看出，这些高速公路基本均从秋东桥硬核连绵区穿过或发出，道路形态与硬核连绵区的扩展形态非常接近，而其余的硬核也均位于高速公路一侧或有高速公路从中穿过。可见高速公路在中心区集聚及硬核的形态拓展方面具有较强的引导作用。

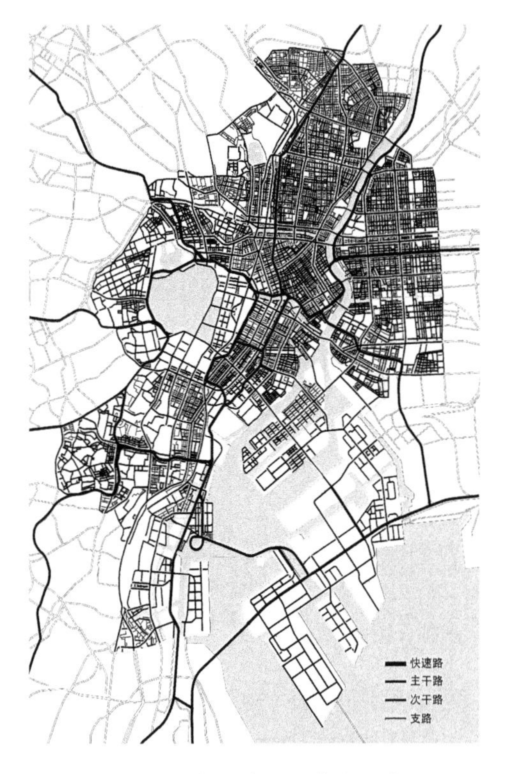

图 6.3 都心中心区道路系统

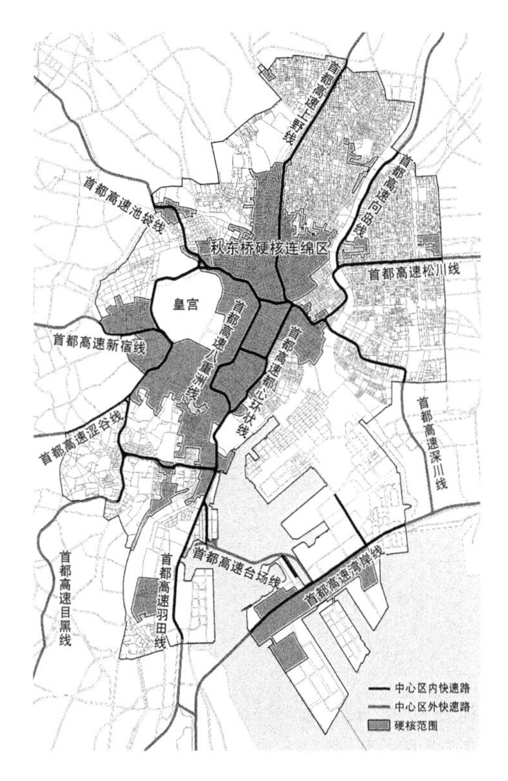

图 6.4 都心中心区快速路系统

都心中心区内，主干路分布较为均质，基本形成网络状格局(图 6.5(a))。主干路在中心区内的穿透性较好，基本均能从不同方向穿过整个中心区或穿过较大范围的区域，表现出较强的空间轴线作用。根据穿过区域功能及用地性质的不同，主干路网之间的间距差别也较大，中心区中心位置的主干路网间距较小，在 200 m × 300 m 左右，边缘地区主干路网间距则在 800 m × 1 000 m 左右。次干路的分布并不均质，主要集中在中心区的北侧及西侧，南侧东京湾周边的港区分布较少，但次干路的分布也基本形成了网络状格局(图 6.5(b))。次干路的间距同样也有所区别，中心区中心范围内，次干路多围合成较为狭长的地块，尺度在 50 m × 130 m 左右，而在边缘的居住区内，次干路围合的街区则更近似于矩形，尺度在80 m × 100 m 左右，也有较大的街区，尺度在 250 m × 250 m 左右。都心中心区内支路较少，多分布在北侧集中的居住区域内，中部的公共设施集聚区内也有少量分布(图 6.5(c))。支路在中心区的辅助作用更强，多分布于次干路围合的街区内，起到进一步划分街区的作用，因此支路系统较为零散，难以形成彼此间有效联系的网络，也较难形成支路围合的街区，局部地区有少量支路围合而成的街区，尺度在 30 m × 50 m 左右。

大阪御堂筋中心区整体道路系统分布更为均值，呈现较为均质的密集网络式格局，中心区内道路网络较为稀疏的地区也多是绿地、水体和公园等开放空间，如大阪城公园、堂岛川等地区(图 6.6)。具体来看，御堂筋中心区内的快速路系统共有 8 条快速路组成，包括：阪神高速环状线、阪神高速池田线、阪神高速守口线、阪神高速东大阪线、阪神高速松原线、阪神高速堺线、阪神高速大阪港线以及阪神高速神户线等(图 6.7)。8 条高速公路依托阪神高速环状线布局，也形成了类似于东京都心中心区的“环形＋放射”的格局模式，阪神高速

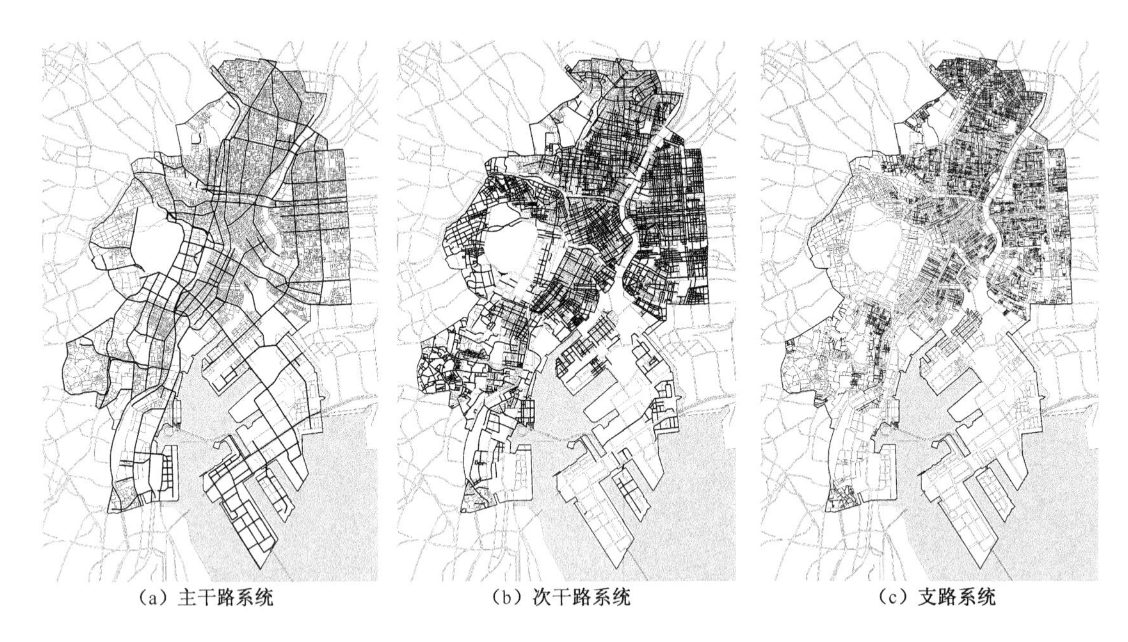
(a) 主干路系统　(b) 次干路系统　(c) 支路系统

图 6.5　都心中心区主干路、次干路及支路系统

环状线位于中心区中部核心位置，形成环状，其余 7 条线路均与其直接相连，并向外放射，连接大阪港、神户及池田等重要地区。此外，阪神高速环状线与硬核连绵区关系较为紧密，基本位于硬核连绵区内部或硬核边缘地区，对于硬核连绵区内的交通集散及强化其区域影响力与集聚能力，具有重要价值。

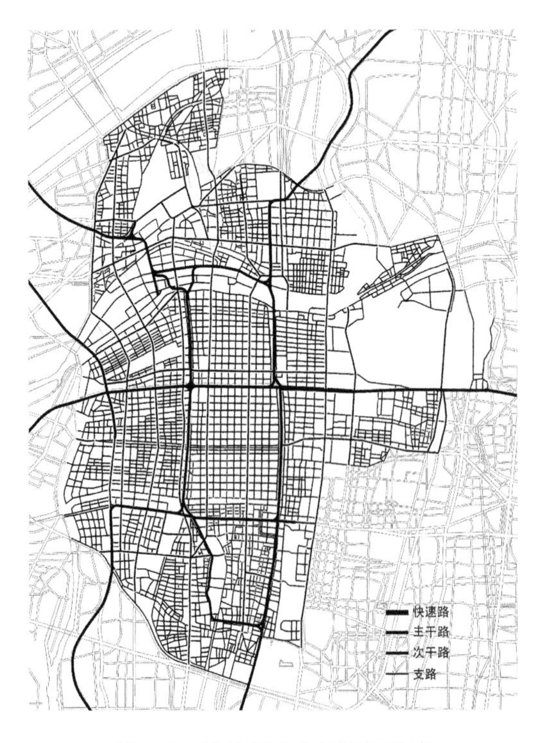

图 6.6　御堂筋中心区道路系统

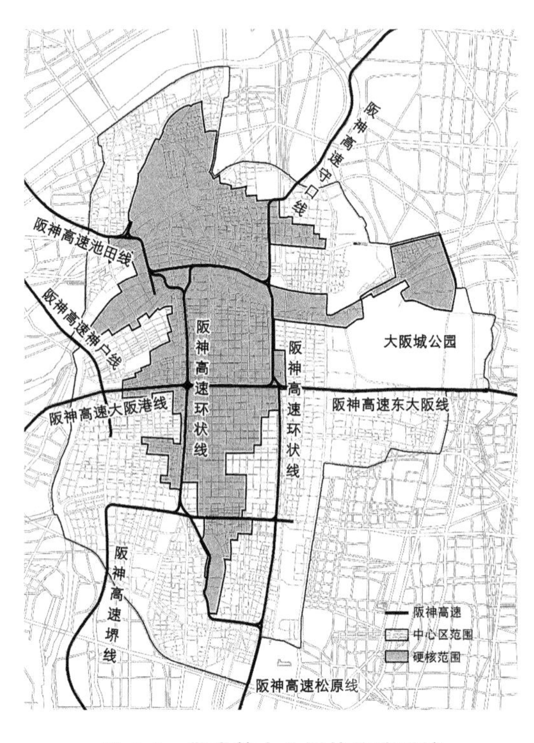

图 6.7　御堂筋中心区快速路系统

大阪御堂筋中心区内，主干路分布也较为均值，并与中心区整体形态相适应，形成了以纵向交通为主的狭长网络式格局(图 6.8(a))。主干路网中，有 7 条纵向主干路及 3 条横向主干路贯穿中心区，形成了中心区路网的基本骨架，轴向作用明显。主干路网形成的狭长形街区尺度在 550 m×1 600 m 左右，基本形成了 1∶3 的街区形态。次干路的形态则较为均质、稠密，所形成的街区形态也更接近于矩形(图 6.8(b))。图中也可明显地看出，中心区中部的次干路网更为均质、规矩，而中心区边缘地区的次干路网则略显凌乱。中部次干路网所围合的街区尺度在 90 m×90 m 左右，基本保持了 1∶1 的街区形态，而边缘地区次干路网围合的街区尺度更小，基本保持在 45 m×90 m 左右，面积约为中部地区的一半，街区比例为 1∶2 左右。整体来看，支路网络较为稀少，在中心区南北两端分布较为集中，但彼此间缺乏联系，分布零散(图 6.8(c))。

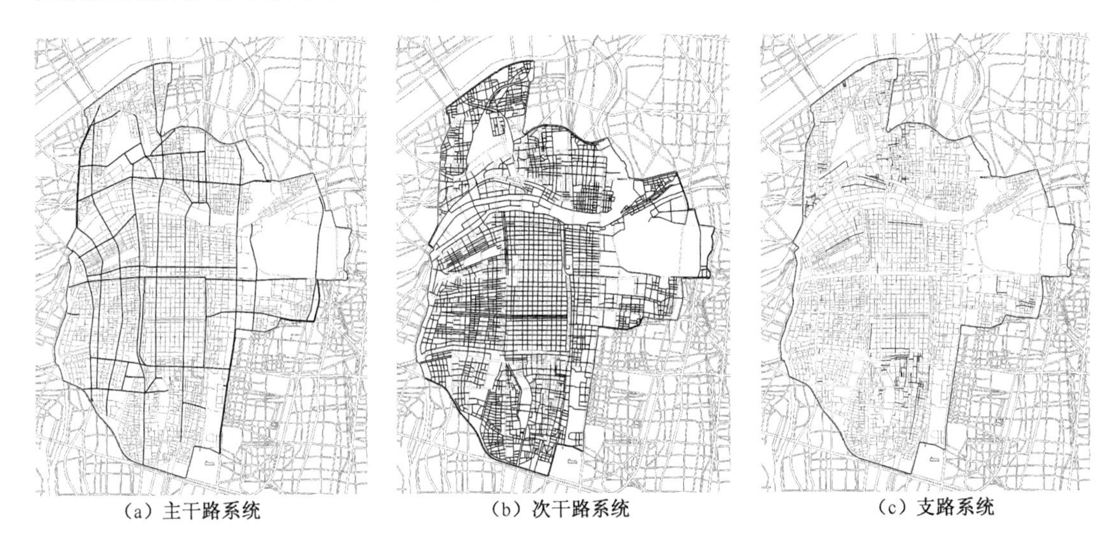

(a) 主干路系统　(b) 次干路系统　(c) 支路系统

图 6.8　御堂筋中心区主干路、次干路及支路系统

(2) 发展型极核结构中心区快速路半围合格局，主次干路的网络格局也有所减弱

新加坡海湾-乌节中心区内，整体道路网络呈现出不均衡的形态特征，东侧道路网络较密集，西侧道路网络略稀疏，中部地区道路网络则最为稀疏。此外，还可以看出，东侧道路网络较为规整，而西侧道路网络形态则较为自由，整体上形成东侧规整密集、西侧自由稀疏的形态格局(图 6.9)。中心区内快速路系统与都心中心区及御堂筋中心区有着明显的差距，中心区内仅有 3 条快速路通过，分别为东侧的东海岸高速公路、中部的中央高速公路以及南侧的亚逸拉惹高速公路，3 条高速公路呈“U”字形形态(图 6.10)。通过这 3 条高速公路，海湾-乌节中心区基本可以与市区内所有重要地区形成直接联系。而在中心区内部，3 条高速公路并没有直接穿越硬核连绵区及硬核，均是从硬核边缘地区通过，而相对于海湾硬核连绵区来看，作为中心区公共服务设施的主要集聚中心，其外围已经形成了三面环绕的快速路网格局。

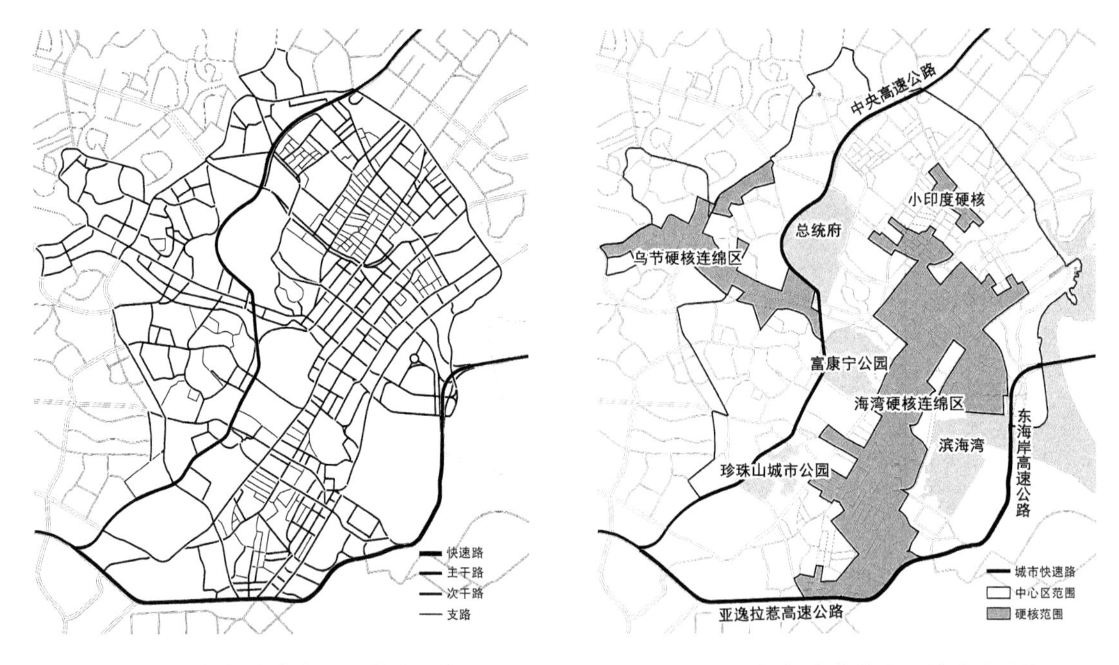

图 6.9 海湾-乌节中心区道路系统

图 6.10 海湾-乌节中心区快速路系统

海湾-乌节中心区内，主干路网格局较为清晰，以纵向贯穿中心区的主干路为主，横向主干路主要为连接海湾硬核连绵区与乌节硬核连绵区的道路，整体来看，主干路纵向的轴线性更强，横向的连接性更强(图 6.11(a))。纵向主干路之间的间距在 550 m 左右，横向间的连接较少，普遍距离在 1 000 m 左右，但分布不均匀，中心区东侧主干路较多，西侧较少。相对来看，海湾-乌节中心区内的次干路分布则较为均质，但由于海湾-乌节中心区特殊的地形条件，使得道路形态较为自由，次干路之间的结网率不高，即次干路所围合的街区不多，且形态较不规整(图 6.11(b))。次干路之间的间距变化也较大，但基本保持在 200 m～600 m之间。海湾-乌节中心区内的支路同样不多，集中分布于中心区的南北两端(图 6.11(c))。支路间的间距基本保持在 50～60 m 之间，但彼此间联系较弱，且基本以横向的辅助联系功能为主。

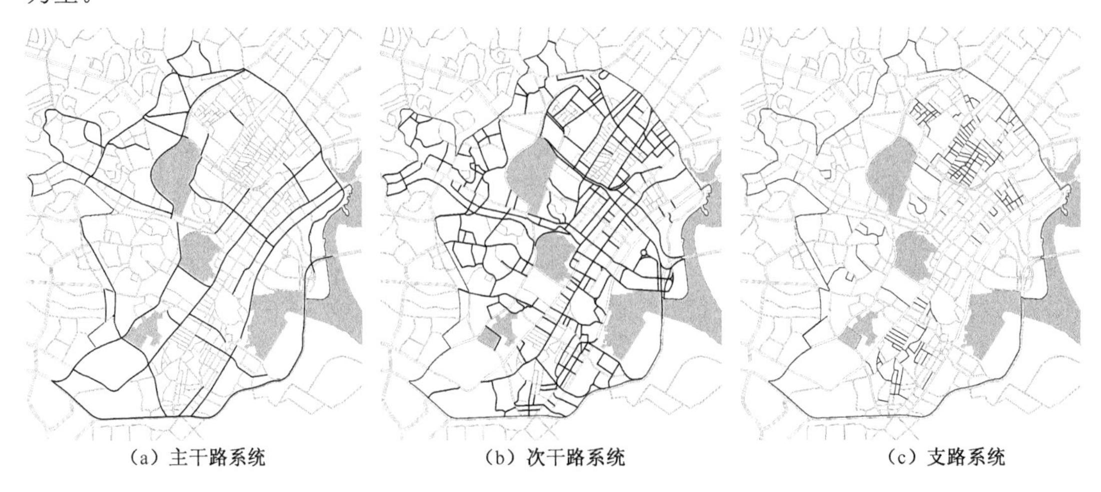

(a) 主干路系统　　(b) 次干路系统　　(c) 支路系统

图 6.11 海湾-乌节中心区主干路、次干路及支路系统

首尔江北中心区的道路系统整体骨架格局较为清晰，但分布也呈现出不均衡的特征，中心区东侧地区路网密度较大，西侧路网密度较低，整体呈现出东密西疏的格局(图 6.12)。此外，干路网络格局规矩、清晰，支路网络分布不均，且较为自由。

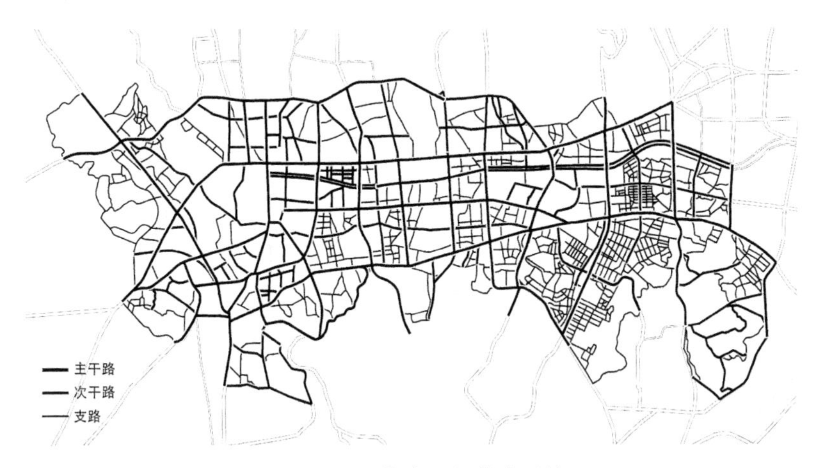

图 6.12 江北中心区道路系统

江北中心区内，主干路网整体格局与中心区形态相适应，以横向贯穿中心区的主干路为主，中心区两端的纵向主干路穿透性较高，而中心区中段的纵向主干路则仅连接横向主干路。整体的主干路网分布较为均质，形成四横十纵结构，并基本形成网络状形态格局(图 6.13(a))。主干路网围合的街区尺度差别较大，中心区中段街区尺度较为接近，基本保持在 400 m × 600 m 左右，而东西两端街区尺度较大，基本保持在 600 m × 900 m 左右。与其余中心区不同的是，江北中心区的次干路分布较为零散，基本未形成良好的形态格局，多作为主干路间的联系型道路，分布较为零散，主要分布在中心区的北侧地区(图 6.13(b))。

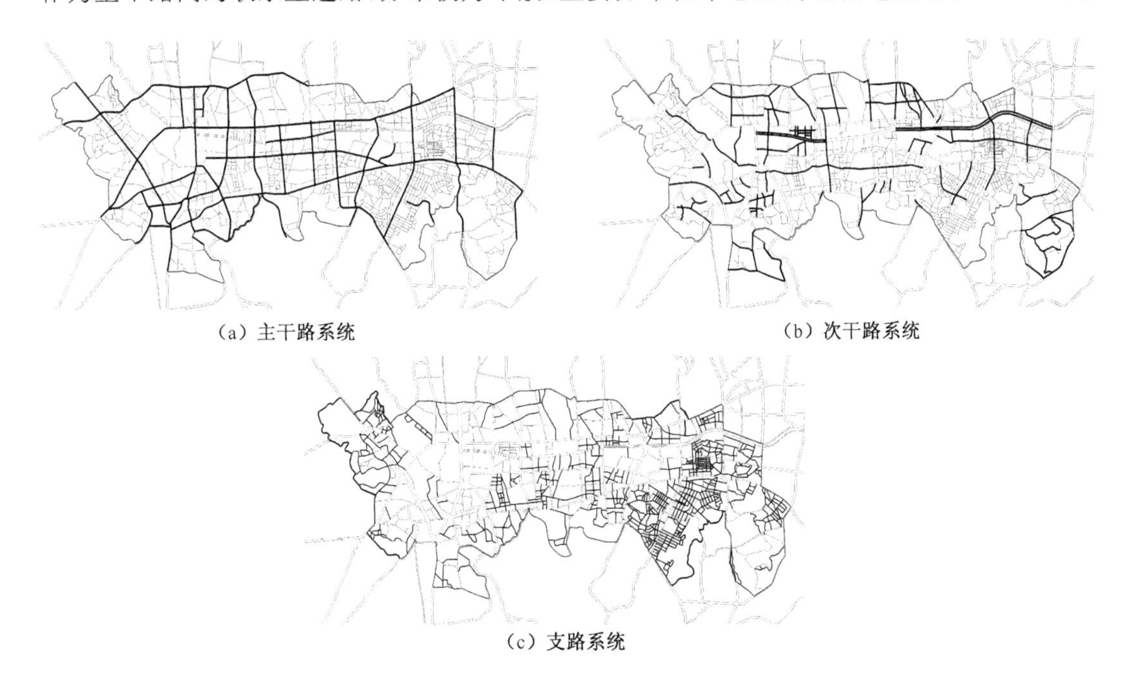

(a) 主干路系统

(b) 次干路系统

(c) 支路系统

图 6.13 江北中心区主干路、次干路及支路系统

江北中心区的支路所占比重是所有中心区内最高的，主要集中分布于中心区的东侧，以及中心区中部和西侧的边缘地区(图 6.13(c))。支路集中分布的地区多为老旧的居住区及传统的商业区，并在一些高密集分布地区(中心区东南角)连接成了网络，所围合的街区尺度基本在 80 m×40 m 左右，街区长宽比约为 2∶1。

香港港岛中心区道路用地比重最高，因此看上去道路网络最为密集。整体来看，除靠近南侧山体地区路网形态较为自由、道路间距较大外，其余大部分地区道路网较为规整，道路间距较小，形成了密集格网状形态与松散自由状形态相结合的形态格局(图 6.14)。由于港岛中心区用地较为局促，被山水所辖，呈狭长状形态，且山水条件大大限制了其道路交通格局的展开，港岛中心区内起结构作用的快速路仅有一条，即沿中心区发展方向横向展开的 4 号干线(图 6.15)。4 号干线紧邻维多利亚湾，并通过两处海底隧道，与西侧的 3 号干线及东侧的 1 号干线相连接，且 1 号干线从中环硬核连绵区及铜锣湾硬核之间纵向穿过中心区。以核心的中环硬核连绵区来看，快速路 4 号干线从其内部穿过，1 号干线从其东侧穿过，形成了两面围合的快速路网格局。

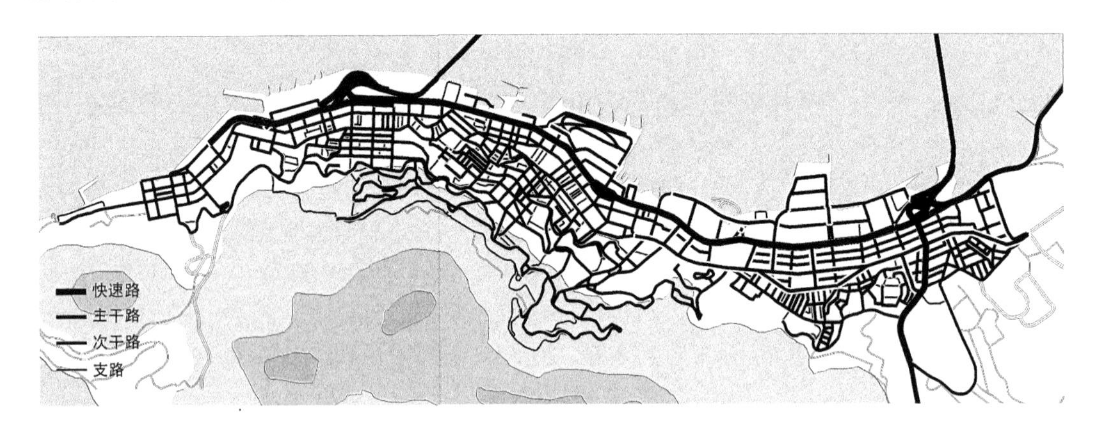

图 6.14 港岛中心区道路系统

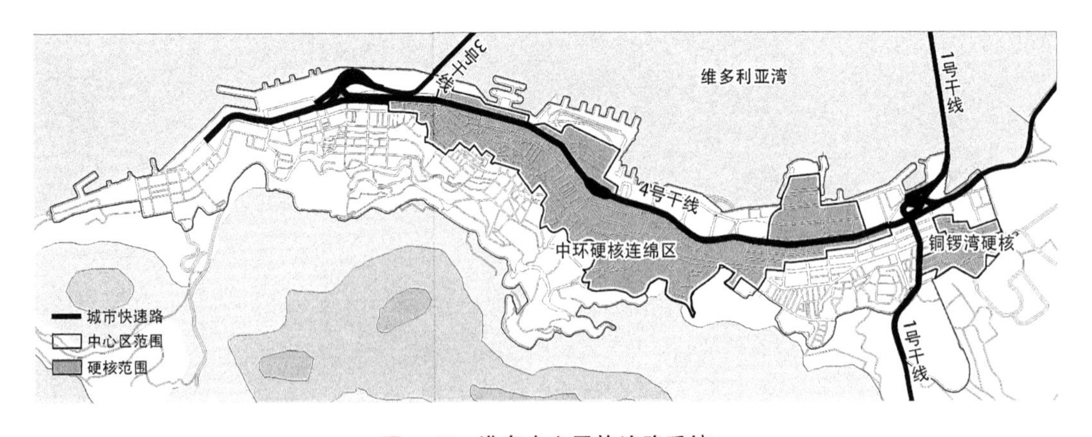

图 6.15 港岛中心区快速路系统

港岛中心区内，主干路较少，且以横向展开为主(图 6.16(a))。主要的主干路形成两横格局，两条横向主干路间距在 150 m～200 m 左右，纵向的主干路较短，且贯穿中心区的较少，多为两条主干路之间的连接道路，之间的间距差别也较大，在 150 m～850 m 之间。次干路网络较为密集，是港岛中心区道路系统的主要组成（图 6.16(b)）。以中心区中部较窄地区为界，中心区内次干路主要分为东西两个较大的组团，东侧组团较为规整，次干路横向联系作用突出；而西侧组团路网方向变化较多，临山道路形态较为自由，整体略显凌乱。次干路网络形成的街区尺度普遍不大，多在 40 m × 150 m 左右，接近 1∶4 的格局，街区较为狭长；较大的街区尺度则在 120 m × 220 m 左右，但这类街区数量较少。港岛中心区的支路极少，且分布较为零散，主要分布在中心区中部偏西的地区，作为次干路围合的较大街区的内部道路（图 6.16(c)）。支路大多较为孤立，与其余支路之间缺乏联系，难以组成道路网络。

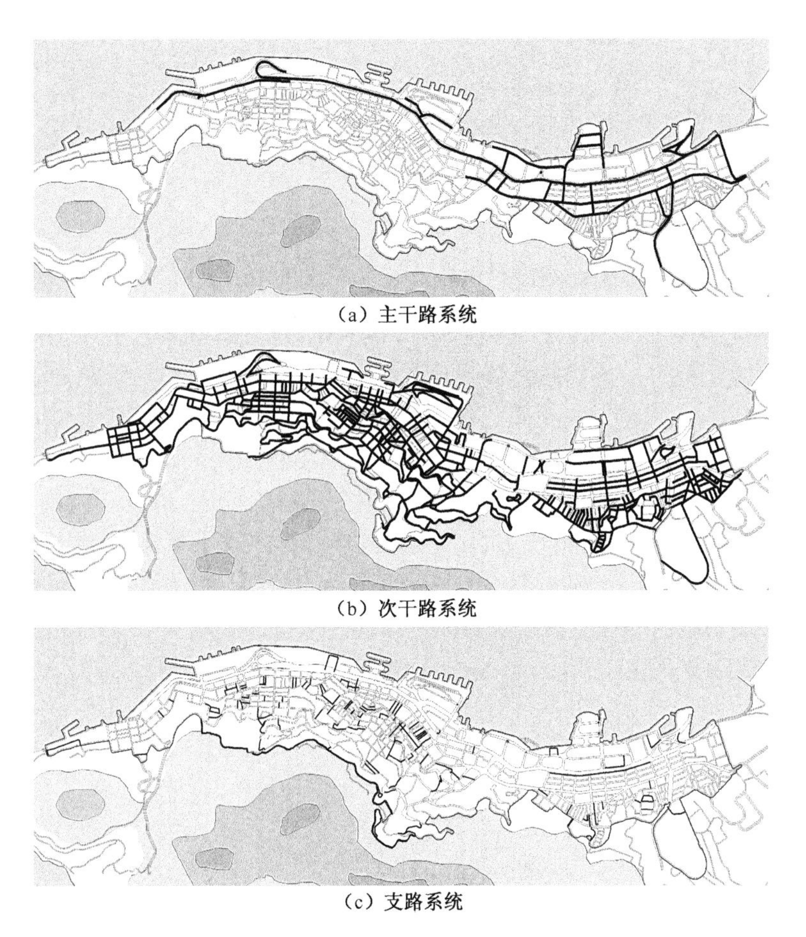

(a) 主干路系统

(b) 次干路系统

(c) 支路系统

图 6.16 港岛中心区主干路、次干路及支路系统

上海人民广场中心区内，道路系统基本以方格网式连接为主。中心区内道路网络密度分布不均匀，东侧道路网络密度明显高于西侧，呈东密西疏格局（图 6.17）。具体来看，中心区内共有两条快速路，南北高架及延安路高架，两条快速路呈"十字状"在中心区中心交汇（图 6.18）。这两条快速路也是城市中最为重要的纵横动脉，并与中心区外围高速公路网络连接，辐射范围较大。同时，延安路高架也是横跨黄浦江两岸，连接人民广场中心区与陆家嘴中心区的重要交通通道。南北高架从电视台硬核东侧及人民广场硬核连绵区西侧穿过，而延安路高架则穿过了静安寺硬核及人民广场硬核连绵区，两条快速路均体现了一定的空间轴线作用。同样,以核心的人民广场硬核连绵区来看,两条快速路分别从其中间及西侧穿过,形成两面围合的快速路网格局,与香港港岛中心区类似。

图 6.17 人民广场中心区道路系统

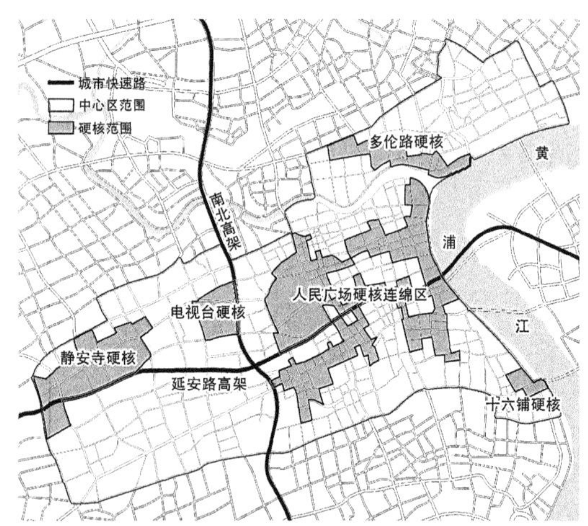

图 6.18 人民广场中心区快速路系统

人民广场中心区内,主干路的穿透性较好,轴线作用明显,基本形成了四纵四横的格局(图 6.19(a))。主干路形成的网络格局尺度较大,四条主干路之间的间距分别为 2 200 m、1 000 m 及 1 500 m 左右,横向主干路之间的间距相对较小,在 200 m～1 000 m 之间。次干路网络相对更为密集,整体分布则较为均质(图 6.19(b))。次干路形成的网络大体上保持了正交的网络格局,但街区尺度差别较大,普遍街区尺度较小,在 200 m × 300 m 左右,也有较大的街区,尺度在 400 m × 800 m 左右。支路网络的分布较不均衡,主要分布于中心区东侧及中心区西侧的边缘地区(图 6.19(c))。支路网络主要起到辅助连接作用,多分布于中心区核心位置,核心区内一些生活型服务职能多集中在支路两侧。支路网自身围合的街区较少,多分布于老旧居住区范围内,形成的街区尺度约为 60 m × 70 m。

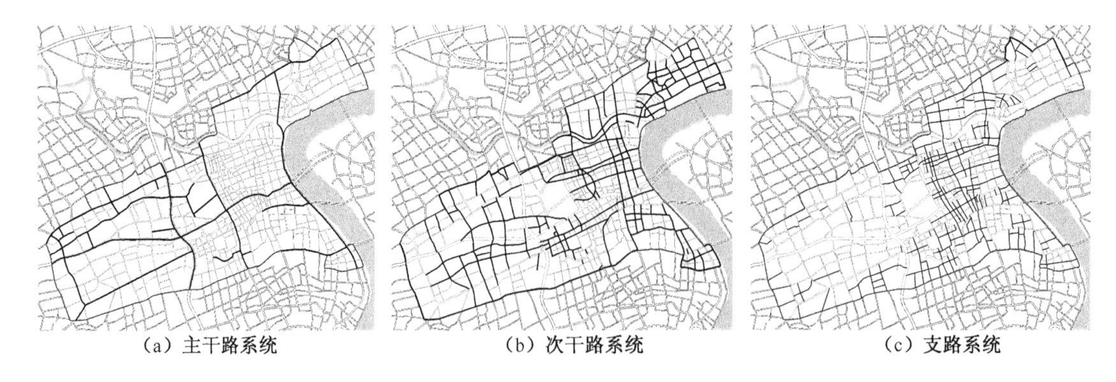

(a) 主干路系统　(b) 次干路系统　(c) 支路系统

图 6.19 人民广场中心区主干路、次干路及支路系统

从上文的分析中可以看出,成熟型极核结构中心区与发展型极核结构中心区道路系统的结构形态存在明显的差异,成熟型极核结构中心区的道路结构形态更为完善。两个成熟型极核结构中心区均形成了围绕硬核连绵区展开的快速环路,并以此为中心,形成多条向外放射的快速路,构成“环形＋放射”的快速路网格局,快速路在 8 条以上。而发展型极核结

构中心区内，快速路基本保持在2～3条左右(首尔的江北中心区甚至没有快速路)，围绕主要硬核连绵区，呈现出两面或三面包围的格局。仅从这一点来看，成熟型极核结构中心区的区域辐射及集聚能力远高于发展型极核结构中心区。

此外，从路网形态及密度来看，成熟型极核结构中心区受环境影响较小，多以规整的方格路网为主，且街区尺度普遍较小；而发展型极核结构中心区内，虽然基本保持了网络式格局，但多存在较为自由的道路形态，街区尺度则普遍高于成熟型极核结构中心区(港岛中心区受用地条件限制，街区尺度较小)。综合来看，成熟型极核结构中心区主干路网间距基本在300～500 m左右，次干路网间距基本在50～100 m左右，支路网多为辅助性道路，基本不成网络，少量能够形成网络的支路间距在30～50 m左右。而发展型极核结构中心区内，主干路网间距差距较大，主体在500～1 000 m左右，间距较大的可达2 000 m左右(上海人民广场中心区)，而次干路间距约在200～600 m左右，支路能形成有效网络的同样较少，支路间距基本保持在40～80 m左右。

2) 道路集聚形态解析

在道路结构形态分析的基础上，借助GIS技术平台的线密度分析计算功能，对各等级道路的空间集聚形态进行研究(由于快速路结构简单、清晰，此处不再探讨)，探寻各等级道路的空间分布规律。

(1) 成熟型极核结构中心区形成了主干路强化核心，次干路均质分布，支路局部集聚的特征

东京都心中心区内，主干路网整体线密度0.003 5 m/m²，局部密度最高为0.012 m/m²，集聚形态呈现出中心密集，外围分散的形态格局(图6.20(a))。主干路网主要集中分布在秋东桥硬核连绵区内，在其中形成了高密度集聚区，与外围有着明显的差距。此外几个重要的硬核，如田町硬核、品川硬核、国际展示场硬核等地区，主干路网也较为密集。外围其余地区的主干路网密度相对较低，密度较高的地区多为几条主干路的交汇处。次干路网整体线密度为0.010 2 m/m²，局部密度最高为0.032 m/m²，其总体分布呈现出东高南低的态势(图6.20(b))。次干路网的高密度集聚区主要集中在江东区至墨田区、台东区至荒川区等主要的居住集中区，以及秋东桥硬核连绵区的东侧边缘地区及皇宫北侧地区等主要的商务、商业设施集中区。南侧的港区密度较低，并有大片区域没有次干路分布，这与港区内工业、仓储等功能形成的以主干路为主的大型街区有关。支路网的整体线密度为0.005 7 m/m²，局部线密度最高处高于主干路与次干路，为0.035 m/m²，主要是由于支路网络间距较小，分布较为集中所致(图6.20(c))。支路网络密度最高处集中在荒川区的居住区域，台东区及秋东桥硬核连绵区的北侧和南侧局部地区也有较为集中的分布区。此外，江东区、墨田区也是支路网络较为密集的集中区。而皇宫周边，港区的南侧及东京湾沿岸地区则基本没有支路分布。

整体来看，主干路网集中于核心区域，次干路网集中分布在硬核连绵区边缘地区，而支路网络则多集中于中心边缘地区，呈现出一定的圈层式分布特征。当然，这也与中心区的整体更新进程有关，局部地区的老旧住区、传统商业片区，以及工业、仓储集中区等，对其分布具有一定的影响。

大阪御堂筋中心区内，主干路网分布较为均质，其整体线密度为0.003 2 m/m²，其中最

（a）主干路网线密度分布图

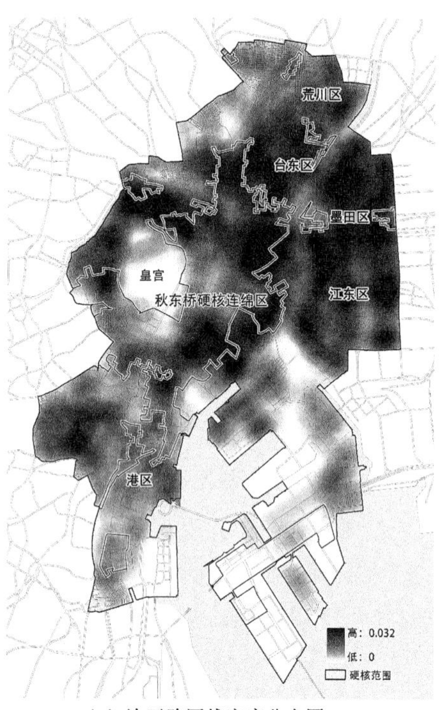

（b）次干路网线密度分布图

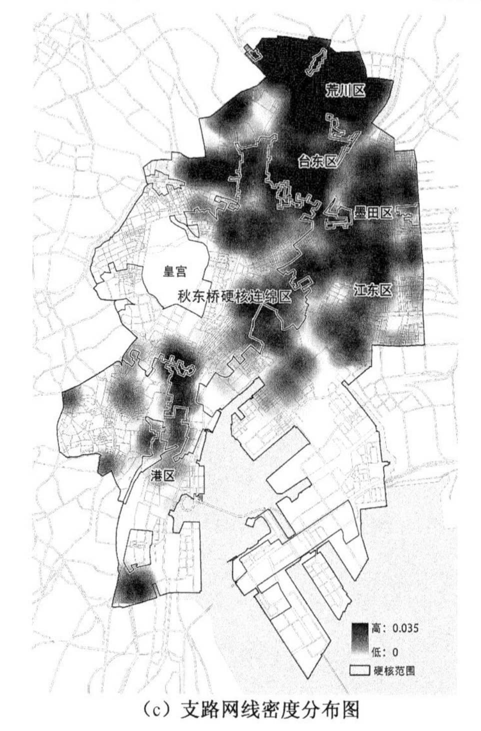

（c）支路网线密度分布图

图 6.20 都心中心区各等级道路网络线密度分布解析

为密集的地区线密度可达到 0.012 m/m²(图 6.21(a))。主干路网密度最大的地区集中在大阪站周边,硬核连绵区中部及西侧边缘,主要是由于多条主干路交汇或距离较近所致。中心区内次干路网络分布也较为均衡,整体线密度为 0.0167 m/m²,分布最密集的地区,次干路网线密度则高达 0.037 m/m²(图 6.21(b))。整体来看,除大阪站站场及大阪城公园周边地区外,整体次干路网分布密度均较高,最高处基本均集中在硬核连绵区边缘位置,如大阪站北侧、堂岛川北侧、大阪城公园北侧以及硬核连绵区西侧局部地区。这点与都心中心区较为相似。中心区内支路网络分布较为集中,但数量较少,因此整体线密度不高,仅为

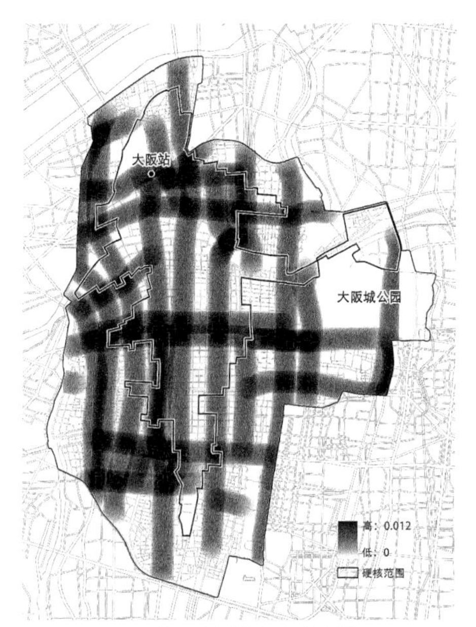

(a) 主干路网线密度分布图

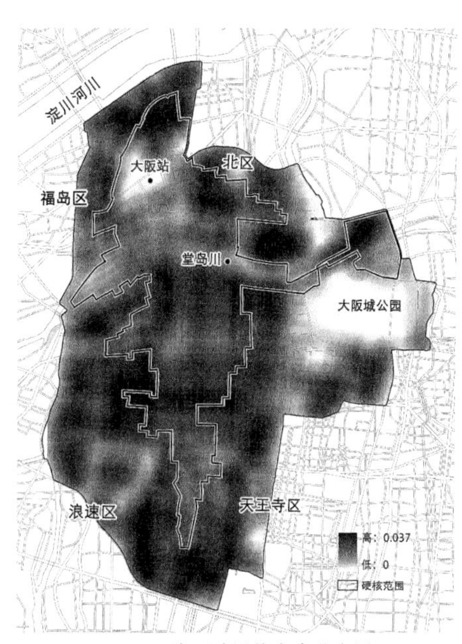

(b) 次干路网线密度分布图

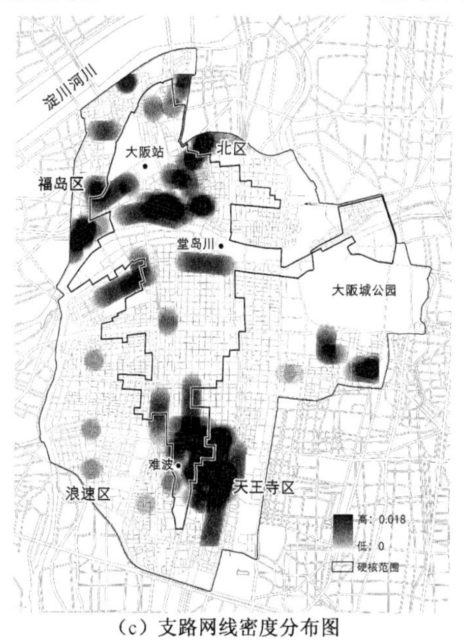

(c) 支路网线密度分布图

图 6.21　御堂筋中心区各等级道路网络线密度分布解析

0.0010 m/m²，而支路网最为密集处线密度可达 0.018 m/m²（图 6.21(c)）。支路网络最为密集处集中在大阪站周边地区以及难波东侧地区，大阪城公园南侧地区也有少量集聚区。这些地区多为居住、商业、工业等多种功能的混杂区域。

整体来看，大阪御堂筋中心区各级道路集聚的形态特征并不明显，与都心中心区有些类似处，也存在诸多不同，表现为：主干路网分布较为均质，次干路网分布相对均质，但在硬核边缘地区会形成一定的密集分布区，这与多种功能的混杂有关。

(2) 发展型极核结构中心区主干路均质分布，次干路密集均布，支路局部集聚

新加坡海湾-乌节中心区内，主干路网分布也较为均质，其整体线密度为 0.0031 m/m²，密度最高处达到了 0.010 m/m²（图 6.22(a)）。主干路网的集聚形态基本呈现出"H"字形特征，集中分布于中心区东西两侧，并从中部相连。中心区中部的两片白色区域以集中的居住用地

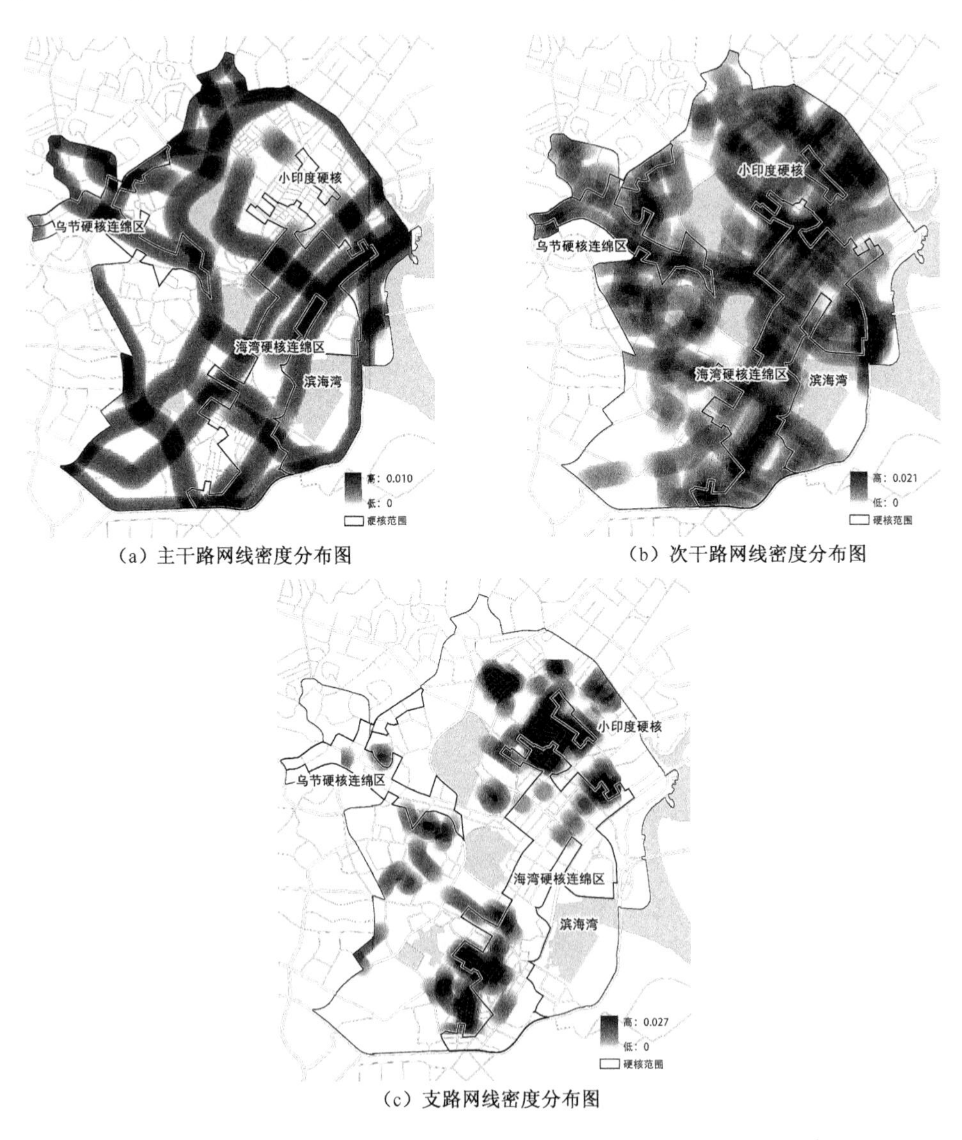

(a) 主干路网线密度分布图

(b) 次干路网线密度分布图

(c) 支路网线密度分布图

图 6.22　海湾-乌节中心区各等级道路网络线密度分布解析

为主。中心区内次干路最多,整体线密度达到了 0.005 3 m/m²,分布最为密集的地区线密度为 0.021 m/m²(图 6.22(b))。次干路最为密集的地区也多为硬核连绵区及硬核的边缘地区,包括小印度硬核北侧、海湾硬核连绵区东侧以及乌节硬核连绵区北侧等地区。而中心区中部大型开放空间及公园地区,分布较低。中心区内支路网络数量最少,整体线密度仅为 0.001 7 m/m²,但局部集聚程度较高,最高处达到了 0.027 m/m²(图 6.22(c))。支路主要集中地区均是以小街区为主的商业、居住混合区域。

整体来看,海湾-乌节中心区各级道路的集聚情况与御堂筋中心区较为类似,即:主干路相对均质分布、次干路分布较为稠密,核心集聚区位于硬核边缘地区,支路结合传统商业、居住,局部集聚。

首尔江北中心区内,主干路网网络状集聚结构较为清晰,整体分布较为均质,整体线密度为 0.003 7 m/m²,分布最为密集的地区线密度达到了 0.017 m/m²,多为多条主干路交汇处(图 6.23(a))。中心区内次干路网数量最少,分布不均衡,整体线密度为 0.003 5 m/m²,最为密集的地区线密度则达到了 0.031 m/m²(图 6.23(b))。次干路基本围绕两个硬核连绵区布局,最为密集的地区集中在南大门硬核连绵区内的中部及南大门周边,以及东大门硬核连绵区的北侧及东大门周边。中心区内支路网络数量最多,整体线密度达到了 0.007 7 m/m²,分布最为密集的地区线密度高达 0.048 m/m²(图 6.23(c))。支路网最为密集的地区集中分布在东大门硬核连绵区的东侧及南侧地区,该地区也是中心区内主要的老旧居住区的集聚区。

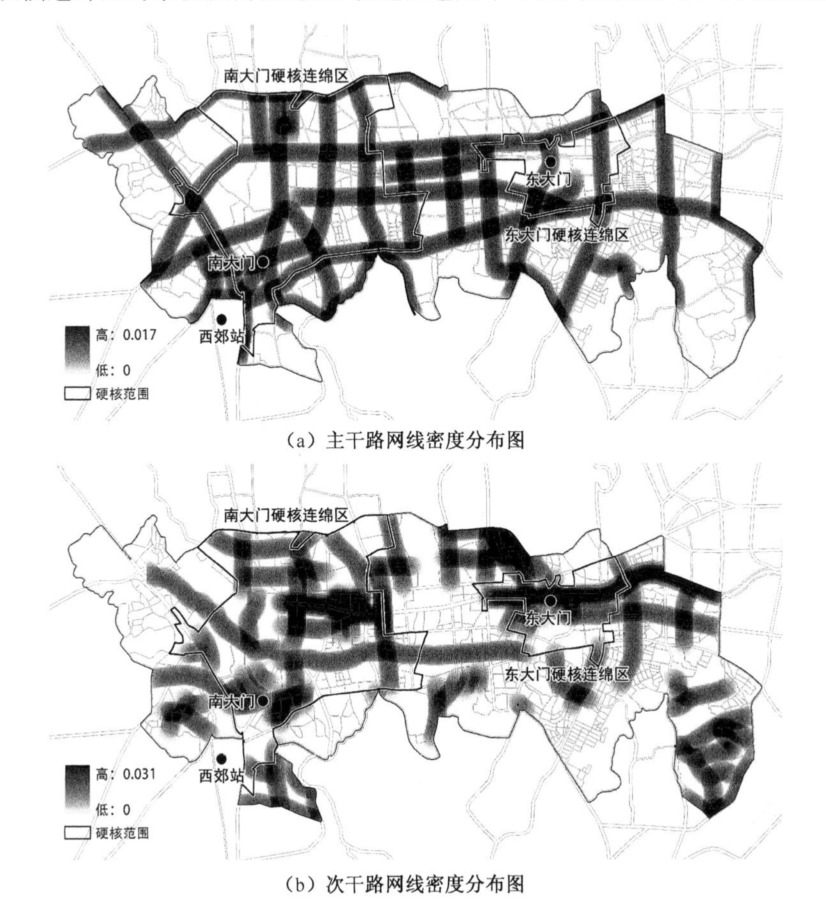

(a) 主干路网线密度分布图

(b) 次干路网线密度分布图

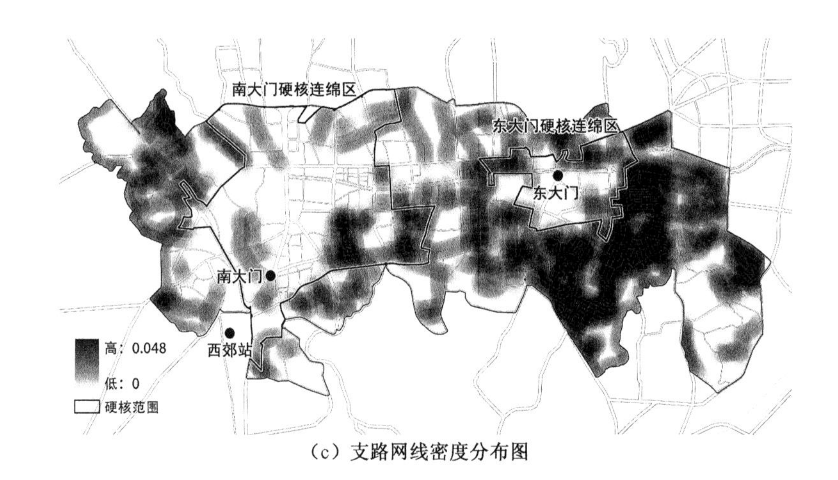

(c) 支路网线密度分布图

图 6.23 江北中心区各等级道路网络线密度分布解析

整体看来，江北中心区内道路系统的集聚特征较为特殊，除主干路分布较为均质外，次干路则主要集中分布在硬核连绵区内部，而支路则密集分布于老旧居住区内。

香港港岛中心区内，主干路网数量较少，在中心区东侧地区分布较为集中，其整体线密度为 0.002 9 m/m²，主干路网最为集中的地区线密度为 0.023 m/m²(图 6.24(a))。中心区次干路数量最多，分布主要集中于中心区东西两侧，其整体线密度为 0.014 1 m/m²，最为密集的地区线密度高达 0.042 m/m²(图 6.24(b))。次干路最为密集的地区主要集中在中环硬核连绵区的上环周边地区，以及其外围的南侧及西侧，铜锣湾硬核内部次干路网也较为密集。此外，西环码头地区以及湾仔南侧地区分布也较为集中。但中心区边缘地区次干路

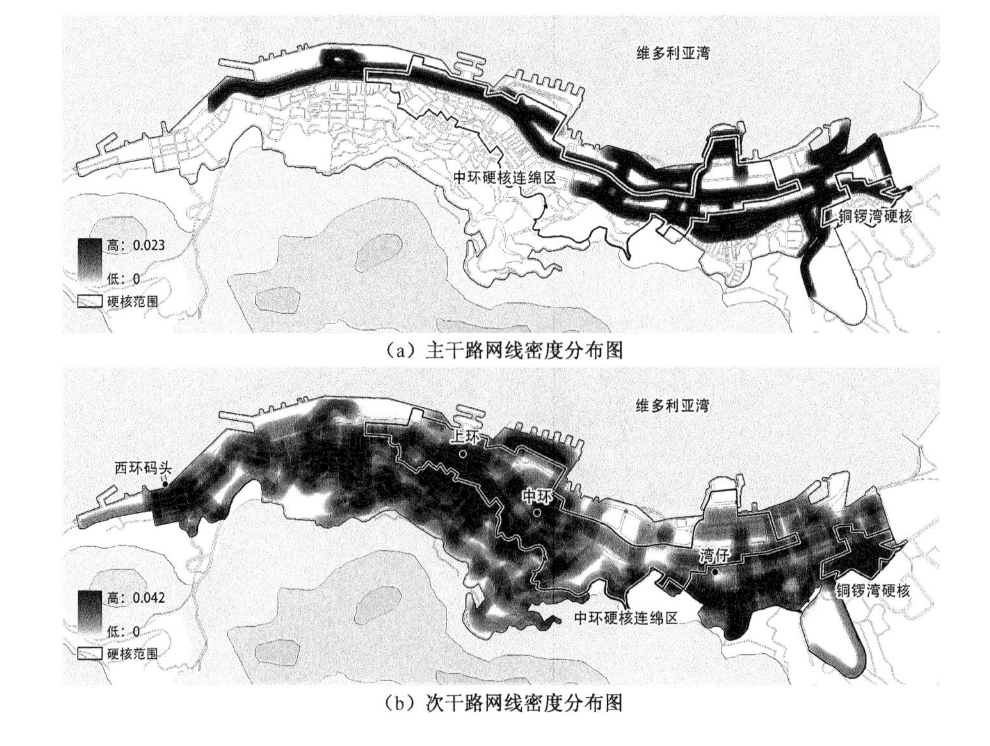

(a) 主干路网线密度分布图

(b) 次干路网线密度分布图

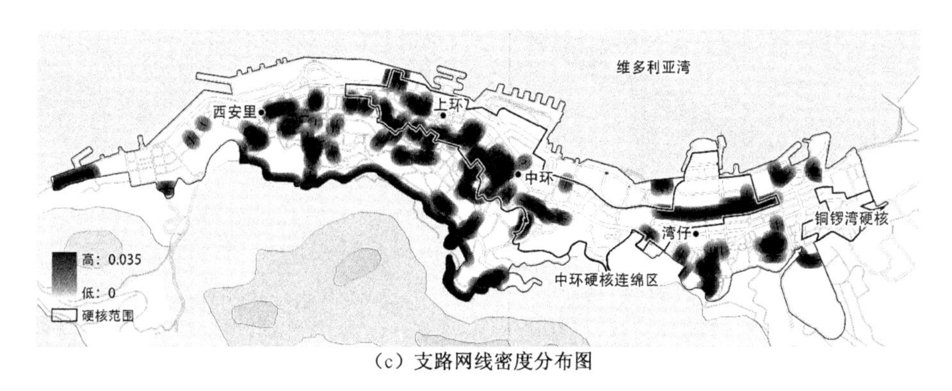

(c) 支路网线密度分布图

图 6.24 港岛中心区各等级道路网络线密度分布解析

分布较少。支路网的分布整体较为零散，但局部相对集中，整体线密度为 0.003 2 m/m²，最为密集地区则达到了 0.035 m/m²(图 6.24(c))。支路网络主要集中分布于中环硬核连绵区的南侧边缘地区，以及中心区的南侧边缘地区，西安里周边地区也有较为集中的分布，这些地区多为集中的商住混合区域。

整体上看，港岛中心区各级路网分布均不均衡，主干路网主要集中于硬核边缘及硬核之间的区域，次干路网则主要集中于硬核内部，支路网则主要集中于硬核连绵区及中心区的边缘地区。

上海人民广场中心区内，主干路网分布相对均质，整体线密度为 0.002 3 m/m²，最为集中的区域线密度达到了 0.010 m/m²(图 6.25(a))。主干路基本均从硬核边缘地区通过，在静安寺硬核及电视台硬核之间的区域分布较为密集。次干路网数量最多，但分布则较不均衡，主要集中于中心区东北侧，整体线密度0.005 4 m/m²，最为密集的地区线密度为 0.016 m/m²(图 6.25(b))。次干路网主要集中于人民广场硬核连绵区内的南京东路、淮海路及豫园周边，以及吴淞江沿岸、中心区东北角及十六铺硬核周边。硬核连绵区内的地区多为商住、商办混合区域，而外围地区则多为居住区。支路网的分布同样不均衡，其整体线密度为 0.003 8 m/m²，而最为密集的地区线密度则可达 0.020 m/m²(图 6.25(c))。支路网主要集中在西藏中路、北京东路及河南中路所辖的区域内，包括人民广场硬核连绵区的部分以及硬核连绵区中部尚未连接的孔洞区域，多为老旧住区及商住混合区域。其余地区的支路网则主要分布于中心区的边缘地区。

整体看来，人民广场中心区各级路网的集聚特征较为明显，形成了主干路网相对均质，次干路网围绕硬核连绵区集聚，支路网在老旧地区集聚。

综合各中心区各级道路网络的集聚情况及各中心区的自身特点来看，主干路网的分布相对均质，并有可能在较大的硬核连绵区内形成集中分布，次干路网的分布多呈现出密集均布的状态，且在硬核连绵区的边缘地区分布更为密集，而支路网分布的空间规律较难把握，大多数情况下，其数量较少，并多与中心区内尚未更新的老旧住区、传统商业区、商住等多用途混合街区结合紧密，而这些区域一般多分布在硬核及中心区边缘地区。整体来看，主干路网平均线密度 0.003 1 m/m²，次干路网平均线密度 0.009 2 m/m²，而支路网的平均线密度则为 0.003 8 m/m²。

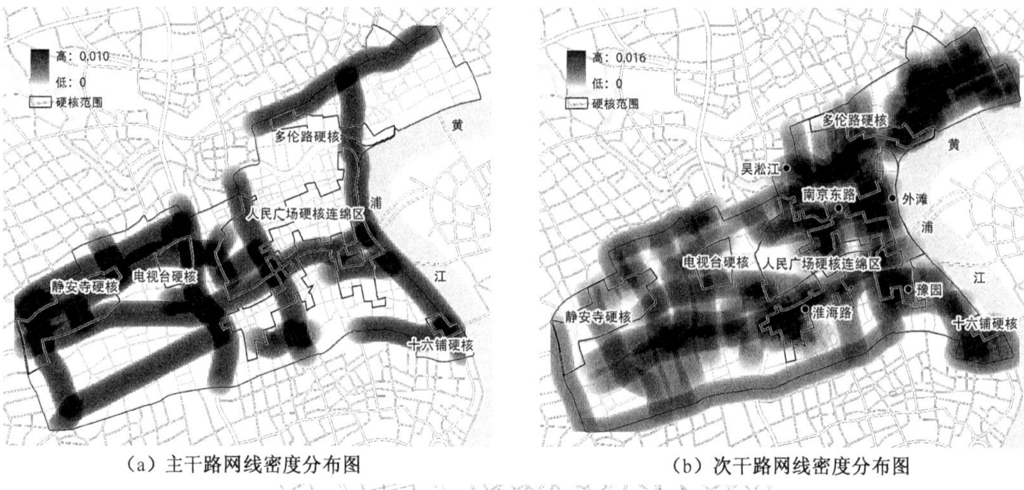

(a) 主干路网线密度分布图　　(b) 次干路网线密度分布图

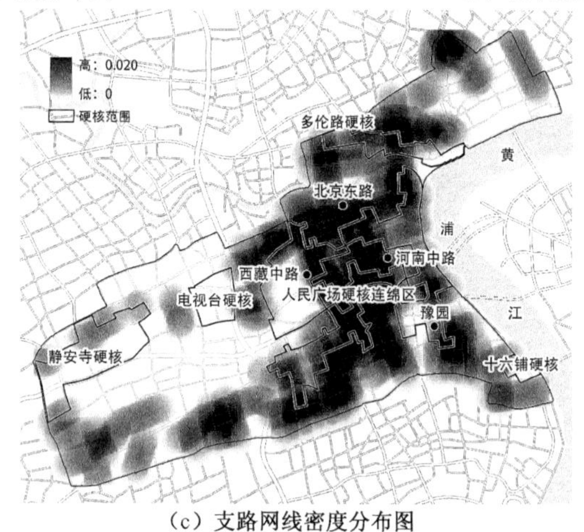

(c) 支路网线密度分布图

图 6.25　人民广场中心区各等级道路网络线密度分布解析

6.1.3　道路系统拓扑形态解析

在道路系统结构与集聚形态研究的基础上,本节将采用空间句法的研究方法,借助 Depth Map 技术平台,对道路系统整体的拓扑形态特征进行解析,重点为道路系统的连接性与集成度特征。

1) 道路系统的连接性特征

连接性是道路结构所表现的一项基本的拓扑形态特征,一条道路的连接性表示与该道路相连的道路数目。通过连接性的分析,可以看出中心区内道路系统之间的连接程度,能在一定程度上反映出中心区整体交通系统的通畅程度。在此基础上,连接度较高的道路则表示该道路与周边道路系统关系较好,也可从一定程度上反映出该道路的渗透性较好,道路较为笔直,通过区域较长。

(1) 成熟型极核结构中心区中,硬核连绵区内道路连接度相对较高

东京都心中心区道路连接度在 1.00～68.00 之间,平均值 4.55(图 6.26)。都心中心区

内大量的道路连接度相对较低(连接度的分级评价是针对各个中心区内的情况形成的相对数值,并不是绝对连接度较低的概念),连接度在 7.70 以下的道路占据了总量的 87.43%。秋东桥硬核连绵区内,最重要的南北向主干路连接度较高,是硬核连绵区内重要的轴线型道路。此外,硬核连绵区内具有大量连接度相对较高的道路,使得硬核连绵区内道路系统具有较好的渗透性。而中心区居住用地集中区内也有多条连接度较高的道路,且与居住区内的硬核关系密切。而由于受到皇宫、港区等特殊地形及用地条件的影响,皇宫周边、中心区南侧大片区域内道路直线性较弱,且路网密度较低,连接度也相对较低。

图 6.26　都心中心区道路网络连接度分析

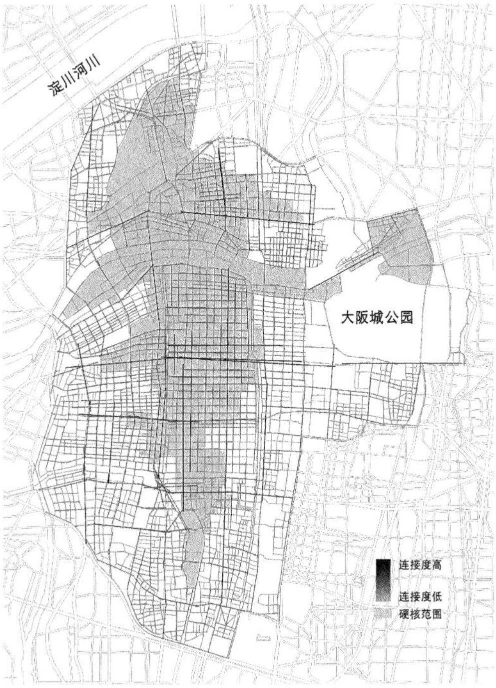

图 6.27　御堂筋中心区道路网络连接度分析

大阪御堂筋中心区内,道路连接度范围小于都心中心区,在 1.00～36.00 之间,但其平均连接度则为 4.62,略高于都心中心区,反映出御堂筋中心区的道路直线性程度以及道路网络密度均高于都心中心区(图 6.27)。连接度最高的道路基本均位于硬核连绵区内部,且还有大量连接度较高的道路集中分布于硬核连绵区内,也从侧面反映了硬核连绵区内道路的直线性较高,这与实际的道路棋盘状格局也是相符合的。在硬核连绵区外围的居住集中地区,也有几条连接度较高的道路,多为居住区内的骨架性道路。而大阪城公园、堂岛川及大阪火车站周边地区道路受其影响较大,连接度较低。

(2) 发展型极核结构中心区中,主要硬核连绵区内道路连接度较高

新加坡海湾-乌节中心区受地形条件影响,道路多因地制宜,呈自由形态,少有笔直的道路,因此连接度普遍较低,数值范围在 1.00～26.00 之间,平均道路连接度也仅为 3.19(图 6.28)。连接度最高的道路位于海湾硬核连绵区及小印度硬核之间,该地区主要为支路网络的密集区,以高密度的商业、住宅等混合用地为主,因此,虽然道路直线线段不长,但其

连接的道路数量较多,连接度较高。此外,连接度较高的道路基本均分布于两个硬核连绵区内部,是其主要的骨架性道路。硬核连绵区内有些道路的直线段长度较长,但其道路网络间距相对较大,使其连接度难以提高。硬核连绵区周边地区道路形态更为自由,并由于大量公园绿地的分布,使其道路连接度相对较低。

图 6.28 海湾-乌节中心区道路网络连接度分析

首尔江北中心区道路连接度数值范围在1.00～23.00之间,平均道路连接度仅为3.01,主要是江北中心区同样受靠近山体的地形条件影响,道路线型较为自由所致(图6.29)。连通性最高的道路位于东大门硬核连绵区南侧及东侧的居住集中区域,这些区域均是低高度、高密度的老旧住宅区,支路网络密集。南大门硬核连绵区及东大门硬核连绵区内道路连接度也相对较高,且南大门硬核连绵区高于东大门硬核连绵区。此外,连接度较高的道路多分布于两个硬核连绵区之间的区域,多条横向联系的道路连接度均较高。中心区的边缘地区受两侧山体及公园绿地等大型开放空间的影响,道路形态较为自由,道路连接度普遍较低。

图 6.29 江北中心区道路网络连接度分析

香港港岛中心区也是受山水影响较大的中心区,整体形态呈现出狭长的曲线形,使其道路整体连接度不高,数值在1.00～20.00之间,平均连接度为3.18(图6.30)。连接度最高的道路位于中心区东侧湾仔地区,其通过的地区主要为路网密度较高的商业住宅混合集聚区。此外,连接度较高的道路基本均集中于中环硬核连绵区内,靠近维多利亚湾一侧,但铜锣湾硬核内道路连接度相对较低。由于中心区形态整体呈现出曲线形,道路也随中心区形态而转折,因此中心区内道路直线性较低,连接度在1.00～4.00的道路轴线比重高达

84.02%。但整体来看，维多利亚湾地区的道路连接度较高，中心区干路也主要集中于该地区，而南侧临山地区道路形态则较为自由，受地形限制，路网间距也较大，道路连接度较低。

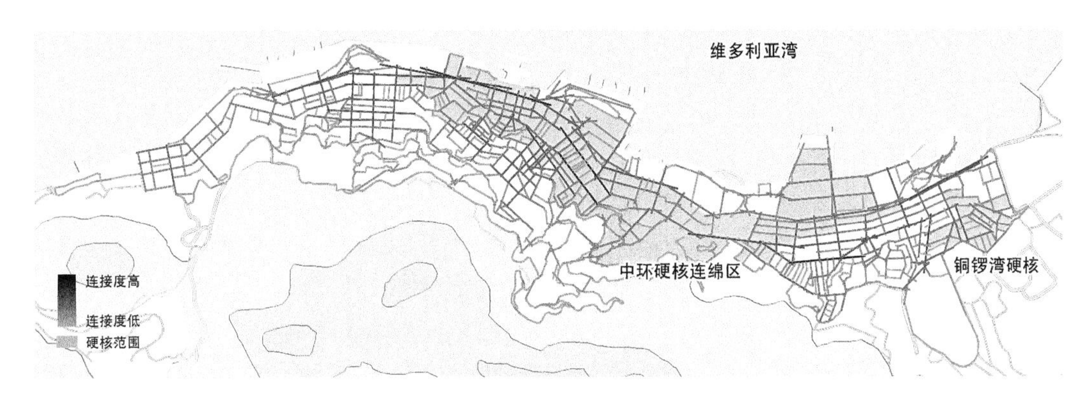

图 6.30　港岛中心区道路网络连接度分析

上海人民广场中心区道路整体连接度略高于其余发展型极核结构中心区，道路连接度数值范围在 1.00～17.00 之间，平均道路连接度 3.56(图 6.31)。连接度最高的道路为中心区西南侧居住集中区内的一条道路，但其余连接度较高的道路则主要集中于人民广场硬核连绵区内。此外，各硬核内部及边缘地区道路连接度一般均高于周边地区，硬核以外地区连接度则普遍较低。整体来看，人民广场中心区道路形态近似于棋盘格式，但受黄浦江、吴淞江等水体影响，道路多在直线基础上略有变形，降低了其整体的连通度。而另一方面的影响因素则是中心区内道路间距较大，使其道路连接度难以提升。

图 6.31　人民广场中心区道路网络连接度分析

综合来看，成熟型极核结构中心区道路连接度较高，均在 4.50 以上，而发展型极核结构中心区道路连接度则相对较低，在 3.01～3.56 之间。这也反映了成熟型极核结构中心区的道路更为笔直、通畅，道路网络间距更小。在此基础上，硬核连绵区内的道路连接度最大，硬核内次之，大型开放空间周边连接度最低，说明硬核连绵区内更倾向于效率更高的棋盘格路网及小街区模式。此外，地形条件对道路连接度的影响较大，都心中心区硬核连绵区道路连接度相对较低也主要是受隅田川及皇宫的影响，而发展型极核结构中心区道路连接度均或多或少地受到滨水、沿山等地形条件的影响，整体道路连接度均不高。由此看来，中心区的地形条件也是一个影响中心区道路网络形态及效率，进而影响中心区进一步集聚的重要因素。

2）道路系统集成度特征

集成度是空间句法分析的一项特有的指标，反应的是一条道路与整个道路系统内所有道路之间的关系，即一条道路通过几次转换可以到达另一条道路。这一指标可以反映出中心区内各条道路的相对可达性，集成度高的道路表示中心区内各条道路到达该道路所需要的转换次数最低，道路相对可达性最高。因此，集成度最高的道路也可认为对道路系统整体控制力较强，起到骨架轴线的作用。以上是整体集成度的概念，在此基础上，还可以继续计算道路网络的局部集成度，即一条道路轴线与一定步程内的其余道路轴线的关系，通常计算 3 步（两条道路轴线通过 1 次转换相连接计为 1 步）。局部集成度可以反映在一定范围内道路网络的可达情况，即道路对周边地区的影响程度。

（1）成熟型极核结构中心区中，硬核连绵区形态与整体集成度较高的道路关系密切

东京都心中心区内，道路网络的整体集成度在 0.36～1.45 之间，平均值为 0.88。整体集成度最高的轴线全部位于秋东桥硬核连绵区内，其形态格局与硬核连绵区基本一致（图 6.32(a)）。多条集成度最高的轴线交汇于秋叶原至神田之间的位置，此外，东京站周边、银座地区也是整体集成度较高的道路轴线的集中分布区。可以看出，道路网络的整体集成度较高的区域与硬核连绵区范围基本重合，并以硬核连绵区为核心，呈现出一定的圈层式递减的趋势。这表明，在都心中心区内，公共服务设施的集聚与道路网络的整体集成

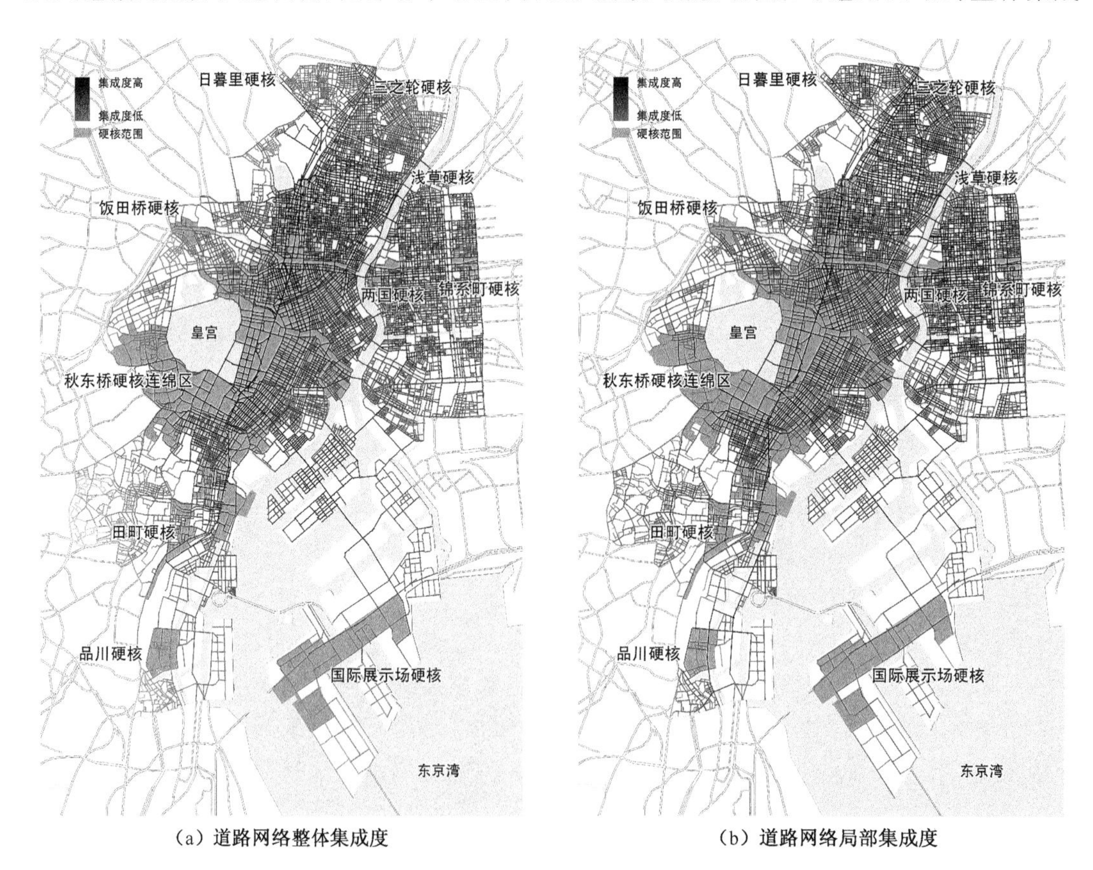

（a）道路网络整体集成度　　（b）道路网络局部集成度

图 6.32　都心中心区道路网络集成度分析

度关系密切，道路轴线的整体集成度越高，越有利于公共服务设施的集聚。另一方面，从道路网络局部集成度来看，呈现出由北向南逐渐降低的趋势，秋东桥硬核连绵区内的道路轴线也具有较高的局部集成度(图 6.32(b))。局部集成度数值范围在 0.33～4.93 之间，平均值为 2.17，说明都心中心区内道路之间的连接关系较好，特别是居住功能及公共服务设施集中区内，道路轴线之间的局部集成关系较好，使得该地区道路轴线之间的转换较为便捷，道路网络效率较高。

大阪御堂筋中心区道路网络格局更为规整，其整体集成度水平也高于都心中心区。整体集成度数值区间在 0.43～1.78 之间，平均值则为 1.08，整体集成度最高的道路轴线也基本均位于硬核连绵区中间，形成近似圈层式的中间高、周边低的格局(图 6.33(a))。整体集成度最高的轴线位于硬核连绵区东西两侧，西侧为大阪火车站向南的联系轴线，东侧为堂岛川以南地区的联系轴线，此外中心区中部横贯东西的轴线及其北侧硬核连绵区内横向联系的两条轴线也是整体集聚度最高的轴线。四条轴线基本形成了“井”字形格局形态，形成硬核连绵区的道路骨架。在其形成的道路框架内，道路轴线的整体集成度均较高，客观上也反映了公共设施集聚与较高的道路网络整体集成度的关系。御堂筋中心区的道路网络局部集成度数值分布在 0.33～4.21 之间，平均值为 2.15。而由于道路网络较为规整，御堂筋中心区内的道路网络局部集成度与整体集成度较为相近(图 6.33(b))。局部集成度最高的道路轴线也基本均位于硬核连绵区内，堂岛川北侧、中心区中部有多条局部集成度较高的道路，可以看出御堂筋中心区硬核连绵区内道路网络无论在整体还是在局部，均具有较高的集聚力度。此外，中心区东部的南北两侧也有两处局部集成度较高的道路轴线，主要为居住集中区域内的骨架型道路。

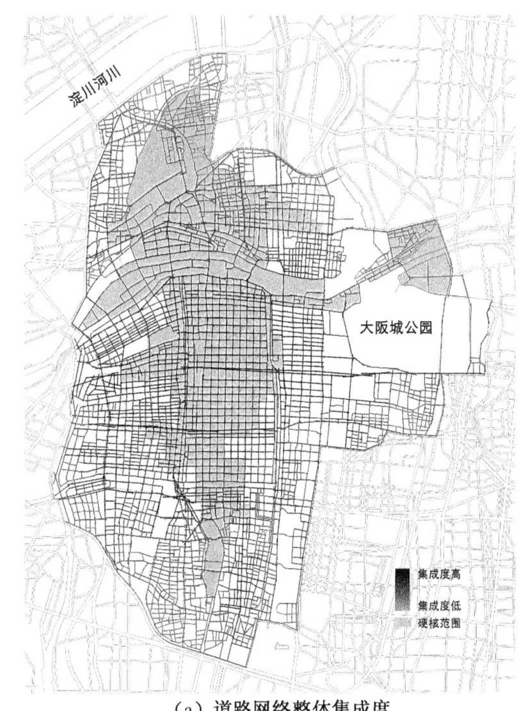

(a) 道路网络整体集成度

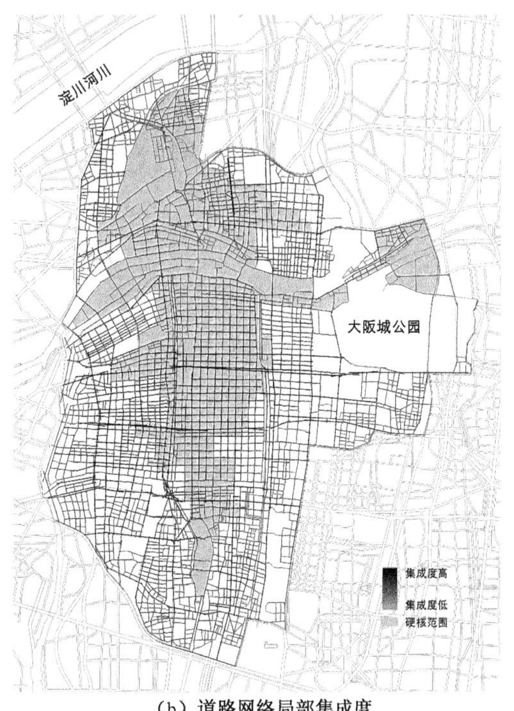

(b) 道路网络局部集成度

图 6.33 御堂筋中心区道路网络集成度分析

(2) 发展型极核结构中心区中,主要硬核连绵区整体集成度最高

新加坡的海湾-乌节中心区道路网络的整体集成度比两个成熟型极核结构中心区低,数值区间在 0.35～1.04 之间,平均值为 0.65(图 6.34(a))。整体集成度最高的道路轴线主要集中在海湾硬核连绵区的北侧,该地区主要为行政、文化及商务等公共设施的集中地,但其南侧的商务、金融设施集中区的道路网络整体集成度不高,而乌节硬核连绵区及小印度硬核地区道路网络整体集成度则较高。整体来看,道路网络整体集成度的空间分布与硬核连绵区及硬核形态关系密切,呈旋转 90 度的"丁"字形。道路网络的局部集成度数值范围在 0.50～3.65 之间,平均值为 1.54,其分布呈现出略微不同的格局,表现为 3 个组团状集聚的特征,即海湾硬核连绵区北侧及小印度硬核地区,海湾硬核连绵区南侧地区以及乌节硬核连绵区地区(图 6.34(b))。局部集成度最高的道路轴线位于海湾硬核连绵区及小印度硬核之间,这对于吸聚周边公共设施集聚,促进硬核进一步连绵具有良好作用。

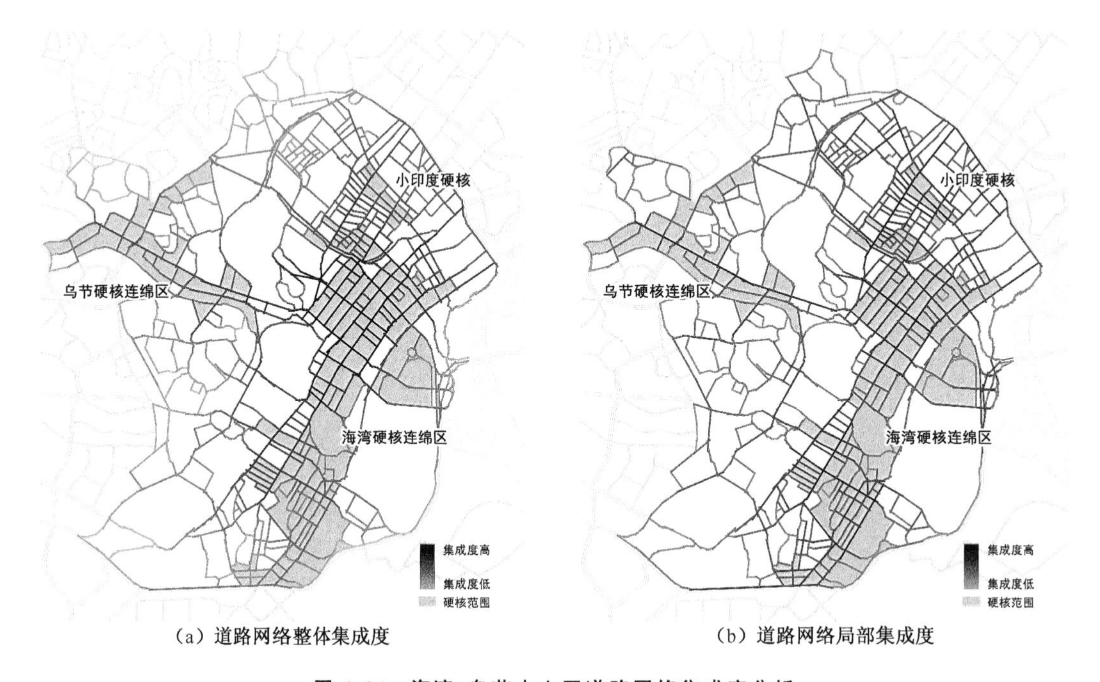

(a) 道路网络整体集成度　　(b) 道路网络局部集成度

图 6.34　海湾-乌节中心区道路网络集成度分析

首尔江北中心区道路网络整体集成度更低,数值区间在 0.21～0.95 之间,平均值仅为 0.59。整体集成度较高的道路多为两个硬核连绵区内部的轴线道路及其之间的联系型道路(图 6.35(a))。从道路网络的整体集成度来看,这一格局有利于促进两个硬核连绵区的进一步集聚连绵,但该地区道路网络密度较低,缺乏较高集成度的道路网络的有效支撑,这也是其整体道路集成度较低,且两个硬核连绵区之间难以形成连绵的主要影响因素。从局部集成度的情况来看,其数值区间在 0.63～3.73 之间,平均值为 1.45。从其分布来看,基本可以形成围绕两个硬核连绵区的组团状分布格局(图 6.35(b))。局部集成度较高的道路多为居住用地内的骨架型道路,硬核连绵区内局部集成度相对较低,而受地形条件影响,中心区边缘地区的局部集成度最低。

香港港岛中心区整体集成度更低,数值区间位于 0.17～0.75 之间,平均值也仅为0.47,

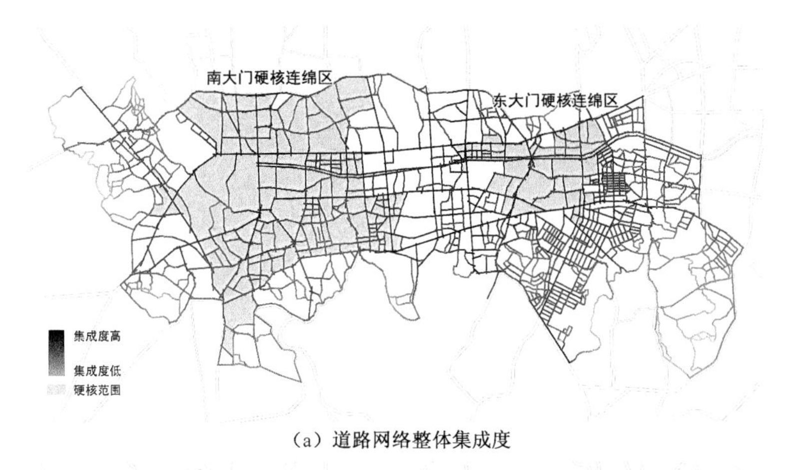

(a) 道路网络整体集成度

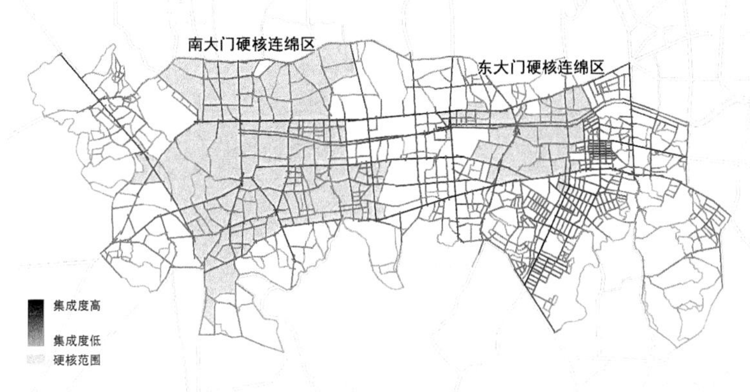

(b) 道路网络局部集成度

图 6.35 江北中心区道路网络集成度分析

整体集成度的分布则呈现出围绕中环硬核连绵区扇形分布的特征(图 6.36(a))。整体集成度最高的道路轴线主要集中于中环硬核连绵区的中环地区,该地区也是港岛中心区的核心位置,是核心的商务、金融等高端职能集聚区。此外,中环硬核连绵区内道路轴线的整体集成度普遍较高,铜锣湾硬核内的整体集成度则相对较低。整体集成度较低的道路轴线基本均分布于中心区南侧及边缘地区,整体上形成了由中环向外整体集成度逐渐降低的扇形布局形态。而在局部集成度方面,港岛中心区道路轴线的数值范围在 0.33～3.50 之间,平均值与江北中心区相同,为 1.45,整体的分布则呈现出明显的组团式分布特征(图 6.36(b))。局部集成度较高的地区主要为湾仔地区,西环码头地区、西安里地区及中环地区,呈现出明显的组团状特征。其中,湾仔地区以商住的混合功能为主,西环码头及西安里地区是主要的居住集中区,而中环地区则是核心的商务、金融集聚区。

上海人民广场中心区道路网络整体集成度数值区间在 0.37～1.07 之间,平均值为 0.69,其分布也基本呈现出扇形分布的特征(图 6.37(a))。整体集成度较高的道路集中分布于人民广场硬核连绵区中部较小的区域范围内,并呈现出由该地区向外逐渐降低的特征,表现出一定的扇形特征。在局部集成度层面,其数值范围在 0.33～3.01 之间,平均值为 1.67。局部集成度较高的道路轴线主要集中于人民广场硬核连绵区及其周边地区,其余地区分布则较为均质(图 6.37(b))。

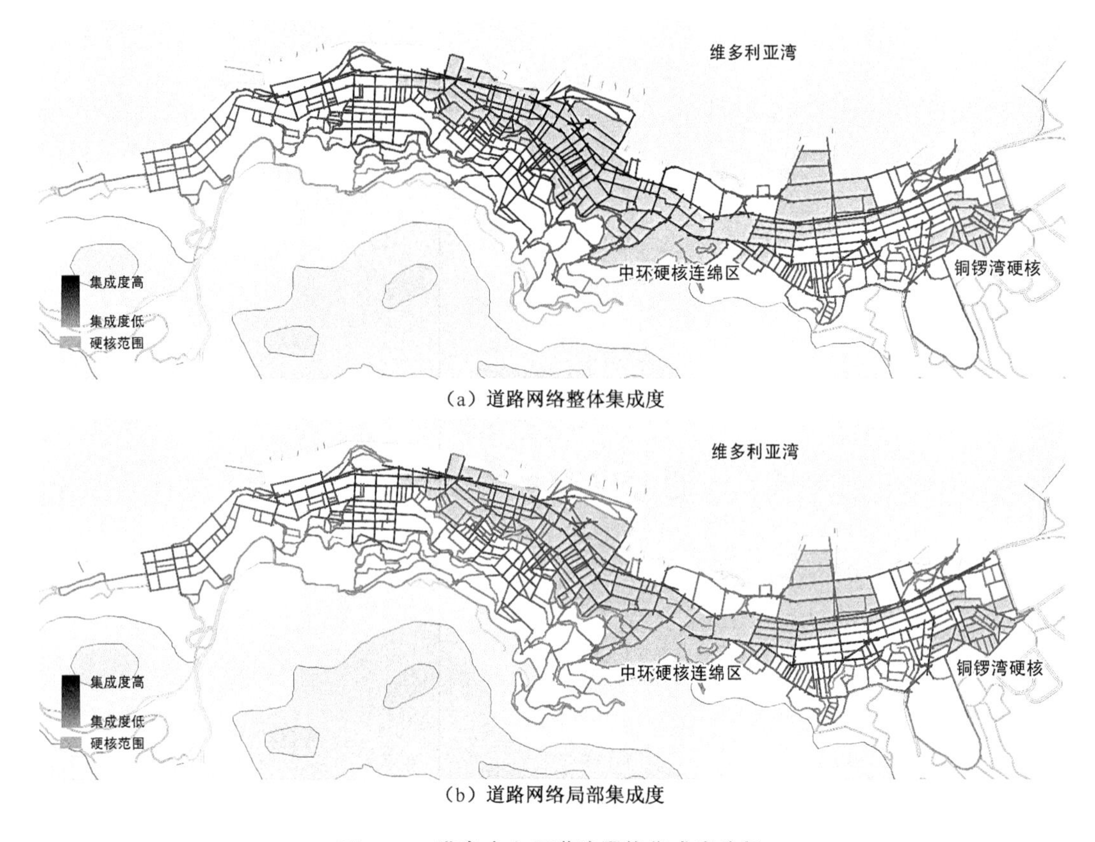

(a) 道路网络整体集成度

(b) 道路网络局部集成度

图 6.36 港岛中心区道路网络集成度分析

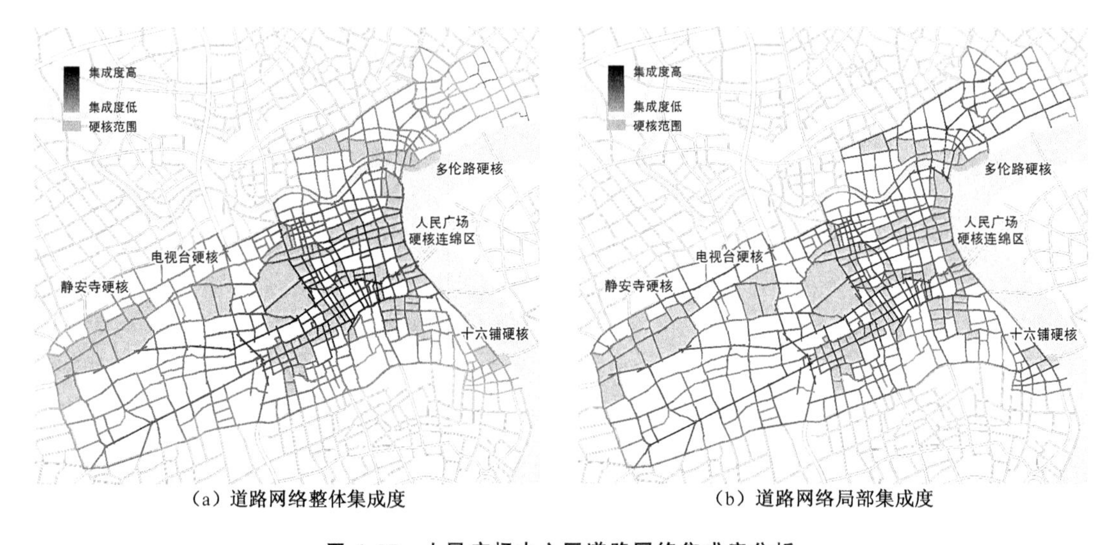

(a) 道路网络整体集成度

(b) 道路网络局部集成度

图 6.37 人民广场中心区道路网络集成度分析

综合来看,成熟型极核结构中心区道路网络整体及局部集成度均较高,整体集成度平均值在 1.00 左右,局部集成度平均值则在 2.15 左右;而发展型极核结构中心区道路网络的整体集成度平均值在 0.50～0.70 左右,而局部集成度则在 1.45～1.67 之间。就其分布来看，整体集成度分布与硬核连绵区关系密切，并与硬核连绵区形态密切相关。高集成度道路轴线多分布于硬核连绵区的核心位置，低集成度道路轴线则多分布于中心区边缘，整体的圈层及扇形分布特征较为明显。而局部集成度分布相对分散，成熟型极核结构中心区内，其分布格局与整体集成度分布格局相类似。而在发展型极核结构中心区内则多呈现出组团状分布的特征，一般情况下，主要的硬核连绵区内道路轴线的局部集成度也较高。

6.2　轨道交通系统解析

在极核结构现象的中心区中，轨道交通是其交通体系的重要组成部分，已经成为解决城市中心区人流集散问题的核心方式，越是高等级的城市，其轨道交通发展程度越高，许多城市已经被称为轨道上的城市。那么极核结构中心区内轨道交通具体呈现出什么形态格局及数量规模？其站点又是怎么分布的？与中心区的空间形态又具有怎样的关系？本节借助 GIS 技术平台，对极核结构现象中心区的轨道交通系统进行详细解析。

6.2.1　轨道交通系统基本情况解析

通常城市中的轨道交通包括四种类型：铁路、地铁、轻轨以及有轨电车。在此基础上，本书重点考虑的是不对道路交通产生额外影响，且不受交通信号灯控制的，与道路交通呈立体交叉的，大运量的轨道交通系统，而这样的轨道交通才能真正解决或缓解中心区巨大人流的集散问题。因此，仅考虑铁路、地铁及轻轨所组成的轨道交通系统，其中，地铁与轻轨相类似，且多出现一条线路部分在地上，部分在地下通过的情况，多是一种交通方式的不同表现形式，因此，将地铁与轻轨统一作为地铁考虑。在此基础上，本书所研究的轨道交通系统分为铁路网络及地铁网络两种。

1）基本数据分析

（1）成熟型极核结构中心区由铁路及地铁共同构成，站点覆盖率较高

东京都心中心区内轨道交通线路总长度 219 127 m，其中铁路占据了 41.16%的比重，地铁所占比重则为 58.84%。中心区内共有轨道交通站点 195 个（多条线路重合的情况下，如采用立体叠加方式建设，则计为一个站点，如各条线路均设有站点，且相距一定空间距离，并有一定的换乘距离，则算作多个站点。以下各中心区站点数量计算均采用该方法），以站点 500 m 服务半径计算，中心区内轨道交通站点覆盖面积为 4 878.43 万 m^2，占中心区总用地面积的 71.32%（表 6.7）。

表 6.7　都心中心区轨道交通基本情况统计

铁路长度（m）	铁路所占比重	地铁长度（m）	地铁所占比重	线路总长度（m）	站点数量（个）	站点 500 m 半径覆盖面积（万 m^2）	占中心区比重
90 196	41.16%	128 931	58.84%	219 127	195	4 878.43	71.32%

大阪御堂筋中心区轨道线路总长度 71 481 m，仅为都心中心区的 1/3 左右，其中铁路所占比重为 35.38%，地铁所占比重则为 64.62%，从其构成比例上来看，与都心中心区较为接近。中心区共有轨道交通站点 76 个，按其 500 m 服务半径测算，轨道交通直接服务面积

2 074.75 万 m²,占中心区比重高达 88.87%(表 6.8)。

表 6.8 御堂筋中心区轨道交通基本情况统计

铁路长度(m)	铁路所占比重	地铁长度(m)	地铁所占比重	线路总长度(m)	站点数量(个)	站点 500 m 半径覆盖面积(万 m²)	占中心区比重
25 287	35.38%	46 194	64.62%	71 481	76	2 074.75	88.87%

(2) 发展型极核结构中心区仅由地铁构成,站点覆盖率也较低

在中心区内的轨道交通构成上,发展型极核结构中心区体现了明显的不同,即:没有铁路交通进入中心区。

新加坡海湾-乌节中心区地铁线路总长度 28 654 m,共设有 23 个站点。按其服务半径 500 m 测算,轨道交通直接服务覆盖面积为 1 173.22 万 m²,占中心区总用地面积的 68.38%(表 6.9)。

表 6.9 海湾-乌节中心区轨道交通基本情况统计

铁路长度(m)	铁路所占比重	地铁长度(m)	地铁所占比重	线路总长度(m)	站点数量(个)	站点 500 m 半径覆盖面积(万 m²)	占中心区比重
—	—	28 654	100%	28 654	23	1 173.22	68.38%

首尔江北中心区内也没有铁路线路分布,地铁线路总长度 38 383 m,共设有站点 43 个。按其服务半径 500 m 测算,轨道交通直接服务面积为 1 272.39 万 m²,占中心区总用地面积的比重则高达 88.74%(表 6.10)。

表 6.10 江北中心区轨道交通基本情况统计

铁路长度(m)	铁路所占比重	地铁长度(m)	地铁所占比重	线路总长度(m)	站点数量(个)	站点 500 m 半径覆盖面积(万 m²)	占中心区比重
—	—	38 383	100%	38 383	43	1 272.39	88.74%

香港港岛中心区内轨道交通仍仅由地铁构成,且受用地条件所限,地铁线路较少,线路总长度 6 578 m,站点也仅有 6 个。按轨道交通站点 500 m 服务半径计算,其覆盖面积为 310.03 万 m²,所占比重也仅为中心区的 50.79%,是所有中心区中最低的(表 6.11)。

表 6.11 港岛中心区轨道交通基本情况统计

铁路长度(m)	铁路所占比重	地铁长度(m)	地铁所占比重	线路总长度(m)	站点数量(个)	站点 500 m 半径覆盖面积(万 m²)	占中心区比重
—	—	6 578	100%	6 578	6	310.03	50.79%

上海人民广场中心区同样没有铁路线路,地铁线路总长度 26 994 m,共设有 21 个站点,按 500 m 服务半径计算,站点覆盖的直接服务面积为 921.21 万 m²,占中心区总用地面积的 62.87%(表 6.12)。

表 6.12 人民广场中心区轨道交通基本情况统计

铁路长度(m)	铁路所占比重	地铁长度(m)	地铁所占比重	线路总长度(m)	站点数量(个)	站点 500 m 半径覆盖面积(万 m²)	占中心区比重
—	—	26 994	100%	26 994	21	921.21	62.87%

在轨道交通系统的构成中，成熟型极核结构中心区发展较为全面，以铁路及地铁的组合为主，两者的比例基本保持在 40%与 60%左右。而发展型极核结构中心区轨道交通的构成则较为单一，仅为地铁线路。从站点覆盖面积来看，6 个中心区站点覆盖面积的平均比重高达 71.83%，最低值也超过中心区面积的 50%。其中成熟型极核结构中心区内站点服务面积平均比重高达 80.10%，而发展型极核结构中心区内轨道交通的服务面积平均比重也达到了 67.70%。可见，极核结构现象的交通组织中，轨道交通占据了极其重要的地位。

2）基本形态分析

（1）成熟型极核结构中心区轨道交通呈密集网络格局

东京都心中心区内轨道交通线路密集，纵横交织成网络状格局，且明显可以看出中心区中部轨道线路密集，而边缘地区线路网络相对稀疏(图 6.38(a))。在轨道交通的分布中，铁路线路以山手线为主，从中心区中部位置南北向穿过中心区，并有东海道新干线及东北-上越新干线与其并行，成为主要的轨道交通纽带，同时山手线也是连接都心、涩谷、池袋及新宿等其余重要中心区的环形铁路干线。在此基础上，多条铁路线路也与其直接相连，通向周边地区，如中央本线等。中心区内的地铁线路也基本均与山手线有直接相连的站点，可以形成便捷的换乘。而从轨道交通站点 500 米半径的覆盖区域来看，也是主要集中在中心区中部，秋东桥硬核连绵区几乎完全被轨道交通的服务范围所覆盖，而其余的硬核也基本被轨道服务范围所覆盖(图 6.38(b))。

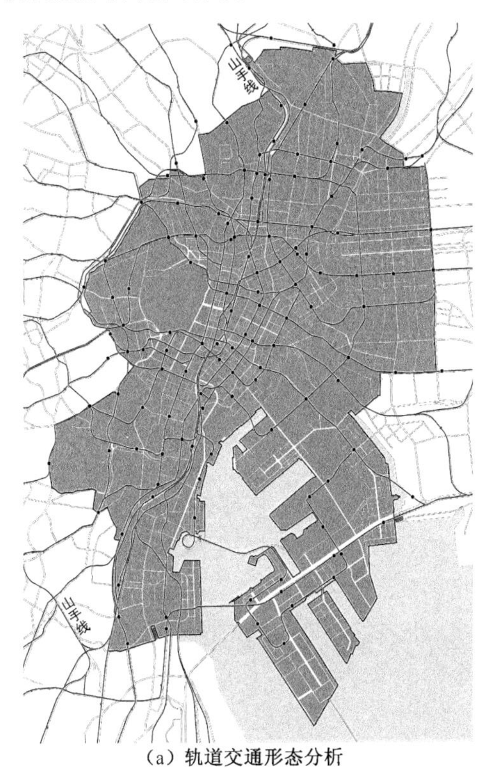

(a) 轨道交通形态分析　　(b) 站点500 m覆盖半径分析

图 6.38　都心中心区轨道交通基本形态

大阪御堂筋中心区内轨道交通系统也较为发达，轨道交通线路纵横交织，形成网络状格局，且整体来看，轨道交通线路分布较为均质(图 6.39(a))。在整个轨道交通系统之中，大阪环状线从中心区北侧大阪站穿过，并从西、南两侧通过中心区，基本形成一个环绕中心区的结构，也构成了中心区发展的空间框架。在此基础上，各条铁路及地铁线路均与之连接，并设有换乘站点，有些是通过其向外放射，有些则是穿过大阪环状线进入中心区内部，使得大阪环状线成为中心区轨道交通的组织及转运的核心线路。这种通过铁路环线组织轨道交通的方式，与都心中心区铁路轴线组织轨道交通的方式极为相似，均是由铁路作为轨道交通组织的核心。而从轨道交通站点 500 米服务半径覆盖的区域范围来看，中心区及硬核连绵区范围内除极少数地区外，基本已经被轨道交通服务半径所覆盖，中心区轨道交通服务能力较强(图 6.39(b))。

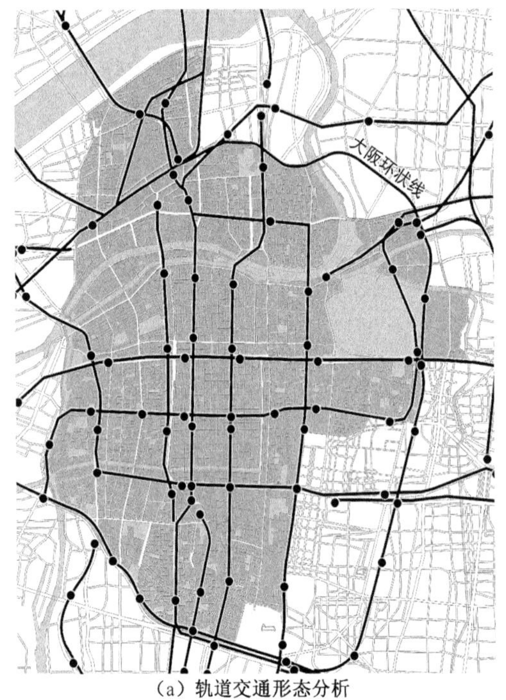

(a) 轨道交通形态分析

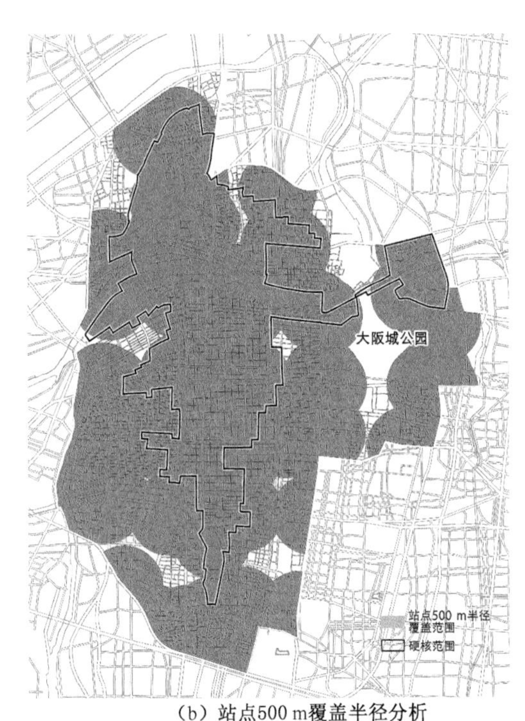

(b) 站点500 m覆盖半径分析

图 6.39 御堂筋中心区轨道交通基本形态

(2) 发展型极核结构中心区轨道交通支撑力度相对较弱

新加坡海湾乌节中心区内仅有地铁线路通过，线路共有 5 条，整体轨道交通形态以沿滨海湾的纵向展开为主(图 6.40(a))。5 条地铁线路中，城区线环绕滨海湾布局，而该区域也是中心区内商务、金融、行政、文化及商业等主要公共设施的核心集中区。在此基础上，城区线与其余各条地铁线路均相交，且设有换乘站点，成为各条线路之间换乘，组织中心区轨道交通的核心线路。各条线路在其形成的半环绕格局基础上，从中心区向外辐射，连接城市其余各重要地区。虽然其轨道交通系统中没有铁路线路，但其组织方式也与都心中心区及御堂筋中心区相似，即以一条环绕核心区域的轨道交通为纽带进行组织。从轨道交通站点 500 米服务半径的覆盖区域上来看，海湾硬核连绵区已经基本被完全覆盖，而乌节硬核连绵区及小印度硬核的大部分地区也被覆盖，这也明显表现出了硬核连绵区与轨道交通的关系更为密切(图 6.40(b))。

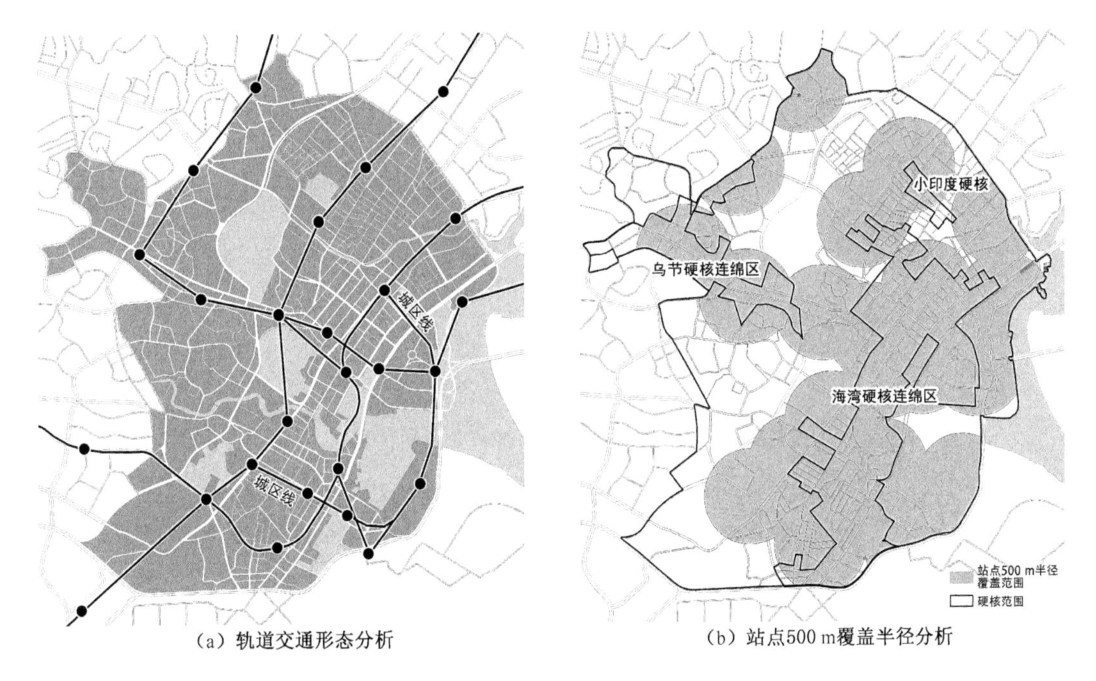

(a) 轨道交通形态分析　　(b) 站点500 m覆盖半径分析

图 6.40　海湾-乌节中心区轨道交通基本形态

首尔江北中心区内轨道线路共有 7 条,多沿中心区对角线穿过,而在中心区内部的路段,虽有纵向的转折,但整体上看仍多以东西向的横向展开为主,保持了与中心区整体形态格局的一致性(图 6.41(a))。除中心区西南角的直接向外放射的轨道交通线路外,其余线路之间的连接与换乘较为便捷,基本上每条线路与其余线路均有相交汇的站点,可以便捷地换乘。由此而形成的轨道交通虽然没有核心的组织线路,但整体的网络性更强。就其站点 500 米服务半径覆盖范围来看,东大门硬核连绵区已经被全部覆盖,南大门硬核连绵区也仅有极少的地区未被覆盖,同时,两个硬核连绵区之间的区域也基本被完全覆盖(图 6.41(b))。这也在很大程度上说明硬核连绵区及其之间的区域,对轨道交通的吸引力较大。

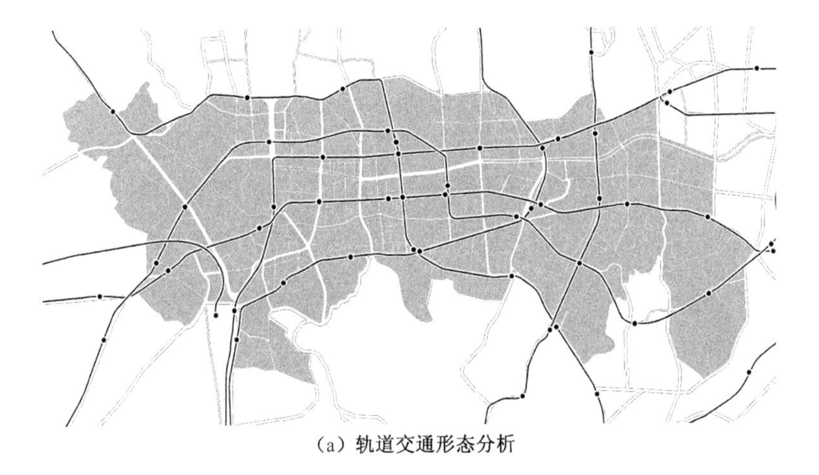

(a) 轨道交通形态分析

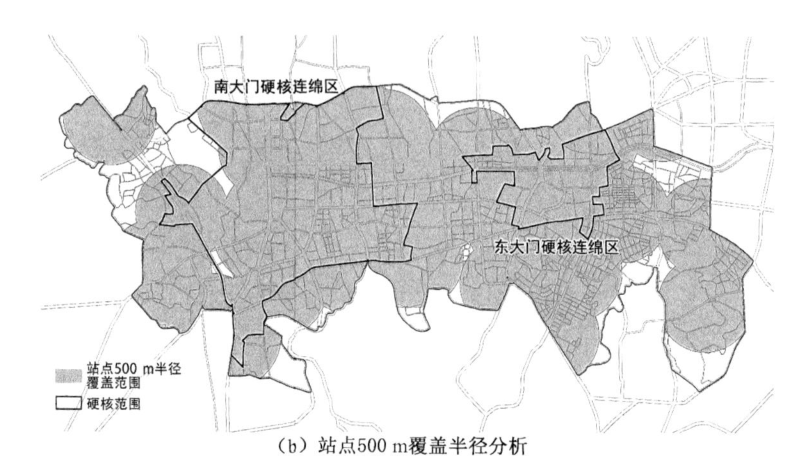

(b) 站点500 m覆盖半径分析

图 6.41 江北中心区轨道交通基本形态

香港港岛中心区的情况较为特殊,轨道交通线路较少,除沿中心区方向东西向展开的港岛线外,仅与轨道跨江的 3 条线路有个别站点的交汇(图 6.42(a))。港岛线虽然是沿中心区发展方向展开的,并基本位于中心区中部位置,轴线作用明显,但其并未完全贯穿中心区,中心区西侧约 1/3 的区域内没有轨道交通通过。而港岛线通过的区域也基本集中在中环硬核连绵区及铜锣湾硬核地区,保证了中心区硬核连绵区及硬核范围内轨道交通服务范围基本全覆盖(图 6.42(b))。在此基础上,中心区核心区域内大量的人流交通需求,可以通过港岛线的中转而通向城市其余地区。港岛中心区内的轨道交通数量较少,但重要性突出,空间轴线作用明显。

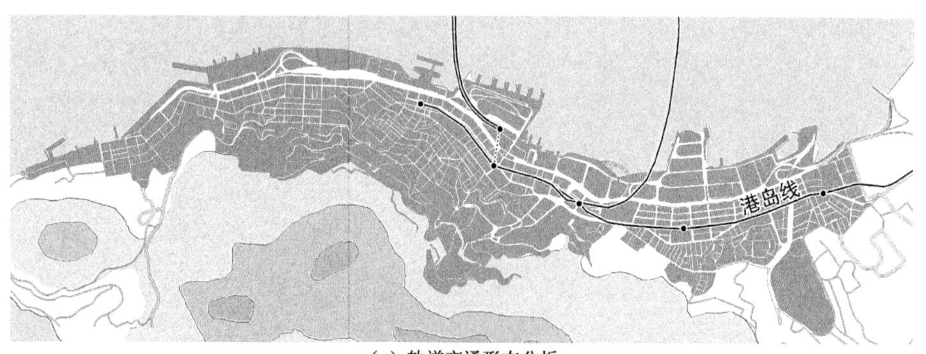

(a) 轨道交通形态分析

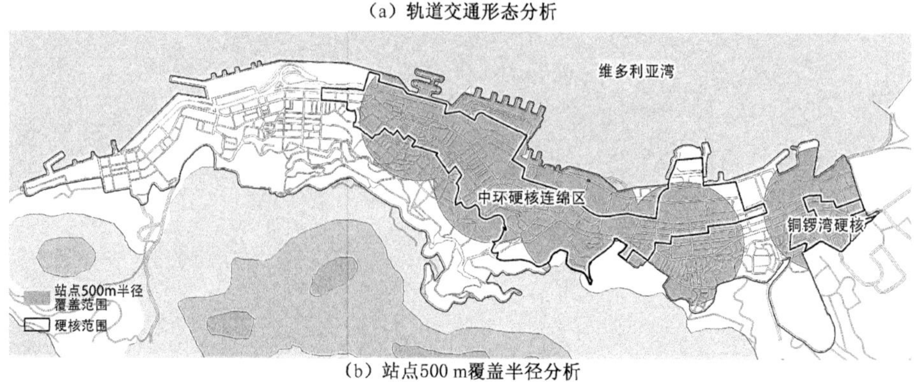

(b) 站点500 m覆盖半径分析

图 6.42 港岛中心区轨道交通基本形态

上海人民广场中心区内的轨道交通也同样仅有地铁组成，且相对于其余中心区来看，线路分布相对稀疏，形成较为明显的格网状形态(图 6.43(a))。6 条地铁线路的形态较为平直，线路之间的交汇与换乘也不如首尔江北中心区便捷，且明显可以看出中心区东部的轨道线网更为密集。这一区域也是中心区主要的人民广场硬核连绵区的分布区域。而从其站点 500 米服务半径的覆盖范围来看，人民广场硬核连绵区内尚有不少区域未被轨道交通所覆盖，其余的硬核范围内轨道交通站点的覆盖率也不高(图 6.43(b))。虽然人民广场中心区不是轨道交通站点覆盖率最低的中心区，但就硬核的覆盖率来看，却是各中心区内最低的。结合人民广场硬核连绵区内的孔洞区，以及各硬核的分布形态来看，轨道交通支撑力度不够也是阻碍中心区硬核进一步连绵的重要因素。

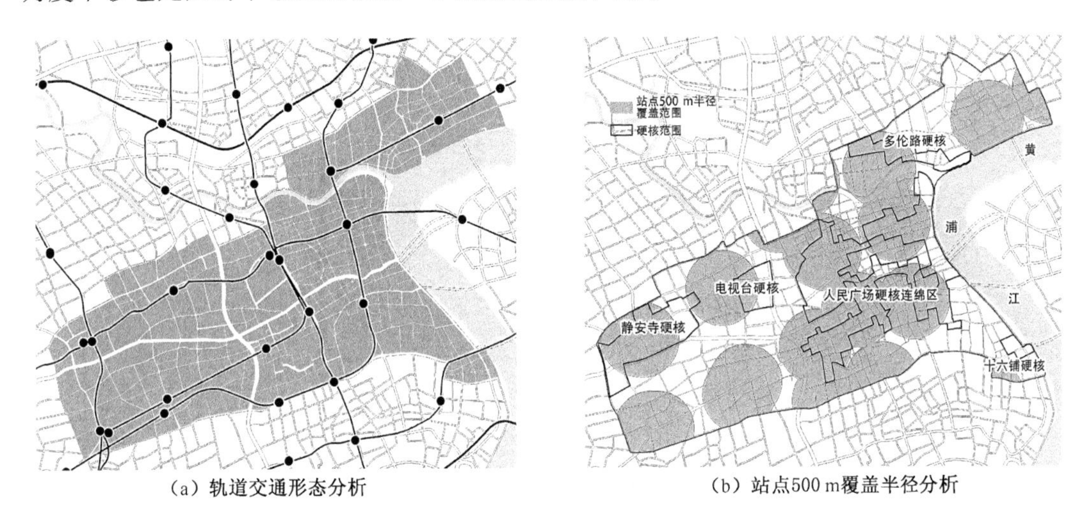

(a) 轨道交通形态分析　　(b) 站点500 m覆盖半径分析

图 6.43　人民广场中心区轨道交通基本形态

综合来看，中心区内轨道交通形态基本可分为 3 种模式：环形放射型、网络交织型以及轴线展开型。环形放射形以大阪御堂筋中心区及新加坡海湾-乌节中心区为代表，其中御堂筋中心区以铁路作为环线，且环线基本位于中心区边缘地区，实际更接近于外围环形放射，内部网络交织的混合格局；而海湾-乌节中心区则以核心区域的内部环线为主，从中心区内部就形成向外放射的格局，这也与两个中心区不同的整体形态格局有关。网络交织型以东京都心中心区、首尔江北中心区以及上海人民广场中心区为代表，其中，都心中心区以核心铁路线路为轴线，组织轨道交通，实际也更接近于轴线展开与网络交织的混合型格局，但网络特征更为明显；江北中心区轨道线路的网络交织程度较高，而人民广场中心区内轨道交通的网格特征明显，但交织力度不够。轴线展开型仅有香港港岛中心区，主要受其中心区形态特征影响。在此基础上，轨道交通的整体覆盖率均较高，特别是硬核连绵区及硬核范围内，除人民广场中心区外，其余中心区基本能达到轨道交通的全覆盖。

6.2.2　轨道交通系统集聚形态解析

在轨道交通基础数据及基本形态解析的基础上，进一步借助 GIS 技术平台，对其空间集聚形态进行解析，重点计算并分析其轨道交通线路及站点的集聚分布情况。

1）轨道交通线路集聚形态

（1）成熟型极核结构中心区轨道线路呈核心集聚态势

东京都心中心区内轨道交通线路平均密度为 0.002 0 m/m²，密度最高的地区可达 0.015 m/m²（图 6.44）。轨道交通网络密度最高的地区主要集中于秋东桥硬核连绵区内的中部地区。而田町硬核由于靠近核心地区，且位于主要轨道交通线路旁，其内部轨道交通线路密度也较大。此外，各个硬核所在地区也均是轨道线路密度较高的地区。与之相比，外围硬核连绵区及硬核外围地区，轨道交通线路密度则相对较低。整体来看，轨道交通线路的集聚形态基本形成中心高，周边低的格局，且在中心区中部形成了较为明显的纵向集聚轴线，这一形态与硬核连绵区的形态格局较为相似。

图 6.44　都心中心区轨道线路集聚形态

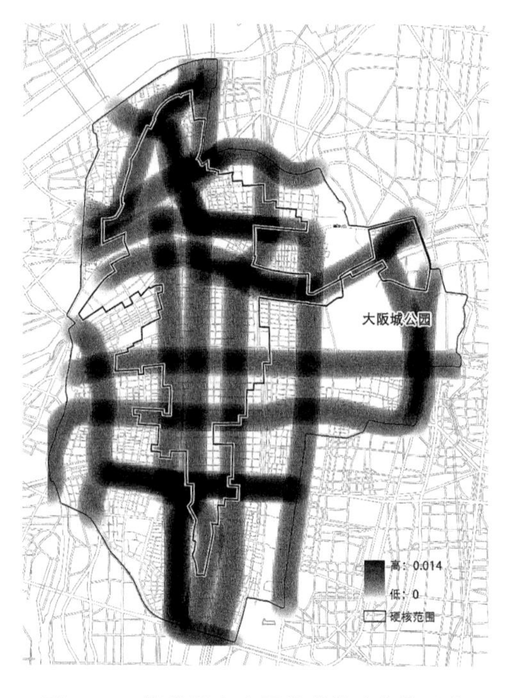

图 6.45　御堂筋中心区轨道线路集聚形态

大阪御堂筋中心区内，轨道交通线路分布较为均质，平均线路密度为 0.001 7 m/m²，最高处线路密度 0.014 m/m²，与都心中心区接近（图 6.45）。轨道线路密度较高的地区主要集中在中心区及硬核连绵区的北侧，大阪站至堂岛川之间的地区，以及中心区南侧的难波地区，这两处地区均为多条轨道交通及铁路线路交会的地区。此外，大阪城公园南北两侧均有多条线路交汇，也形成了两处线路较为集聚的地区。中心区及硬核连绵区中部地区，轨道线路以地铁线路为主，呈网络状形态，线网密度相对较低。

（2）发展型极核结构中心区轨道线路分布相对均衡

新加坡海湾-乌节中心区内轨道交通线路较少，线路平均密度为 0.001 3 m/m²，轨道交通线路密度最大的地区也仅为 0.013 m/m²（图 6.46）。同样，由于轨道交通线路较少，有轨道交通分布的地区线路密度之间的差距较小，密度最高的区域也仅是 2～3 条线路的交汇区域，主要集中在海湾硬核连绵区与滨海湾之间，以及滨海湾东侧地区。

首尔江北中心区内轨道交通线路较多，分布较为均质，平均线路密度为 0.001 8 m/m²，线路密度最高的地区可达到 0.013 m/m²（图 6.47）。由于轨道交通线路分布相对均质，形成了网络交织的格局，因此轨道交通线路通过地区的密度分布也较为均质，密度较高的地区均为 2 条线路的交汇地区，这一指标也与海湾-乌节中心区相同。图中还可以看出，硬核连绵区内并未表现出更强的集聚效应，轨道交通线路的集聚形态与周边地区相仿。

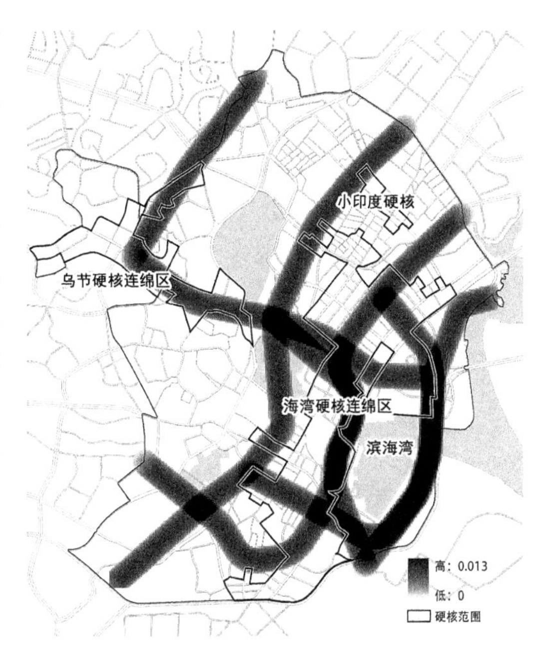

图 6.46 海湾-乌节中心区轨道线路集聚形态

香港港岛中心区的轨道交通线路集聚情况最为特殊，线路平均密度为 0.001 5 m/m²，线路集聚的最高处却达到了 0.033 m/m²（图 6.48）。线路密度最高地区主要是由于港岛线中环地区有一段线路与荃湾线重合所致。轨道交通线路主要集中于硬核连绵区内部，中心区其余大片地区没有轨道交通分布，其整体线路密度不低，也是受中心区整体面积较小的因素影响。

图 6.47 江北中心区轨道线路集聚形态

上海人民广场中心区内，轨道线路较少，线路密度是各中心区中最低的，平均线路密度仅为 0.000 8 m/m²，最高处线路密度也仅为 0.011 m/m²（图 6.49）。线路密度最大的地区也主要为 2～3 条线路交汇的地区，主要为 2 处，分别为人民广场硬核连绵区内部以及中心区西南侧主要的居住集中区。中心区其余大部分区域内，轨道交通线路密度较低。

综合来看，除人民广场中心区外，轨道交通线路的平均密度相差不大，6 个中心区内轨

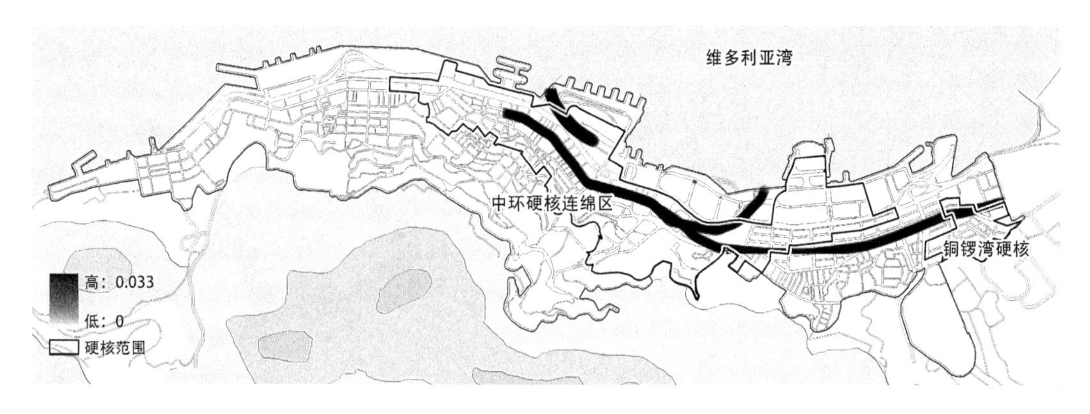

图 6.48 港岛中心区轨道线路集聚形态

道交通线路平均密度 0.001 5 m/m²。成熟型极核结构中心区内，硬核连绵区均包含有重要的铁路站点，因此，形成多条铁路、地铁交汇的高集聚形态，使得硬核连绵区内轨道交通线路密度较大。此外，硬核连绵区边缘地区也多为地铁及铁路交通的换乘地区，使得局部地区轨道交通线路密度也较大。而发展型极核结构中心区内，轨道交通线路整体来看，分布较为均衡，硬核连绵区内一般会形成2～3 条线路的集聚区，也从一定程度上说明硬核连绵区具有更高的集聚力度。

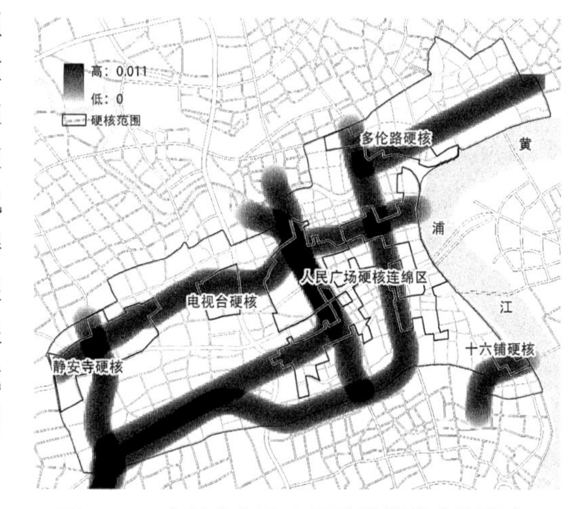

图 6.49 人民广场中心区轨道线路集聚形态

2）轨道交通站点集聚形态

（1）成熟型极核结构中心区的硬核连绵区内，轨道交通站点密度较大

东京都心中心区内轨道交通站点最多，各条线路之间的换乘也较多，但由于都心中心区规模尺度较大，站点的平均密度仅为0.000 002 个/m²，站点密度最高的地区也仅为0.000 013 个/m²(图 6.50)。轨道交通站点最为密集的区域主要集中在秋东桥硬核连绵区内，此外，中心区北侧边缘的硬核，如饭田桥硬核、日暮里硬核、浅草硬核等，也多是重要的铁路与轨道交通转换枢纽，站点密度也较大。此外，从图中也可以看出，站点之间叠合的区域较多，反映了不同线路之间的转换较为便捷。从整体集聚趋势上看，圈层式集聚特征较为明显，呈中心区高，周边低的格局。

大阪御堂筋中心区内，轨道交通站点分布也较为均衡，站点平均密度与东京都心中心区一样，为 0.000 002 个/m²，站点密度最高值则略低于都心中心区，为 0.000 010 个/m²(图 6.51)。站点密度最高的地区主要集中在硬核连绵区南北两侧，北侧大阪站周边地区及南侧难波站周边地区，多条轨道交通交汇，站点密度较大。整体来看，御堂筋中心区内站点集聚呈现出簇群式分布特征，且硬核连绵区内集聚程度明显高于周边地区。

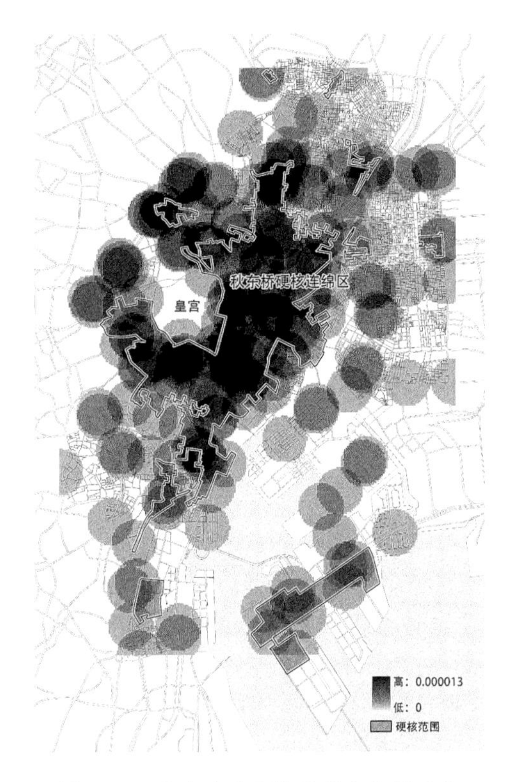

图 6.50 都心中心区轨道站点集聚形态

图 6.51 御堂筋中心区轨道站点集聚形态

（2）发展型极核结构中心区的主要硬核连绵区内，轨道交通站点密度较大

新加坡海湾-乌节中心区内，轨道交通站点较少，站点平均密度 0.000 001 个/m²，密度最高值也仅为 0.000 005 个/m²（图 6.52）。站点密度最高的区域主要集中于滨海湾南北两侧的海湾硬核连绵区内，簇群状分布特征较为明显，且在硬核连绵区内的集聚力度更大。中心区内其余轨道交通线路之间的交汇换乘较少，站点分布较为分散。

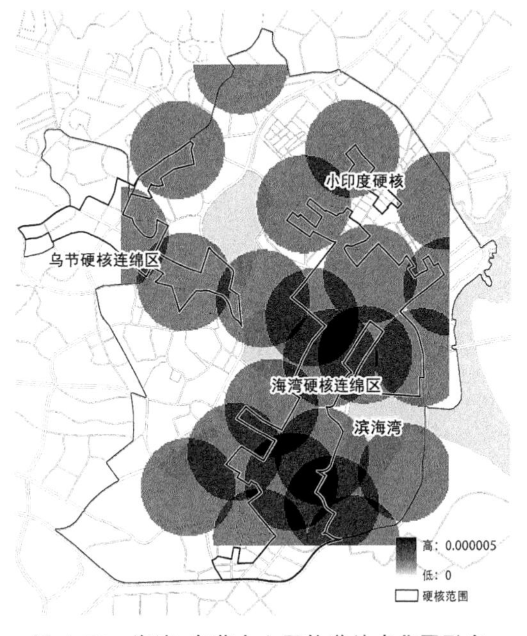

图 6.52 海湾-乌节中心区轨道站点集聚形态

首尔江北中心区轨道交通站点密度与大阪御堂筋中心区接近，中心区平均站点密度为 0.000 002 个/m²，站点密度最高值则略低于御堂筋中心区，为 0.000 009 个/m²（图 6.53）。轨道交通站点最为密集的区域集中在南大门硬核连绵区东侧，以及东大门硬核连绵区中部位置，是多条轨道交通线路的交汇区域，也是轨道交通主要的换乘地区。此外，南大门硬核连绵区中部地区站点密度也较高，而中心区其余地区轨道交通站点分布则相对分散。

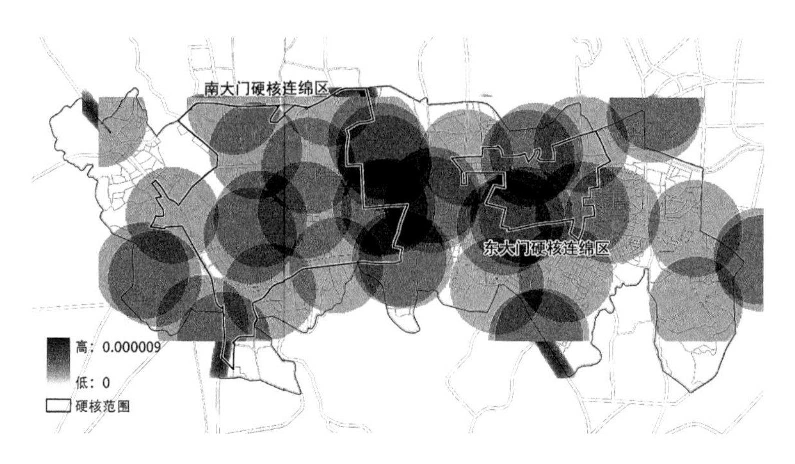

图 6.53 江北中心区轨道站点集聚形态

香港港岛中心区轨道交通站点较少，中心区内平均站点密度为 0.000 001 个 /m^2，站点密度最高值与新加坡海湾-乌节中心区相当，为 0.000 004 个 /m^2(图 6.54)。站点密度最高的区域为中环硬核连绵区内上环至中环地区，该地区也是港岛线与荃湾线、东涌线及机场快线主要的换乘区域。硬核连绵区及硬核其余地区的站点分布较为分散，而外围地区则没有轨道交通站点分布。整体来看，轨道交通站点的分布具有一定的簇群特征。

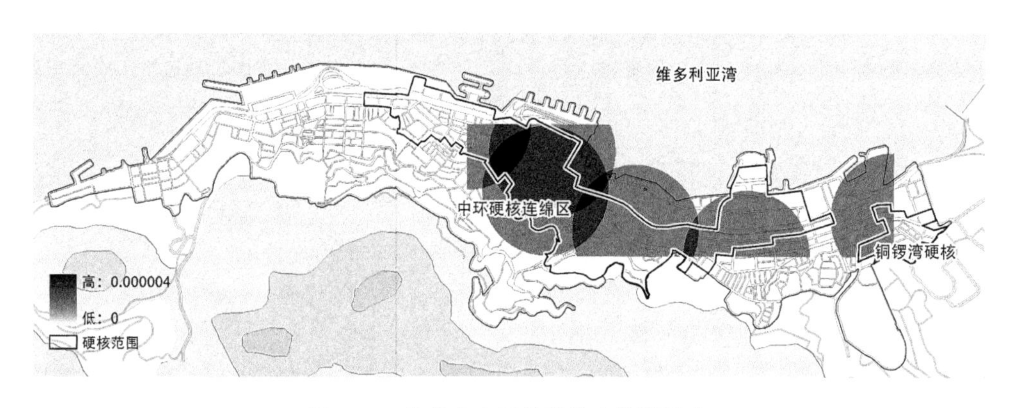

图 6.54 港岛中心区轨道站点集聚形态

上海人民广场中心区内，虽然轨道交通线路及站点数量均多于港岛中心区，但其站点密度却与港岛中心区相同，中心区内平局站点密度为 0.000 001 个 /m^2，站点密度最高值为 0.000 004 个 /m^2(图 6.55)。站点密度最高的地区位于人民广场硬核连绵区内的人民广场东北侧，是 3 条轨道交通线路的交汇处，并分别设有站点，3 个站点之间均可直接换乘。其余地区除个别 2 个站点的换乘地区外，分布相对分散，具有一定的簇群分布特征。

综合来看，成熟型极核结构中心区轨道交通站点的平均密度均为 0.000 002 个 /m^2，而发展型极核结构中心区中，则仅有首尔江北中心区达到这一水平，其余中心区均为 0.000 001 个 /m^2。站点密度最高的地区，极核结构中心区密度均在 0.000 010 个 /m^2 以上，平均为 0.000 012 个 /m^2，而发展型极核结构中心区则均在该值以下，平均值约为 0.000 006 个 /m^2。从其集聚形态上看，成熟型极核结构中心区轨道交通站点的分布具有明显的簇群特征，且在硬核连绵区内的集聚更为明显，并与硬核连绵区的整体形态格局相一致，而其余中心区也表现为明显的局部簇群集聚，整体分散布局的特征。

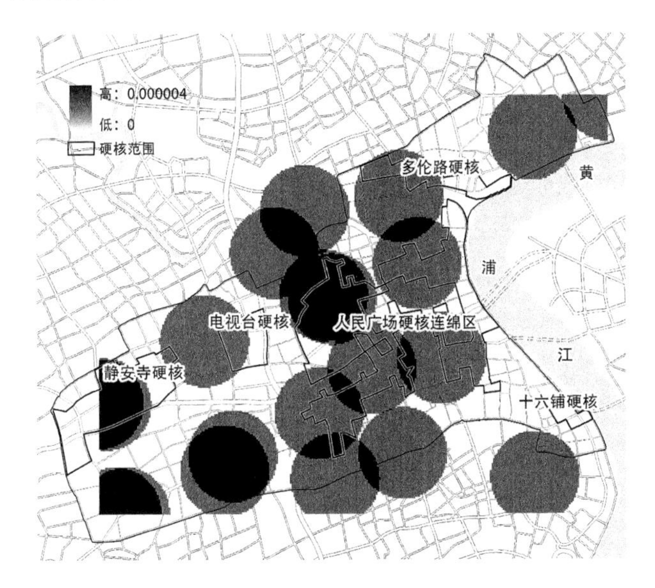

图 6.55 人民广场中心区轨道站点集聚形态

6.3 极核结构现象中心区的输配体系构建

在对极核结构现象中心区道路交通系统以及轨道交通系统详细研究的基础上，进一步对其综合的交通输配体系进行研究。由上文的分析也可以看出，成熟型极核结构中心区与发展型极核结构中心区在道路交通组织以及轨道交通组织方面，存在较为明显的不同。成熟型极核结构中心区表现为交通方式多样、各级系统结构较为完善，而发展型极核结构中心区则相对较为单一与简单。

6.3.1 成熟型极核结构中心区交通输配体系

1）远距离交通的输配模式

从交通的目的来看，远距离交通可以分为到达交通与穿越交通两种基本类型，这恰好代表了道路交通的两种不同价值追求，即“快速”与“可达”。到达交通需要的是可达，穿越交通需要的是快速。对于成熟型极核结构中心区来说，其辐射及吸聚效应较强，影响范围尺度巨大，就产生了大量的远距离交通需求。这种需求很多时候是整个城市市域范围，甚至是跨城市及区域的，因此通常采用 2 种方式对远距离交通进行输配，即快速路及铁路（图 6.56）。

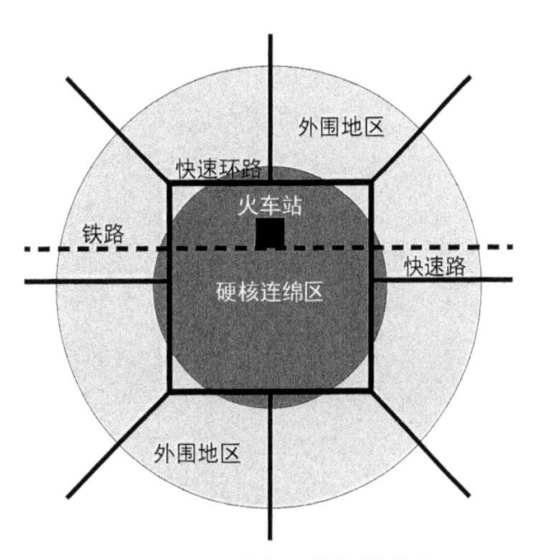

图 6.56 远距离交通输配模式

其中快速路系统采用“环形＋放射”的形态格

局。对于极核结构中心区来说，硬核连绵区是各类高端公共服务设施的核心集聚地，也是中心区交通的主要目的地，因此快速环路多环绕硬核连绵区布置，并会由部分路段伸入硬核连绵区内部，以便于车流交通的到达与疏散。在此基础上，通过快速环路向不同方向发出快速路，且各快速路围绕快速环路布局较为均衡，以便承接各个方向的车流交通，并通过快速环路与地面交通进行转换与衔接。同时，快速环路还能较好的解决过境交通的穿越问题，使穿越中心区的交通可以通过快速环路转换方向，直接离开核心区域，且不会对地面交通形成干扰。

另一种远距离交通方式则为铁路。成熟型极核结构中心区内多会设有铁路站点，且铁路站点也多位于硬核连绵区较为核心的位置，并与中心区内部轨道交通体系相衔接，形成一个巨大的交通枢纽。远距离交通通过新干线等方式到达火车站，并可直接换乘其余铁路线路及地铁线路进入城市及中心区各个地区。而由于大量的人流集散所形成的集聚效应，也使火车站地区成为中心区内公共服务设施集聚的核心地区。

东京的都心中心区以及大阪的御堂筋中心区均采用这种快速路与铁路相结合的方式，对远距离交通进行疏散。都心中心区内，东京站位于皇宫东侧，硬核连绵区的中心位置，铁路新干线从该处通过，并与城市内部铁路环线山手线以及中心区内部多条地铁线路衔接，形成中心区内核心的交通枢纽。中心区内银座、日本桥等核心的商务、金融等功能也以此为中心布局。在硬核连绵区边缘地区，则布置有首都高速都心环状线，并通过该环状线向周边放射出 10 条高速道路，与城市内部各重要场所及城市间高速公路网络相连，形成辐射城市及区域的快速交通网络。而御堂筋中心区内，大阪站位于中心区及硬核连绵区北侧地区，远距离的铁路线路与城市内部的大阪环状线在此相汇，并与中心区内部多条地铁线路相连，形成远距离、市区及中心区交通转换的枢纽，由此也吸聚了大量公共设施在此集聚。阪神高速环状线围绕硬核连绵区布置，并与 7 条放射形快速路相连接，形成环形放射格局。但与远距离交通输配模式略有区别的是，火车站位于阪神高速环状线外围，但整体看来，这种火车站结合快速路网的远距离交通输配模式并未改变。

2）中心区内部交通的输配模式

由于成熟型极核结构中心区规模尺度巨大，内部空间的道路系统难以划分出明显的环线及轴线，而是呈现出较为均质的网络状形态特征。而这种网络状形态特征不仅体现在由主次干路形成的道路系统中，也体现在轨道交通系统之中(图 6.57)。

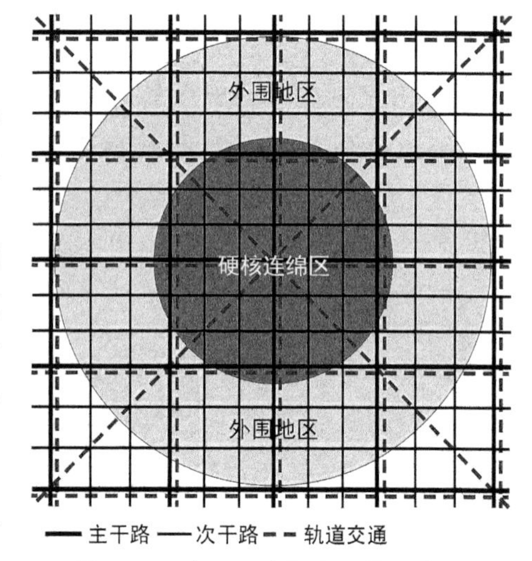

图 6.57 中心区内部交通输配模式

在此基础上，中心区内的道路系统以次干路网络为主，而主干路网络比重相对较低，支路的比重更低，其影响基本可以忽略不计。由此形成了主干路网络骨架与次干路网络交织的格局特征。在具体的空间分布中，硬核连绵区内道路网络相对较为集中与密集，道路间距也相对较小，而外围地区则相对较大，形成的街区尺度也相对较大。整体上在相对均质的网络基础上，形成了硬核连绵区密度相对较大的形态格局。而轨道交通网络的分布也呈现出类似的特征,即基本形成了网络状的形态格局,但相对地,硬核连绵区内轨道交通线路及站点密度分布更为集中,密度更大。此外,由于内部轨道交通多以地铁为主,因此轨道交通线路的走向及转折受阻碍较小,也承担了斜向穿越中心区的交通职能,也使得中心区内轨道交通的通行更为便捷,换乘也更为方便。道路交通与轨道交通网络的叠合,构成了立体交织、复杂多样,但通畅便捷的极核结构中心区内部交通输配体系。

东京的都心中心区及大阪的御堂筋中心区的内部交通输配体系也均采用了这一组织模式。两个中心区道路网络组织模式相似,主干路、次干路分布相对均质,形成网络交织格局,但在硬核连绵区内其道路密度则明显高于外围地区,并以次干路网络作为中心区交通组织的主要方式。而轨道交通方面也较为类似,均以网络状格局为主,其中大阪御堂筋中心区形成的轨道交通网络更为规整,中心区内斜向穿越的线路较少,而东京都心中心区内轨道交通网络则更为复杂,轨道交通之间的斜向穿越较多。

综合来看,成熟型极核结构中心区内形成了立体式的交通输配体系,快速路多采用高架的方式从空中通过,地面交通则以道路网络及部分铁路交通为主,地铁则在地下通过。当然,这一区分并不是绝对的,有时快速路、铁路也会从地下通过,而地铁也有采用高架的轻轨方式,从空中通过。但无论怎样,整个交通输配体系非常完善,构成要素复杂多样,形成了立体化、多样化、复杂化的综合交通输配体系(图 6.58)。

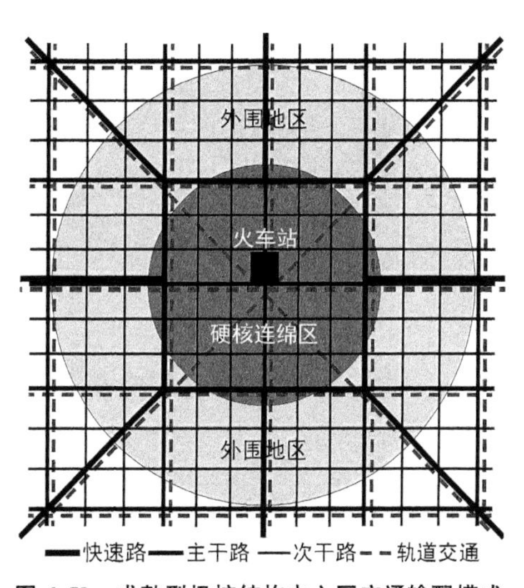

图 6.58 成熟型极核结构中心区交通输配模式

整体来看,交通输配体系已经超越了传统的"输配环加输配轴"的格局模式,形成了以网络格局为主的输配模式。在此基础上,由于中心区规模尺度巨大而带来了新的交通输配方式,快速路及铁路,使得成熟型极核结构中心区的交通输配体系更加富有层次性,其能够辐射影响的范围也更大。在网络格局的基础上,快速路及轨道交通较为灵活,形成网络格局之上的异质性肌理,也使得交通输配体系的组织更为合理。将这一模式与东京都心中心区以及大阪御堂筋中心区既有的交通体系进行对照来看,也较为全面地囊括了其交通输配体系的各类要素及形态特征。

6.3.2 发展型极核结构中心区交通输配体系

发展型极核结构中心区的远距离交通输配形式较为单一,仅通过快速路来完成,且快速路也并未形成环形加放射的较为完善的结构形态,而是从主要的硬核连绵区两侧穿过,形成一种半包围的结构,并将主要硬核连绵区与其余硬核连绵区及硬核分隔开来(图 6.59)。但从城市更大范围来看,在中心区外围一定范围内,也基本形成了快速环路加放射的格局,并与区域快速路网相联系,使中心区具有一定的区域辐射力。

在发展型极核结构中心区中,除首尔江北中心区没有快速路外,其余中心区均是采用了这一远距离交通输配模式。新加坡海湾—乌节中心区，亚逸拉惹高速公路与东海岸高速公路相连从海湾硬核连绵区南侧及东侧穿过，中央高速公路则从海湾硬核连绵区西侧穿过，形成了对主要硬核连绵区的半包围结构。乌节硬核连绵区则位于中央高速公路西侧；香港港岛中心区也是如此，4 号干线从中环硬核连绵区北侧通过，1 号干线从其东侧通过，并将中环硬核连绵与铜锣湾硬核分开；上海人民广场中心区同样也是这一模式，延安路高架从人民广场硬核连绵区南侧穿过，南北高架则从西侧穿过，其余主要的硬核，如电视台硬核、静安寺硬核等基本均位于南北高架西侧地区。

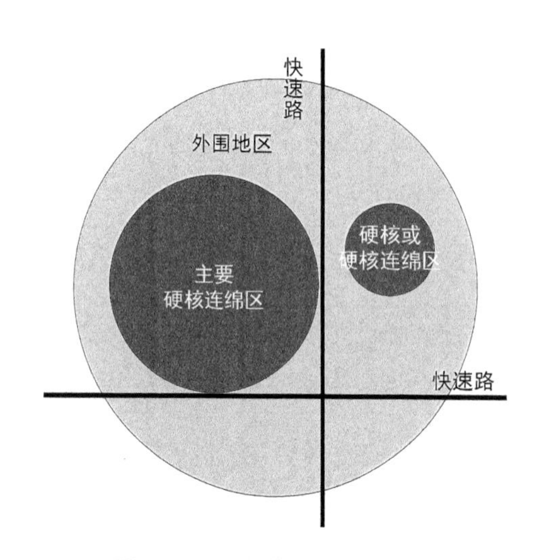

图 6.59 远距离交通输配模式

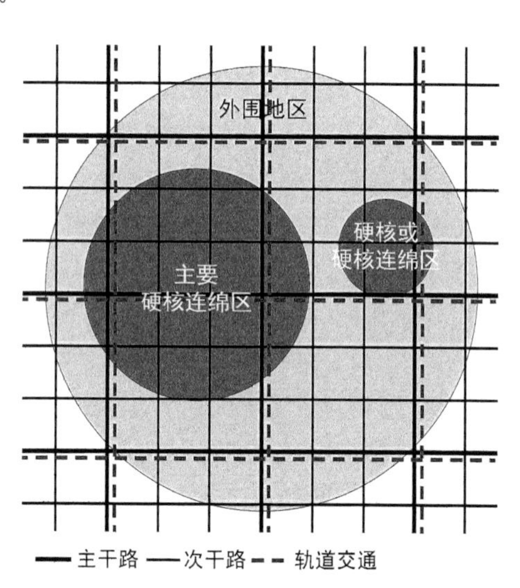

图 6.60 中心区内部交通输配模式

而从中心区内部交通层面来看，交通输配体系相对简单，整体线路网络密度较低(图 6.60)。在道路网络中，次干路网仍然是道路网络的主要组成部分。虽然各中心区地形等情况有所不同，但总体上仍然呈现出网络交织的特征。其中，主要硬核连绵区内主干路较多，多形成沿硬核连绵区展开形态布局的特点，且主要硬核连绵区与其余硬核连绵区或硬核之间，均有主干路相连接。在轨道交通方面，虽然也有一些沿中心区对角线斜向通过的线路，但这些线路在中心区内部的路段，均基本保持了与中心区方向相近的走向，形成较为规整的网络交织格局。

各发展型极核结构中心区虽然中心区的形态及结构模式差别较大，但其内部交通的输配模式却基本相同，均形成了较为规整的网络格局。中心区内道路交通及轨道交通分布均较为均质，在主要硬核连绵区内密度略高，且主要硬核连绵区与其余硬核连绵区及硬核之间均有主干路及轨道交通线路相联系。其中较为特殊的是香港港岛中心区，内部轨道交通线路极少，但其走向也是顺应中心区整体形态格局展开，并连接了中环硬核连绵区及铜锣湾硬核。

综合来看，发展型极核结构中心区交通输配模式也形成了立体、多样的体系，但较之成熟型极核结构中心区的输配体系要简单(图 6.61)。快速路基本均采用高架方式通过中心区(新加坡海湾-乌节中心区内中央高速公路部分路段采用地下隧道方式通过中心区)，中心区的轨道交通则均以地铁方式通过，形成了立体的交通输配体系。这一输配模式虽然相对简单，但同样也是超过了传统的道路交通输配体系，超越了相对简单的输配轴与输配环的结构体系。在此基础上,随着发展型极核结构中心区的进一步演进,空间规模扩展,快速路及轨道交通体系进一步完善,完全可以发展为成熟型极核结构中心区那种相对完善的交通输配模式。而现阶段的交通输配模式主要受中心区规模的限制,复杂、完善的道路交通输配体系格局缺乏有效的展开空间,同时,由于中心区的集聚尚未达到更高的程度,交通输配体系也无迫切发展的需求。

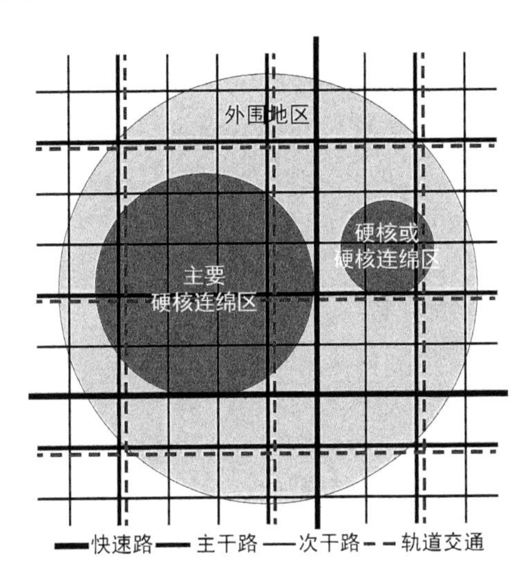

图6.61 发展型极核结构中心区交通输配模式

7　中心区极核结构的空间模式

在对实际的，不同发展阶段的极核结构中心区进行量化研究与分析的基础上，可以发现，无论是在城市的整体层面，还是在中心区的具体层面，均表现出了一定的共性特征。而通过对这些共性特征的进一步归纳、总结与辨析，可以加深对极核结构中心区的认知，并形成极核结构中心区的空间模式。本章节在对极核结构中心区空间模式归纳的基础上，将之与极核结构中心区的理论模型相对照，对其进行深度解析，并对极核结构中心区的形成条件进行探讨，研究其形成的门槛规律。进而通过对理论及实践研究的总结，对极核结构中心区的未来发展进行深入地思考及辨析。

7.1　极核结构中心区的结构模式

在对极核结构现象中心区的量化研究中，可以看出成熟型极核结构中心区与发展型极核结构中心区有着一定的共性特征，也有着明显的不同，形成了代表不同发展阶段的空间特征及结构模式。

7.1.1　中心区空间结构模式

通过对极核结构现象中心区特征规律的归纳与总结，可以看出，成熟型极核结构中心区的空间尺度更大，各结构体系发展的更为成熟，生产型服务职能也更为突出，而发展型极核结构中心区则在各方面均有所欠缺。从中心区及硬核的整体形态格局来看，成熟型极核结构中心区较为相似，均表现出圈层式扩展的形态格局，可称为环形结构，而发展型极核结构中心区则受地形条件的影响较大，整体形态表现为线形（首尔江北中心区及香港港岛中心区）及扇形（新加坡海湾-乌节中心区及上海人民广场中心区）的结构形态。在此基础上，本书认为，环形极核结构是一种较为理想的发展状态，中心区发展基本不受限制，向周边相对均衡地扩展，而线形及扇形则可看做是理想模式的一种拓扑变形，其结构要素在环境条件的限制下发生变形，但也能形成较为完善的极核结构。因此，本节首先构建较为理想的环形发展模式，并对其进行深入解析，在此基础上，结合发展型极核结构中心区的实际情况，对环形模式进行拓扑变形，构建发展型极核结构中心区的未来发展模式。

1）基础结构模式

本书通过对极核结构现象中心区空间形态、功能结构以及交通系统的量化研究，分别构建了极核结构中心区发展的空间形态、功能结构及交通系统的结构模式（图 7.1）。这 3 个结构模式从不同的方面构建了极核结构中心区的结构形态，基本涵盖了极核结构中心区空间结构构成的全部要素，且三者之间存在着有机的内在联系。在此基础上，通过对3个结构模式内在联系的深入分析，将其进行有机叠合，构建极核结构中心区的空间结构模式。

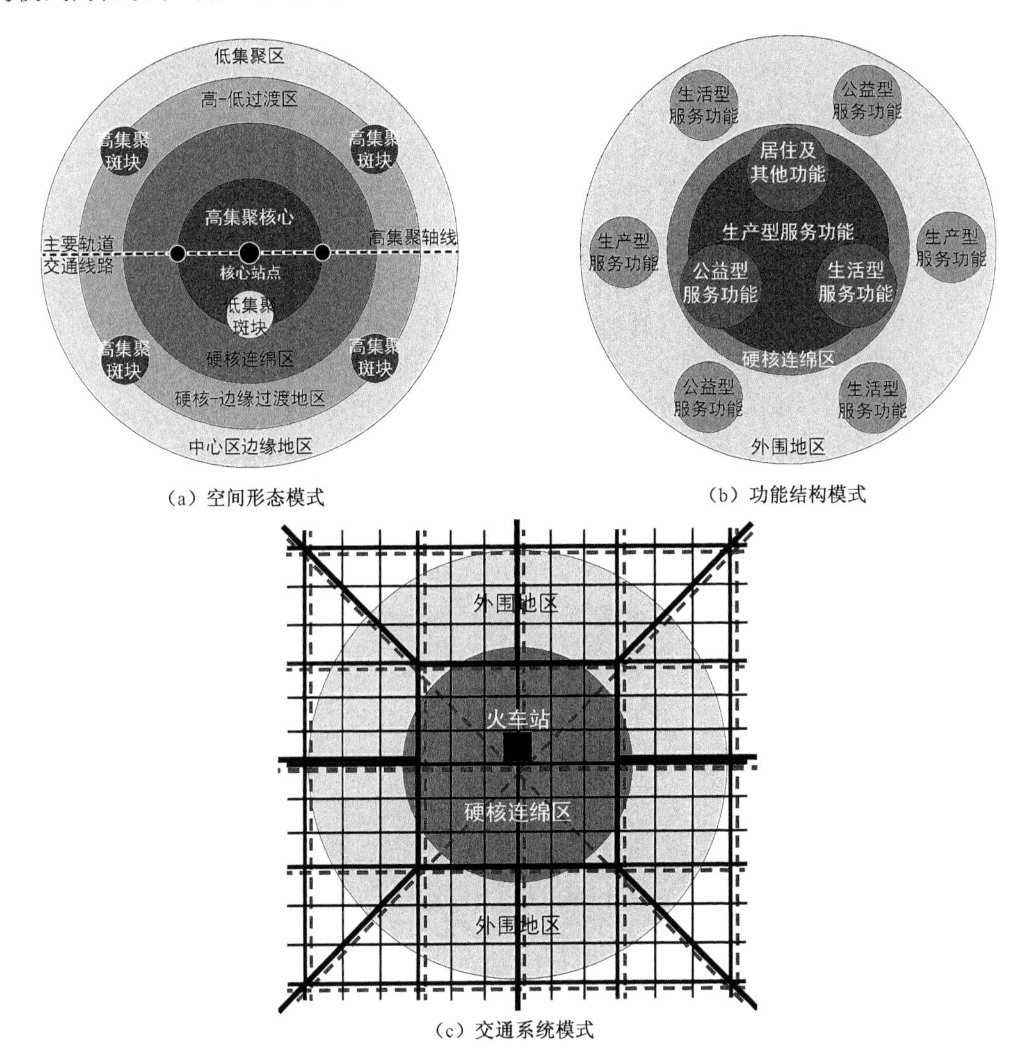

(a) 空间形态模式

(b) 功能结构模式

(c) 交通系统模式

图7.1　成熟型极核结构中心区分项结构模式

＊资料来源：作者绘制

空间形态模式中，围绕核心站点而形成的高集聚核心具有较高的高度、密度及强度，分布于硬核连绵区的中心位置。而这一区域也正与生产型服务功能的核心集聚区相对应，成为统领中心区空间形态及功能布局的核心。同时，高集聚核心中的核心站点也正是轨道交通的换乘中心，即铁路与地铁交汇的枢纽(如东京都心中心区的东京站以及大阪御堂筋中心区的大阪站)。这也反映了轨道交通对生产型服务功能集聚及高强度城市建设的支撑作用。在此基础上，主要的轨道交通成为高强度建设的依托，成为硬核连绵区的形态发展及生产型服务功能集聚的轴线(如东京都心中心区的山手线及大阪御堂筋中心区的御堂筋线)。此外，受大型开放空间、历史文化等影响，在硬核连绵区内尚存在一些低集聚的斑块，即高度、密度及强度相对较低的斑块，而这些斑块在功能上多体现为居住及其他功能，有些公益型服务功能也会形成一些低集聚斑块。但由于硬核连绵区内的道路网络及轨道交通网络密度较高,整体可达性较高,加上快速路系统形成的区域可达性也较高,使得这种低集聚斑块较为稀少,且规模也相对较小。

在外围地区,中心区的形态逐渐由高向低过渡,即高度、密度、强度等均逐渐降低。相对应地,其功能也逐渐由服务类功能向居住及其他功能转变,而相对于服务功能来说,这些功能的空间效率也有所下降,这也是其形态降低的原因之一。而同时,外围地区的路网密度也相应有所降低,道路间距加大,导致街区尺度相应增加,这也成为了功能空间效率及形态降低的因素。此外,轨道交通网络及站点密度也相应减少,不同线路之间的交汇换乘效率降低,快速路也多以穿过式为主,也使外围地区的集聚力度降低。然而在外围地区高度不断地衰减中,仍然存在一些较为突出的高集聚斑块,而这些斑块则多是在外围地区形成的小型公共服务设施簇群。这一特征在都心中心区内表现得较为明显,在硬核外围地区分布有多个小型的硬核,多以生产型、生活型或公益型服务功能为主。而这些分散在外围的小型集聚簇群,也是中心区及硬核连绵区进一步扩展的基础。同时,从其空间分布的情况来看,这些地区也多是多条轨道交通线路交汇处,以及快速路通过的地区。

通过对3个结构模式内在关系的分析与梳理,找到其有机联系的内在动因,并根据这些要素之间的相关性,对各要素进行相应的融合与调整,形成完整的极核结构中心区空间结构模式。结构模式仍保留了中心区的圈层式格局特征,整体上形成了"双圈层、多簇群、立体化、网络化"的结构形态(图 7.2)。

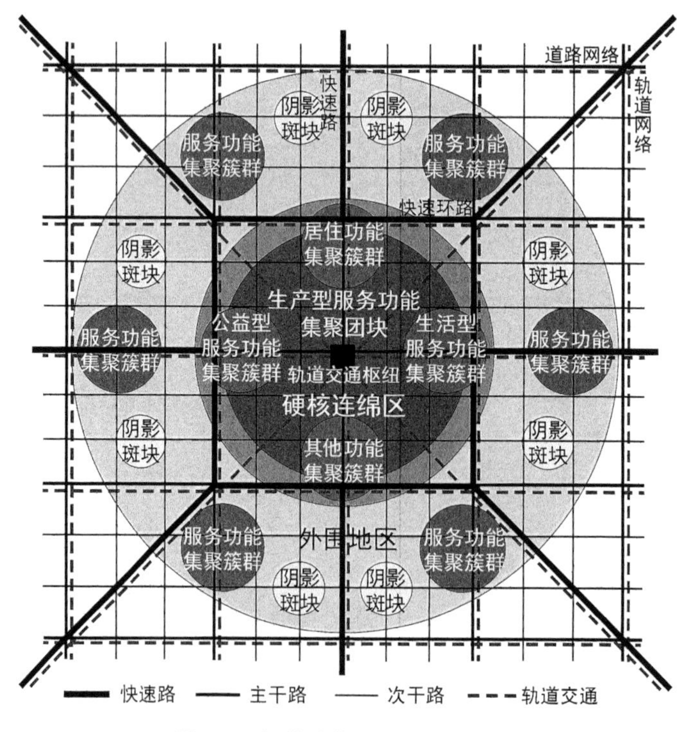

图 7.2 极核结构中心区空间模式

*资料来源:作者绘制

(1) 硬核连绵区

硬核连绵区位于极核结构中心区的中心位置，是中心区内公共服务设施的主要集聚区，并以生产型服务功能为主。生产型服务功能是极核结构中心区的核心职能，在硬核连绵区内集聚力度较大，分布较广，覆盖了硬核连绵区绝大部分空间，且彼此之间连接成片，形成团块状的集聚形态。其余功能的比重较小，集聚力度较低，在硬核连绵区内呈簇群状集聚，并会有部分功能空间与生产型服务的功能空间相重合，表现为功能的立体混合或水平交织。

硬核连绵区圈层内，道路网络密度较大，基本形成了方格网式的网络格局。硬核连绵区的边缘地区，则形成了一圈快速路环线，成为硬核连绵区吸引区域高端要素集聚、快速输配硬核连绵区内外交通、缓解硬核连绵区过境交通压力的重要方式。此外，硬核连绵区内轨道交通网络及站点密度较大，成为支撑硬核连绵区内公共服务设施高强度集聚的主要动力，也是硬核连绵区内大量人流输配的有力保障。在此基础上，多种轨道交通方式在硬核连绵区内交汇，形成轨道交通的枢纽站点，也成为带动周边公共服务设施发展的强力驱动要素。在硬核连绵区内，轨道交通的另一重要作用就是在规整方格网道路格局的基础上，通过立体空间，组织斜向穿越硬核连绵区的交通，使得硬核连绵区内的交通更为便捷。

(2) 外围地区

外围地区指环绕在硬核连绵区外围的圈层，该圈层以居住功能为主，而一些医疗、教育、科研、文化及体育等公益型的服务设施也多分布于该圈层，是极核结构中心区重要的辅助与配套功能集聚区，硬核连绵区内生产型服务设施为主的集聚提供支撑与保障，也使得中心区整体的功能更为完善。

该圈层内，也会承接部分硬核连绵区外溢的生产型服务功能，并在局部地区形成一定的集聚簇群，而公益型服务设施、生活型服务设施也多会在集中的居住片区内形成一定的集聚簇群。这些簇群有些已经形成小型的硬核，有些尚处于培育发展阶段，其中，形成小型硬核的簇群，多是生产型服务功能为主导的集聚。而随着这些公共服务功能簇群的进一步发展壮大，也有可能带动硬核连绵区的进一步发展。从具体的分布来看，这些服务功能簇群多依托向外放射的快速路，或多条轨道交通的交汇处布局。

外围地区的道路网络也基本保持了方格网式的网络格局，但道路密度明显有所降低，道路间距增大，相应的街区面积也有所增加。而无论是快速路系统，还是轨道交通系统，在外围地区多是以通过式为主，较少形成多条重要道路及多条轨道线路的汇聚，这也与外围地区的辅助与配套职能相匹配。

此外，外围地区还有可能存在一些开发建设强度较低、服务设施低端、建筑风貌较差、景观环境陈旧的阴影斑块区，多是在中心区空间尺度及规模扩展过程中未及时更新的老旧住宅区或工业区。但由于中心区整体发展程度较高，道路及轨道交通网络发达且密度较大，使得阴影区难以形成规模较大的片区，而是以斑块或碎片状嵌于外围地区。

(3) 交通输配体系

极核结构中心区的交通体系较为复杂，总体来看可以分为 3 个部分，道路系统、快速路系统以及轨道交通系统，形成了立体化、网络化的交通输配体系格局。

道路系统的主要功能是对中心区内部车行交通进行输配，以方格网式的网络格局为主，形成了极核结构中心区的整体发展框架。在道路系统中，主干路分布相对均衡，硬核连绵区内密度较大；而次干路则成为道路系统的主要组成部分，且同样，硬核连绵区内的密度较大。较为规整的道路形态格局以及硬核连绵区内较高的道路密度，使得硬核连绵区成为中心区内道路交通相对可达性最高的区域，是生产型服务功能高强度集聚的有力保障要素。

快速路系统的主要功能是远距离车行交通的输配，硬核连绵区内的快速到达与疏解，以及硬核连绵区过境交通的分流。也正因为具有这些功能，快速路系统形成了“环形＋放射”的格局：以快速环路环绕硬核连绵区布置，并与地面交通相连接，对硬核连绵区内的车行交通进行快速输配，并截流进入中心区的过境交通，通过快速环路分流到其余方向，并快速穿越中心区；以向周边各个方向放射的快速路，对远距离交通进行输配，并与区域高度道路相连接，吸引更大的区域范围内的生产要素向中心区及硬核连绵区集聚。

轨道交通系统主要功能是解决中心区巨大规模的人流交通的集散问题，以及远距离、跨区域的人流集散问题。轨道交通线路及站点的分布也基本形成网络状格局，并利用立体的方式，突破整体交通方格网的格局，增加斜向穿越中心区的交通方式，使得中心区内的轨道交通网络更为便捷。同时，对于人流的核心集聚区——硬核连绵区内来看，被轨道交通500米服务半径完全覆盖，且拥有大量的重叠覆盖区，使得轨道交通的换乘及出行极为便捷。此外，极核结构中心区内还有一定量的铁路线路的分布，包括普通铁路及部分新干线快速铁路，并与地铁网络交汇，两者之间形成了便捷的换乘。在硬核连绵区的核心区域，还形成了重要的轨道交通枢纽，是多条铁路及地铁换乘的中枢，将远距离、跨区域的人流交通引导至本地的地铁网络之中。

综上所述，按交通方式划分，车行交通通过道路系统及快速路系统进行输配，而人流交通则主要通过轨道交通系统解决。按交通距离划分，本地交通主要通过道路交通系统及地铁实现，而远距离交通则主要通过快速路系统以及铁路系统实现。

这一结构模式与东京都心中心区及大阪御堂筋中心区的实际发展情况也较为接近，按其结构形态来看，可称为环形极核结构中心区空间模式。但这一发展模式与发展型极核结构中心区的案例尚有一定的出入，主要是由于发展型极核结构中心区整体空间结构的发展尚未成熟，且受中心区不同的自然地理环境影响。在此基础上，针对发展型极核结构中心区的实际情况，在对其未来发展做出预判的基础上，将极核结构中心区的空间结构模式进行一定的拓扑变形，构建适应不同形态格局中心区的空间结构模式。

2）线形结构模式

在实际的案例中，首尔的江北中心区以及香港的港岛中心区的整体空间形态表现为东西向线形展开的格局，硬核连绵区与硬核之间也顺应中心区的主要发展方向展开，呈东西并列的格局。两者较为相近的特征是，硬核连绵区与硬核之间存在有大量的商业及住宅的混合用地，且基本占据了两者间的连接空间。在此基础上，硬核的进一步拓展更易在该地区进行，用生产型服务功能替换居住功能，并最终使硬核连绵区与硬核之间形成完全连绵的形态，而这一形态也会与中心区的整体形态基本保持一致，呈顺应中心区发展方向的线型展开格局。在此基础上，由于受地形等条件限制，形成的硬核连绵区南北两侧空间极为有限，难以形成外围的服务功能簇群，一些复杂的交通体系也缺乏足够的空间进行布局，形成的线形极核结构中心区空间模式会有一些相应的变化（图7.3）。

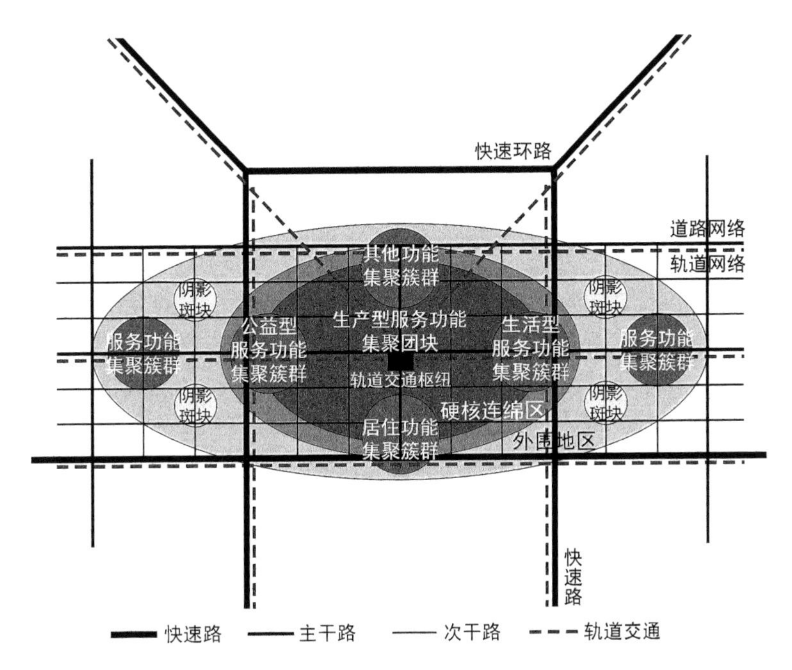

图 7.3 线形极核结构中心区空间模式

＊资料来源：作者绘制

(1) 硬核连绵区

硬核连绵区形态较为狭长，与中心区整体形态较为一致，其中，生产型服务功能仍然是核心的功能，在空间上占据了主体地位，呈团块状集聚，而生活型服务功能及公益型服务功能则呈簇群状分布于硬核连绵区内，较为特殊的则是居住及其他功能的集聚簇群。由于中心区空间较为局促，在主要的发展方向上多被服务类功能所占据，居住及其他功能更多的在硬核连绵区的两侧形成一定的集聚簇群，而由于两侧用地空间有限，这些簇群往往会跨越硬核连绵区及外围地区。此外，由于历史的发展原因，现有的这些线形极核结构中心区均远离铁路站场地区，因此难以形成混合的交通换乘枢纽，但仍然会形成多条轨道交通交汇的核心轨道交通枢纽站点，成为生产型服务功能的主要集聚中心，如香港港岛的中环站以及首尔江北中心区的市政厅站等。同样，受中心区形态格局影响，整体道路网络以线形的展开为主，形成的街区形态也相应的较为狭长。而快速路系统则难以在中心区内部形成完整的环路，会有部分路段跨过中心区的发展屏障，在中心区以外的地区连接成环。

(2) 外围地区

外围地区变化也较大，除了在相对狭窄的一侧形成的跨越两个圈层的集聚簇群外，外围地区的服务功能多会在中心区发展的主要方向形成集聚簇群。此外，由于中心区整体进深较小，外围地区的快速路仅从其一侧穿过，作为中心区联系的重要通道。而外围地区的道路网络密度与硬核连绵区内差距不大，道路网络所形成的街区形态也同样较为狭长。

(3) 交通输配体系

交通输配体系格局变化较大，虽然同样由 3 个系统组成，但由于中心区发展空间较为局促，3 个系统的发展均不够完善。快速路系统需要大量借助中心区以外的空间才能形成较为完善的结构体系，中心区内仅存在一条沿其发展方向展开的快速路，以及与该快速路正交的通过性的多条快速路。但从较大的区域范围来看,快速路系统仍然形成了“环形+放射”的格局;道路系统受地形条件限制较大,少有向发展方向两侧的连通性道路,多以顺应中心区发展方向的道路网络为主,且形成了较为狭长的网络状格局;轨道交通系统相对较为完善,但多以顺应中心区发展方向的线路为主,且同样受地形条件限制,使其对外的联系通道较少,虽然也有核心枢纽站点的存在,但在线形发展格局下,其核心地位并不十分突出。

3）扇形结构模式

在实际的案例中,新加坡的海湾-乌节中心区及上海的人民广场中心区均表现出一定的扇形展开的形态格局。主要的硬核连绵区位于中心区一侧,或滨海、或滨江,使得主要的硬核连绵区实际分布在中心区的边缘地区。在此基础上,主要的硬核连绵区或沿滨水方向展开布局(新加坡海湾-乌节中心区),或沿滨水方向分布多个硬核(上海人民广场中心区)。同时,在主要硬核连绵区中部为主的垂直方向,也会有硬核连绵区或硬核分布,如新加坡海湾-乌节中心区的乌节硬核连绵区,以及上海人民广场中心区的静安寺硬核及电视台硬核。中心区整体上形成了以主要硬核连绵区为核心,向 3 个方向展开的扇形格局。随着中心区的进一步发展,硬核连绵区与硬核之间的空间被公共服务设施所替代,硬核最终连绵为一个整体,而形成的硬核连绵区也具有明显的扇形特征。扇形格局也是在一定的环境条件下形成的,其结构模式的各要素也发生了一定的拓扑变化(图 7.4)。

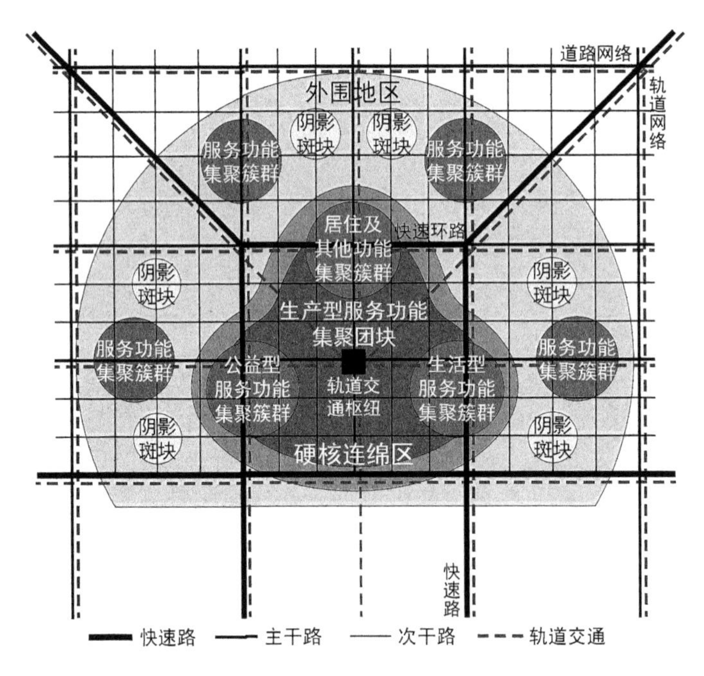

图 7.4 扇形极核结构中心区空间模式

*资料来源:作者绘制

(1) 硬核连绵区

由于硬核连绵区空间拓展的不均衡性,使得其形态呈现出类似倒“丁”字形的形态。由此形成的发展框架内,生产型服务功能的集聚形成的团块状形态也与之类似。此外,生活型服务功能、公益型服务功能、居住及其他功能也会在硬核连绵区内形成一定的小规模的集聚簇群。在此基础上，由于扇形形态的硬核连绵区相对尺度较大，使得形成的快速环路基本嵌于硬核连绵区内部，而同样，硬核连绵区核心位置也会形成多条轨道交通相汇的枢纽站点，成为生产型服务功能集聚的核心，如新加坡海湾-乌节中心区的市政厅站及来福士坊站，以及上海人民广场中心区的人民广场站等。此外，硬核连绵区内的道路网络密度以及轨道交通网络和站点密度也明显高于周边地区。

(2) 外围地区

外围地区同样被地形条件限制，呈现出扇形的形态格局。外围地区内，依托一些重要的主干路、快速路及轨道交通交汇的优势，也会形成一些服务功能的集聚簇群。而相对于硬核连绵区来看，外围地区的道路网络密度较低，形成的街区尺度较大，轨道交通网络及站点的密度也相对较低，快速路也多以通过式交通为主。

(3) 交通输配体系

交通输配体系同样由道路系统、快速路系统及轨道交通系统 3 个部分组成。道路系仍是较为规整的方格网式网络格局。其中，次干路是主要的组成部分，且硬核连绵区内的道路网络密度明显高于周边地区。而对于发展受到限制的一侧，也多会通过主干路进行联系；快速系统则形成了类似于线型极核结构中心区的格局，快速环路基本位于硬核连绵区内，在发展受限一侧，多会形成随其形态布置的快速路，兼具景观及交通职能，并会有快速路通道跨越该区域，与其余地区进行联系；轨道交通系统的格局变化不大，核心枢纽站点位于硬核连绵区核心位置，对区域人流交通的汇聚作用较大，且受地形条件的影响相对较小。

无论是形态较为完整的环形极核结构中心区，还是受环境条件限制较大的线形及扇形极核结构中心区，其形态之间并不存在发展阶段的等级划分，而是分别代表了不同中心区的发展方向。综合看来，环形极核结构中心区空间模式适用于平原型城市中心区的发展，或周边发展条件较好，限制较少的中心区；线型极核结构中心区空间模式适用于线型城市中心区，或发展空间被环境条件限制为狭长形态的中心区；而扇形极核结构中心区空间模式则适用于城市一侧濒临山水等重大环境资源，或一侧受山水等条件影响较大的中心区。这三类极核结构中心区的空间模式，其结构的主体特征一致，构成原理相似，运行机制相同，且基本涵盖了不同环境条件下中心区的发展方式，是极核结构中心区空间模式的不同表现。

7.1.2 极核结构中心区的 30 条特征规律

前文在借助 GIS 技术平台及相关软件，对各中心区的空间形态、功能结构及交通系统等，进行了详细地量化研究，对极核结构中心区不同发展阶段的特征进行了详细研究。总体来看，成熟型的极核结构中心区较为相似，圈层特征明显，而发展型极核结构中心区与极核结构中心区的主体特征相近，但发展不够完善。在综合考虑中心区不同形态特征及不同发展阶段特征的基础上，对极核结构中心区的各项规律特征进行进一步的归纳与总结。

1) 形态特征

极核结构中心区整体空间形态在“圈层＋轴线”的基础上，形成了“双圈层、多簇群、核心集聚、轴线延伸”的形态格局特征。

中心区内的高高度、高强度及高密度街区主要集中在硬核连绵区内，形成明显的核心集聚趋势。同时,高度最高的建筑也基本均集中于核心轨道交通站点周边,呈现出核心统领式格局。而高度、强度、密度相对较低的建筑及街区主要分布于硬核外围地区,基本形成了双圈层格局。在此基础上,中心区内的主要轨道交通轴线作用明显,高高度、高强度、高密度街区主要集中于主要轨道交通轴线两侧地区。此外,中心区内超高层建筑的分布受轨道交通站点及交通枢纽影响较大,呈现出一定的多簇群分布特征,而建筑密度则受传统居住区影响较大,出现一些非核心集聚的现象,但并未破坏整体的圈层式格局。

由于各中心区发展阶段及自然地理环境的不同,也会对形态结构产生一定的影响。在2个成熟型极核结构中心区的发展受外部环境限制较小,基本保持了环形格局,硬核连绵区位于中心区中部位置,因此格局更为完整与完善。而发展型极核结构中心区则表现了一些不同的特征,受主要的硬核连绵区位置的影响,使得形态格局出现一些拓扑变形,如线形的江北首尔中心区和香港港岛中心区,以及扇形的新加坡海湾-乌节中心区和上海人民广场中心区。但无论如何拓扑变形,这种"双圈层、多簇群、核心集聚、轴线延伸"的空间格局并未改变。

2) 功能特征

从用地层面来看,商业服务业设施用地处于核心地位,而混合用地最为高效;从建筑层面来看,以生产型服务功能为主,并呈现出核心集聚的分布特征。

在用地功能中,成熟型极核结构中心区无论是在中心区整体层面还是在硬核内部层面,商业服务业设施用地均是比重最大的用地类别,包括了独立的生活型及生产型服务功能用地。此外,还有相当一部分生活型及生产型服务功能以混合的形式存在,表现为不同类别的混合用地。而混合用地则是所有用地中高度、密度、强度最高的类别,是一种高效利用土地的方式,这一点在发展型极核结构中心区内也有相同的表现。但由于发展型极核结构中心区功能的混合度较高,因此主导的用地功能不够清晰明确,混合用地、商业服务业设施用地等较为相当,均不够突出。

在建筑功能中,成熟型极核结构中心区均以生产型服务功能为主导,特别是硬核连绵区内,生产型服务功能比重已经接近3/4。而在分布上,生产型服务功能也表现了强烈的核心集聚的特征,主要集中于硬核连绵区内。发展型极核结构中心区也是以生产型服务功能为主导,但其主导地位不够突出,生活型服务功能也占据了相当的比重。而由于发展型极核结构中心区在主要硬核连绵区的基础上,还形成了多个硬核,生产型服务功能再向硬核集聚的基础上,形成了多簇群格局,这也表明了其向核心集聚的特征。

整体来看,无论是成熟型还是发展型极核结构中心区,其功能特征均较为接近,发展型极核结构中心区更多的表现为一个发展的过渡阶段,一些成熟的发展特征已经逐渐开始体现,并会随着硬核的进一步连绵发展而不断地得以强化。

3) 交通特征

极核结构中心区的道路交通系统形成了"地面道路路网络密布、快速路环形放射、轨道交通网络交织"的立体化、网络化格局。

从这一体系格局来看,中心区交通更多的是加强中心区整体的可达性,促使中心区较大范围内交通可达性的扁平化发展,但由于硬核连绵区内相对的可达性仍然较高,这也与大量公共设施在硬核连绵区的集聚有关。在此基础上,中心区内的道路系统基本采用密集的方格网式道路体系，且硬核连绵区内更为密集，在道路系统的构成中，则以次干路为主体；而快速路则在围绕硬核连绵区形成快速环路的基础上，向周边地区放射，形成"环形+放射"的向心式格局，仅以强化了硬核连绵区的区域可达性；轨道交通系统则有地铁及铁路共同构成，且线网密度较大，呈网络状交织布局，站点覆盖率也较高，按500米服务半径计算能够基本覆盖中心区，而核心的换乘站点也基本位于硬核连绵区核心位置，起到强化核心集聚，增强区域辐射的作用。

而发展型极核结构中心区的交通体系格局尚处于发展之中，系统性及结构尚不完善，但这种发展格局已经得到了初步体现。

7.2　极核结构中心区形成的门槛规律

极核结构是中心区发展的一种高级形态，中心区规模尺度巨大，结构体系复杂，生产型服务功能高度集聚。但在中心区的发展过程中，并非所有的中心区都能发展为极核结构，也并非所有的中心区都需要发展为极核结构。极核结构中心区的形成，需要一定的门槛条件，第二章在理论分析的基础上，从经济产业、研发创新及基础设施等几个方面对极核结构中心区形成的门槛条件作了一定的分析。在此基础上，本章节结合具体案例的研究，对极核结构中心区的门槛条件进行进一步的深入解析，从城市及中心区两个层面，提出极核结构中心区形成的门槛规律。

7.2.1　城市整体门槛条件

城市为中心区发展提供了宏观背景条件，及人才、政策和基础设施等的支撑条件。中心区的成长与城市自身条件等密不可分，极核结构中心区只会产生于那些在世界城市体系中等级较高的城市之中，而这些城市也有一定的共性的特征，形成了极核结构中心区产生的城市门槛规律。

1）全球第一或第二级的城市等级门槛

城市等级与其主要的中心区等级相辅相成，对于城市而言，中心区是其竞争力的核心体现，城市的等级也主要体现在中心区在全球服务产业网络中的地位。在此基础上，可以根据各城市国际化程度及在全球经济网络中的地位，将其进行一定的等级划分，形成全球城市的等级规模体系，大致可分为四个等级：第一级大都市是全球经济的中枢，处于全球经济网络的顶端，对全球经济起到控制、分配及引领等作用，往往是全球金融中心、公司全球总部等机构所在地，典型城市如纽约、东京及伦敦等。第二级大都市具有较强的国际化职能，通常可以影响整个大洲的经济发展，往往是洲一级的金融中心及公司总部等机构所在地，典型的城市如洛杉矶、阿姆斯特丹、柏林、新加坡、香港、首尔、上海及悉尼等，或是某一领域内的绝对的领导城市，如米兰等。第三级大都市具有一定的国际影响力，是一定区域范围内的经济中心，而第四级大都市影响力则更低，处于国际化的初始阶段，更多的影响力在国内或周边少数国家和地区。在本书所研究的6个城市的中心区案例中，东京属于第一级大都市，而大阪、新加坡、首尔、香港、上海等则属于第二级的大都市，低等级的城市中，没有中心区形成极核结构或出现极核结构的现象。

这一体系中，处于第一级与第二级的大都市拥有更为强大的跨地区及国际的影响力及辐射力，吸引国际范围内的优势资源向其集聚，而信息及网络技术的发展，交通条件的改善，也保证了这些城市对于国际级全球范围各生产环节的控制。正是这种超越一般城市尺度意义上的巨大尺度范围内的资源集聚，以及对国际及全球尺度范围内资源管理及调配的高端要素集聚，使得这些城市中心区集聚了大量的高端生产型服务功能，并通过生产型服务功能的集聚效应及对相关产业的吸聚效应，促使硬核之间形成连绵，推动了极核结构的产生。而第三及第四等级的大都市，其辐射及影响力有限，其生产型服务功能的集聚力度、集聚规模及集聚等级均有所不足，难以支撑极核结构高度集聚的形态。

由此可以推断出极核结构中心区形成的第一个门槛条件，即：中心区所在城市应在全球城市等级体系中达到第一级或第二级大都市级别。但并非达到这种级别的城市就一定能够形成极核结构的中心区。在所研究的案例中，第一级的东京都心中心区已经形成了极核结构，而第二等级中仅有大阪御堂筋中心区形成了极核结构，其余的中心区仅出现了一定的极核结构现象，这也说明，该条件是极核结构形成的一个必要非充分条件。

2）国际级海空枢纽及区域级路铁空枢纽门槛

在城市及中心区的发展中，交通区位条件无疑是一个重要的要素，对于汇聚人流、物流及资金流等要素具有重要的引导及支撑作用。而对于这些高等级城市及其中心区来说，良好的国际及全球交通枢纽条件，是支撑其位于城市等级体系的高端，汇聚国际及全球高端生产要素的重要基础条件。在所研究的案例中（详见第三章相关图纸），东京都心中心区位于东京湾北侧，与东京港直接相连，并与东京国际机场、成田国际机场及茨城机场等通过轨道交通或高速公路相连，被诸多国际交通枢纽所环绕，全球范围内的人流、物流的达到、转运及出发均较为便捷，成为推动都心中心区发展为极核结构的关键要素。大阪的御堂筋中心区也较为类似，中心区毗邻大阪湾而立，与国际枢纽大阪港、关西国际机场及大阪国际机场等均有较为直接、便捷的联系，使得国际范围内的要素集聚更为便捷，在其支持下，中心区也发展为极核结构。发展型极核结构中心区所在的城市，也基本均具有国际级的优良口岸、国际机场等物流、人流枢纽，其所带来的国际乃至全球范围的要素集聚，成为推动中心区打破原有结构，向极核结构发展的重要动力。

而从城市所在国家及区域层面来看，航空枢纽、铁路枢纽及公路枢纽的作用更为突出，其中，航空枢纽多会与国际航空枢纽联合设置，使得所研究的案例城市均具有良好的区域航空条件。在此基础上，东京都心中心区及大阪御堂筋中心区内均设有铁路枢纽火车站，并由此集聚了大量的公共服务设施，是其硬核连绵区形成的重要凭借。而发展型极核结构中心区的 4 个案例城市中，有些没有铁路枢纽，或距离中心区较远，仅有上海人民广场中心区与上海火车站较为接近，但由于火车站仍是以普铁为主的模式，围绕其形成的产业等级较低，也难以融入人民广场中心区的发展体系，而新建的以高速铁路为主的火车站也距离中心区较远。从这一点来看，高等级的铁路枢纽对于中心区的集聚发展作用巨大，在交通枢纽的体系中，这也是成熟型极核结构中心区与发展型极核结构中心区的主要区别。此外，这些城市或中心区均是区域或城市的高速公路枢纽，形成了以其为核心的放射式高速公路格局，进一步强化了中心区的区域集聚能力。

综上所述，交通枢纽对于中心区向极核结构的发展具有重要作用，完善的枢纽体系及格局是中心区吸聚从全球至区域的高端生产要素的重要载体和工具。由此,也形成了极核结构中心区形成的另一个门槛条件,即:所在城市具有良好的国际级航空及海运枢纽,具有区域级的铁路及公路枢纽,且这些枢纽均与中心区具有较为直接的联系或位于中心区内部。同样,这一条件也是中心区形成极核结构的必要而非充分条件,但其中铁路枢纽位于中心区内部对中心区突破现有格局,形成硬核连绵的高度集聚形态,具有重要作用。

7.2.2 中心区门槛条件

除了城市所具备的门槛条件外,中心区本身的发展条件也是其能否形成极核结构的重要因素。在对不同发展阶段的极核结构中心区空间模式研究的基础上,可以看出,具有极核结构现象的中心区具有较多共同特征,而对这些共同特征的进一步研究,可以发现其中的一些门槛规律。

1) 2 000 公顷的用地门槛及 5 000 万平方米的建筑规模门槛

极核结构中心区均是等级较高的城市的主要中心区,组成要素丰富,结构复杂,必然需要一定空间以完善各类系统布局,同时也需要一定的建设规模来支撑高强度的集聚。从实际的案例来看,东京都心中心区及大阪御堂筋中心区均是成熟型极核结构中心区,其中都心中心区甚至已经表现出一定的超越极核结构的形态格局,两个中心区规模尺度巨大,中心区用地规模超过了 2 000 公顷,建筑规模也超过了 5 000 万平方米。而发展型极核结构中心区的 4 个案例,除港岛中心区用地条件受限制较大,有一定的差距外,其余中心区的规模尺度较为相当,但距离成熟型极核结构中心区均有一定的差距(表 7.1)。从中可以看出,其结构形态的差异也反映在中心区规模尺度的差异上,只有达到一定的规模尺度,才能形成较为完善的极核结构形态。

表 7.1 极核结构现象中心区规模尺度统计

中心区名称	东京都心中心区	大阪御堂筋中心区	新加坡海湾-乌节中心区	首尔江北中心区	香港港岛中心区	上海人民广场中心区
用地规模（万 m^2）	6 840.0	2 334.5	1 715.7	1 433.8	610.4	1 465.2
建筑规模（万 m^2）	13 030.2	5 052.8	2 923.2	2 195.9	3 111.3	2 874.1

* 资料来源:作者及所在导师工作室共同调研,作者计算、整理、绘制(下同)

由于大阪御堂筋中心区已经形成了硬核完全连绵的成熟的极核结构形态,因此其中心区的既有规模尺度具有良好的参考价值。根据各中心区的现有结构形态及其既有规模尺度来看,极核结构中心区的规模尺度门槛可以提炼为:中心区用地规模在 2 000 公顷以上,建筑规模在 5 000 万平方米以上。从现有发展型极核结构中心区的实际情况来看,其硬核之间想要形成完全的连绵,必然需要增加中心区硬核的集聚力度及规模,而服务功能的大量增加,又会进一步带动中心区空间规模的拓展。因此,中心区由发展型极核结构向成熟型极核结构演进的过程,也是中心区自身规模不断增长的过程,一定的规模尺度是中心区形成完善的极核结构的必要条件之一。

2）商务功能为主体的生产型服务功能门槛

在中心区的功能构成中，无论是成熟型还是发展型极核结构中心区，其核心功能均是生产型服务功能，所不同的仅是生产型服务功能所占的比重。在发展型极核结构中心区内，由于其尚处于发展演变的过程之中，因此其生产型服务功能的比重相对较低，而生活型服务功能的比重则相对较高。这也反映了不同发展阶段中心区服务功能的细微变化。就具体的案例情况来看，成熟型极核结构中心区的生产型服务功能所占比重占中心区总建筑规模的40%以上，而生活型及公益型服务功能的比重仅在约5%～6%左右。生产型服务功能在所有服务功能中占据主导地位，所有的服务功能中，生产型服务功能所占比重超过了3/4（表7.2）。

表7.2 极核结构现象中心区生产型服务功能统计

功能类别	东京都心中心区	大阪御堂筋中心区	新加坡海湾-乌节中心区	首尔江北中心区	香港港岛中心区	上海人民广场中心区
金融保险功能	8.72%	9.10%	5.65%	10.80%	9.40%	11.18%
商务办公功能	83.64%	83.01%	66.67%	81.19%	83.15%	69.06%
旅馆酒店功能	7.63%	7.89%	27.68%	8.02%	7.45%	18.72%
会议展览功能	—	—	—	—	—	1.04%

而在生产型服务功能内部来看，虽然金融保险业已经成为经济发展的导向及核心推动力，但其所占比重不高。而由于生产型服务功能高度集聚，不同产业类别之间，不同等级的企业之间，产生了大量的商务需求，使得商务办公功能成为最主要的生产型服务功能。在成熟型极核结构中心区内，商务办公功能比重超过了80%。而在发展型极核结构中心区内，商务办公功能的比重变化较大，各功能之间的变化不够稳定，如新加坡海湾-乌节中心区，受旅游功能影响较大，旅馆酒店功能比重较高，上海人民广场中心区也较为类似。这也在一定程度上反映出，发展型极核结构中心区主体功能受到的干扰较多，而成熟型极核结构中心区则更为专注于金融保险及商务功能。

在此基础上，对极核结构中心区来说，其功能的门槛条件可归纳为：中心区整体的功能构成中，生产型服务功能占据主导地位，比重超过40%，且三类服务功能之中，生产型服务功能的比重超过75%。而在生产型服务功能内部，金融保险功能比重约为9%，而商务办公功能比重则应在80%以上。只有更专注于生产型服务功能，并在金融保险功能支撑下，不断扩大中心区的商务需求，才能推动中心区集聚的规模及尺度不断提升，形成极核结构。

3）多样化、立体化、网络化的交通格局

同样，在中心区层面，极核结构庞大的集聚规模及集聚强度，也需要高效交通系统的有力支撑。而对比成熟型及发展型极核结构中心区的实际交通体系来看，成熟型极核结构中心区的交通体系更加复杂与完善，形成了多种交通方式相互协调的多样化、充分利用地上及地下空间的立体化以及交通资源分布相对均衡的网络化格局。

总体看来，极核结构中心区的交通系统可以分为两大类别，即道路交通系统及轨道交通系统，其核心原则是将国际及区域交通流向中心区汇聚，并将其与中心区本地交通体系相衔接。在此基础上，中心区必须保证与国际性的航空及海运等枢纽具有直接的轨道交通或高速公路相连，使各种高端要素流可以便捷地到达中心区。就两大类别本身来看，道路交通系统又包括快速路系统及道路系统，而轨道交通系统则包括铁路系统及地铁系统。道路交通系统中，快速路系统形成“环形＋放射”格局，围绕硬核连绵区构建快速环路，并通过与之连接的多条快速路向外辐射，连接城市重要交通枢纽（包括国际性交通枢纽）、重要城市功能片区，并通过与城市外围高速公路的衔接，连接区域重要城市及重要基础设施，并分流中心区穿越式的过境交通。快速路数量在8条以上；道路系统则呈方格网式网络格局，形成以次干路为主体的高效道路格局（次干路所占比重在60%以上），并与快速路系统相衔接，对中心区内外及快慢交通进行转换。轨道交通系统中，铁路系统与快速路系统功能较为相近，主要连接城市内重要交通枢纽和功能片区，以及城市外围区域的重要城市和枢纽地区，并将其向中心区汇聚，在中心区设有核心站点（由于一些城市自身的发展条件限制，这一点难以得到保障，甚至有些城市没有铁路系统，因此这一点也可理解为在中心区内部设有核心轨道交通站点，并保证5条以上的线路在这里集中换乘）；而地铁系统则与道路系统功能相近，拥有10条以上的地铁线路，并在中心区内形成密集分布的轨道交通网络，并与铁路系统相衔接，将大量的人流交通分散到中心区各处，并保证轨道交通站点500 m服务半径覆盖中心区80%以上的面积。此外，地铁系统往往还连接了城市的一些重要功能片区及居住区，还兼有汇聚城市人流的作用。

在此基础上，可将极核结构中心区的道路交通门槛条件归纳为：围绕硬核连绵区形成“环形＋放射”的快速路格局；形成以次干路为主体的网络状道路格局，次干路比重在60%以上；在中心区内部形成轨道交通枢纽站点，多种交通方式或5条以上的地铁线路在此汇聚、换乘；拥有10条以上的轨道交通线路，并形成网络状格局；轨道交通站点500米服务半径覆盖面积达到80%以上。只有这种多样化、立体化、网络化的高效交通系统，才能支撑其中心区巨大的要素流动需求。

综上所述，极核结构中心区是一种存在于高级别城市的，高度集聚的中心区形态，其形成及发展需要城市及中心区本身具有高端功能的统领以及强力的支撑条件。通过对不同发展阶段极核结构中心区案例的量化研究，从城市及中心区两个层面进行归纳总结，形成了极核结构中心区形成及发展所必须达到的门槛条件，并将其总结如表7.3所示。

表7.3 极核结构中心区门槛条件

门槛类别	门槛条件
城市等级	中心区所在城市应在全球城市等级体系中达到第一级或第二级大都市级别
城市枢纽格局	1. 所在城市具有良好的国际级航空及海运枢纽 2. 所在城市具有区域级的铁路及公路枢纽 3. 枢纽与中心区具有较为直接的联系或直接位于中心区内部
中心区规模尺度	1. 中心区用地规模在2 000公顷以上 2. 中心区建筑规模在5 000万平方米以上
中心区功能结构	1. 中心区整体的功能构成中，生产型服务功能占据主导地位，比重超过40% 2. 在三类服务功能之中，生产型服务功能的比重超过75% 3. 在生产型服务功能内部，金融保险功能比重约为9%，商务办公功能比重则应在80%以上

续表 7.3

门槛类别	门 槛 条 件
中心区交通格局	1. 围绕硬核连绵区形成“环形+放射”的快速路格局，快速路在 8 条以上 2. 形成以次干路为主体的网络状道路格局，次干路比重在 60%以上 3. 在中心区内设有轨道交通枢纽，多种交通方式或 5 条以上的地铁线路在此汇聚、换乘 4. 拥有 10 条以上的轨道交通线路，并形成网络状格局 5. 轨道交通站点 500 米服务半径覆盖面积达到 80%以上

* 资料来源：作者绘制

7.3 极核结构中心区的发展辨析

在对既有的极核结构现象的中心区进行理论研究、量化分析、模式构建及规律总结的基础上，随着对极核结构中心区认识的不断加深，也对其发展可能遇到的问题及未来发展的方向等方面产生了一些疑问与思考。

7.3.1 极核结构中心区的发展问题

1）是否存在过渡集聚？

在极核结构中心区内，由生产型服务功能的高强度集聚，也带来了城市建设、人口及信息等生产要素的高强度集聚，那么这种集聚会不会产生过渡集聚的现象？即，这种集聚是否有其极限？还是可以无限地增加？

对于这一问题，可首先从其集聚的特征出发进行思考。极核结构中心区表现出的高强度集聚主要体现在中心区内硬核的完全连绵上。完全连绵的硬核使得原本可以分散在中心区各处的公共服务设施，特别是生产型服务设施，在唯一的硬核连绵区内形成大规模的集聚，使得硬核连绵区整体的集聚力度大幅提升。在此基础上，硬核连绵区表现为更高的建筑高度、更多的建筑密度以及更大的建设强度，并进一步促使硬核连绵区内形成大量工作和商务人士以及各类要素的集聚与流动，也成为人口及高端生产要素的高度密集的地区。高强度、大规模的集聚，又进一步促使了中心区基础设施的发展，形成了更加高效的多样化、立体化、网络化的道路交通系统，使得硬核连绵区内道路网络密度、轨道交通网络密度及轨道交通站点密度均大大高于周边地区，以支撑硬核连绵区的高强度集聚。由此可以看出，极核结构中心区的空间集聚主要表现在：建筑的高强度集聚、人口的高强度集聚以及交通的高强度集聚。

由此，可以进一步思考，建筑、人口及交通的集聚是否有其极限或存在一定的限制条件，而这些问题很大程度上取决于科学技术的发展水平，以及人们对工作环境需求的变化。科学技术的发展可以改变建筑及交通空间的发展模式，产生更大的空间集聚，但就目前来看，建筑空间不可能无限制地向空中发展，而地下空间也是如此，且更多地被各种交通通道所占据，这些空间都是相对有限的，且受地理及环境条件等影响较大；而人口的持续集聚，也会带来通勤成本的增加，工作环境的恶化等现象，且这其中又会涉及经济的要素。对于建筑空间来说，中心区既有的建筑也多以高度密集的高层建筑为主，其进一步的集聚，则需要通过城市更新的手段进行，而中心区的高地价以及既有建筑的高强度，使得城市更新的利益空间极小，开发利益难以得到保障，这也是成熟型极核结构中心区内在建用地极少的原因。在此基础上，城市中心区的更新往往表现为高层、超高层建筑替代多层及低层建筑，生产型、生活型服务功能替代其余功能，而中心区发展到极核结构这种较为高级及成熟的阶段后，中心区内每增加一栋高层或超高层建筑，往往需要对其所带来的交通影响、环境影响及社会影响等诸多方面进行评估，在相对饱和的空间内，很难进行持续的集聚发展。交通空间也同样如此，目前的成熟型极核结构中心区内，对于交通资源的开发利用也已经较为成熟，地面多层高架、地下多层轨道及通道，使得短期内，在交通模式出现突破性发展之前，中心区的交通承载力难以得到根本性的提升。而在建筑及交通空间相对稳定的基础上，人口的增长主要来自于经济产业持续发展及集聚的带动力，这也意味着中心区空间效率的不断提升，及人均工作空间的相对减少，进而造成工作环境的恶化。当工作环境的恶化带来的效益降低大于中心区区位所带来的效应增加时，企业多会选择在中心区外围地区，或中心区以外地区重新选址，或将部分职能外迁。

可见，在中心区交通承载力及空间容量难以取得实质性的增长的基础上，中心区的集聚也是有限的，在中心区持续集聚的过程中，当集聚的力度超过中心区的承载程度后，则会产生部分公共服务职能，或部分盈利水平较低的职能外迁，使得中心区及硬核连绵区内保持相对平衡的状态。而从这些中心区所在的城市的整体情况来看，中心区所在地位于城市整体交通区位的优势地区，因而，中心区及硬核连绵区外迁的产业大多会选在周边地区重新选址布局，继续享受中心区良好的基础设施服务水平，进一步来看，这些地区的承载能力及空间容量也还有较大的提升空间。综上所述，本书认为，极核结构中心区的集聚是一个动态发展的过程，一旦产生过渡的集聚，就会在空间的自组织调节下，产生外溢现象。在此基础上，当中心区的空间容量或交通承载力得到突破性发展时，又可能产生中心区新一轮、更大强度的集聚。此外，当有新的具有更高空间效率及更高集聚效率的功能或产业诞生时，也会对原有的集聚形态产生影响，使得效率相对较低的功能及产业外迁。

2）中心区规模能否持续拓展？

由此，就会进一步产生新的问题，即：中心区的规模是否可以持续拓展？有没有规模的极限？

由上文的分析也可以看出，中心区的集聚实际是一个由低到高，再外溢的过程，在这一过程中，外溢的功能多会选择在硬核外围或中心区外围地区重新选址布局，形成新的硬核。而随着新的硬核的形成及原有硬核连绵区的发展，两者还有可能出现进一步的连绵现象，形成更大的硬核连绵区。在这一过程中，由于公共服务设施的持续发展集聚，其规模总量在不断增加，空间尺度也在不断拓展，相应地，如果按照中心区的定量界定标准来计算，中心区的规模也会不断地增长。就如上海人民广场中心区的发展，早期外滩地区、豫园地区、南京东路地区及淮海路地区等各有其功能特征，相对独立的发展，而随着公共服务功能的不断集聚发展，各地区的发展逐渐连接为整体，形成一个统一的硬核连绵区，中心区的规模也随之扩展。而同时，静安寺、电视台、多伦路及十六铺等地区又形成了新的公共服务设施集聚区，带动了中心区规模的进一步扩展。那么，中心区是否会一直的这样集聚、扩散、再集聚、再扩散的拓展下去？

对于这一问题，本书认为，中心区得以形成和发展的核心动力来自于公共服务设施的集聚，而对于极核结构中心区来说，生产型服务功能的集聚是最为关键的因素，这也体现了极核结构中心区在全球及国际经济发展中的控制与决策的地位。因此，其集聚规模与其在国际经济中的地位息息相关，必须以更为广阔的视野来看待极核结构中心区的发展问题。极核结构中心区的发展，与一般的中心区有所不同，往往是各个城市、甚至是各个国家综合实力的集中体现，也在一定程度上反映了各城市、各国家在全球经济发展中的地位与作用，也因此，极核结构中心区的发展更多地体现在对高端资源的竞争上。哪个国家、哪个城市能吸引来更为高端的生产要素，更为顶级的企业，相应的中心区就会形成更强的控制及决策能力，产生更强的集聚效应，中心区也会得到更大的发展。可以说，极核结构中心区的发展，是一种竞争式的发展，在相对有限的全球高端生产要素之中，谋求更大的发展空间。

就亚洲目前的发展格局来看，东京仍是最为核心的城市，其中心区规模尺度最为庞大，交通体系最为复杂，但就中心区整体来看，其各系统的格局也最为成熟与完善，且东京都心中心区的实际发展已经体现了一些超越极核结构的发展态势。在亚洲各城市中心区的发展中，东京的都心中心区也处于竞争的优势地位，集聚了最高端的生产要素，而这些高端要素在都心中心区形成集聚后，又会对其余城市生产型服务功能的集聚产生一定的抑制作用，进而影响中心区的发展，正因此，都心中心区才形成了如此巨大的集聚规模。但本书认为，这种集聚不会无限地增长：首先，国际范围内的高端要素是相对有限的，且国际范围内的顶级城市也处在不断的竞争之中；其次，在其余各国及一些重要城市的不断发展冲击下，高端生产要素的布局也会发生一定的变化，会趋向于经济更具活力及发展潜力的地区，形成经济重心的转移，形成新的经济中心。

可见，极核结构中心区的形成及发展，受全球及国际高端生产型服务功能的影响较大，中心区的规模更多的受城市及中心区在全球经济发展中的地位及作用的影响。同时，也受到全球经济发展的影响，经济总量发展较快，提升较大，那么相应的核心枢纽城市及其中心区才能有更大的发展动力。就亚洲目前的格局来看，本书认为，东京的都心中心区空间容量及交通承载力已经相对饱和，中心区规模继续拓展的难度较大。而我国上海的人民广场中心区，虽然现阶段发展的最不成熟，但恰恰具备了更大的发展潜力，随着我国国际政治经济地位的不断提升以及上海自贸区等重大政策的落实，上海的发展潜力巨大。此外，人民广场中心区与陆家嘴中心区被黄浦江所分隔，但随着两岸联系的不断强化，两个中心区极有可能形成一个横跨黄浦江两岸的庞大中心区格局，形成各系统更加完善的结构体系。

3）生产型服务业的主导地位是否会发生改变？

由上文的论述中，可以看出，生产型服务功能是中心区的极核结构得以形成及发展的核心推动力，其集聚规模、集聚强度等受生产型服务功能的集聚等级影响较大。这就进一步地引发了一个新的问题，生产型服务功能的主导地位是否会发生改变？

随着网络技术的不断发展，人们的生活及消费习惯正在不断地发生改变，对电子产品及电子商务的依赖程度也逐渐提高。在此基础上，网络产业及电子商务能否取代生产型服务业，并带动中心区空间集聚方式的变化，甚至产生传统意义上的中心区的衰落？客观上看，确实存在一定的商务需求较少的现象，也使中心区的产业出现了一定的变化，但却无法动摇生产型服务业及中心区的根本。网络技术及电子商务的发展，使得人们的选择范围几乎无限扩大，选择余地大大增加，且减少了大量四处奔波的选择时间及成本。但同时，为了避免选择的盲目性，有明确目标的出行则有所增加。而在感受到电子商务的威胁后，中心区的产业也在发生一定的改变，更加强调网络无法取代的服务性及体验性，特别是生活型服务业的发展，更加专注于提升消费环境，及在消费过程中的体验感，提高消费的附加值，将消费与休闲及体验等相结合，吸引人流集聚。此外，许多销售企业也开始发展线上线下同价的销售模式，更加强调门店的试用、服务及体验感。对于生产型服务业来说，在越来越强调个性化、特色化的背景下，生产型服务业也产生了生产及服务职能的分离（详见第二章），中心区内更专注于服务相关的职能以及企业文化的传递。而这种偏向于咨询、定制及创意的职能，更需要面对面的交流与传达，针对不同个体的实际需求进行单独的沟通与设计。因此，可以说网络及电子商务的发展，在很大程度上改变了传统的商业及商务模式，推动了产业向更为个性化、体验化及服务化的方向发展，但无法从根本上动摇中心区的地位，也无法使中心区衰落。

进一步从产业类别来看，很难将网络相关的产业划分到具体的产业类别之中。网络产业的主体功能更多的是平台、中介、咨询与服务，以便于虚拟化的内容和方式来交易，有为生活服务的内容，也有为生产服务的内容，甚至也有许多为公益服务的内容。由于其便于普及与推广，便于宣传与服务，也使各产业类别均呈现出不同程度的网络化发展倾向，网络产业成为融入整个产业体系的一种为整个产业提供服务的特殊产业类别。在此基础上，除了网络相关设备的生产、安装，以及专业的网站构建、运营及管理等相关产业外，网络产业很难脱离其余产业的支持而独立存在，即：与实体产业的发展密切相关，并成为实体产业的延伸、拓展与补充。从这一点来看，网络产业作为一种新兴的服务业，还很难动摇生产型服务业的主体地位。而在生产型服务业内部来看，商务产业的主体地位也较难发生改变，只有当中心区的集聚收益大大低于由此带来的成本增加时，商务产业才会选择向外迁移，才有可能改变中心区的产业结构；或者出现一些足以替代商务产业，并具有更高效益的新兴产业时，商务产业的主体地位才有可能发生改变，进而影响生产型服务业的主导地位。

7.3.2 极核结构中心区的发展方向

在对极核结构中心区发展问题辨析的基础上，进一步对极核结构中心区未来的发展方向进行思考。既然极核结构中心区存在着发展的竞争，且受空间容量及交通承载力的限制，并不会无限制的发展下去，那中心区的未来发展又会是什么样子？朝什么方向发展？会形成什么样的形态？

1）多中心区的联动发展

极核结构中心区，特别是成熟型的极核结构中心区，空间规模及尺度巨大，交通体系复杂多样，辐射及带动作用极强。在此基础上，极核结构形态的中心区往往是城市的主要中心区，在城市的中心区体系中处于核心地位，并与其余中心区有着较为便捷且直接的联系，便于对其余各中心区的吸引、渗透及控制。如日本东京，都心中心区通过山手线直接与池袋、新宿及涩谷等中心区相连，组成一个中心区的集聚环，同时，各中心区之间也有地铁线路与都心中心区直接相连，形成多中心集聚的格局；而日本的大阪，虽然没有形成如此高效的环线集聚，但御堂筋中心区也与九条、大阪贸易、天王寺及新大阪等多个副中心有直接的轨道交通联系；其余发展型极核结构中心区内，也多形成或正在形成多中心依托轨道交通环线，环状集聚的特征，如新加坡、首尔、香港及上海等城市，均有较为明显的轨道交通环线（香港可通过换乘实现），主中心及其余各中心区基本均直接位于环线之上，或与环线紧邻。这种类似的格局也反映了城市中心体系高效运营的规律性特征。以此为基础，随着各中心区的发展，以及交通条件的不断改善，当各中心区之间的联系形成了核心轨道交通环线与内部轨道交通网络的联系后，各中心区之间的联系加强，人流的相对可达性基本相当，形成了一个高可达性的区域。而从更大的区域尺度上看，该地区就形成了一个规模尺度更加巨大的中心集聚区域，形成中心区的联动发展格局。

这种格局并不同于完整的城市中心体系，轨道交通环上所集聚的均是副中心以上级别的中心区，且随着不断地发展及中心区联动发展格局的形成，轨道交通环上的中心区应全部为主中心。在这一尺度格局下，核心中心区更专注于生产型服务功能的发展，而其余主中心则会各自承担其余相应的职能，如商业等生活服务以及行政、文化等公益服务。在所研究的中心区案例中，发展程度最高的东京都心中心区已经出现了类似的发展趋势（详见第三章图 3.5、3.6），都心中心区是以商务、金融等生产型服务功能为主的中心区，而涩谷中心区则是以商业、文化等生活型及公益型服务功能为主，新宿中心区、池袋中心区也基本均以生活型及公益型服务功能为主。因此，结合上文的分析来看，都心中心区本身的规模持续增加的可能性不大，但从整个中心集聚区域来看，其整体的集聚规模还有较大的提升空间，各自的产业结构也有进一步优化提升的可能及空间。而其余城市的发展距此尚有一定的距离。

而这种格局一旦形成，就会极大地分担核心中心区的压力，以区域的共同发展形成更大的吸引力及辐射力，并提升城市整体的服务水平及竞争力。由此，也可以进一步地推升各个中心区的影响力及集聚程度，如东京的涩谷、新宿及池袋中心区，也均是在世界上具有较高知名度的中心区。可见，多中心区的联动发展，是一条解决核心中心区超大尺度集聚问题，并避免其功能过于混杂的有效方式，并能大大提升各中心区乃至城市的综合服务水平及国际竞争力。这对于我国处于国际竞争中的城市及中心区的发展也具有一定的参考价值，城市整体交通格局的构建、中心体系的布局及各中心区的功能定位等，应以更为宏观的视野，在更大的空间尺度上进行思考。

2）功能主体化，文化综合化

在多中心集聚区域形成及多中心联动发展的格局下，处于主导地位的核心中心区功能应进一步优化，生产型服务功能的主体地位得到进一步加强。

多中心区的联动发展，使得多中心以一种更为整体的态势出现，在这一整体中，各中心区也会根据自身的条件形成相对突出的主体功能，功能定位更为清晰。这极大地分担了核心中心区的压力，使得核心中心区可以更为专注于生产型服务功能，以及由此形成的相关的高端服务功能及高端业态。在此基础上，核心中心区综合化的发展趋势会被有效抑制，一切的发展均以生产型服务功能为核心，更多地针对生产型服务功能的高端需求，为高端商务人士、金融人士等精英阶层服务。在此基础上，核心中心区的产业层级得以提升，使得中心区整体的产业向更加注重环境、更加注重品质的方向发展，强调客户的体验、强调企业文化的传递，亦即，向体验化方向发展。如果说现阶段的产业发展已经出现了明显的体验化倾向，产品的附加值大大提升，各类企业销售的不仅是产品，更是服务。那么在进一步的发展中，产品附加值的提升更多的来自于服务基础上的文化，各类企业通过文化定位企业产品，并通过传递企业文化，寻求认同，以传递文化的方式销售产品，文化的趋同性成为产业及企业集聚的关键要素。

可以预见，在未来的发展中，极核结构中心区虽然仍会表现出一定的综合性特征，但生产型服务职能会进一步的加强，中心区内其余的功能也均是以生产型服务功能及其从业的精英阶层提供相关服务为主。在此基础上，伴随着产业的提升以及文化的集聚，中心区也会成为各类文化的汇聚之地，形成功能主体化，文化综合化的发展模式。

进而，又会产生一个问题，即：在多中心区联动发展的格局下，其余中心区能否发展为极核结构？这一问题涉及其余各中心区的自身发展条件，功能定位，交通承载力等诸多因素，综合来看，发展为极核结构的可能性不大。在各类产业中，生产型服务功能的集聚力度是最大的，在自身集聚效应的基础上，也会带来大量相关产业的集聚，才能使中心区得以突破发展，形成极核结构。而在多中心区的联动发展格局下，生产型服务功能会进一步地向核心中心区集聚，在其余各中心区内则仅处于必要的补充及辅助地位，因而，其余各中心区的空间集聚动力相对较低，较难突破发展至极核结构。

7.4 研究的不足及未来的研究方向

极核结构中心空间规模尺度巨大，对其进行量化也涉及大量数据的统计、整理、计算及分析工作。针对这一问题，本书的量化研究也借助了 GIS、Depthmap 等专业技术平台的支撑，对这些数据进行相关的处理及分析工作，也形成了一些相应的分析结论及一些规律性特征。但由于本书的量化研究基本上集中于中心区的整体层面，更多的关注于各中心区整体层面数据的比较与分析，同时，受专业及数据获得途径的影响，数据也基本均针对于中心区空间形态层面。这些问题也使得本书的研究存在一些遗憾与不足：

(1) 整体研究与要素研究

研究基本停留在中心区整体层面，对于硬核连绵区或硬核的研究，也是以总量数据为基础，虽然也有一些针对硬核内部的数据分析，包括硬核连绵区内的功能构成、空间形态及道路交通等，但这些研究还停留于数据的整体分析，缺乏以硬核连绵区、硬核及外围地区等为范围的细致深入的研究。这也是对极核结构中心区进一步的研究方向之一。

(2) 空间研究与相关研究

研究更多的针对于极核结构中心区的空间层面的研究，而与空间相关的经济、产业及人口等相关层面的研究涉及不多。这与这些城市的相关数据较难收集有关，但却是进一步分析极核结构中心区空间形态格局、驱动机制等的重要依据。同时，受专业所限，对于经济、产业、人口等相关方面的认识及理解也存在一定的差距，在未来的研究中，可以采用跨专业联合研究的方式，邀请感兴趣的学者对其进行共同研究，使得极核结构中心区的支撑体系更加丰富与完善。

(3) 比较研究与个案研究

本书的研究由于涉及不同发展阶段的 6 个城市中心区案例，受论文篇幅所限，研究多以 6 个中心区的比较研究为主，以期在不断的比较研究中，找出共同的规律，或通过不同的表现，找出决定的要素。比较研究的优势在于规律的总结较为容易，也更能看清空间结构模式的变化发展情况，但比较研究的劣势也较为明显，即：难以对一个中心区的形成及发展进行深入的研究，对其空间形态形成及发展变化过程中的驱动要素也难以把握周全。因此，在总体研究的基础上，继续通过个案的深入研究及剖析，对于丰富极核结构的内涵，进一步完善极核结构的空间模式，具有重要意义。

（4）亚洲模式与全球模式

极核结构中心区空间模式的提出，主要是针对亚洲城市中心区的发展状态，那么这一模式是仅仅针对亚洲城市中心区的亚洲模式，还是一个全球高等级城市中心区发展所必然经历的全球模式，值得进一步的研究与探讨。欧美的城市化与亚洲有很大的不同，发展阶段也存在一定的差异，那么在发展相对成熟的欧美地区，是否存在中心区的极核结构现象？特别是纽约、伦敦及巴黎等处于全球城市等级体系高端的城市，其在全球的生产型服务功能的竞争中，也始终处于优势地位，其城市中心区的发展还需要投入大量的人力、物力、财力去现场调查、研究，并与亚洲城市中心区的发展进行比较分析。

结语：面向未来

在经济全球化日益深化的背景下，在我国成为世界第二大经济体的前提下，我国已有多个核心城市进入到世界顶级城市的竞争序列，我们必须以更高的视角、更宏观的视野，来审视城市的发展问题，构建城市发展格局，面向未来的发展。“Better City，Better Life”，这是 2010 年上海世博会的主题，也是我们每一个规划人的努力方向。在科学技术日新月异的当今时代，在人口仍然不断向城市集聚，城市规模不断刷新纪录的背景下，城市正在变得越来越复杂，越来越高效，也产生了越来越多的问题。因此，我们也必须以更为科学的手段来研究城市，以更为理性的方式来分析城市，把握城市的发展脉搏，构建更为合理、更为高效的城市系统，规划更好的城市，设计更好的生活，面向未来的城市！面向未来的生活！

参 考 文 献

1）书籍

[1] Alonso W. Location and Land Use: Toward a General Theory of Land Rest [M]. Cambridge: Cambridge University Press, 1964.

[2] Burt R S. Structural holes: The social structure of competition [M]. Cambridge, Massachusetts: Harvard University Press, 2009.

[3] Horwood E M, Boyce R R. Studies of the central business district and urban freeway development [M]. Seattle: University of washington Press, 1959.

[4] Koolhaas R, Boeri S, Kwinter S, et al. Mutations [M]. New York: Actar, 2000.

[5] Krugman P. The Self-organizing Economy [M]. Cambridge, Massachusetts: Blackwell Publishers, Ltd., 1996.

[6] Saxenian A. Regional Advantage: Culture and Competition in Silicon Valley and Route 128 [M]. Cambridge, Massachusetts: Harvard University Press, 1994.

[7] [日]藤田昌久,[美]保罗·克鲁格曼,[英]安东尼·J·维纳布尔斯. 空间经济学——城市、区域与国际贸易[M]. 梁琦,译. 北京:中国人民大学出版社,2013.

[8] [美]尼科斯·A·萨林加罗斯. 城市结构原理[M]. 阳建强,程佳佳,刘凌,等,译. 北京:中国建筑工业出版社,2011.

[9] [美]西里尔·鲍米尔. 城市中心规划设计[M]. 冯洋,译. 沈阳:辽宁科学技术出版社,2007.

[10] [美]Brian J L Berry,John B Parr,et al. 商业中心与零售业布局[M]. 王德,等,译. 上海:同济大学出版社,2006.

[11] [美]刘易斯·芒福德. 城市发展史:起源演变和前景[M]. 宋俊岭,倪文彦,译. 北京:中国建筑工业出版社,2005.

[12] [美]凯文·林奇. 城市意象[M]. 方益萍,何晓军,译. 北京:华夏出版社,2001.

[13] 杨俊宴. 城市中心区规划理论与方法[M]. 南京:东南大学出版社,2013.

[14] 蒋三庚,张杰. 中央商务区(CBD)构成要素研究——CBD 发展研究基地 2012 年度报告[M]. 北京:首都经济贸易大学出版社,2013.

[15] 刘乃全. 空间集聚论[M]. 上海:上海财经大学出版社,2012.

[16] 张为平. 隐形逻辑——香港,亚洲式拥挤文化的典型[M]. 南京:东南大学出版社,2012.

[17] 刘春成,侯汉坡. 城市的崛起:城市系统学与中国城市化[M]. 北京:中央文献出版

社,2012.

[18] 蒋三庚,尧秋根.中央商务区(CBD)文化研究——CBD发展研究基地2011年度报告[M].北京:首都经济贸易大学出版社,2012.

[19] 牛强.城市规划GIS技术应用指南[M].北京:中国建筑工业出版社,2012.

[20] 包晓雯.大都市现代服务业集聚区理论与实践——以上海为例[M].北京:中国建筑工业出版社,2011.

[21] 彭翀,顾朝林.城市化进程下中国城市群空间运行及其机理[M].南京:东南大学出版社,2011.

[22] 张杰.中央商务区(CBD)楼宇经济发展研究——2010年北京CBD研究基地年度报告[M].北京:首都经济贸易大学出版社,2011.

[23] 陈前虎.多中心城市区域空间协调发展研究:以长三角为例[M].杭州:浙江大学出版社,2010.

[24] 过秀成.城市交通规划[M].南京:东南大学出版社,2010.

[25] 巨荣良,王丙毅.现代产业经济学[M].济南:山东人民出版社,2009.

[26] 蒋三庚,王曼怡,张杰.中央商务区现代服务业集聚路径研究——2009年北京CBD研究基地年度报告[M].北京:首都经济贸易大学出版社,2009.

[27] 赖世刚,韩昊英.复杂:城市规划的新观点[M].北京:中国建筑工业出版社,2009.

[28] 王兴中.中国城市商娱场所微区位原理[M].北京:科学出版社,2009.

[29] 陆锡明.亚洲城市交通模式[M].上海:同济大学出版社,2009.

[30] 蒋三庚.中央商务区研究[M].北京:中国经济出版社,2008.

[31] 王春才.城市空间演化与交通的互馈解析[M].北京:冶金工业出版社,2008.

[32] 孙世界,刘博敏.信息化城市:信息技术发展与城市空间结构的互动[M].天津:天津大学出版社,2007.

[33] 段进.城市空间发展论[M].2版.南京:江苏科学技术出版社,2006.

[34] 刘明,张广鸿.解读CBD[M].北京:中国经济出版社,2006.

[35] 郑明远.轨道交通时代的城市开发[M].北京:中国铁道出版社,2006.

[36] 王逸舟,袁正清.中国国际关系研究[M].北京:北京大学出版社,2006.

[37] 陈英.后工业经济:产业结构变迁与经济运行特征[M].天津:南开大学出版社,2005.

[38] 陈瑛.城市CBD与CBD系统[M].北京:科学出版社,2005.

[39] 陈继祥,徐超,史占中.产业集群与复杂性[M].上海:上海财经大学出版社,2005.

[40] 赵弘.总部经济[M].2版.北京:中国经济出版社,2005.

[41] 王建国.城市设计[M].2版.南京:东南大学出版社,2004.

[42] 梁琦.产业集聚论[M].北京:商务印书馆,2004.

[43] 陆大道.中国区域发展的理论与实践[M].北京:科学出版社,2003.

[44] 吴明伟,孔令龙,陈联.城市中心区规划[M].南京:东南大学出版社,1999.

[45] 李沛.当代全球性城市中央商务区(CBD)规划理论初探[M].北京:中国建筑工业出版社,1999.

[46] 亢亮.城市中心规划设计[M].北京:中国建筑工业出版社,1991.

[47] 聂崇义.三礼图集注[M].台北:台湾商务印书馆,1986.

2) 论文

[48] Beaverstock J V, Smith R G, Taylor P J. A roster of world cities [J]. Cities, 1999, 16(6): 445-458.

[49] Chen H, Zhou J B, Wu Y, et al. Modeling of road network capacity research in urban central area[J]. Applied Mechanics and Materials, 2011, 40: 778-784.

[50] Davies R L. Structural models of retail distribution: analogies with settlement and urban land-use theories [J]. Transactions of the Institute of British Geographers, 1972: 59-82.

[51] Kunzmann K R. Polycentricity and Spatial Planning [J]. Urban Planning International, 2008, 1: 014.

[52] Lascano Kezič M E, Durango-Cohen P L. The transportation systems of Buenos Aires, Chicago and São Paulo: City centers, infrastructure and policy analysis [J]. Transportation Research Part A: Policy and Practice, 2012, 46(1): 102-122.

[53] Leslie T F. Identification and differentiation of urban centers in Phoenix through a multi-criteria kernel-density approach [J]. International Regional Science Review, 2010, 33(2): 205-235.

[54] Liu W, Yamazaki F. Urban monitoring and change detection of central Tokyo using high-resolution X-band SAR images[C]//Geoscience and Remote Sensing Symposium (IGARSS), 2011 IEEE International. IEEE, 2011: 2133-2136.

[55] Lüscher P, Weibel R. Exploiting empirical knowledge for automatic delineation of city centres from large-scale topographic databases [J]. Computers, Environment and Urban Systems, 2013, 37: 18-34.

[56] Mori T, Smith T E. AN INDUSTRIAL AGGLOMERATION APPROACH TO CENTRAL PLACE AND CITY SIZE REGULARITIES [J]. Journal of Regional Science, 2011, 51(4): 694-731.

[57] Murphy R E, Vance J E. Delimiting the CBD [J]. Economic Geography, 1954: 189-222.

[58] Scott P. The australian CBD [J]. Economic Geography, 1959: 290-314.

[59] Musterd S, Bontje M, Ostendorf W. The changing role of old and new urban centers: The case of the Amsterdam region [J]. Urban Geography, 2006, 27(4): 360-387.

[60] Redfearn C L. The topography of metropolitan employment: Identifying centers of employment in a polycentric urban area [J]. Journal of Urban Economics, 2007, 61(3): 519-541.

[61] Rodriguez J. Towards a polycentric city or the emergence of a wider center in the Metropolitan Area of Greater Santiago? New findings from the 2009 NSC Survey [J]. EURE-REVISTA LATINOAMERICANA DE ESTUDIOS URBANO REGIONALES,

2012, 38(114): 71-97.

[62] Salvati L, De Rosa S. "Hidden Polycentrism" or "Subtle Dispersion"? Urban growth and long-term sub-centre dynamics in three Mediterranean cities [J]. Land Use Policy, 2014.

[63] Taubenböck H, Klotz M, Wurm M, et al. Delineation of Central Business Districts in mega city regions using remotely sensed data [J]. Remote Sensing of Environment, 2013, 136: 386-401.

[64] Vasanen A. Functional polycentricity: examining metropolitan spatial structure through the connectivity of urban sub-centres [J]. Urban studies, 2012, 49(16): 3627-3644.

[65] Zhang S. GIS-based analysis of the central area road network in Panyu region of Guangzhou city [C]. Remote Sensing, Environment and Transportation Engineering (RSETE), 2011 International Conference on. IEEE, 2011: 3175-3178.

[66] Zhong C, Arisona S M, Huang X, et al. Identifying Spatial Structure of Urban Functional Centers Using Travel Survey Data: A Case Study of Singapore [R], 2013.

[67] Jayyousi T W, Reynolds R G. Using Cultural Algorithms to generate models for archaic urban centers: The Monte Alban example [C]. Evolutionary Computation (CEC), 2013 IEEE Congress on. IEEE, 2013: 300-308.

[68] Zhang Q, Lu X. Delimitating central areas of cities based on road density: a case study of Guangzhou City [C]. Geoinformatics 2008 and Joint Conference on GIS and Built environment: Advanced Spatial Data Models and Analyses. International Society for Optics and Photonics, 2009.

[69] 史北祥,杨俊宴.城市中心区的概念辨析及延伸探讨[J].现代城市研究,2013(11):86-92.

[70] 杨俊宴,史北祥,任焕蕊.城市中心区多核结构的交通输配体系定量研究[J].东南大学学报(自然科学版),2013(6):1312-1318.

[71] 邹府,王红扬.标志性空间:概念及其在城市品质提升规划中的运用——《杭州市上城区标志性空间规划》解析[J].现代城市研究,2013(5):44-51.

[72] 蓝力民.城市标志性景观,标志性建筑与地标概念辨析[J].城市问题,2013(4):7-10.

[73] 孙笑明,崔文田,董劲威.发明家网络中结构洞填充的影响因素研究[J].科研管理,2013(7):31-38.

[74] 赵江林.亚洲城市化:进程与经验[J].当代世界,2013(6):20-23.

[75] 杨俊宴,史北祥.城市中心区圈核结构模式的空间增长过程研究——对南京中心区30年演替的定量分析[J].城市规划,2012(9):29-38.

[76] 杨俊宴,胡昕宇.中心区圈核结构的阴影区现象研究[J].城市规划,2012(10):26-33.

[77] 肖晓俊,傅江帆,贺灿飞.国际大都市产业功能区空间利用特征[J].世界地理研究,2012,20(4):48-56.

[78] 牛永革,赵平.基于消费者视角的产业集群品牌效应研究[J].管理科学,2011,24(2):42-54.

[79] 彭希哲,胡湛.公共政策视角下的中国人口老龄化[J].中国社会科学,2011(3):21-138.

[80] 方如意.城市标志设计与城市地域文化[J].艺术探索,2011,24(6):111-112.

[81] 梁鲁晋.结构洞理论综述及应用研究探析[J].管理学家:学术版,2011(4):52-62.

[82] 周晔.国际大都市发展的新趋势[J].城市问题,2011(3):10-15.

[83] 马文波.全球25座超级大城市排名出炉,中国三城入选[J].中国地名,2011(3):79.

[84] 边经卫.城市轨道交通与城市空间形态模式选择[J].城市交通,2009,7(5):40-44.

[85] 赵弘.知识经济背景下的总部经济形成与发展[J].科学学研究,2009(1):45-51.

[86] 罗建.品牌效应的向心力与离心力[J].中国品牌,2009(6):72-76.

[87] 盛亚,范栋梁.结构洞分类理论及其在创新网络中的应用[J].科学学研究,2009(9):1407-1411.

[88] 方文.学科制度和社会认同[J].中国农业大学学报:社会科学版,2008,25(2):185-188.

[89] 袁海琴.全球化时代国际大都市城市中心的发展——国际经验与借鉴[J].国际城市规划,2007,22(5):70-74.

[90] 沈志渔,罗仲伟.经济全球化对国际产业分工的影响[J].新视界,2007(6):23-26.

[91] 刘刚.亚洲金融危机十周年回顾与展望[J].世界经济与政治论坛,2007(5):55-60.

[92] 李翅.土地集约利用的城市空间发展模式[J].城市规划学刊,2006(1):49-55.

[93] 吴志成,李敏.亚洲地区主义的特点及其成因:一种比较分析[J].国际论坛,2004,5(6):14-20.

[94] 徐雷,胡燕.多核层级网络——兼并型城市中心区形态问题研究[J].城市规划,2001,25(12):13-15.

[95] 钱林波,杨涛.城市中心区道路交通系统改善规划——以南京中心区为例[J].规划师,2000,16(1):90-92.

[96] 叶明.从"DOWNTOWN"到"CBD":美国城市中心的演变[J].城市规划汇刊,1999(1):58-63.

[97] 郑明远.轨道交通与城市空间整合规划方法论研究[D].北京:北京交通大学,2012.

[98] 张晓燕.金融产业集聚及其对区域经济增长的影响研究[D].济南:山东大学,2012.

[99] 周海燕.网络经济的特点及对未来经济影响[D].北京:中国科学技术大学,2011.

[100] 李丹.产业集群与品牌效应关系研究[D].石家庄:河北工业大学,2010.

[101] 郭广东.市场力作用下城市空间形态演变的特征和机制研究[D].上海:同济大学,2007.

3）相关标准

[102] 中华人民共和国住房和城乡建设部. 城市用地分类与规划建设用地标准(GB 50137—2011)[S]. 北京:中国建筑工业出版社,2011.

[103] 中华人民共和国建设部. 民用建筑设计通则(GB 50352—2005)[S]. 北京:中国建筑工业出版社,2005.

后　记

亚洲是高密度城市化的典型地区，作者在对亚洲特大城市中心区长达十余年的研究中，通过不断的调查、分析与研究，凝练了如单核结构模式、圈核结构模式、多核结构模式等一系列城市中心区结构模式的规律特征，并对其演替的内在逻辑关系进行了梳理。正是在这一过程中，发现了在亚洲高等级城市中心区出现的硬核连绵发展的现象，这成为本书研究与创作的起点。作者将这一现象所对应的结构称为城市中心区的极核结构模式。

中心区的极核结构模式均产生于国际核心城市，是在国际尺度上的高端生产要素的集聚而产生的一种尺度巨大化、结构复杂化的结构模式。在亚洲特大城市中心区中，仅有日本东京的都心中心区及大阪的御堂筋中心区形成了完全的连绵结构，而包括香港、上海、新加坡及首尔在内的四个城市中心区具有了一定的极核化发展的基础。由于这些城市中心区规模尺度较大，本书在理论研究的基础上，对这 6 个城市的中心区采用了一系列的定量技术方法进行了深入的研究与剖析，重点研究了其结构模式构成所必需的空间形态、功能结构以及交通系统等三个层面，并最终提出了亚洲特大城市中心区的极核结构模式及其规律特征与门槛条件。

感谢吴明伟教授、张京祥教授、罗小龙教授、王兴平教授、胡明星教授以及赵和生教授在本书创作的研究与写作过程中参与讨论，并给予的建设性意见。感谢王红扬教授对本书出版发行的大力支持。此外，本书的写作过程涉及了大量的调研，以及数据的采集、输入、分类处理等工作。在这一过程中，感谢工作室成员所付出的艰辛劳动，为本书的创作奠定了坚实的基础，特别是参与国际城市中心区调研的杨扬、章飙、任焕蕊、史宜、胡昕宇、张浩为、潘奕巍等。同时，也要感谢在技术方法的探索中给予支持与帮助的陆小波及熊伟婷博士。

在经济全球化日益深化的背景下，在我国成为世界第二大经济体的基础上，我国已有多个城市进入亚洲乃至全球顶级城市的竞争序列，这些城市的中心区也必将迎来更多高端职能的入住，带动中心区进一步的更新，也推动中心区结构形态的演进。本书尝试通过对亚洲高等级城市中心区结构模式及规律特征的研究，以更高的视角及更为长远的视野，为我国特大城市中心区构建更为科学合理的系统格局提供有益的参考与借鉴，也希望能够借此推动我国城市中心区的研究工作，并得到更多学者与专家的有益建议。

史北祥、杨俊宴

2016 年 7 月于南京